普通高等教育"十一五"国家级规划教材
纺织服装类"十四五"部委级规划教材
服装工程技术类精品教程

服装人体工效学 第三版

APPAREL SOMATOLOGY

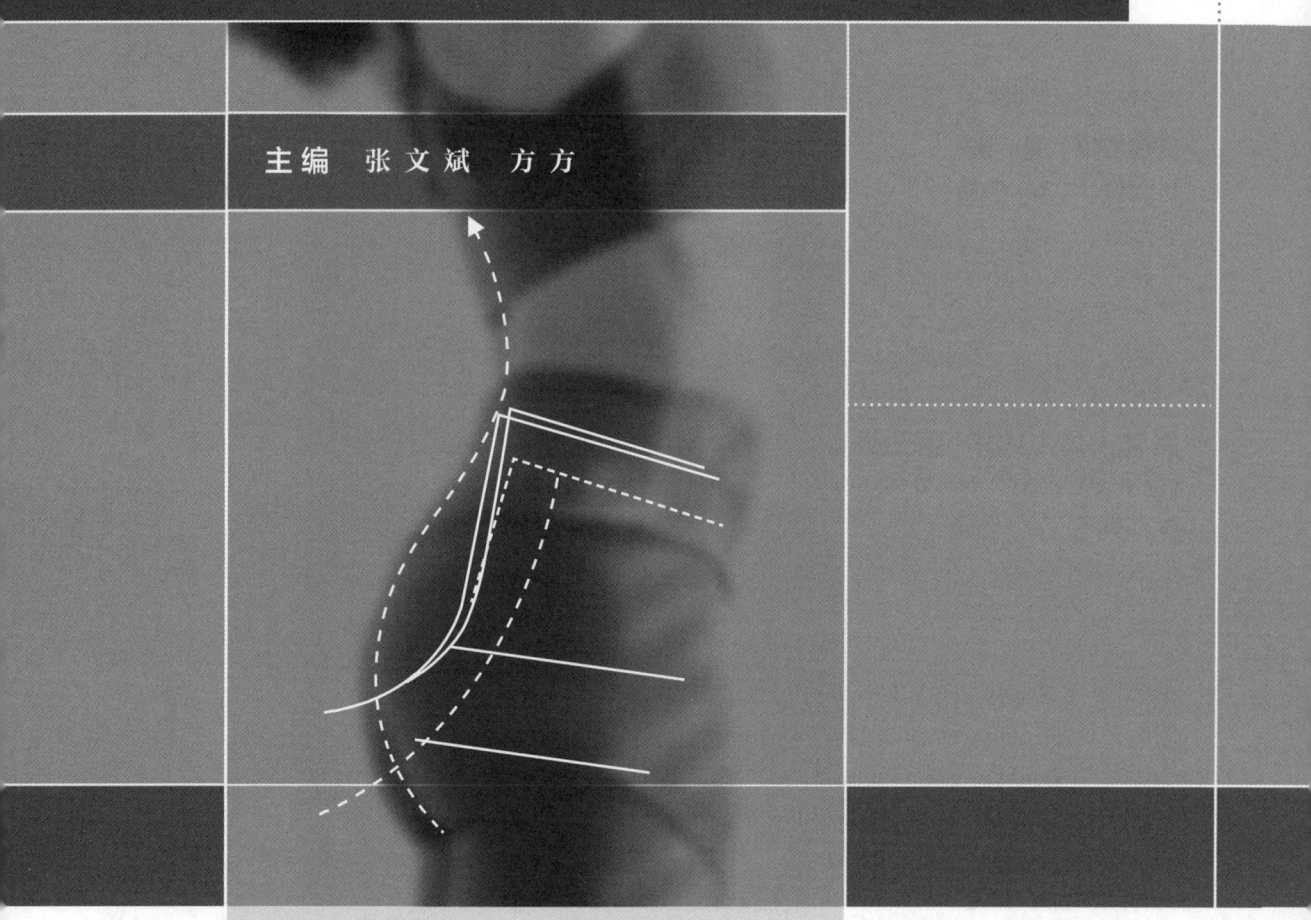

主编 张文斌 方方

东华大学出版社·上海

图书在版编目(CIP)数据

服装人体工效学 / 张文斌, 方方主编. —3版. —上海：东华大学出版社, 2024.3
ISBN 978-7-5669-2333-2

Ⅰ.①服… Ⅱ.①张…②方… Ⅲ.①服装—工效学
Ⅳ.①TS941.17

中国国家版本馆CIP数据核字(2024)第041381号

责任编辑　谢　未
封面设计　Ivy 哈哈

服装人体工效学(第三版)
FUZHUANG RENTI GONGXIAOXUE
张文斌　方方　主编

出版：东华大学出版社(上海市延安西路1882号,200051)
出版社网址：dhupress.dhu.edu.cn
出版社邮箱：dhupress@dhu.edu.cn
营销中心：021-62193056　62373056　62379558
印刷：上海盛通时代印刷有限公司
开本：787mm×1092mm　1/16　印张：19.5　字数：500千字
2024年3月第3版　2024年3月第1次印刷
ISBN 978-7-5669-2333-2
定价：59.00元

序　言

　　服装人体工效学隶属于人体工效学，是解剖学、人类学、生物力学、环境卫生学、服装材料学、数学等现代科学与服装学科的交叉，既是一种综合的边缘学科，也是一门以人为中心，以服装为媒介，以环境为条件的系统工程学科。

　　我国的服装人体工效学较国内的其他人体工效学起步更晚，这和我国的服装产业虽然发展较早，但产业基础及产业科学技术至今尚不够发达的国情是分不开的。要提升我国服装产品的品位和品质，要从艺术和科学两个方面去努力，从艺术的层面是紧跟国际设计潮流，培植、发展原创能力的设计理念和建立具有国际视野的设计团体。从科学的层面是发展与服装相关的科学理论，在加快消化和吸收国际最新科学技术的基础上，发展具有自主知识产权的服装高新技术。从这个意义上说在大学里开设服装人体工效学这个课程，加深这个领域的理论探索和科研活动是必然的也是必需的。我们愿与这个领域的学者们一起为建设具有中国特色的服装人体工效学而共同努力，让《服装人体工效学》的编著出版作为我们工作征途的第一个里程碑吧！

　　由于相关文献和信息的相对缺乏，本书不能更多地反映出本学科的最新研究成果，本书定有不当之处，当以诚惶诚恐之心听取同仁们的指正。在以后的版本中我们将尽快地更广泛地收集和反映这个领域的研究发展，以飨读者。

　　本书主要编著者为东华大学服装学院张文斌教授、方方博士。全书共分九章，其中第一、五、八、九章由张文斌编写；第二、六章由方方编写；第三章由肖平、方方编写；第七章由孟祥令、方方编写，第四章由河南科技学院白丽红副教授编写。全书统稿由张文斌、方方、蒋丽君完成。

　　参与本书材料收集、图片描绘的还有胡英、李翠明、郭杨、沈淼、李小晖、范新艳、许练、高淑平等。

　　在此对在本书引用的文献著作者以及在编著中作出贡献的所有同志致以诚挚的谢意！

编著者

2024 年 1 月

目 录

第一章 绪论　1
第一节　人体工效学的定义　1
第二节　人体工效学的发展　2
第三节　人体工效学的研究机构　4
第四节　人体工效学的分类法　5
第五节　人体工效学研究考虑的因素　8
第六节　人体工效学的研究方法　11
第七节　服装人体工效学　11

第二章 人体静态计测方法和标准　15
第一节　人体静态测量方法概述　15
第二节　人体静体态测量　23
第三节　接触测量法和非接触三维人体扫描法的应用比较　35
第四节　各国人体测量标准及考虑的测量部位　41

第三章 人体动态特征与着装形变　56
第一节　人体体表运动形变　56
第二节　服装形态与形变要素　68

第四章 服装规格制定原理　90
第一节　服装规格制定原理与技术途径　90
第二节　我国服装号型、规格标准内容　107

第三节　服装示明规格　112

第五章　服装设计中人体工效学的应用　120

第一节　服装松量设计　120
第二节　袋口位置角度优化设计　128
第三节　袖窿—袖山结构优化设计　131
第四节　胸罩钢圈造型设计　139
第五节　服装肩部造型研究　141
第六节　服装背部结构放松量的优化处理　143
第七节　颈部运动与衣领结构优化　145
第八节　下体静动态特征及裤装结构优化　151
第九节　西服上衣结构优化设计　163
第十节　服装开口的优化设计　167
第十一节　工作服的结构功能特殊性　168
第十二节　特种服装的运动功能设计　171

第六章　色彩和图案对人体生理与心理的作用　174

第一节　色彩科学的由来与发展　174
第二节　色彩与图案对人体的影响　176

第七章　服装穿着舒适性　182

第一节　服装压与压力舒适性研究　183
第二节　服装压舒适性的生理评价指标　196
第三节　裤装穿着拘束感的相关因子分析　205
第四节　环境气候与服装间气候研究　210
第五节　着装运动温度研究实例　214

第八章　服装厂工作地劳动姿势与劳动强度　216

第一节　作业姿势与作业区域　216
第二节　作业记录与作业分析　219
第三节　作业区域计算及影响要素　222
第四节　作业劳动强度　228
第五节　服装厂工作地工作姿势与劳动强度　235

第六节　疲劳和疲劳度的研究　　**248**
　　第七节　服装厂工作地技术标准　　**259**
　　第八节　休闲环境　　**263**

第九章　特殊群体与人体工效学　　**267**
　　第一节　高龄者体型及生理运动机能　　**267**
　　第二节　高龄者居住空间及使用用具物品的特殊性　　**282**
　　第三节　高龄者被服特殊性　　**283**
　　第四节　智体残者的被服　　**292**

参考文献　　**299**

第一章 绪 论

人体工效学是研究人与工具、手段相互作用产生的心理和生理上的规律和法则,是解剖学、心理学、运动学及设计学等学科的交叉科学。本章对人体工效学进行科学定义,讲述其发展历史。介绍国际上著名的人体工效学的研究机构,重点分析其研究所涉及的相关因素和研究方法;从服装与人体关系的角度简介服装人体工效学的主要内容。

第一节 人体工效学的定义

人体工效学(Human Engineering)研究人与工具、手段相互作用产生的心理和生理上的规律和法则。国际人体工效学学会(International Ergonomics Association. IEA)为人体工效学这门学科下的最权威、最全面的定义是:人体工效学是研究人在某种工作环境中的解剖学、生理学和心理学等方面的各种因素;研究人和机器及环境的相互作用;研究在工作中、家庭生活中和休假时怎样统一考虑工作效率、健康、安全和舒适等问题的学科。它涉及生理学、解剖学、生物力学、物理学、人类学和材料学等综合学科和边缘学科。同时人体工效学的研究目的是使人类创造出最大物质文明生产力的同时,创造最适宜的环境。因此,人体工效学又是人类在自然界与机器用具之间寻求最大自由度的科学。

人体工效学的名字有多种译法。在美国,有人称之为人类工程学(Human Engineering),人因工程学(Human Factors Engineering);在欧洲,有人称之为人类工效学(Ergonomics),即希腊语"工作(ERGON)"和"管理、法制(NOMOS)"的合成,还有人称之为生物工艺学、工程心理学、应用试验心理学以及人体状态学等;在日本称之为"人间工学";在我国,还有人体工程学、人机学、运动学、机器设备利用学、人机控制学等译法。这些不同的命名充分体现了人体工效学是"人体科学"和"工程技术"的结合。

人体工效学是人体科学、环境科学不断向工程科学渗透和交叉的产物。它是以人体科学中的人类学、生物学、心理学、卫生学、解剖学、生物力学、人体测量学为"一肢",以环境科学中的环境保护学、环境科学、环境卫生学、环境检测技术等学科为"另一肢",以技术科学中的服装设计、工业经济、系统工程、交通工程、企业管理等学科作为"躯干",从而构成人体工效学中的科学体系。

人体工效学首先要研究人自身的形态特征,研究人体静态的、动态的三维立体各部位相应的关系及各个方位的依存形态。其次要研究人体的肌肉力、分析力的数量和力的方向,以便用具能适应人的肌肉运作力量和方位。第三要研究人类与机器用具之间的信息传递,这种传递需根据听、视、触、嗅等感觉并分析,以确定这些信息的大小和持续时间。第四要研究作用于人体—机器用具之间的环境条件,要确保人体与机器用具之间形成协调的自然与社会环境。第五要研究时间的要素。人体由于刺激产生反应,这种反应速度有一定的限度。因此,人与机器之间的信息传递速度要与之适应,否则会产生过大负荷,增大疲劳度。

人体工效学的研究内容中常包含着生理和心理两方面的内容。从生理角度看,主要根据人体结构尺度,找出与设计物的比例关系,根据人体结构的基本参数进行各个领域的设计活动,满足人们的物质需求。从心理角度看,研究色彩、线条、空间、形状、声音、气味、肌理等因素,使之更科学、更合理、更愉悦,以满足人们的精神需求。

第二节 人体工效学的发展

"人体工程学"名称是日本学者中田宽一在1921年最早使用的。它体现了工作中疲劳和能率的研究成果。英国牛津大学的学者们首先使用"工效学"一词来称呼研究工作环境、条件,追求工作效率的学科。Ergonomics这个词由ERGON和NOMOS构成,本义为工作的自然法则。人体工效学作为一门科学是第二次世界大战中在美国产生的。战后在欧洲以英国、德国为中心也开展了此类研究。1950年,英国人体工效学研究协会成立。1956年美国人体因素协会成立。1949年英国学者马列尔创建英国这一学科的学会时,采用了"工效学会"的名称,其后欧洲各国相继采用。1957年创办的会刊就叫"Ergonomics"。此外,欧洲还有另外一种会刊叫《Applied Ergonomics》(应用工效学)。1961年在斯德哥尔摩召开的第一届国际工效学年会(IEA)上,成立了国际工效学联盟。我国机械工业系统在1980年成立了工效学会,并加入了国际工效学联盟。1955年,人体工效学会开始引起日本各界人士的注意,并于1964年成立了日本人体工程学会。国际人体工效学会则成立于1960年。

在我国,人体工效学是一门新兴的学科,尚处在初创阶段。20世纪五六十年代,我国一些试验心理学工作者首先开始着手这方面的研究,并把它称为"工程心理学"。70年代以后,由于我国现代化工业的发展,技术设计与人的身心特点匹配程度与人—科技系统的安全、效率和社会效益之间的重要关系日益受到重视,促进了这一学科在我国的发展。1989年,我国成立"全国人类工效学标准化技术委员会",秘书处的工作由中国科学院心理学研究所与中国标准化与信息分类编码研究所共同承担。到目前为止,制定并发布的正式标准超过20多个。人体工效学标准化技术委员会的成立和标准化工作的推进,促进了人体工效学在各个领域的应用,推动了人体工效学的发展。

  人体工效学虽然在20世纪初才形成独立的学科,但是在设计中运用人体因素,按照人体结构基本参数、运动方式,寻求与设计物的合理比例关系进行设计已有相当长历史。早在新石器时代,人们已经对形状有了足够的认识,为了更加合乎"人"的使用目的,制造形态各异的工具及组合工具。手工业时期的早期,随着农耕经济的发展,农业与手工业的分工,生产技术得到了大的发展,出现了专门从事设计与制作的手工业者。这时候人体工效学的专门理论著作虽然还没有,但有关这方面的研究已出现在一些著作中。比如,中国最早的工艺著作《考工记》中多处提到"人长八尺",以此作为确定器物基本尺寸比例的重要依据。手工业时代的中外建筑设计、产品设计,从实用和美观角度出发,遵循着合乎人体结构的基本规律。在埃及国坦卡门墓中的御座、乌木椅及人形棺、玻璃枕头以及古代希腊、罗马时期的神庙、金属工艺品中都有体现。总之,手工艺时代采用人体结构因素进行合理、科学的设计已广泛运用于各设计领域,是一种自觉的设计意识。

  工业革命时期,由于新技术、新材料、新工艺的发明,使新产品源源不断地出现,设计成为一个独立的行业。仅仅考虑如何适合人体尺寸已远远不够,同时还要考虑人在产品设计时如何达到最大系数的安全性、适应性、效率性。尤其是第二次世界大战期间,人体工效学的研究更加复杂、确切。兵器之多,规模之大,如何协调各兵种海陆空立体作战等状况,这就要求设计不仅要考虑最大限度的适应性,更重要的是安全性、效率性。二战结束后,人体工效学的研究由军事用品转移到民用产品中来,使人们在有限的生活、工作空间中感到更加舒展、自如、方便、安全和愉快。

  20世纪70年代,对人体工效学的研究达到高潮,普遍认为它是达到良好设计的关键,研究更加系统化、理论化、完善化,成为各大院校设计专业的必修课程,设计师也更加科学地运用人体工效学,真正全面满足人们的需求,这种"需求"、"适应"不仅仅是健康人的需求,而且是更多特殊人群的需求。设计师们本着人道主义的精神,依据残疾人的特殊人体结构要素,设计出更加便利、增强他们生活能力的优秀产品,如专门为残疾病人设计的轮椅、餐具等,专门为老人使用方便的生活用品及适合儿童生理、心理状态的物品。这样,更加拓展了设计师的服务层面,加深了对人体工效学的理解,达到为社会整体服务的准则。

  人体工效学研究领域有过三次转变:

  1.机械中心设计,即以机械为中心,通过选择和培训,使人去适应机械。人类中心论强调了必须以人类特性为设计机械的依据。在此思想基础上诞生了初期的人体工效学。

2. 系统中心设计,系统中心设计思想是强调以系统为中心来设计机械与人的最佳组合,20世纪60年代以后,系统中心设计思想的出现使人体工效学进入了新的境界。

3. 人本主义设计,20世纪70年代的全球危机和对于技术的社会影响的反省,使一种新的哲理人本主义兴起并取代了系统中心设计哲学。其特别强调人类基本价值,更多地强调个体在系统、工具和环境设计中的重要性,强调人机环境系统协调的必要性。人本主义是一种更加重视生活质量和福利、更加关心科学技术使用方式、更加强调人类在操作机械中所获得满足的哲理。

第三节 人体工效学的研究机构

目前关于人体工效学的研究性机构大致由以下组成:

一、国际人体工效学协会

该协会1959年设立筹备委员会,1960年成立。1961年举行第一次国际性学术会议,一般每隔3年举行一次国际学术会议。1975年成立了国际人体工效学(人体工程学)标准化技术委员会,代号(ISO/TC-159)。TC-159下设5个委员会(SC):SC1——人体工效学指导原则;SC2——符合标准的人体工效学要求(已停止活动);SC3——人体测量与生物力学;SC4——信号与控制;SC5——物理环境人体工效学;SC6——工作系统的人体工效学要求,发布了《工作系统设计的人类工效学原则》标准。

二、美国人体工效学学术研究机构

美国相关学术机构较多,其中有人类因素协会、人类工程学研究协会等。另有哈佛大学、塔夫茨大学、纽约大学、乔治华盛顿大学、普林斯顿大学、马里兰大学、俄亥俄州立大学、密歇根州立大学、马萨诸塞州理工大学、普度大学、伊利诺斯州立大学、纽约特殊设计中心、海军医学研究中心、海军医学研究实验室、海军电讯实验室、空军医学实验室、空军行为科学研究实验室、陆军研究与发展中心、军队流行病学及事故损伤委员会、陆军研究发展中心、装甲部队医学研究实验室、兰特公司等。

三、英国人体工效学学术研究机构

英国人体工效学学术机构有:工效学研究协会、工程学和控制论学会、伯明翰大学、伦敦卫生和热带医学学院、政府的科学和工业研究部、医学研究协会、皇家海军热带研究中心、人类生理学应用心理学研究中心、美国钢铁研究协会(事政预防部、人机系统分析部、环境控制部、人类因素部、系统实验室等相关研究部门)、气候和工作效率研究中心、自动化工业研究协会、英国鞋靴联合贸易研究协会、英国玻璃工业研究协会等。

四、法国人体工效学学术研究机构

法国国立研究所:劳动生理学实验中心、国家科学研究所、法国人体工效学协会等。

五、德国人体工效学学术研究机构

德国的人体工效学学术机构有:马克思—普朗克职业生理学协会、人体工程学协会等。

六、俄罗斯人体工效学学术研究机构

俄罗斯的人体工效学学术研究机构有:圣彼得堡安全实验室、国家航空医学实验中心、巴甫洛夫生理学研究所、保险装置实验室、莫斯科工作能力测试中心、安全工程联合科学研究学院、技术和机械建筑科学研究中心、莫斯科技术和机器建筑科学研究中心等。

七、日本人体工效学学术研究机构

日本的人体工效学学术研究机构有:日本人间工学研究会、东北大学医学部、东京大学医学部工学部、日本大学文理学部、劳动科学研究所、京都大学、大阪大学、大阪市立大学、御茶水女子大学、奈良女子大学、日本女子大学生活科学部、千叶大学工学部、早稻田大学、庆应大学工学部、福岛医科大学、产业工艺试验所、日本大学理工学部、九州大学工学部、日本科学技术联盟、北海道大学医学部、三菱重工自动车工业研究所、HK技术研究所、劳动省产业安全研究所等。

第四节 人体工效学的分类法

人体工效学的研究领域,基本上有如下分类:

一、人体工效学方法、设施、器材、一般文献

人体工效学的一般性、概括性研究;
与人体工效学相关联的实验设计,统计方法,情况收集处理;
心理学、生理学的方法;
主要用于人体工效学研究器械;
人体工效学的设施。

二、人体—机械的系统视觉传输及过程

系统与操作的设计:直接由人体操作的部件系统如何适应人的使用;

通讯及情报理论；

系统研究的评价：人体以及对机械功能的关联，作为系统要素的组合通讯、运输、补给系统。

三、视觉传输及过程

自然光、昼光、昏暗及夜间对可视度影响的特别条件；

人工照明：照明考虑的事项，屋内外照明装置，对视力影响的人工照明的特别性质；

机械照明：直接照明、间接照明，照明的颜色及强弱，照明方法与光源类型的对比；

雷达、红外线、激光等非可视光线照明；

电视、电影：影视中图像的传输与接收的视觉感觉；

绘画、形象的装置：外——内及内——外装置，绘画要素及形象要素的组合；

绘画、文字、数字以其形象的可读性：文字的设计，形象与背景的色对比、可视条件；

印刷物：印刷物种类及其评价；

关系器具使用时的视觉、个人差、异常、阈值、感度、顺序、色觉、知觉的距离、深度、大小、色觉检查。

四、听觉传输及过程

噪音：噪音波及其构成测定，对噪音的对策，一般产业的噪音，特殊产业的噪音，噪音及噪音的影响，难以听到的噪音；

听觉器械的影响：振动、气流、敲击装置对听觉的影响；

不同语言的听觉装置及其评价：断续的警报及信号装置，电报系统，声纳及其它水下听音装置；

声音发生与听觉的基础研究：声音及听力检查、听觉阈值及阈值现象、刺激的组成、基础的听觉及个人差。

五、其他知觉传输及过程

触觉：触觉过程，关于触觉研究的器材及方法；

温度感觉：温度感觉过程，关于温度研究的器材及方法；

痛感觉：痛觉过程，关于痛觉研究的器材及方法；

嗅觉、味觉：嗅觉、味觉感觉过程，关于嗅觉、味觉研究的器材及方法；

动感：动感过程、关于动感研究的器材及方法；

平衡功能：平衡功能过程，关于平衡功能研究的器材及方法；

时间知觉：时间知觉过程，关于时间知觉研究的器材及方法。

六、输入通道选择与干涉

输入通道的选择与干涉的相关性；

输入通道的相互比较：视觉、听觉输入通道的比较，其他知觉的输入通道的比较。

七、人体计测、基础生理学研究能力

身体计测与基础运动过程的关联性；

人体形态：身体大小（静态的长度、围度、角度及运动和异常姿势时身体大小）；

人体结构：腕运动范围、运动的柔软度、肌肉力及持久力；

人体计测时应用的人体工效学器械用具及使用方法；

基础的生理学研究能力：应用人体工效学的器械用具及使用方法。

八、控制与调度的组合及其标准化

控制的类型：回转运动控制，直线运动控制，其他类型控制，多功能的控制组合而成的控制。

九、配电盘及控制

配电盘与控制的标准化以及统一；

作业者与作业关联的配电盘的配置；

配电盘及控制的要素。

十、工作地设计、器材、装备

与工作地设计、器材、装备相关的基础研究；

工作地设计；

装备设计：座位及姿势的支持物，座位的配置，作业面通路，入口，出口；

复杂运动及特殊姿势；

保全的设计、安全的设计；

汽车、飞机等交通工具的安全；

海上、地上降落地；

火灾控制系统；

特别作业场所及精密器材的人体工效学的发展与评价。

十一、衣服及个人装备

衣服的功能：防火服、加压服、保护服及其他形式的衣服构造；

衣服的要素：束带、身体用具、头具、足具；

衣服的尺寸:与人体相关的尺寸、与风格相关的尺寸;
个人装备:护耳、睡袋、包装及搬运、救生袋(圈)、防护具;
衣服与个人装备的组合结果;
从人体工效学角度研究衣服和个人装备时所需的器材、装置。

十二、影响能力的特别环境因子

空气环境:温度、湿度、气流;
热量的发散;
毒物环境;
运动:速度及加速度、振动、运动障碍;
高度及深度:大气压、氧气需要;
核辐射及宇宙线;
宇宙飞行;
对能力产生影响的特别环境研究中所需器材与方法。

十三、工作效率、影响疲劳的因素、工作条件

与个人有关的要素:智能及适应性、思考过程;
个人因子与工作因子间的干涉:工作及顺利开展工作的个人理解度的影响,人与器材或工作的相关性,疲劳及表现形式,精神紧张;
工作休息、工作效率:工作的条件、工作的方法、复杂程度、工作的异常特性;
关系到工作效率的生理学要素的影响:睡眠、饮食、营养、药物的影响和护理的影响。

十四、人体工效学相关心理学研究

人体工效学相关的个人心理;
人体工效学相关的社会心理。

第五节 人体工效学研究考虑的因素

人体工效学研究时必需考虑的因素,即为使研究的成果具有确切的实际意义,必须做到:

一、是否涵盖使用用具的所有群体

在设计用具时,要考虑到是供哪些群体使用的,是否该群体中所有人在所有的场合中都能使用,因此在设计用具时要考虑与使用的所有群体有直接关联的计测值。

二、考虑群体的平均值

针对使用用具的群体选择合适的测量值是至关重要的,因为很多用具只能选择一个确定的值或一个值域,即既不能取适合这个群体的最大值,亦不能取这个群体的最小值,此时取平均值是重要的,并常在平均值的基础上加或减微调值,以取得最大适合群。

三、考虑民族特性或习惯性

不同的民族其风情、习俗、需求等都会有其特殊性,即使同一民族,具体的人群亦会有不同的习惯,故人体工效学研究必须从国际大环境中考虑,要探究此群体的原先民族特性,其民族差异产生的习俗差异(普遍地),如:

中国人削铅笔是自近向远,而美国人是自远向近;

卷席时,中国人是自近而远,而美国人是自远而近;

找零钱时,中国人是整钱逐次减去每笔购物费用来计算,而美国人是将每笔购物的费用加上后,用整钱减去求得。

往口中送食物时,欧美人是用左手拿叉送,而东亚人是用右手拿筷子送;

在日本、英联邦国家,汽车是左侧通行的,而在中、美等国家是右侧通行的。

四、人类期望的条件

人类当然希望不要有引起不快甚至痛苦的外界环境,即从宇宙的大环境,从居住的生活环境、工作学习的办公学习环境,到每个人的生存环境,都存在一个可适应、可忍受的条件范围。从人体工效学的角度分析当然要研究这个条件范围,进而取得最佳的理想化环境。下面是各种外部因素与正常状态的关系表:

表 1-5-1 各种外部因素与正常状态的关系表

外部因素	正常状态
噪音	40～80dB
O_2	21%
CO_2	0.3%
照度	0～10000lux
气压	95976～106640Pa(地上)
温度	-30℃～+40℃
湿度	40%～100%
重力	980Pa
振动	0～100cps,0～100mm
加速度	1g±0.28g(电梯为例)
风速	0～30m/s
拘束时间	4～24h

这些外部因素都可能在正负方向变化,但超过一定的范畴,人类就会感到不

舒服，甚至难以忍受。例如，空气中 O_2 的浓度，低于21%太多，人会感到窒息；但超过21%太多，就有可能产生氧气中毒。

五、人类工效学因素与适当训练的关系

要从人体工效学角度出发设计适应人类理想状态的用具和外部条件，在人类这方面亦存在怎么提高技能与之适应的问题。因为即使达到理想状态的用具与外部条件，也经常存在如何有效掌握、并发挥最大功能、效率的问题，这就需要对操作者、使用者进行有效地训练教育，如驾驶员基本功的训练，对运动器具有效使用的训练，当然这种训练教育要尽可能减少难度、减少时间。

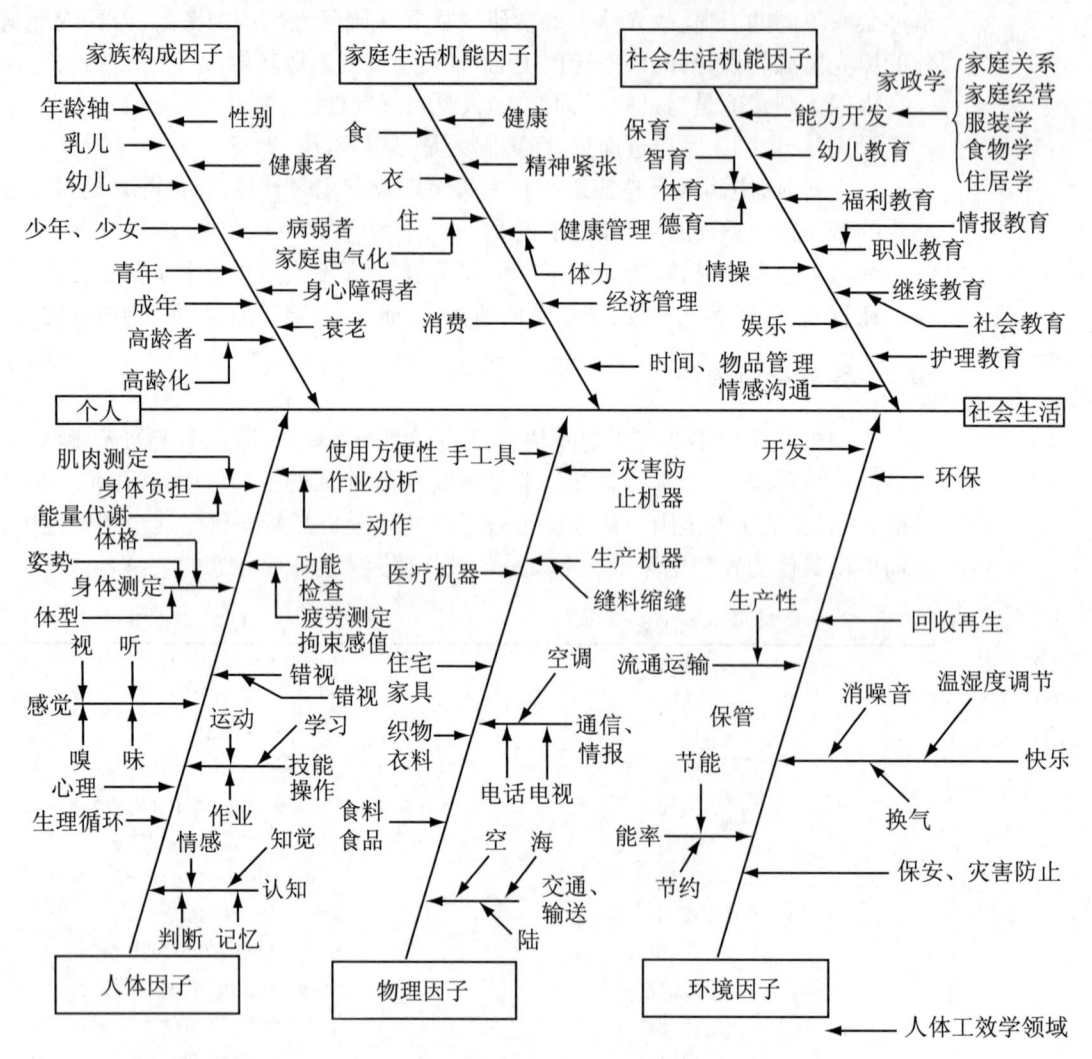

图1-5-1 人体工效学相关因子

第六节　人体工效学的研究方法

人体工效学的研究方法按大类分,可有如下几种:
1. 直接观察法
(1)操作者的意见(面述或提案方式)
(2)时间与动作研究
(3)细分方法(作业流程、作业重复性、调整解析、链接分析等)
2. 对事故及错误进行分析的方法
3. 统计的研究方法
4. 进行模拟试验的方法
5. 伴随人体试验产生的特殊问题
(1)意欲(2)态度(3)期待(4)试验者的协调
6. 精神物理学的方法
(1)空间的异向性(2)测量系统误差(3)时间误差
7. 相关联的其他试验方法

第七节　服装人体工效学

服装人体工效学是人体工效学中研究人体特征及服装和人体相互关系的分支学科;其研究对象是"人—服装—环境"系统,从适合人体的各种要求出发,对服装创造(设计与制造)提出要求,以数量化情报形式来为创造者服务,使设计尽可能最大限度地适合人体的需要,达到舒适卫生的最佳状态。它涉及到人体心理学、人体解剖学、环境卫生学、服装材料学、人体测量学、服装造型设计学科,是一门集人体科学、环境科学和材料科学的综合性学科;也是一门以人为中心、服装为媒介、环境为条件的系统工程学科,研究服装、环境与人相关的诸多问题,使他们之间达到和谐匹配、默契同步的学科。因此,人体测量学、人体心理学、人体生理学和人体运动学这四个方面是其研究的主攻方向。

人体工效学在服装中形成了"人—衣—机—环境"的新的研究体系,即:

衣——款式结构,色彩搭配,面料质地,包括舒适性能、卫生性能、防护性能、穿着性能、视觉性能等;

环境——包括自然环境(色彩、采光、置物、声音等)和社会群体环境(集体意识、心理意识、配合方式等);

机——机械、机器用具等;

人——包括作业者、管理者以及他们之间的关系构成。

服装人体工效学和其他学科的关系包含了与人体测量学、生物力学、劳动生理学、环境心理学、工程心理学以及服装设计学等学科之间的关系。

一、人体测量学

人体测量学包括静态人体测量学和动态人体测量学两部分。前者测量人体在静止状态处于正常体位的人体各部分的长度、厚度、围度、角度等；后者则研究人体在活动时的方向、方位距离以及部位间的相互关系，它为设计机械用具、工作地和动作类型等提出评价的原则和标准；使设备、用具、工作地与人体的形状、形态相协调，从而保证操作者能在操作时具有最高的精确性、速度、安全，能取得最大的经济效益和舒适性。

二、生物力学

运用解剖学和生理学基本原理，研究人体各部位的肌肉力量的大小、活动范围和速度、人体组织对外界压力的反应；重量、重心变化以及运动时的惯性等问题。其目的是使人能最有效地工作。在设计服装产业各种工具和控制装置、设计功能性服装时都需要考虑生物力学问题。

上述两方面又需要将解剖学和生理学结合起来的功能解剖学知识。

三、劳动生理学

劳动生理学的任务是研究人体在训练和适应过程中脉搏、血压、脑波、心电图、肌电图等的生理变化，从而确定人体对各种负担的适应能力，如分析人体穿着服装后静态及运动、劳动中对其他负荷的反应，研究怎样与服装相配伍的穿着方式才能减少疲劳感、拘束感和能量消耗等。

四、环境生理学

研究人体对周围微观和宏观环境中物理因素的反应，如在微环境气候、光线、振动、电磁场、热传递、湿传递、宇宙线、重力、压力、加速和失重等特殊环境中的生活，并以此带来的环境生理学问题。

五、工程心理学

研究人体在使用机器设备、用具时的感觉和心理状态，如研究服装产业中人—机系统的最佳心理条件；研究工作者在工作地的行为表现，如工作动力、疲劳感、警觉性、判断力、对设备的学习、劳动习惯、动作优化、效率提高等问题。

六、服装设计学

包括服装艺术设计与服装工程设计两大内容，其中涉及人体工效学的有研究在各种状态下与人体生理与心理相适应的服装款式和服装结构，具体地说必须研究服装的色彩、外部轮廓、内部块面、线条形状等对人体心理的影响、研究时尚、流行产生的人体心理方面的缘由、研究与人体静态特征、动态变形所相适应的服装

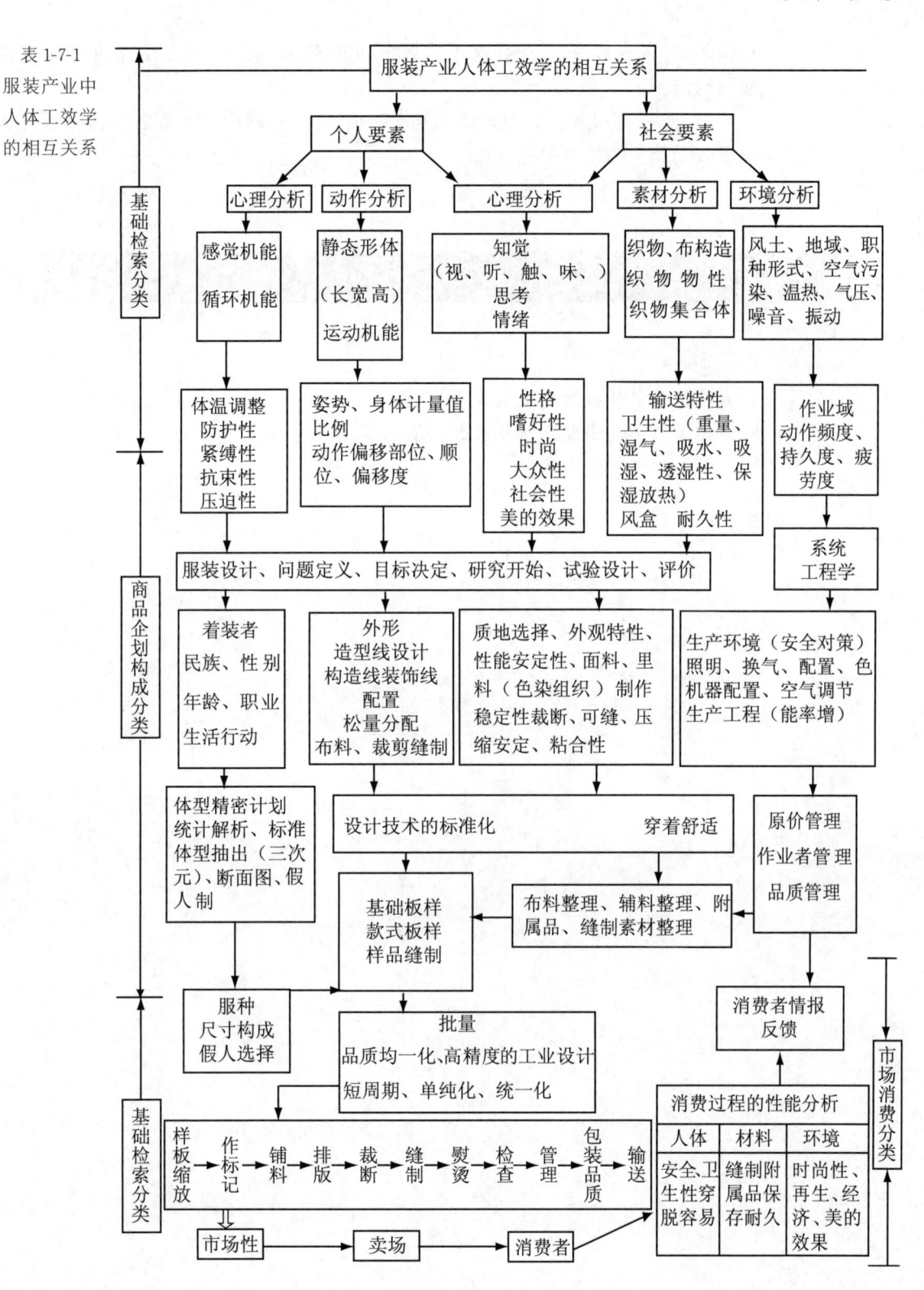

表 1-7-1 服装产业中人体工效学的相互关系

```
                        服装产业人体工效学的相互关系
                        ┌───────────────┴───────────────┐
                      个人要素                          社会要素
              ┌─────────┴─────────┐        ┌─────────────┼─────────────┐
           心理分析              动作分析    心理分析      素材分析       环境分析
              │                    │          │            │              │
         感觉机能              静态形体       知觉       织物、布构造    风土、地域、职
         循环机能              (长宽高)    (视、听、触、味、) 织物物性   种形式、空气污
                               运动机能       思考       织物集合体    染、温热、气压、
                                              情绪                     噪音、振动
              │                    │          │            │              │
         体温调整              姿势、身体计量值  性格       输送特性       作业域
         防护性                比例            嗜好性     卫生性(重量、   动作频度、
         紧缚性                动作偏移部位、顺  时尚      湿气、吸水、吸  持久度、疲
         抗束性                位、偏移度       大众性    湿、透湿性、保  劳度
         压迫性                                社会性    湿放热)
                                              美的效果   风盒 耐久性
                                                                          │
                                                                       系统
                                                                       工程学

         服装设计、问题定义、目标决定、研究开始、试验设计、评价

         着装者     外形          质地选择、外观特性、    生产环境(安全对策)
         民族、性别  造型线设计    性能安定性、面料、里    照明、换气、配置、色
         年龄、职业  构造线装饰线  料(色染组织)制作      机器配置、空气调节
         生活行动    配置          稳定性裁断、可缝、压    生产工程(能率增)
                    松量分配      缩安定、粘合性
                    布料、裁剪缝制

         体型精密计划                                    原价管理
         统计解析、标准      设计技术的标准化   穿着舒适   作业者管理
         体型抽出(三次                                   品质管理
         元)、断面图、假
         人制                    │
                                 ▼
                            基础板样        布料整理、辅料整理、附
                            款式板样   ◄── 属品、缝制素材整理
                            样品缝制
                                                        消费者情报
         服种                                            反馈
         尺寸构成         批量
         假人选择         品质均一化、高精度的工业设计
                         短周期、单纯化、统一化       消费过程的性能分析

         样  作  铺  排  裁  缝  熨  检  管  包  输      人体  材料  环境
         板  标  料  版  断  制  烫  查  理  装  送      安全  缝制  时尚
         缩  记                           品          卫生  附属  性、
         放                              质           性穿  品保  再生、
                                                     脱容  存耐  经济、
                                                     易    久    美的
                                                                 效果
           ↓
         市场性  ──►  卖场  ──►  消费者
```

（左侧纵向分类：基础检索分类、商品企划构成分类、基础检索分类）
（右侧纵向分类：市场消费分类）

结构形式,研究极冷、极热状态下的保护功能,防水、防压、防毒、防辐射等功能的服装构造。

表 1-7-1 是服装产业中人体工效学的相互关系,从中可看到各种因子通过人体工效学产生的相互关系。

思 考 题

1. 人体工效学及服装人体工效学的定义。
2. 人体工效学的研究方法及考虑的条件。

第二章 人体静态计测方法和标准

人体测量是人体体型分析和研究的基础。本章介绍人体测量的两种方法,即接触测量法和非接触测量法,分别详细分析两种测量法测量人体部位和测量的原理。重点介绍非接触测量的具体操作和人体测量在对中国人体体型研究时的具体运用。简述国际人体测量标准、各国人体测量的方法和测量标准,并分析其共异性。

第一节 人体静态测量方法概述

人体测量是人体体型分析的基础,研究的目的不同对人体测量部位的选取和测量方法的选择是不同的。

目前,在服装领域的人体测量方法有接触式测量法和非接触式测量法。接触式测量法又分:马丁法(Martin法),滑动量规法(sliding gauge法),复模法(replica法)。非接触式测量法分为:摄影照相法,莫尔图法(Moiréé topography法),着装变形测试法以及最近兴起的3D扫描系统。

一、接触式测量法

(一)马丁测量仪

传统上使用最多并且为世界通用的接触式测量仪器是马丁测量装置,包括:测高仪、触角仪、弯角规、杆状仪、卡尺、人体角度计等,如图2-1-1,可以测量人体高度方向、围度方向、宽度和厚度方向、体表长度、体表角度及测量人体与投影间距离等各种尺寸。它以人体的骨骼端点或关节点为计测点,基准线为水平截面进行测量。整套仪器用全镀镍金属制成,因而温差所引起的测量器具的误差小,测量精度高。

其测量的基本姿势有两种:立姿和坐姿。立姿时,被测者挺胸直立,平视前方,肩部松弛,上肢自然下垂。手伸直并轻贴躯干,左右足跟并拢而前端分开,呈

45°夹角。坐姿时,被测者挺胸坐在被调节到腓骨头高度的坐椅平面上,平视前方,左、右大腿基本平行,膝弯成直角,足平放在地面上,手轻放在大腿上。

我国国家标准规定的人体测量装置由四部分组成:测高仪、弯角规、杆状仪、软尺。

图 2-1-1 马丁测量装置

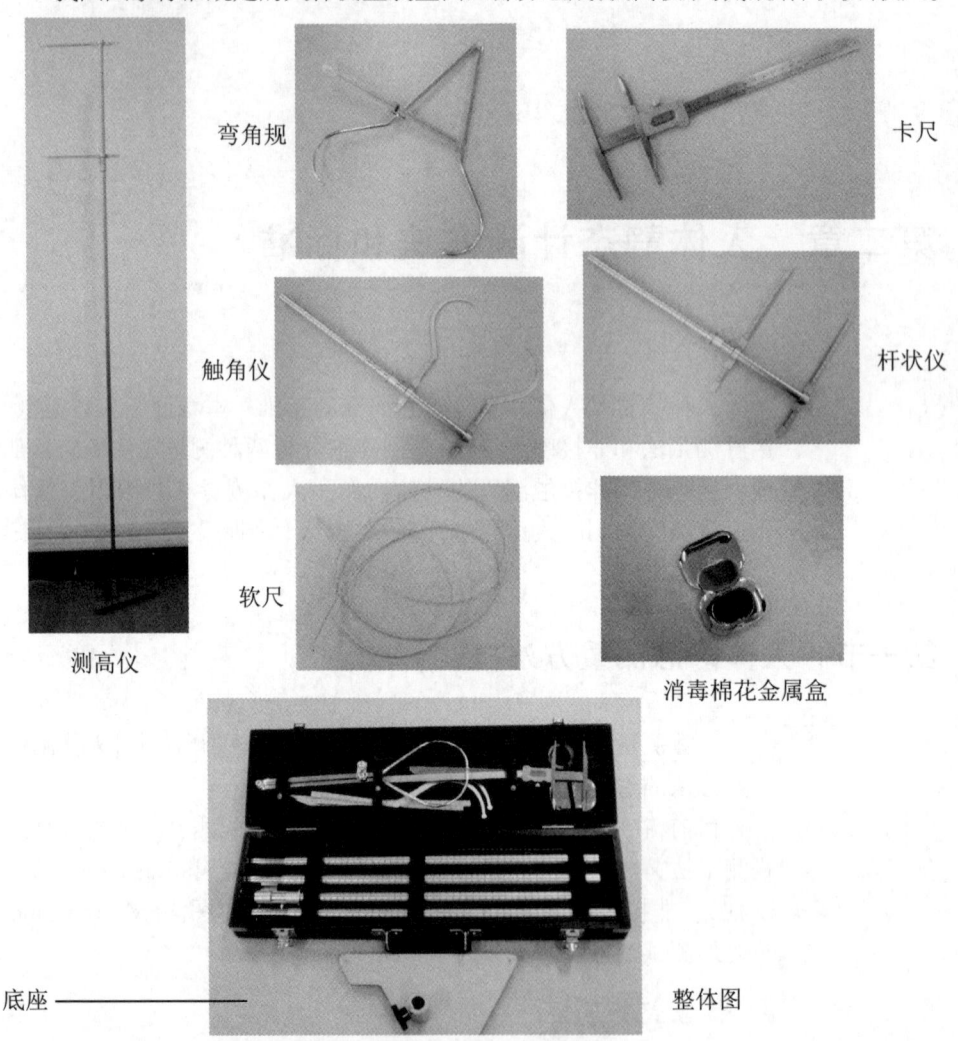

测高仪　弯角规　卡尺　触角仪　杆状仪　软尺　消毒棉花金属盒　底座　整体图

图 2-1-2 人体横截面测量仪

(二)滑动量规测量

滑动量规测量方法也称为截面测量法,是用一组相互平行等长的滑杆在水平或垂直方向滑动。测量时,将滑杆排列固定在某一方向并与参考平面垂直,移动各滑杆使其尖端与人体体表轻轻接触并固定,在坐标纸上记录滑杆各点的位置,最后将所有点连成曲线,即可得到人体横断面的或纵断面的形状,如图2-1-2。

(三)石膏复模法

复模法是在人体表面轻涂油性护肤膏或密着薄纸、薄布、薄膜后,用树脂或石膏轻轻涂覆在人体上,可剥离得到人体体表形状的硬质复制品。使用浸渍石膏液的纱布或绷带贴覆体表的方法称为石膏绷带法。这种方法有助于总体把握人体形态、测量人体表面形状和尺寸变化,特别是由立体向平面展开时的对应关系分析。

1. 实验材料的准备:石膏绷带,剪刀,保鲜膜,荧光笔,油性笔,米尺,水盆,热水,吹风机,如图 2-1-3。

图 2-1-3 石膏试验材料准备图

2. 实验的过程(以人体臂山石膏模实验方法为例):

(1)在人体上布线,基础线要保证横平竖直;

(2)布线以后将保鲜膜贴合于人体,保证保鲜膜和人体之间完全贴合;

(3)在保鲜膜上将布线的线迹重新描好;

(4)将热水调到 37°左右的适宜温度,将石膏带浸入,挤出石膏带里面的起泡,将石膏带拧干敷在保鲜膜上;

(5)将石膏用吹风机吹干、取下即可;

(6)将石膏模型编号,并将实验者身上的线迹擦干净。

石膏模取下时应在两曲面的交接线处剪切、分解,如近似为柱体的石膏模应选择柱体的法线处剪切、分解。

图 2-1-4 石膏试验过程图

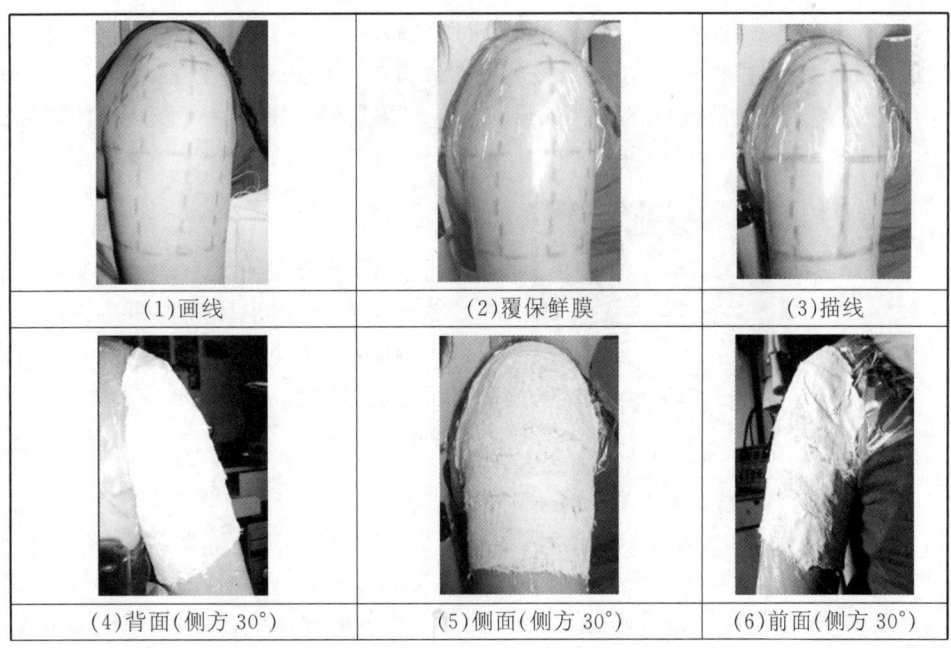

(1)画线	(2)覆保鲜膜	(3)描线
(4)背面(侧方 30°)	(5)侧面(侧方 30°)	(6)前面(侧方 30°)

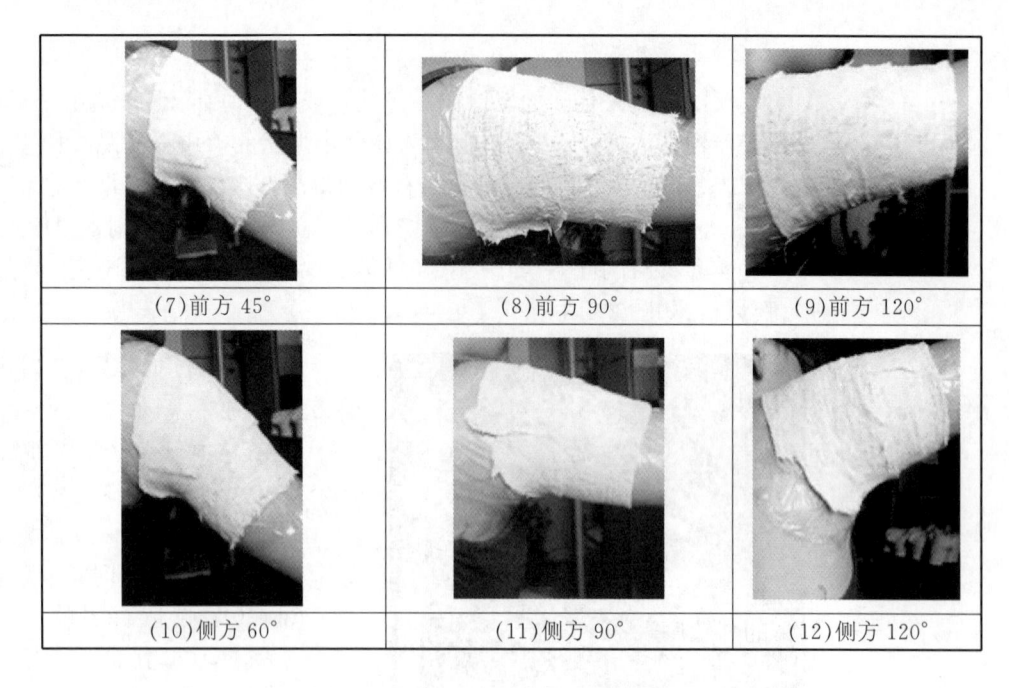

(7)前方45°	(8)前方90°	(9)前方120°
(10)侧方60°	(11)侧方90°	(12)侧方120°

(1)~(3)表示试验过程的细致分解;

(4)~(6)表示侧方30°时石膏覆在人体上时的正面、侧面、背面图;

(7)~(12)为按照(1)~(3)的试验过程得出的手臂及其他6个动作的石膏图。

二、非接触式测量法

(一)摄影照相法

这种方法是将人体运动时的瞬间姿态与动作摄到照片上,然后在照片上进行测量和分析,不会给被测者增加负担。但这种方法受到摄影长度和像差的影响,所以拍摄距离需要10m以上。当采用轮廓摄影时可以从人体正面、侧面、背面按1/10缩尺拍摄。

图 2-1-5 人体莫尔等高图

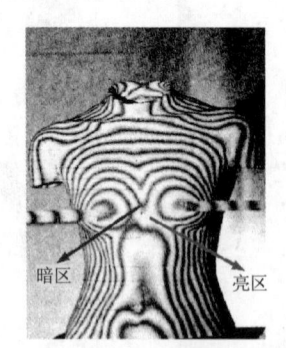

(二)莫尔图法

通过3D光学测量,将所测人体用莫尔条纹体表等高线图形化,可以得出体表的凹凸、断面形状、体表展开图等体型信息。通过静态与动态莫尔图可以计算出运动所引起的垂直或水平断面的形状变化与表面积变化等,如图2-1-5。

(三)着装变形测试法

该方法包括:织物割口法、捺印法、纱线示踪法,如图2-1-6(a),图2-1-6(b)所示。通过测定运动引起着装变形的量来估计形体变化、衣料的伸长和服装的宽松量。但服装变形量不一定等于皮肤的变形量,因为服装变形量与人体运动时的皮肤伸长之间还受衣料与人体间的摩擦系数及服装宽松量的影响。

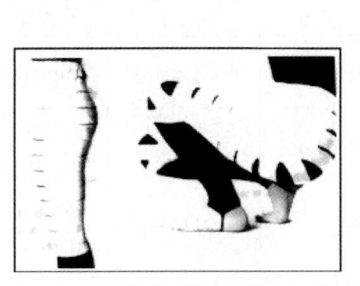

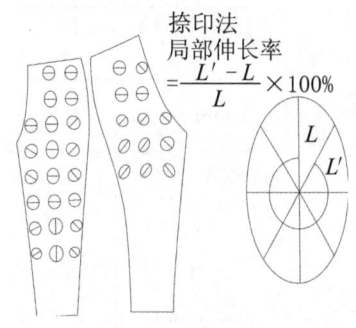

图 2-1-6(a)　着装变形测试法之织物割口法　　图 2-1-6(b)　着装变形测试法之捺印法

捺印法局部伸长率 $=\dfrac{L'-L}{L}\times 100\%$

(四)3D人体扫描系统

3D人体扫描技术是一种新兴的测量技术。早期的人体测量技术是使用2D的照相术获得人体的外形数据,它是由大型栅格墙、一系列日光灯管和一架瞬间照相机组成。到1984年,Wacoal开发了一种计算机外形分析器,可以自动分析物体的外轮廓数据,这已经非常接近使用白光源的非接触3D人体扫描系统。

目前大多数3D人体扫描仪使用光学技术结合光传感器装置,不接触人体来捕获人体表面数据。由一个或多个光源,一台或多台捕获装置,一套计算机系统以及可以显示采集数据的监视器组成。3D扫描仪的基本类型有激光型、白光型、表面跟踪系统,但是表面跟踪系统目前不能用于采集人体体型。不论使用何种原理扫描其主要流程都是类似的,见图2-1-7。

图 2-1-7　3D人体扫描系统流程图

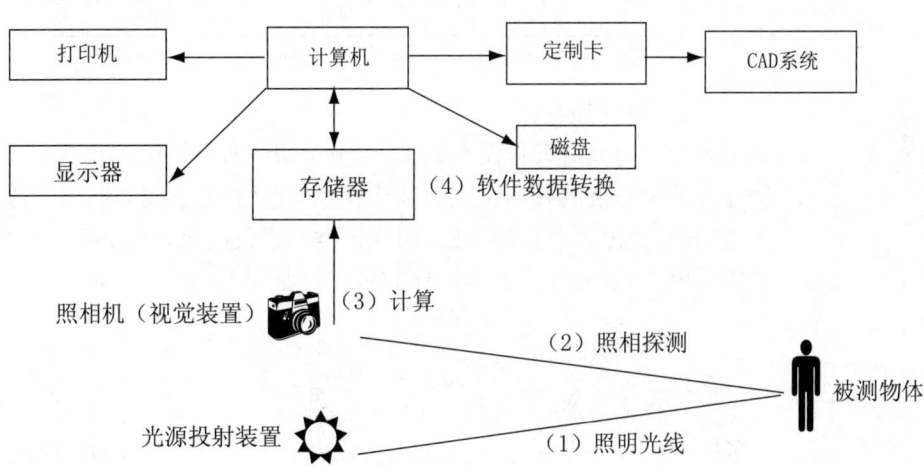

首先被测物被光源照亮并由白光或激光扫描,接着CCD相机探测到被测物反射光,通过反射光的表现形式可以计算目标与CCD相机之间的距离。最后,使用软件将距离数据转换为3D的表现形式。在服装工业中,3D扫描仪得到的测量数据可以储存在定制卡中并应用于CAD系统进行服装生产。

目前国外使用的3D扫描系统有十几种,仅仅在光源形式和方法上稍有差异。按其作用原理可以分为以下三种:普通光扫描法,激光扫描法,基于PSD的发光二极管法,见表2-1-1。

表2-1-1 常见3D扫描系统分类

普通光系统		激光系统		其他系统	
开发单位	产品名称	开发单位	产品名称	开发单位	产品名称
Hamamatsu	BL Scanner	Cyberware	WBX, WB4	Immersion	Micro Scribe 3D
Loughborough University	LASS	TechMath	Ramsis, Vitus Pro, Vitus Smart	CAD modeling	SCANFIT
[TC]²	2T4, 3T6	Vitronic	VITUS	Dimension 3D-System	Scan book, 3D Scan Station Body
Wick and Wilson Limited	Triform Bodyscan	Hamano	Voxelan		
TELMAT	SYMCAD 3D Virtual model	Polhemus	FASTSCAN		
Turing	Turing C3D	3D Scanners	REPLICA, Model Maker		
Puls Scanning System GmbH	Puls Scanning System				
H. K.	Shadow				
Polytechnic University	moiré body scanning system				
CogniTens	Optigo 100 system				

* 因为表格中的公司和产品名称均为专有名词,仍保留其原文(作者注)

1. 普通光扫描法

因为普通光对人体没有危害,目前采用此种方法的扫描仪居多。但是这类以普通光源为基础的扫描系统面临表面反射和干扰条纹的问题。因为人体皮肤是半透明的,会出现严重的阴影,因此这类扫描仪的操作室必须是暗室,以避免不必要的反射光,香港理工大学设计的扫描仪原理如图2-1-8所示。

图2-1-8 香港理工大学莫尔条纹系统原理图

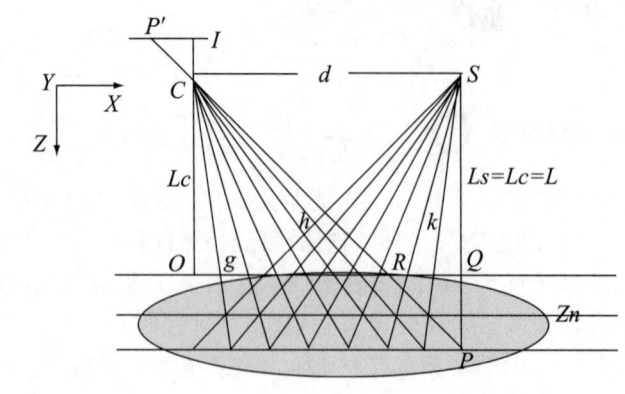

$P=h$与k的交点
$I=$假想平面
$P'=$莫尔条纹中I上的一点
$k=$投射光线
$h=$观察视线交叉线
$g=$相邻栅格线的间距
$n=S$点与C点交叉线的根数

该扫描系统满足如下等式：

$$\frac{QP}{OC}=\frac{RQ}{OR} \quad \frac{Zn}{L}=\frac{ng}{d-ng} \quad Zn=\frac{ngL}{d-ng}$$

[TC]^2(The Textile Clothing Technology Corporation)使用白光并提出了相位测量法(phase measuring profilometry,简称PMP)。PMP法在光线投射技术上类似莫尔法,但其数据采集采用相位步进技术(phase-stepping),随着不同的相位而改变预置栅格的距离,并捕获每一个点的数据。投射装置发出的栅格线与参考线相交形成干涉条纹,而人体或其他被测物的形状是不规则的,这会在产生的干涉条纹中反应出来,同时与计算机相连的CCD照相机能探测变形的条纹,见图2-1-9。

图2-1-9 [TC]^{2}中投射器、相机与被测物之间的三角区

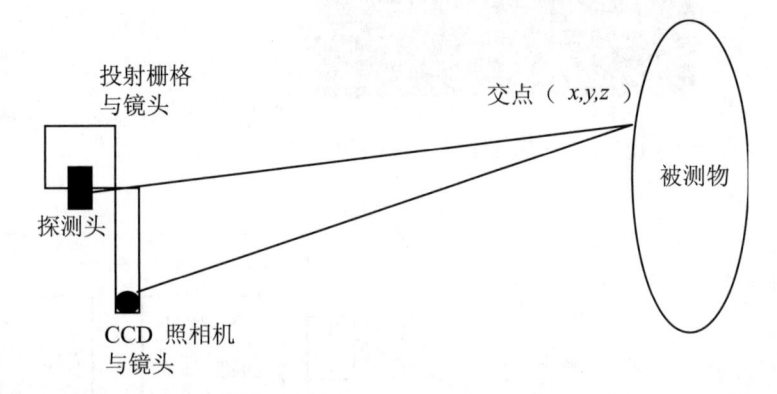

PMP过程立即出现的结果是4个角度(右前,左前,后部的上身和下身)的数据点阵云,此时得到的只是初步计算的结果,还需经过过滤、平滑、填充和压缩等数据处理得到进一步输出值。利用计算机图形学的有关知识进行处理,获得测量部位数据,而如何从3D图形中获得人体部位的数据则是各3D扫描仪软件技术的核心。

2.激光扫描法

激光扫描系统与使用莫尔原理的白光系统不同,没有水平的光栅线,也不需要遮光良好的黑色小房子,它采用的是传感器探测。当一束激光照射到被测物,通过一台或多台图形传感器(例如CCD相机)来获取3D曲线条纹,如图2-1-10所示,它需要一套扫描控制软件。

图2-1-10 激光系统中的条纹扫描

据报道,Cyberware的激光系统比其他系统得到的结果更好,测量干扰小,精确度高,但价格更昂贵。与其他扫描系统不同的是,激光系统还可以生成RGB颜色值,可以用颜色区分扫描后导出的数据。Cyberware的WB4和WBX系统以及ARN Scan的Fast Scan和Vitus[14]系统采用的就是激光系统原理,WBX和WB4是该公司开发的专门用于人体扫描的系

统,目前美国 Natick 军需研发中心用它来分析美国军人体型,并用于盔甲和制服的研究,图 2-1-11 是 WB 系列软件系统的一个界面。

图 2-1-11
Cyberware 的
WB 界面

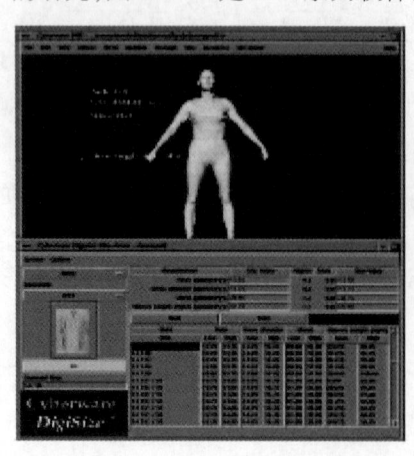

3. 基于 PSD 的光电二极管法

基于位置传感探测器(PSD)的光电二极管(LED)技术应用于日本的 Hamamatsu 人体扫描系统中,它也属于普通光扫描仪。红外光电二极管通过脉冲传送并通过投射镜头从被测物表面反射成像,第二级镜头收集光线并聚焦到探测器上。在该系统中,PSD 的作用是用来探测质心的位置。如图 2-1-12 所示,从被测物反射的光线冲击光电二极管和 PSD,光电子在二极管中向两极发散。由于 PSD 的单向性,结合机械扫描部分,多重传感器和电视觉扫描步骤可以得到 3D 图像。

图 2-1-12
基于 PSD 的
LED

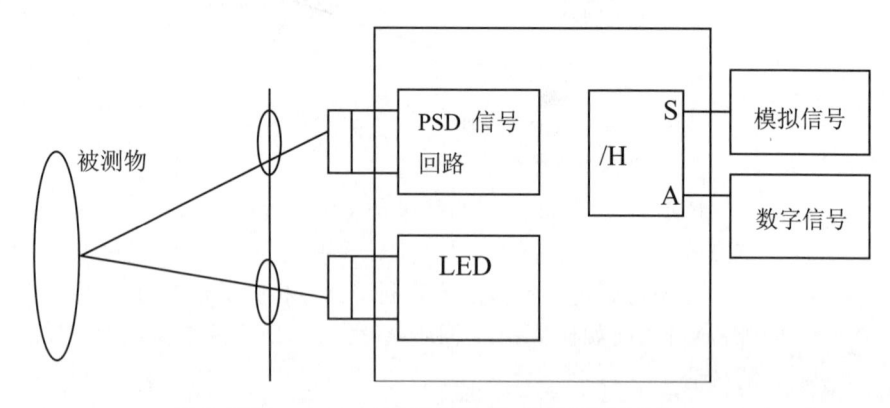

Hamamatsu 系统使用 8 台呈 U 形排列的传感器,测量值由 3D 点阵云导出,如图 2-1-13 所示。该公司最初开发的 BL 扫描仪用于日本女性人体躯干研究,为设计紧身内衣提供第一手数据。现在,该公司在美国、英国、德国和日本都有研究和应用机构。

图 2-1-13
HamamatsuBL
的 8 个扫描头

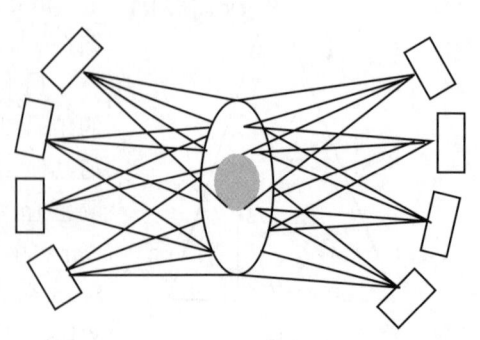

（五）3D 扫描技术的应用实例

1. 人体数据库的建立

目前,在美国有"SIZE USA"和 3D centre 的项目,在英国有"SIZE UK"的大规模人体测量活动。其目的一方面是为了获得最新的人体数据,建立本国国民人体体型数据库。另一方面也是因为本国的服装号型标准陈旧滞后,不能适应当前的需要,通过测量活动来获得有关数据,帮助修订有关标准。

2. 企业定制化服务

利用 3D 人体扫描技术快速、准确、便捷的特点,对于特定的顾客群进行扫描,掌握他们的数据,达到定制化的服务。顾客可以买到称心如意的服装,不仅合体,而且美观,具有个性。

美国的 Brooks Brothers 采用 3D 人体扫描仪测量顾客的人体尺寸,顾客可以自己选择面料和款式,定制服装。定制时间由原来的几个月缩短到两、三个星期,并且尺寸更加精确,深受顾客的欢迎。

Levi strauss 在牛仔裤的设计和生产上,利用 3D 人体扫描系统为顾客定制牛仔裤。它的 personal pair system 牛仔裤成本比专卖店货架上销售的减少一半,利润增加超过 5 倍。当然这是建立在 CAM 等服装生产数字化基础上的。

随着我国服装生产现代化、数字化程度的增加,无论是服装的大规模定制,还是个性化定制都成为可能,也是服装行业未来发展的模式。更重要的是如何与服装 CAD 系统、服装的数字化生产很好地结合,真正实现服装生产的快速反应。

3. 服装的虚拟展示,试衣系统

利用计算机图形学知识,处理扫描系统中得到的人体,重建 3D 人体模型。随着电子商务的不断发展,人们日益接受网上购物,虚拟展示试衣系统地位日益提升,人们更渴望看到逼真的展示效果。而 3D 扫描仪中可以得到有关的数据,只需人们进一步编辑处理就可以实现,更为真实可靠。

4. 体型跟踪和指导

国外一些健身机构,使用 3D 扫描仪来跟踪体型,让顾客直观感受经指导下雕塑体型的效果。或者让顾客选择理想的体型,然后根据顾客选择制定健美计划。

第二节　人体静体态测量

一、人体的方位

服装上所用人体方位,基本上是和人体工程学、解剖学一致的。一般用六面体来确定出人体的 6 个方位,即前后面、左右面和上下面。在明确人体方位后,可以确定如下的基准线、基准面和基准轴,如图 2-2-1。

图 2-2-1
人体的方位
和基准

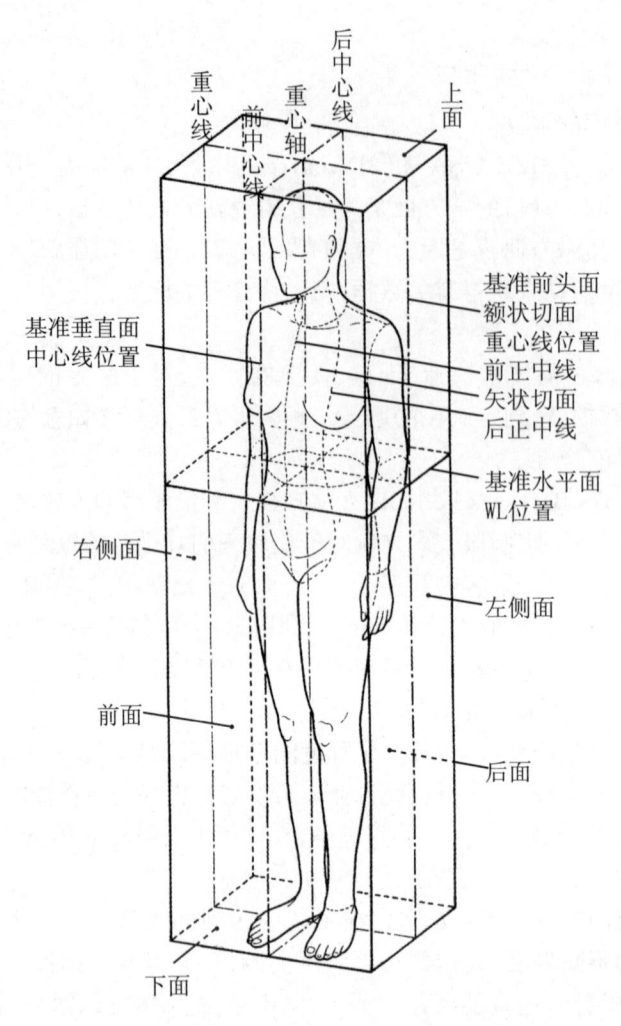

基准线有三条,即前中心线、后中心线、重心线;基准面也有三个,即矢状切面(前后中心线位置,又称基准垂直面或者正中面)、额状切面(重心线位置,又称基准前头面)、水平切面(腰围位置,又称基准水平面);基准轴一条,即重心轴(又称体轴)。通过人体前面正中的基准垂直面切开,就得到前中心线、矢状切面、后中心线。所有与矢状切面相平行的面称为矢状面。而对服装造型有用的矢状面是通过人体突出部位的矢状面。在重心线位置,设一个面与矢状切面(基准垂直面)垂直相交,称为额状切面(基准前头面),这两个切面的垂直相交线为基准轴。

如果使用图 2-2-1 所示的额状切面,那么人体轮廓线在颈部变细、膝下消失,得不到真正的人体体型,一般我们使用体侧的曲势线来剖切人体的额状面。曲势线是指通过头顶、颈中间、臂根中间、腰宽中间、大腿根、膝宽、脚踝中间,沿各部分趋势构成的曲线。

基准水平切面设在上下身分界的腰围线上,通过与该平面相平行的其他水平断面可以了解人体横截面的体型情况。

二、人体静态特征

(一)骨骼

1. 骨骼的组成

人体一共有 206 块骨骼,可以分为躯干骨和四肢骨。其中颅骨主要由脑颅骨和面颅骨组成。脊柱由 7 块颈椎、12 块胸椎、5 块腰椎、1 块骶骨、1 块尾骨和椎间盘组成。胸廓由胸骨、12 对肋骨与 12 个胸椎及椎间盘连接构成。骨盆:由骶骨、尾骨和两块髋骨组成。上肢骨由 64 块骨组成,肩关节可拆装,肩、肘、腕等关节可自由活动。下肢骨由62块骨组成,髋关节可拆装,髋、膝、踝均能活动。

2.骨骼的作用

骨骼的主要作用有:

(1)支撑,能使身躯站稳,保持人的基本形状;

(2)保护,全身的重要器官都在骨骼的保护下,例如,胸骨可以保护心、肺器官,骨盆可以保护膀胱;

(3)运动,骨骼同关节、肌肉协调作用可以完成坐、立、走等动作。

3.服装人体测量有关的骨骼位置

和服装行业中人体测量密切相关的人体骨骼上的主要标志点,如图2-2-2。

图2-2-2 人体骨骼上的主要标志点

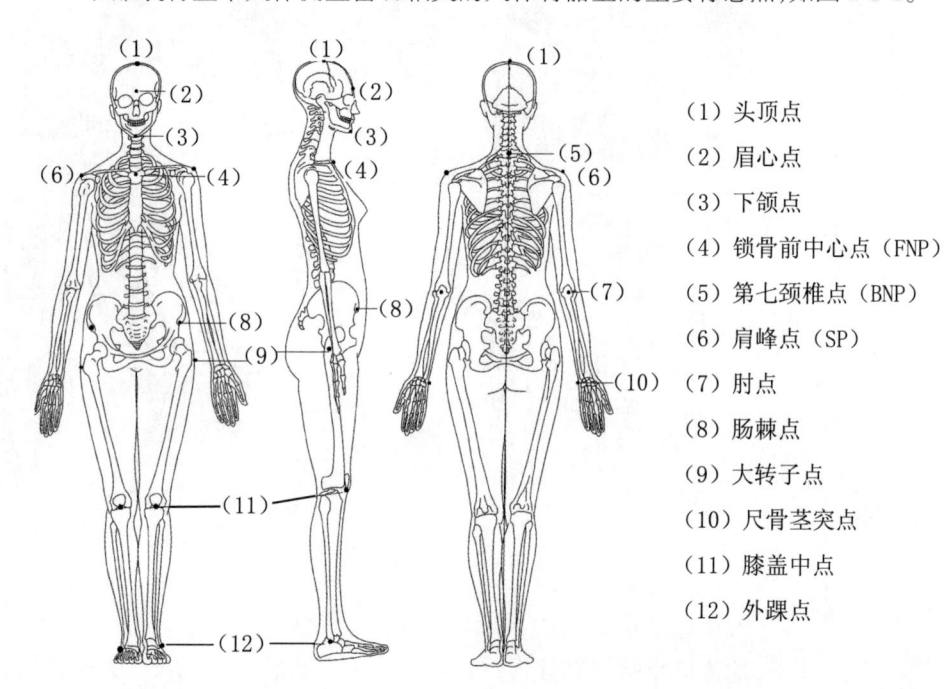

(1) 头顶点

(2) 眉心点

(3) 下颌点

(4) 锁骨前中心点(FNP)

(5) 第七颈椎点(BNP)

(6) 肩峰点(SP)

(7) 肘点

(8) 肠棘点

(9) 大转子点

(10) 尺骨茎突点

(11) 膝盖中点

(12) 外踝点

(二)肌肉

1.肌肉的分类及其定义

人体的肌肉有600多块,如图2-2-3,有三种基本类型:第一种是骨骼肌,也称横纹肌,主要附着在骨骼表面;第二种是平滑肌,就是为血管、胃、消化器官以及其他内脏充当衬里的不随意肌;第三种是心肌,就是心脏所特有的肌肉组织,能自动地有节律地收缩。

骨骼肌是能在意识控制下作强力的收缩的肌肉,包括人的四肢、躯干上可以自由活动的肌肉。平滑肌包括人的大部分内脏,平滑肌不受意识支配,不能随意活动,但受神经支配,因此可以经常收缩、放松,但收缩力不大,缓慢持久,不易疲劳。心肌是具有纹理的心脏肌肉,但纹理比骨骼肌疏,心肌也是不随意肌,心脏以一定的速率跳动,不随人的意志而改变。

图 2-2-3
人体肌肉
分布图

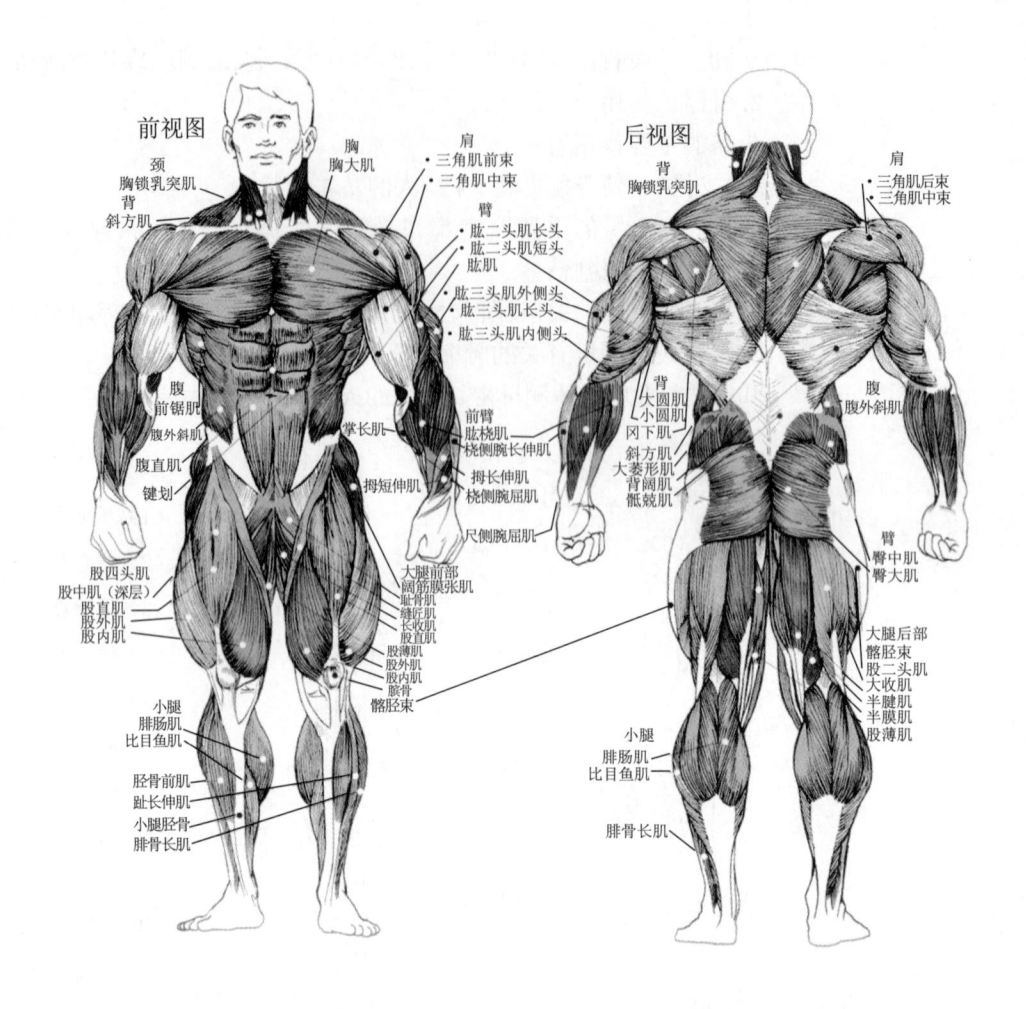

2.肌肉的形状

肌肉的形状可以分为：纺锤状肌、半羽状肌、羽状肌、二头肌、三头肌、四头肌、二腹肌、锯齿肌等，如图 2-2-4。

图 2-2-4
肌肉的形状

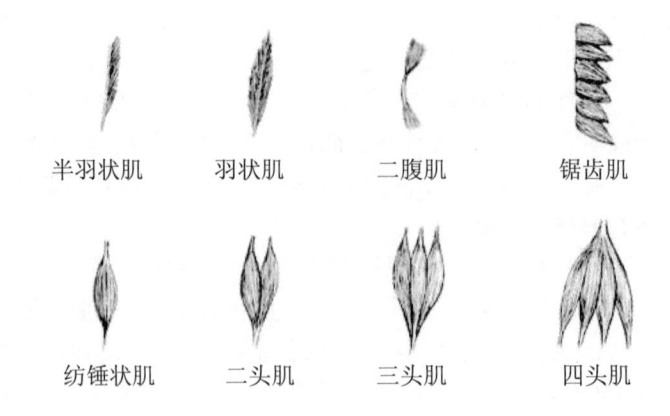

3.肌肉的作用

肌肉的主要作用有以下方面:

(1)屈曲和伸展,例如,完成肘部关节的屈曲;

(2)内转和外转,例如,四肢远离人体重心轴,靠近中心轴;

(3)向内回旋和向外回旋,例如四肢的旋转;

(4)上举和下放,例如,上肢向上举和放下;

(5)括约和放大,例如,张嘴;

(6)紧张。

(三) 比例

根据不同的需要,可以从不同的角度来研究人体的比例。有头身比、黄金分割比、人体自身百分比、相互比。

1.头身比

以人体的头高作为衡量身高的标准。一般,亚洲男子的头身比在7.1~7.3之间,亚洲女性为7.0~7.2之间。欧洲男性头身比为7.3~7.5,欧洲女性为7.1~7.3,如图2-2-5。

图2-2-5 人体头身比示意图

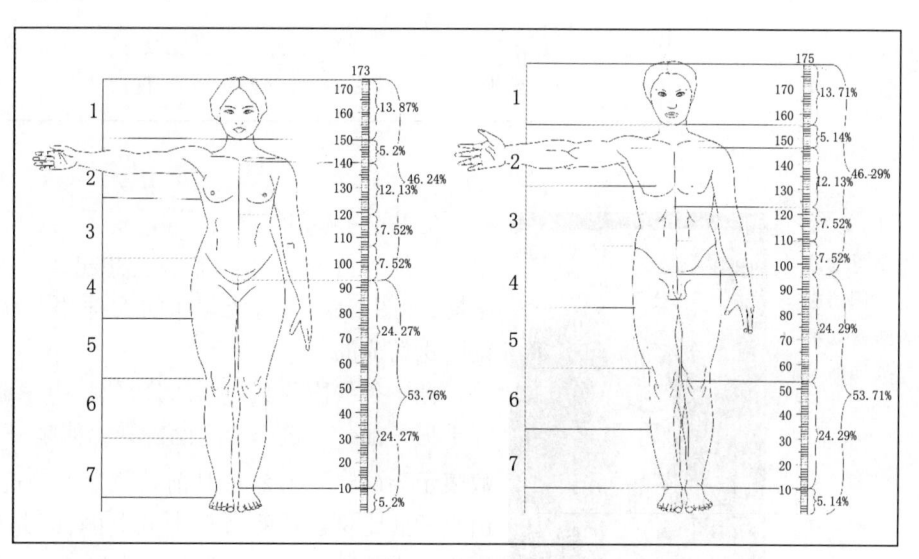

2.百分比

在头身比为7的基础上,以人体自然站立时的身高为100%,其他部位分别与身高的不同比例,用人体身高为基数表示各部位的长度,当人体处于椅坐位时为75%,蹲位时为62.5%,着地坐时为50%,如图2-2-6。

图 2-2-6
人体百分比
示意图

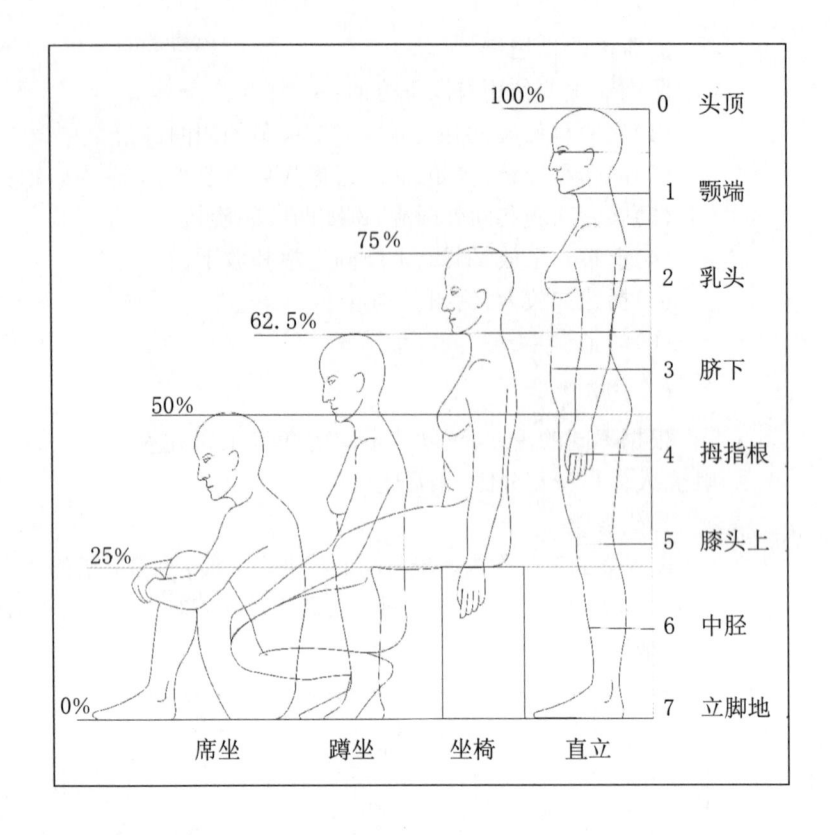

图 2-2-7
根据黄金分
割比例铸成
的断臂女神
维纳斯

3. 黄金分割比

一提到黄金分割，人们就会想起那美丽的断臂女神维纳斯，如图 2-2-7。这位美丽的女神雕像就是根据黄金分割比例铸成的。

把一条线段分割为两部分，使其中一部分与全长之比等于另一部分与这部分之比。其比值是一个无理数，用分数表示为$(\sqrt{5}-1)/2$，取其前三位数字的近似值是 0.618。由于按此比例设计的造型十分美丽，因此称为黄金分割，也称为中外比。在长度为全长的约 0.618 处进行分割，这个分割点就叫做黄金分割点。这是一个十分有趣的数字，我们以 0.618 来近似表示，通过简单的计算就可以发现：

$$1/0.618=1.618 \qquad (1-0.618)/0.618=0.618$$

在人体中也存在着很多黄金分割，如图 2-2-8。

$Y : X = 1.618$

$Y' : X' = 1.618$

$(X+Y) : Y = 1.618$

图 2-2-8 人体黄金分割比示意图

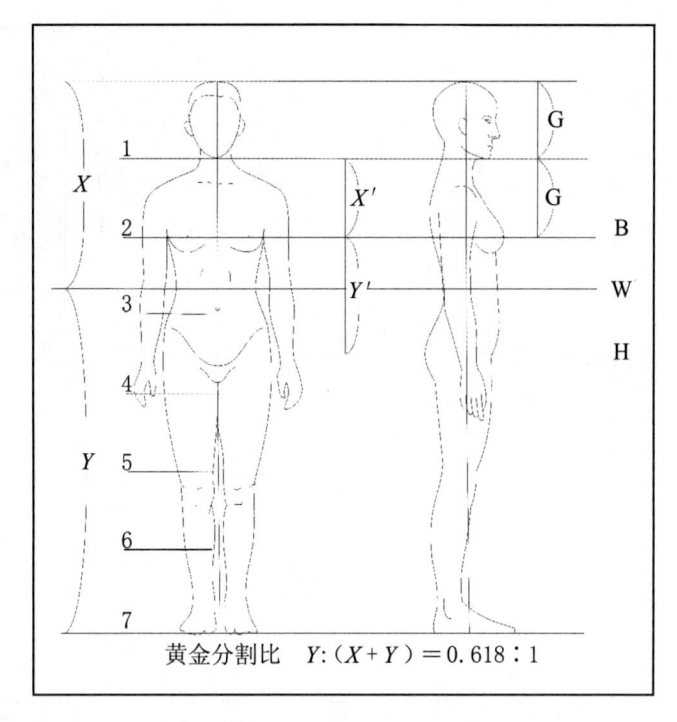

黄金分割比 $Y:(X+Y)=0.618:1$

最美的女性人体是脐点至脚底长/头顶点至脚底长＝0.618；

最美的女性人体上身比例为胸围至臀围纵向长度/下颌点至臀围纵向长度＝0.618。

4.相互比

人体是一个奇妙的系统，在人体本身就能发现很多尺寸是相互关联的。例如，头长≈前臂长≈脚长；身高≈双臂平举时两中指间水平长(指极)；中指长≈1/2头高。

5.年龄相异的头身比

同一人体在其生长过程中，不同年龄时体型的比较可以反映出人体体型随年龄增大的变化特点，图 2-2-9 为中国人体头身比随年龄的变化过程。从图中可以看到男性从婴儿的 4.14 个头身→9 岁的 6 个头身→16 岁的 7.2 个头身→25 岁由于围度的发育，头身比反而降低为 7.1 个头身。女性从婴儿的 4.1 个头身→9 岁的 6.2 个头身→16 岁的 7 个头身→25 岁的 7 个头身。

（四）关节

见第三章第一节（一）人体的运动机构

（五）人种

1.人种的分类及其特征

图 2-2-9 人体不同年龄阶段头身比变化趋势

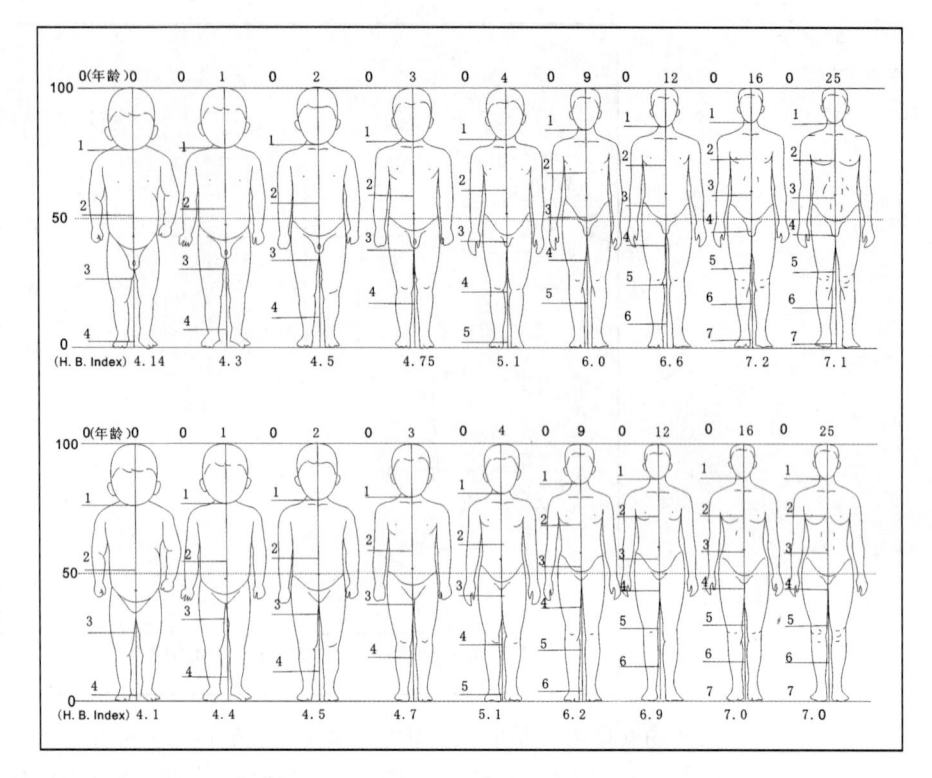

人种是世界人类种族的简称,是指人类在一定的区域内,历史上所形成的、在体质上具有某些共同遗传性特征(包括肤色、眼色、发色和发型、身高、面型、头型、鼻型、血型、遗传性疾病等)的人群。人种的概念,最初于1684年由法国博物学家伯尼埃首先提出的。最早的人种分类,是3000多年前古埃及第十八王朝西替一世坟墓的壁画,它以不同的颜色区别人类,将人类分为四种:第一,将埃及人涂以赤色;第二,亚洲人涂以黄色;第三,南方尼格罗人涂以黑色;第四,西方人及北方人涂以白色。成为今日将人类分成白种人、黄种人、黑种人、褐色人的基础。

被誉为"西方人类学鼻祖"、"人类之父"的德国格丁根大学教授布鲁门马赫,是第一个用科学方法进行分类的,他根据肤色、发色和发型、眼色、身高、头型等体质特征,以及原住居民地,把现生人类划为五大人种:

(1)高加索人种(白种)。皮肤白色,头发栗色,头部几成球形,面呈卵形而垂直,鼻狭细,口较欧洲和西亚、北非的居民竖之,但芬兰人、拉普兰人等除外。

(2)蒙古人种(黄种)。皮肤黄色,头发黑而直,头部几成方形,面部扁平,鼻小,颧骨隆起,眼裂狭细。西亚以外的亚洲人和北部的因纽特人、拉普兰人和芬兰人属之,但不包括马来人。

(3)非洲人种(黑种)。皮肤黑色,头发黑而弯曲,头部狭长,颧骨突起,眼球突出,鼻厚大,口唇胀厚,多数人有八字脚。除北部非洲人外,其他非洲人皆属之。

(4)美洲人种(红种)。皮肤铜色,头发黑而直,眼球陷入,鼻高而宽,颧骨突出。除因纽特人外,其他美洲原住居民属之。

(5)马来人种(棕种)。皮肤黄褐色,头发黑而屈,头部中等狭细,鼻阔、口大。太平洋诸岛和马来半岛居民属之。

这个划分可说是人种的地理分类。其实,美洲的红种人并不存在,印第安人是黄色人种的一大分支,由于他们崇敬红色,常用红颜料涂脸,被误为红种人。再者,不同的人种有不同的血液特征、遗传疾病、遗传基因等,所以,学者们都用各自不同的标准对人种进行分类。因此,对现代人种的分类问题,至今尚未取得一致的意见。

不过20世纪50年代以后,在布氏分类基础上又增加了指纹、血型等指标,使人种的划分逐渐与现代科学结合起来,逐步形成了目前公认的人种划分标准。

黑种人起源于热带赤道地区,该地区在一年之内受到太阳的直射时间长,气温高,紫外线强烈。长期居住在此地的人群,经长期自然选择,逐渐形成一系列适应性特征:皮肤内黑色素含量高,以吸收阳光中的紫外线,保护皮肤内部结构免遭损害;体表汗腺密度特别大,以便在极度炎热时能维持或迅速恢复正常体温;鼻低宽,鼻孔通道短,嘴唇厚、嘴裂大、体毛少,便于散热;头发像羊毛一样卷曲,使每根卷发周围都有许多空隙,空隙充满空气,空气传热性差,因此,卷发有隔热作用,保护大脑不受伤害等,如图2-2-10,2-2-11。

图 2-2-10　黑种人的面部特征　　　　图 2-2-11　黑种人体

关于白种人的祖先与其他色种的祖先,迄今的结论是他们都来自非洲东部赤道附近地区,后迁徙到欧亚较为寒冷地区,该地区阳光斜射,光线较为微弱,紫外线也弱,当地居民体内黑色素含量低,皮肤呈浅色;身体较粗壮高大,以减少热量散失;鼻子高窄,鼻孔通道较长,以预热吸进的冷空气;体表毛发密稠,眼窝深凹,眼睑翻叠,以防外界寒冷空气进入等,如图2-2-12,2-2-13。

图 2-2-12　白种人面部特征　　　　　图 2-2-13　白种人体

黄种人祖先定居于亚洲温带地区,其肤色和身体特征的适应性具有黑白两色人种的过渡性,如图 2-2-14,2-2-15。

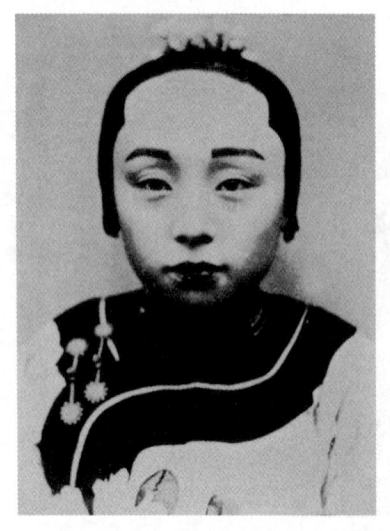

图 2-2-14　黄种人面部特征　　　　　图 2-2-15　黄种人体

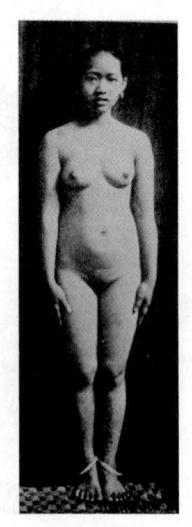

近几百年来历史证明,以上三大人种的相互混合,又长期地稳定在一定的地域内,也能产生新的人种。如美国黑人其祖先来自非洲,它们与欧洲去的美国白人长期混合,现美国黑人体内已有20%以上白种人遗传因子,所以,在体质上已明显地区别于非洲黑人,构成新的人种。在巴西,则是印第安人、西班牙人、葡萄牙人、日本人、中国人等的混合,经过相当长时期的发展,也形成了新的人种——混血人种。

美国科学家 S. M. 长恩,在经过长达 10 年的酝酿和调查之后,他认为全世界有 9 大地理人种,并划分出 32 地域人种。

(1) 美洲印第安人种

指欧洲人、非洲人到来之前,北起阿拉斯加,南至南美洲南端,包括整个南北美洲的原有居民。他们散布在偏僻的地区,以狩猎、采集或半农业为主,人口不多,在遗传上常呈完全独立的状态。其特征是具有棕黄色皮肤,黑色粗直的头发,铲形门牙,突出的颧骨,鼻梁较突,体毛疏少,在 ABO 血型系列中,O 型、B 型频率高,明显地不同于有联系的亚洲地理人种的血型。

(2) 波利尼西亚人种

指分布于东太平洋广大地区,自夏威夷和波利尼西亚群岛,直至新西兰一带的人群。

(3) 美拉尼西亚——巴布亚人种

指分布在新几内亚岛、斐济群岛的人群,肤色为棕色,宽鼻型,黑色头发呈直或卷曲状,体毛少,在 ABO 血型系列中,B 型频率低。太平洋其他岛屿的人群,其特征是皮肤呈暗棕色,圆型头,毛发卷曲,眉脊发达,鼻尖呈钩形,肩胛窄。

(4) 澳大利亚人种

指欧洲人到来之前,分布在澳洲的原有人群。其特征是褐色皮肤、波状或卷曲状头发,线状体型,有很大的牙齿、明显的眉脊,颌骨外突,体毛中等浓度,在 ABO 血型系列中,B 型频率很低。

(5) 亚洲地理人种

主要指分布在亚洲大陆,乃至日本、菲律宾、苏门答腊、婆罗洲群岛等地的人种,又称为蒙古地理人种。其特征是皮肤呈浅黄色,头发黑而直,胡须与汗毛稀少,脸形扁平,颧骨较高,眼皮有波浪状的蒙古褶,在 ABO 血型中 B 型频率很高。

(6) 印度地理人种

指分布在南亚,自喜马拉雅山南麓到炎热的印度洋地区的人群。其特征是皮肤自北至南由浅色到深色,眼睛呈蓝色,头发呈黑色或黄色、直式波浪形,在 ABO 血型系列中 B 型频率高,不同于欧洲地理人种,而与亚洲地理人种相似。

(7) 欧洲人种

包括分布在欧洲的若干地域人种以及部分散居于西亚、北非、西非等白色人种,又名高加索地理人种。其特征是肤色浅,鼻梁高窄,头发直硬或波浪形、呈金黄色或褐黑色,嘴唇薄,体毛浓度、胡须和腮毛特别发达。男子秃顶频率高,在 ABO 血型系列中,常掺入 A2 血型,Rn 型频率高。

(8) 非洲人种

指分布在撒哈拉沙漠以南整个非洲在内的若干地域人种,又称尼格罗地理人种。其特征是皮肤黑至深褐色,头发短而卷曲,嘴唇厚而外翻,鼻子短宽,颌部明显突出,体毛稀少,在 Rn 血型系列中,R0 型频率高,体内常具有对疟疾有一定免疫力的镰刀形血球。

(9) 密克罗尼西亚人种

指分布在密克罗尼西亚群岛以及西太平洋一些岛屿的人群。其特征是身材矮小、肤色、毛色较深、长头型、头发多呈波纹形、螺旋形、全身多毛。血型频率与波利尼西亚人种相似，但B型频率较高。

长恩的九大地理人种分类的长处是简便好记，比较符合客观实际，因而受到学术界的重视和公认。但也有缺陷，如美洲印第安人种地理范围太大了；南美印第安人和北美印第安人在体质上也有明显的区别，应考虑分开归属问题。再如长恩的人种划分都局限在公元1500年以前(即地理大发现时代以前)的人种分类和分布，忽视了地理大发现时代及以后，欧洲人、非洲人等向南北美洲、澳洲等地的大迁移，由此引起了人种大融合，从根本上改变了美洲、澳洲人种分布等事实。随着时间的推移，这种融合愈来愈靠近，由此把南北美洲划为北美地理人种和拉丁美洲地理人种，是比较适宜的。

另外，还有报道称在热带雨林地区，考古探险队员曾发现罕见的绿色人种和蓝色人种，不过这些都没有得到充分考评。

2. 世界各洲与人种

亚洲又名亚细亚洲，位于东半球的东北部，东、北、南三面分别濒临太平洋、北冰洋和印度洋，西靠大西洋的属地中海和黑海。人口约38.23亿，占世界人口的60.7%，居民多为黄种人，约占全洲人口的3/5以上。其次是白种人，黑种人较少。

欧洲又名欧罗巴洲，位于东半球的西北部，亚洲的西南。北临北冰洋，西濒大西洋，南隔地中海与非洲相望，东以乌拉尔山脉、乌拉尔河、大高加索山脉、博斯普鲁斯海峡、达达尼尔海峡同亚洲分界，西北隔格陵兰海、丹麦海峡与北美洲相对。人口约7.26亿，占世界总人口的11.7%。居民绝大部分是白种人(欧罗巴人种)。

非洲又名阿非利加洲，位于东半球的西南部，地跨赤道南北，西北部的部分地区伸入西半球。东濒印度洋，西临大西洋，北隔地中海河直布罗陀海峡与欧洲相望，东北隅以狭长的红海与苏伊士运河紧邻亚洲。人口约8.5亿，占世界总人口的13.4%，居第二位。非洲是世界上民族成分最复杂的地区。大多数民族属于黑种人，其余属白种人和黄种人。

大洋洲位于太平洋的西南部和南部的赤道南北广大海域。大洋洲的范围有广义和狭义两种，狭义的是指东部的波利尼西亚、中部的密克罗尼西亚和西部的美拉尼西亚三大岛群。广义的是指，除上述三岛群外，还包括澳大利亚、新西兰和新几内亚岛。人口约3233.4万，约占世界人口的0.5%，是除南极洲外人口最少的一洲。

北美洲又名北亚美利加洲，位于西半球北部，东滨大西洋，北濒北冰洋，南以巴拿马运河为界与南美洲相分。人口50666.5万，约占世界总人口的8%，大部分是欧洲移民的后裔，以盎格鲁萨克逊人最多，其次是印第安人、黑人，还有因纽特人、波多黎各人、犹太人、日本人和华侨。

南美洲，又名南亚美利加洲。位于西半球的南部，东濒大西洋，西临太平洋，北滨加勒比海，南隔德雷克海峡与南极洲相望。人口约36227万，占世界人口的

5.7%,民族成分比较复杂,有印第安人、白人、黑人及各种不同的混血型,以印欧混血型最多,黑人最少。

图2-2-16 世界人种分布图

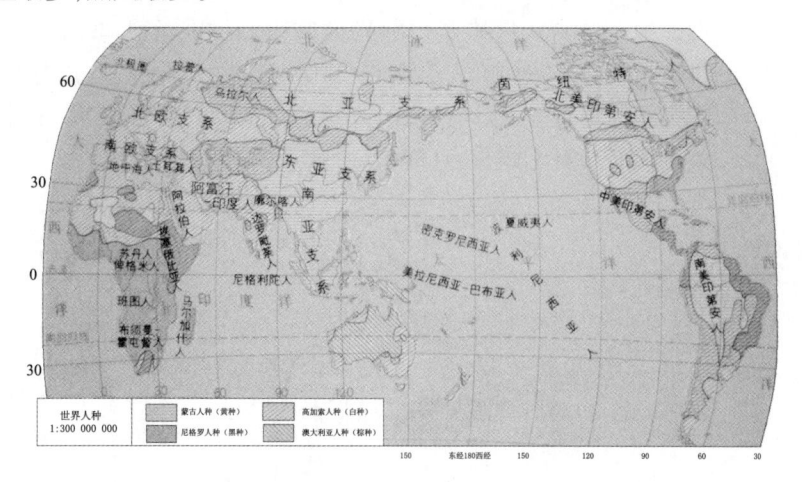

第三节　接触测量法和非接触三维人体扫描法的应用比较

随着计算机技术的不断发展以及服装数字化工程建设的不断深入,非接触式三维人体扫描仪以其测量快速、方便、大大减少人的劳动等优点迅速成长,作为一种新型的人体测量技术日益受到人们的关注。技术的更新就是为了把人们从大量的重复性劳动中解脱出来,因此三维人体扫描仪是今后人体测量的发展方向,也是服装定制化生产中不可缺少的一个环节。但是一方面由于人们对传统的接触式测量法使用已久,有一定的依赖性,另一方面由于人们对新型的三维人体扫描仪的认识不够,对它测量的人体数据的可靠性还有待证实,并且它的开发原理不同、测量部位定义不同都影响着测量部位的数据,更何况目前对3D人体扫描仪没有一个正式的标准,为此需要对三维人体扫描仪进行全面的分析,讨论三维人体扫描仪在服装业的应用发展基础。因此把非接触式三维人体扫描仪和接触人体测量法进行比照可以帮助我们进一步了解三维人体扫描仪,在此采用的人体扫描仪为美国$[TC]^2$(美国纺织技术中心)的三维人体扫描系统。

本节从测量的标记点、测量姿势、测量部位数和速度等方面对两种测量方法进行探讨。在数据比较上对同一个样本同时采用了两种测量方法进行测量,以减小样本本身差异对比较结果的影响,从而构成配对样本,对两种测量方法的数据进行回归分析。

一、测量方法

(一)标记点

人体测量中非常重要的,也是测量的第一步是确定人体上的标记点。标记点的位置将影响与之有关的后续测量部位。

接触测量法中,在人体正面的主要标记点有:头顶点(101),眉心点(102),左右颈侧点(103),肩峰点(104),前腋点(105),乳头点(106),脐点(107),髂嵴点(108),大转子点(109),会阴点(110),膝盖胫骨点(111),内踝点(112)。人体侧面的主要标记点有:喉结点(201),颈前点(202),肘点(203),尺骨茎突点(204),后臀突点(205),第七颈椎点(206),后腋点(207),见图2-3-1。

图 2-3-1 接触测量法人体的主要标记点

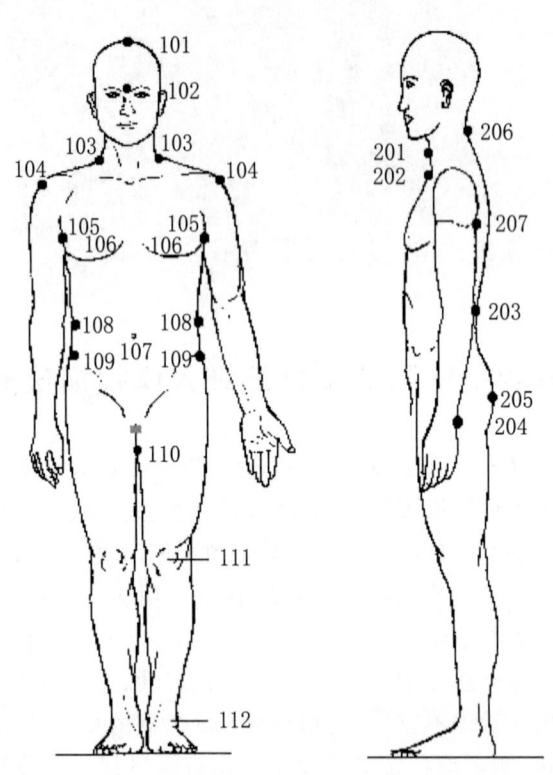

图 2-3-2 [TC]² 三维人体扫描仪的标记点

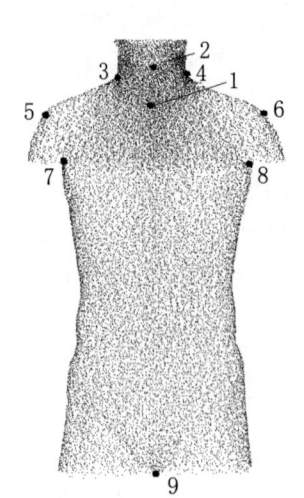

[TC]² 三维人体扫描仪可以自动给出 9 个标志点,它们是:颈前点(1),颈后点(2),右颈侧点(3),左颈侧点(4),右肩峰点(5),左肩峰点(6),右腋点(7),左腋点(8)和下裆点即会阴点(9),见图2-3-2。对于后腰点、后臀突点等其他标记点,都可以根据以上标记点经过一定的数学运算得到,而且腰围这样的测量部位是可以根据使用者的设定参数来改变的。

对三维人体扫描仪而言,确定髂嵴点、颈后点、肚脐点和大转子点非常困难。由于人体体表深色的部位会吸收光线,而三维扫描仪受其测量原理的影响,传感器就不能采集到相应的数据。我国人体头发的颜色多为黑色,因此系统不能获得完整的人体头部外形轮廓,也就不能测得身高。对传统测量法来说,它使用观察法和触摸法来确定标记点,大部分标记点是由骨骼点的位置来确定的,因此比三维扫描仪更加精确。但是随之带来的问题是对测量人员的要求提高和不同测量人员在判断上的统一。如果标记点的位置不对,那么样本的数据是可疑的,甚至是错误的。尽管接触测量法可以提供更精确的标记点位置,但是更费时,而且要求被测对象尽可能地少穿衣服以保证正确性,这一点对被测对象来说有一定的难度。

不论是接触测量法还是非接触三维扫描法,在确定男性人体下裆点即会阴点时都存在偏差,其测量位置比实际位置偏下,主要是男性人体的生理特点造成的,只要在实际服装板型设计时注意这一点,是没有什么影响的。

图 2-3-3 [TC]² 三维人体扫描仪测量姿势

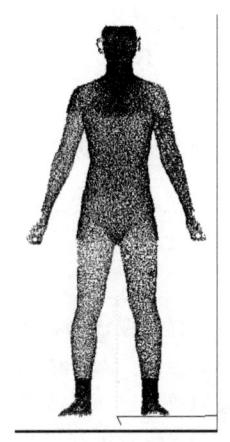

（二）测量姿势

两种测量方法在测量时的姿势要求不同,对测量部位的定义也会造成影响。接触测量法的两种基本站立姿势都要求被测者赤脚自然站立在水平地面,其一是脚后跟并拢,其二是双脚分开与肩同宽;坐姿要求被测者上身保持直立坐在硬的凳子上,凳子的高度以大腿与小腿基本成 90°为准。三维人体扫描仪只有一种姿势,即赤脚自然站立在水平地面,双手握把手,双臂微微张开,双脚分开与肩同宽,头稍上抬。具体姿势见图 2-3-3。而且该扫描仪特别强调姿势必须符合要求,否则在下一步导出数据时,会出现有些部位数据出错。

（三）测量部位数和速度

接触测量法可以测量任何部位。如果被测者愿意合作的话,甚至可以测量任何姿势时的任何部位数据。但是三维人体扫描仪受测量姿势的限制,比如[TC]²的测量姿势只能如图 2-3-3 所示,在这种姿势下很多部位的数据是不能测量到的,在前面已讨论过。因此其测量部位数由测量和采集数据的原理来决定。

受测量原理和测量姿势的影响,三维人体扫描仪不能测量的部位有:身高、坐姿颈椎高以及有关人体头部的细部尺寸、有关人体手部的细部尺寸;同时在确定人体后颈点、脐点、男性人体胸高点、会阴点时有一定的困难。但是三维人体扫描仪对人体主要部位的围度、宽度和厚度尺寸的测量上快速、准确。接触测量至少需要 4 个熟练工人花费 30min 的时间完成一个样本大约 50～60 个部位的测量,而在三维人体扫描仪中只需少于 1min 的时间,就能获得多达 200 个部位的测量数据。

三维人体扫描法的速度不但比接触测量法快,而且扫描仪一次扫描后,测量部位的数据可以根据不同服装的需求进行导出。例如,客户只做上衣,这时可以只导出上衣的关键部位尺寸;如果下次该客户又需要下装,而他的体型变化不大,这时你不用再次测量,只需要调出客户的资料根据所需的下身部位导出尺寸即可。数据不但采集快,而且可重复性好,导出新尺寸也快。这也是扫描仪的最大优点和最大卖点之一。

现将以上部分的比较进行总结,见表2-3-1。

表2-3-1 接触测量法和非接触三维人体扫描法的比较

比较项目		接触测量法	三维人体扫描法
测量部位数		理论上没有限制。实际上,考虑时间和成本后,通常测量几十个部位,一般只测人体部位的单侧数据。	可达几十至几百个,以 TC^2 为例可达200余个(除身高、头围、头长、坐姿颈椎高、手长、手宽以及有关第七颈椎、胸高点、脐点的测量部位),可以得到身体部位双侧测量数据。
速度		较慢。例如,测量一个样本60个部位的数据,需要6个熟练测量人员大约30min时间。	很快。扫描8s,数据分析18s,人体分析25s,数据导出2s,总共53s时间得到近200个测量数据。
数据稳定性		一般。受测量人员的主观影响较大。	好。不受测量人员的主观影响,但和软件的计算方法和数据采集原理有关。
人员		需要被测者和测量人员之间的良好合作,需要测量人员之间的良好配合。测量小组必须经过培训和测量数据对照。1个测量小组至少需要6个训练有素的测量人员。如果进行大规模测量工作,测量人员还将增加到几十个。工作强度很大。	同样需要被测者和测量人员之间的良好合作。由于测量时间较短,被测者感觉更舒适,更容易配合测量工作进行。如果进行大规模测量不需要增加很多测量人员。
成本	设备	≈10000元	≈600000元
	工作人员	200~800元/(人·天)(1个测量小组至少6名工作人员)	200~800元/(人·天)(只需要1名操作人员,1~2名辅助人员)
	时间	每小时测量6~7个样本	每小时30个样本
被测者感受		不舒服	感觉良好
被测者的姿势		可以测量任何姿势	只有一种规定的站立姿势

随着科技的发展,三维扫描技术必将成为一种趋势,但同时接触测量法也仍将继续存在。特别值得一提的是接触测量法在动体态测量时的优势。人体在不同姿态时某一部位的变化对设计师来说是非常重要的。根据这些变化量,可以得到该部位的舒适量并将其应用到服装结构设计中。

三维扫描技术面临的问题是:不同扫描仪之间的数据转换和兼容性差,而且对于测量部位没有统一的定义。主要原因是商业利益和竞争使得没有公司愿意向公众公布自己的数据采集系统。此外,对于不同姿势的人体,三维人体扫描仪似乎无计可施,如果能解决,那么扫描系统将产生新的飞跃。

二、中国大陆地区男体体型研究及三维虚拟人台的建立

中国幅员辽阔,各地区人体体型差异较大,按照人类学的观点将中国大陆地区的各省、市、自治区分成华北东北区、中西部区、长江下游区、长江中游区、两广福建区和云贵川区等六个自然区域,本研究选取华北东北、中部、华东和西南四个区的男子进行测量和体型研究。

(一)人体测量

为了操作的可行性,并提高效率,保证精度,本次抽样采用分层整群随机抽样方法,即以每个区域作为层,每个层内随机抽取若干单位作为群,尽量使被测样本中各年龄段的结构与总体的结构相一致。最后选择总样本共计1754人。

本次测量采用接触式测量和非接触测量两种方式结合,接触式测量采用马丁测量仪,非接触测量仪器是国际领先技术的非接触式三维人体测量仪[TC]^2。

测量项目确定为58个,其中高度项目12个,围度项目13个,宽度项目8个,厚度项目7个,长度项目6个以及角度项目12个。在测量方法上严格按照GB5703《人体测量方法》的规定执行。

(二)测量数据的预处理及分析

1. 测量数据的预处理

对各样本计算出"胸腰差"、"胸腰比"等14个派生项,最后,每个样本有72个项目。对各项目分别求均值及标准差,再将数据标准化,依据±3σ原则筛选出异常数据(假定其为错误异常数据),即标准化数据以±3σ为依据进行筛选。本书对异常数据,仅去除该项目值而不是该特体样本所有数据。经完整剔除异常值后的样本,各项项目均符合正态分布。

2. 资料分析

本研究对采集的人体各部分资料,采用SPSS11.5统计分析软件进行均值、标准差、频数等分析,进而对四个地区的男子体型进行比较和研究。对三维扫描的人体数据进行处理,模拟出四个地区中间体的三维虚拟人台。

(三)结果分析

1. 均值分析

表2-3-2为所测量各地区男体控制部位值的均值结果。

表2-3-2 四大地区男子各控制部位均值

	体重/kg	身高/cm	胸围/cm	腰围/cm	臀围/cm	胸腰差/cm
华北东北地区	65.7	171.8	90.2	78.6	92.4	11.6
中部地区	67.9	170.0	92.9	83.4	94.0	9.5
华东地区	62.1	167.8	88.8	79.0	91.1	9.8
西南地区	59.7	162.8	86.8	76.8	88.9	10.0

结果显示：

(1)中国华北东北男体身高最高，体型偏瘦；中部地区身高较高，围度较大，即较魁梧；华东地区身高和围度都属于中等；西南地区男体身高明显偏矮，围度值相应较小，属于身材矮小型。

(2)从四个地区的胸、腰、臀部横矢比值中得出西南地区的横矢比较大，也即厚度方向较厚，而其它三地区的胸围和腰围的横矢比较近，但华东地区的臀宽较宽，厚度值较小，也即臀部较扁平，相对的中部地区和华北东北地区男体的臀突较突。

(3)从肩宽、直裆、前后腰节差以及几个角度项目这些表示体型特征的平均值看，四个地区的身高相差明显，但肩宽值接近，而华北东北和中部地区的直裆值接近，华东地区的男体直裆比其他三地区的都浅。

(4)人体若身高相同，头身比和上下身比不同，则视觉效果上身高不同。一般情况下，身高比头高值越大越显高，下身越长越显高。表 2-3-3 为四个地区的身高/头高和上身/下身(从腰围线分开)的长度比值表。

表 2-3-3 长度方向比表

	华北东北地区	中部地区	华东地区	西南地区
身高/头高	6.81	6.73	7.09	6.92
上身/下身	0.59	0.61	0.59	0.57

2.体型频数分析

将人体体型分成 Y、A、B、C、D 五种，Y、A、B、C 的划分方法与国标相同，本研究增设 D 体型，其中 D 指胸腰差＜2 的体型。体型分布结论见表 2-3-4。

表 2-3-4 各地区体型分布(%)

	华北东北地区		中部地区		华东地区		西南地区	
	目前	国标	目前	国标	目前	国标	目前	国标
Y	11.3	22.5	3.0	19.7	6.3	22.9	3.2	17.1
A	44.0	37.9	28.7	37.2	30.9	37.2	21.4	41.6
B	31.7	25.0	50.1	30.0	41.5	27.1	49.2	32.2
C	11.1	6.7	15.5	9.5	14.8	8.17	19.4	7.5
D	1.9		2.7		6.5		6.8	

表 2-3-4 中，国标列是指 GB/T1335—1997 中的数据，GB/T1335—1997 的该部分数据是沿用 1991 年颁布国标的测体资料，也即 1987 年前后采集获得的资料。将国标与本研究获得的体型比例结论比较可以看出，近 20 年来中国成年男体的体型分布发生了明显的变化。同时，本研究增设的 D 体型占总体的比例与目前 Y 体型占总体的比例接近，有的地区甚至超过这一比例，这说明目前对于男子的体型研究，增设 D 体型是必要的。

比较四个地区人体体型可以发现，目前华北东北地区以 A 体型(标准体型)为主体，而其他三地区都以 B 体型为主体。相对而言，中部地区和西南地区体型分布比较集中，华东地区的体型分布比较均衡。

图 2-3-4 华东地区中间体的三维虚拟人台截图

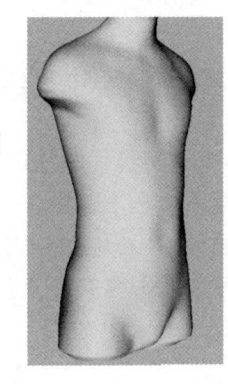

3. 虚拟人台的建立

对三维测体获得的成年男子三维数据进行均值处理,得出中间体的 3D 数据点,模拟出中间体的 3D 形态,实现了三维虚拟人台的建立。图 2-3-4 给出的是华东地区中间体的三维虚拟人台截图。虚拟人台的建立为服装 e-MTM(基于网络化的服装单量单裁批量生产快速反应系统)的实现提供了重要的技术基础。

第四节 各国人体测量标准及考虑的测量部位

人体测量是人类工效学的重要部分,它是各种工业设计、机械设备设计、空间安排、建筑、家具等设计的基础,其中心思想就是要满足人的需求,在保证安全前提下,提高生产效率或进行艺术创造。在服装领域,人体测量同样也是一项最基本的工作,它是各种服装的设计加工的基础。但是各国对于人体测量的部位和定义还不是很统一,通过对各国人体测量标准的研究,可以为我们选择恰当的测量部位和规范合理的测量方法提供参考。

一、与标准设置有关的标准组织简介

目前,最常用的国际标准是 ISO,其他的国家标准有英国的 BS,日本的 JIS,德国的 DIN 以及中国的 GB。这些标准也是由专门的标准委员会制定的,这些标准组织主要有:

(一)ISO－国际标准化组织

国际标准化组织(International Standardization Organization,简称 ISO)是世界上最大的非政府性标准化专门机构,1946 年成立于瑞士日内瓦,在国际标准化中占主导地位。ISO 制定的标准推荐给世界各国采用,而非强制性标准。但是由于 ISO 颁布的标准在世界上具有很强的权威性、指导性和通用性,所以各国都非常重视 ISO 标准。目前 ISO 的 200 多个技术委员会正在不断地制定新的产品、工艺及管理方面的标准。

(二)ANSI－美国国家标准学会

美国国家标准学会(American National Standards Institute,简称 ANSI)成立于 1918 年,是非赢利性质的民间标准化团体。ANSI 协调并指导美国全国的标准化活动,给标准制定、研究和使用单位以帮助,提供国内外标准化情报。同时,又起着美国标准化行政管理机关的作用。

美国国家标准学会本身很少制订标准。其 ANSI 标准的编制，主要采取以下三种方法：

1. 投票调查法：是指有关单位负责草拟，邀请专家或专业团体投票，将结果报 ANSI 设立的标准评审会审议批准。

2. 委员会法：是指由 ANSI 的技术委员会和其他机构组织的委员会的代表拟订标准草案，全体委员投票表决，最后由标准评审会审核批准。

3. 提升法：是指从各专业学会、协会团体制订的标准中，挑选较成熟的且对全国普遍适用者，经 ANSI 各技术委员会审核后，提升为美国国家标准并冠以 ANSI 标准代号及分类号，同时保留原专业标准代号。

（三）ASTM—美国材料与试验协会

ASTM 是美国材料与试验协会的英文缩写，其英文全称为 American Society for Testing and Materials。该技术协会成立于 1898 年，是美国最老、最大的非赢利性的标准学术团体之一，其前身是国际材料试验协会（International Association for Testing Materials, IATM）。随着其业务范围的不断扩大和发展，学会的工作中心不仅仅是研究和制定材料规范和试验方法标准，还包括各种材料、产品、系统、服务项目的特点和性能标准以及试验方法、程序等标准。虽然 ASTM 标准是非官方学术团体制定的标准，但由于其质量高，适应性好，从而赢得了美国工业界的官方信赖，不仅被美国各工业界纷纷采用，而且被美国国防部和联邦政府各部门机构采用。

（四）BSI—英国标准学会

BSI（British Standards Institution）英国标准学会是在国际上具有较高声誉的非官方机构，1901 年成立，是世界上最早的全国性标准化机构，它不受政府控制但得到了政府的大力支持。BSI 制定和修订英国标准 BS，并促进其贯彻执行。它也是世界首家实施质量认证的权威性机构，并于 1903 年开始使用誉满全球的"风筝"标志。

（五）JISC—日本工业标准调查会和 JSA—日本规格协会

日本工业标准调查会（Japanese Industrial Standards Committee）是根据日本工业标准化法建立的全国性标准化管理机构。日本工业标准调查会的主要任务是组织制定和审议日本工业标准（JIS）；调查和审议 JIS 标志指定产品和技术项目。

日本工业标准（JIS）是日本国家级标准中最重要、最权威的标准。其内容包括：产品标准（产品形状、尺寸、质量、性能等）、方法标准（试验、分析、检验与测量方法和操作标准等）、基础标准（术语、符号、单位、优先数等）。专业包括：建筑、机械、电气、冶金、运输、化工、采矿、纺织、造纸、医疗设备、陶瓷及日用品、信息技术等。

日本规格协会（Japanese Standards Association）成立于 1945 年 12 月 6 日，

主要负责标准的印刷和发行。

(六)DIN—德国标准化学会

德国标准化学会(Deutsches Institut fur Normung,简称DIN)是德国的标准化主管机关,成立于1917年。从1975年开始得到德国政府的认可,作为德国政府在国际和欧洲社会标准化的全国性代表机构,其制定的标准代号为DIN。目前DIN制定的标准几乎涉及建筑工程、采矿、冶金、化工、电工、安全技术、环境保护、卫生、消防、运输、家政等各个领域,其中80%以上已为欧洲各国所采用。

(七)中国

与其他国家的国家标准委员会不同,我国的标准是由专门的政府部门进行制定、宣传推广的。因此政府部门的更替和改名,也造成了标准制定部门的变迁。

新中国刚成立时,中央人民政府政务院财政经济委员会设立了标准规格处,负责标准的制定。1955年,成立了国家技术委员会,设标准局,负责管理全国的标准化工作。1988年,国务院撤销原国家标准局、国家计量局、国家经委质量局,合并成立国家技术监督局。负责全国标准化、计量、质量工作并进行执法监督工作。1998年国家技术监督局更名为国家质量技术监督局,负责全国的标准化、计量、质量、认证工作并行使执法监督职能。1999年,中国标准研究中心成立,主要负责标准化、质量、商品条码、企事业单位代码的研究、咨询、服务和开发工作,制定的标准代号为GB。

二、世界各国人体测量标准的设置

各种标准中,涉及人体测量的有很多,本书中着重介绍在那些明确提到人体测量部位或人体测量方法的标准。

ISO标准中与人体测量有关的标准如表2-4-1所示,其中阴影部分表示该标准与服装人体测量有关(下同)。ISO早在1981年就开始颁布服装人体测量标准,ISO 3635—1981和ISO 8559—1989这两个人体测量标准成为以后各国制定国家标准时必需的参考因素。因为它们制定的时间较早,标准文本中所涉及的都是人体测量时最基本的部位,测量部位数量也较少,并且标准没有包括肩斜度这样比较重要的人体部位,此外对于人体体型厚度方向的尺寸(例如胸厚、臀厚等)也没有列入,但这些尺寸对服装的板型结构设计都有一定的指导价值。

表2-4-1 国际标准化组织人体测量标准的设置

标准号	标准名称	标准英文名称	标准语言	发布时间
ISO 3635—1981	服装的尺寸标识、定义和人体测量步骤	Size Designation of Clothes—Definitions and Body Measurement Procedure Third Edition	英语	1981
ISO 8559—1989	服装结构和人体测量、人体尺寸	Garment Construction and Anthropometric Surveys — Body Dimensions First Edition	英语	1989

(续表)

标准号	标准名称	标准英文名称	标准语言	发布时间
ISO 7250—1996	工艺设计相关的基本人体测量	Basic Human Body Measurements for Technological Design	英语	1996
ISO 15534—3—2000	机械安全的人类工效学设计，第3部分：人体测量学的数据	Ergonomic Design for the Safety of Machinery — Part 3: Anthropometric Data First Edition	英语	2000

在美国，由于 ASTM 组织制定的标准质量高，适用性好，得到了广泛的承认，有些被直接采用作为国家标准，例如表 2-4-2 中《消防和救援人员制服及其他隔热保护服装的人体测量与尺寸标注的实施规程》，这一标准被冠以 ANSI 国家标准代号，其实该标准就是 ASTM F1731—1996 标准，只不过在前面加上国家标准的代号而已。该组织制定的人体测量的标准也是最丰富的，不仅有服装行业的服装人体测量标准，还根据被测者的性别、年龄、身高制定了适应不同对象的人体测量标准。从表 2-4-2 中可以看到，在美国有关人体测量的标准，尤其是服装人体测量标准多是在 1998 年后颁布实施的，他们制定人体测量标准的起步比日本晚，但是经过一定时间，已经建立了较为系统的标准体系。这是一个根据人体测量调查结果分析总结后得到的标准，不是对测量部位的定义，也不是对测量方法的规定。所以在 ASTM 系列标准中，符合我们所讨论的人体测量标准只有 ASTM D 5219—1999，这一条于 1999 年颁布，2002 年又有新的版本。

表 2-4-2 美国人体测量标准的设置

标准号	标准名称	标准英文名称	语言	发布时间
ASTM D 5585—1995	成年女子号型的人体测量标准表，2—20号规格	Standard Table of Body Measurements for Adult Female Misses Figure Type, Sizes 2—20 R (2001)	英语	1995,2001 修订
ASTM F 1731—1996	消防和救援人员制服及其他隔热保护服装的人体测量与尺寸标注的标准规程	Standard Practice for Body Measurements and Sizing of Fire and Rescue Services Uniforms and Other Thermal Hazard Protective Clothing R (2002)	英语	1996 首次颁布，2002 修订

(续表)

标准号	标准名称	标准英文名称	语言	发布时间
ANSI/ASTM F 1731—2000	消防和救援人员制服及其他隔热保护服装的人体测量与尺寸标注的实施规程	Practice for Body Measurements and Sizing of Fire and Rescue Services Uniforms and Other Thermal Hazard	英语	2000入选ANSI美国国家标准
ASTM D 6240—1998	34~60常规尺码男性人体测量标准表	Standard Tables of Body Measurements for Men Sizes Thirty-Four to Sixty (34 to 60) Regular	英语	1998
ASTM D 6192—1998	7~16尺码女孩人体测量标准表	Standard Tables of Body Measurements for Girls, Sizes 7 to 16	英语	1998
ASTM D 6458—1999	8~14瘦尺码及8~20常规尺码男孩人体测量标准表	Standard Tables of Body Measurements for Boys, Sizes 8 to 14 Slim and 8 to 20 Regular	英语	1999
ASTM D 4910—1999	0~24个月婴儿的人体测量标准尺寸表	Standard Tables of Body Measurements for Infants, Sizes 0 to 24 Months	英语	1999
ASTM D 5219—1999 ASTM D 5219—2002	服装量度用与人体尺寸相关的标准术语	Standard Terminology Relating to Body Dimensions for Apparel Sizing	英语	1999,2002修订
ASTM D 5826—2000	尺寸2至6x/7儿童人体测量标准表	Standard Tables of Body Measurements for Children, Sizes 2 to 6x/7	英语	2000
ASTM D 5586—2001	55岁以上妇女人体测量标准表(全部号型)	Standard Tables of Body Measurements for Women Aged 55 and Older (All Figure Types)	英语	2001

(续表)

标准号	标准名称	标准英文名称	语言	发布时间
ASTM D 6829—2002	0～19尺码少年人体测量标准表	Standard Tables of Body Measurements for Juniors, Sizes 0 to 19	英语	2002
ASTM D 6860—2003	6～24尺码高大壮实男孩人体测量标准表	Proposed Stand Tables of Body Measurements for Boys, Size 6 to 24 Husky	英语	2003

英国的国家标准中涉及人体测量的有7条，见表2-4-3，其中有3条明确指出是涉及机械安全的人体测量标准，BS BN ISO 7250—1998从标准号可以知道，该标准是从ISO 7250—1996标准引用的，ISO在1996年颁布实行该标准。其他的人体测量标准有特别针对男孩和女孩测量的标准。

表2-4-3 英国人体测量标准的设置

标准号	标准名称	标准英文名称	语言	发布时间
BS 7231—1—1990	从出生至16.9岁以下男孩和女孩的身体测量，第1部分：表格式资料	Body measurements of boys and girls from birth up to 16.9 years — Information in the form of tables	英语	1990—04—30
BS 7231—2—1990	从出生至16.9岁以下男孩和女孩的身体测量，第2部分：小孩身体尺寸推荐规范	Body measurements of boys and girls from birth up to 16.9 years — Recommendations of body dimensions for children	英语	1990—04—30
BS EN ISO 7250—1998	技术设计的基本人体测量	Basic human body measurements for technological design	英语	1998—02—15
BS EN 13402—1—2001	服装的尺寸设计、术语，定义和身体测量过程	Size designation of clothes — Terms, definitions and body measurement procedure	英语	2001

(续表)

标准号	标准名称	标准英文名称	语言	发布时间
BS EN 547-3-1997	安全机械,人体测量,人体测量学数据	Safety of machinery — Human body measurements — Anthropometric data	英语	1997-07-15
BS EN 547-1-1997	安全机械,人体测量,通道掀板规格要求的测定原理	Safety of machinery — Human body measurements — Principles for determining the dimensions required for access openings	英语	1997-07-15
BS EN 547-1-1997	安全机械,人体测量,整个人体与机器通道掀板规格要求的测定原理	Safety of machinery — Human body measurements — Principles for determining the dimensions required for openings for whole body access into machinery	英语	1997-07-15

在日本,与人体测量有关的标准有两条,其中服装人体测量标准 JIS L0111-1983 早在 1983 年就颁布了,该标准也是目前涉及部位最全的标准,不仅包括肩斜度而且有人体厚度尺寸(胸厚、腰厚、臀厚等)的定义和测量方法,这也体现出日本在人体测量方面一直非常重视,而且工作非常细致,见表 2-4-4。

表 2-4-4 日本的人体测量标准的设置

标准号	标准名称	标准英文名称	语言	发布时间
JIS L0111-1983	用于量体裁衣的条款术语汇编	Glossary of Terms Used in Body Measurements for Clothes (Japanese Only)	日语	1983-02-01
JIS Z8500-2002	人类工效学,工业设计用基本人体测量	Ergonomics—Basic human body measurements for technological design	日语	2002-01-20

德国的人体测量标准情况和英国类似,从其英文标准名称后的说明(见表 2-4-5)可以看出,标准 DIN EN 13402-1-2001 及 DIN EN ISO 7250-1997 都是在 ISO 3635:1981 的基础上修订的,而且除了国家标准代号和颁布年代略有差异外,这两条和英国相关国家标准的标准号类似。

表 2-4-5 德国人体测量标准的设置

标准号	标准名称	标准英文名称	语言	发布时间
DIN EN 13402−1−2001	服装尺寸的名称与符号,第1部分:术语、定义和人体测量过程	Size designation of clothes — Part 1: Terms, definitions and body measurement procedure (ISO 3635:1981, modified); German version EN 13402−1:2001	德语	2001−06
DIN EN ISO 7250−1997	工艺设计相关的基本人体测量	Basic human body measurements for technological design (ISO 7250:1996); German version EN ISO 7250:1997	德语	1997
DIN EN 547−1	机器的安全性,人体测量,第1部分:机器工作场地的整个人体通道的尺寸测定用原理	Safety of machinery — Human body measurements — Part 1: Principles for determining the dimensions required for openings for whole body access into machinery; German version EN 547−1:1996	德语	1997−02
DIN EN 547−2	机器的安全性,人体测量,第2部分:通道口尺寸测定的原理	Safety of machinery — Human body measurements — Part 2: Principles for determining the dimensions required for access openings; German version EN 547−2:1996	德语	1997−02
DIN EN 547−3	机器的安全性,人体测量,第3部分:人体尺寸数据	Safety of machinery — Human body measurements — Part 3: Anthropometric data; German version EN 547−3:1996	德语	1997−09

我国的人体测量标准都是属于国标中的推荐标准,见表2-4-6。比较有特色的是,国标中有4条标准明确规定了人体测量的仪器。此外,还有1条关于人体头围测量方法的标准,而国际标准和其他国家标准中都没有查到类似的标准,这也说明我国的人体测量标准也在向应用化、细化方向发展。

表2-4-6 我国人体测量标准的设置

标准号	标准名称	标准英文名称	语言	发布时间
GB/T 5704.1—1985	人体测量仪器，人体测高仪	Measuring instruments for anthropometry—Anthropometer	汉语	1985-12-05
GB/T 5704.2—1985	人体测量仪器，人体测量用直脚规	Measuring instruments for anthropometry—Sliding caliper for anthropometry	汉语	1985-12-05
GB/T 5704.3—1985	人体测量仪器，人体测量用弯脚规	Measuring instruments for anthropometry—Spreading caliper for Anthropometry	汉语	1985-12-05
GB/T 5704.4—1985	人体测量仪器，人体测量用三脚平行规	Measuring instruments for anthropometry—Coordinate caliper for Anthropometry	汉语	1985-12-05
GB/T 16160—1996	服装人体测量的部位与方法	Location and method of anthropometric surveys for garment	汉语	1996-01-04
GB/T 5703—1999	用于技术设计的人体测量基础项目	Basic human body measurements for technological design	汉语	1999-04-26
GB/T 17837—1999	服装人体头围测量方法与帽子尺寸代号	Clothes—Survey method for human body head round and size designation for headwear	汉语	1999
GB/T 18717.3—2002	用于机械安全的人类工效学设计，第3部分：人体测量数据	Ergonomic design for the safety of machinery—Part 3: Anthropometric data	汉语	2002-05-17

三、与服装结构设计有关的人体测量标准

目前世界各国与服装结构设计有关的人体测量标准总结在表2-4-7。从表中可以看出ISO组织最早颁布的服装人体测量标准，其他各国服装人体测量标准均在文本参考标准中，说明它是在ISO 3635—1981或者ISO 8559—1989的基础上订立的。

表2-4-7 各国服装人体测量标准一览

标准号	标准名称	标准英文名称	语言	发布时间
ISO 3635—1981	服装的尺寸标识、定义和人体测量步骤	Size Designation of Clothes—Definitions and Body Measurement Procedure Third Edition	英语	1981
ISO 8559—1989	服装结构和人体测量、人体尺寸	Garment Construction and Anthropometric Surveys—Body Dimensions First Edition	英语	1989
ASTM D 5219—1999 ASTM D 5219—2002	服装量度用与人体尺寸相关的标准术语	Standard Terminology Relating to Body Dimensions for Apparel Sizing	英语	1999,2002修订
BS EN 13402—1—2001	服装的尺寸设计、术语,定义和身体测量过程	Size designation of clothes—Terms, definitions and body measurement procedure	英语	2001
JIS L0111—1983	用于量体裁衣的条款术语汇编	Glossary of Terms Used in Body Measurements for Clothes (Japanese Only)	日语	1983-02-01
DIN EN 13402—1—2001	服装尺寸的名称与符号,第1部分:术语、定义和人体测量过程	Size designation of clothes—Part 1: Terms, definitions and body measurement procedure (ISO 3635:1981, modified); German version EN 13402-1:2001	德语	2001-06
GB/T 16160—1996	服装人体测量的部位与方法	Location and method of anthropometric surveys for garment	汉语	1996-01-04
GB/T 17837—1999	服装人体头围测量方法与帽子尺寸代号	Clothes—Survey method for human body head round and size designation for headwear	汉语	1999

四、各国人体测量标准的比较

以下是对 ISO 8559－1989、ASTM D 5219－99、GB/T16160－1996 中的测量部位所作的比较。

测量部位可以划分为围度、高度、曲度、宽度以及其他。

表 2-4-8 围度测量

测量项目	服装人体测量标准			三个标准都测量的项目	只有国际标准和美国标准测量的项目	唯有国际标准测量的项目	唯有我国标准测量的项目
	ISO 8559－1989	ASTM D 5219－99	GB/T16160－1996				
头围	+	+	+	◎			
颈围	+	+	+	◎			
颈根围	+	+			○		
上胸围		+					
胸围	+	+	+	◎			
胸下围	+	+	+	◎			
腰围	+	+	+	◎			
前腹围长		+					
上臀围（腹围）		+					
臀围	+	+	+	◎			
上臂根围	+	+			○		
上臂围	+	+			○		
肘围	+	+			○		
腕围	+	+			○		
手围	+					⊙	
大腿围	+	+			○		
大腿中围	+	+			○		
膝围	+	+			○		
膝下围	+					⊙	
腿肚围	+	+			○		
腿最细围	+					⊙	
踝围	+	+			○		
脚踝围		+					
坐姿臀围		+					

(续表)

测量项目	服装人体测量标准			三个标准都测量的项目	只有国际标准和美国标准测量的项目	唯有国际标准测量的项目	唯有我国标准测量的项目
	ISO 8559—1989	ASTM D 5219—99	GB/T16160—1996				
会阴上部前后围长	+	+			○		
躯干围	+	+			○		
小计	21	23	6	6	12	3	0

表 2-4-9 高度测量

测量项目	服装人体测量标准			三个标准都有的测量项目	只有国际标准和美国标准测量的项目	唯有国际标准测量的项目	唯有我国标准测量的项目
	ISO 8559—1989	ASTM D 5219—99	GB/T16160—1996				
身高	+*	+	+	◎			
颈椎点高(直线)			+				△
坐姿颈椎点高	+		+				
腰围高	+		+				
臀围高	+					⊙	
腿内侧长(会阴高)	+	+			○		
大腿长	+					⊙	
膝高	+		+				
踝高	+	+			○		
肩颈点至乳峰点	+		+				
前腰长(前颈点至腰)		+					
颈椎点至腋窝点	+	+			○		
颈椎点至会阴	+					⊙	
腰至会阴	+	+			○		
腰至臀长		+					
臂长			+				△

（续表）

测量项目	服装人体测量标准			三个标准都有的测量项目	只有国际标准和美国标准测量的项目	唯有国际标准测量的项目	唯有我国标准测量的项目
	ISO 8559—1989	ASTM D 5219—99	GB/T16160—1996				
颈椎点至膝	+		+				
腋窝至腕	+	+			○		
上臂长	+	+	+	◎			
手长	+					⊙	
脚长	+	+			○		
小计	17	10	9	2	6	4	2

＊包括成人身高和婴儿身高

表 2-4-10 曲度测量

测量项目	服装人体测量标准			三个标准都有的测量项目	只有国际标准和美国标准测量的项目	唯有国际标准测量的项目	唯有我国标准测量的项目
	ISO 8559—1989	ASTM D 5219—99	GB/T16160—1996				
颈椎点高（曲线）	+		+				
腿外侧长	+	+	+	◎			
颈椎点至乳峰点	+	+			○		
前腰长（肩颈点至腰）	+		+				
后中背腰长（曲线）	+	+	+	◎			
颈椎点至膝（曲线）	+		+				
腰至臀长（曲线长）	+		+				
臂长（曲线）	+	+	+	◎			
颈椎点至腰（前面）	+					⊙	

(续表)

测量项目	服装人体测量标准			三个标准都有的测量项目	只有国际标准和美国标准测量的项目	唯有国际标准测量的项目	唯有我国标准测量的项目
	ISO 8559—1989	ASTM D 5219—99	GB/T16160—1996				
颈椎点至腕	+	+	+	◎			
小计	10	5	8	4	1	1	0

表 2-4-11 宽度测量

测量项目	服装人体测量标准			三个标准都有的测量项目	只有国际标准和美国标准测量的项目	唯有国际标准测量的项目	唯有我国标准测量的项目
	ISO 8559—1989	ASTM D 5219—99	GB/T16160—1996				
肩宽	+	+	+	◎			
单肩宽	+	+			○		
胸宽		+					
乳头间距	+	+	+	◎			
前胸宽	+	+			○		
背宽	+	+			○		
小计	5	6	2	2	3	0	0

表 2-4-12 其他测量

测量项目	服装人体测量标准			三个标准都有的测量项目	只有国际标准和美国标准测量的项目	唯有国际标准测量的项目	唯有我国标准测量的项目
	ISO 8559—1989	ASTM D 5219—99	GB/T16160—1996				
体重	+	+			○		
肩斜	+	+			○		
小计	2	2	0		2		
共计	55	46	25	14	24	8	2

+表示该标准有此测量项目；◎表示三个标准都测量的项目；○表示国际标准和美国标准测量的项目；⊙表示唯有国际标准测量的项目；△表示唯有我国标准测量的项目。

从以上表格可以看出，我国 GB/T16160《服装人体测量的部位与方法》中规定的项目少于国际标准和美国标准，大约为其他两个标准的一半左右。有 24 项测量项目是我国没有而美国和国际标准都有的（肩斜、体重、背宽、前胸宽、单肩宽、颈椎点至乳峰点、脚长、腋窝至腕、腰至会阴、颈椎点至腋窝点、踝高、腿内侧长（会阴高）、躯干围、会阴上部前后围长、踝围、腿肚围、膝围、大腿中围、大腿根围、腕围、肘围、上臂围、臂根围、颈根围），上裆长是制作裤装时使用的一个控制部位，前后裆弯的尺寸、形状与裤装的合体性关系比较密切，会阴前后围长、腿内侧长或腰至会阴长等测量项目都与其相关。肩斜是与服装肩部平挺度相关的一个部位，影响到服装的整体着装效果。虽然这些测量项目由于某方面原因没有在我国服装号型标准和服装人体测量标准中出现,但是在一些服装专项技术研究中可以给予考虑。美国采用了38项国际标准,我国采用了23项国际标准,除了三个标准共有的测量项目(头围、颈围、胸围、下胸围、腰围、臀围、身高、腿外侧长、后中背腰长(曲线)、臂长(曲线)、颈椎点至腕、肩宽、乳头间距、上臂长)外,我国标准没有和美国标准相同的测量项目。

综上所述,得出如下结论:

1. 与ISO标准文本类似的标准有英国标准BS EN 13402－1－2001,德国标准DIN EN 13402－1－2,中国国家标准GB/T 16160－1996。

2. 只有日本JIS有人体厚度方向的测量部位。在所有服装人体测量标准中,日本JIS的标准是测量部位最全的,虽然该标准指明主要的参考标准是ISO 3635－1981,但是标准中所列的测量部位数多达66项,并且包括了腹围、胸厚、腰厚、臀厚这些在其他标准中没有的人体测量部位,而这些部位在服装结构设计中是非常重要的。

3. 只有在ASTM D 5219－1999中,测量了人体坐姿时的腹臀围和脚背到脚后跟的围度。该标准的测量部位也多达60多项,但是没有关于人体厚度方向的测量部位。

4. ISO标准中没有人体肩斜度这一在服装板型设计中非常重要的人体部位,它对西服、套装等正式服装肩部造型影响很大。不过JIS和ASTM在制定服装人体测量时注意到了这一点。遗憾的是,我国的国标中没有将肩斜度列入测量部位之一。

5. 我国的国家标准注意到对人体测量仪器的规定。此外在1999年还对人体头围和帽子尺寸单独制定了GB/T17837－1999《人体头围的测量方法和帽子尺寸代号》,而在GB/T16160－1996标准中已经包括了头围的测量,说明我国的标准制定正在向细部发展。

在所有人体测量标准中,ASTM标准是最完善的,针对不同性别、不同年龄、不同尺寸的测量对象分别制定了不同的标准,可以使标准的针对性更强,使用时更方便,而且也更加科学。不同的对象,所要测量的人体部位是不同的。

思 考 题

1. 分析人体静态接触测量法工具和方法
2. 分析人体静态非接触测量法工具和方法、以及它与接触测量法的优缺点。
3. 国际人体测量标准的内容。
4. 我国人体测量标准与其他国家标准的差异。

第三章 人体动态特征与着装形变

人体动态形变研究是人体运动状态与服装形变关系很重要的环节。本章从着装角度出发研究人体的运动功能,重点研究人体在运动中皮肤所产生的形变规律。分析服装和面料形变的相关因子,介绍体表动态形变的研究方法和服装整体形变的几种状态。最后以服装伸长量的实验和数据分析方法来说明服装整体形变的研究技术途径和方法。

第一节 人体体表运动形变

一、人体的运动机构

(一)运动系统组成

人体的运动系统主要由骨骼、关节、肌肉三个部分组成,人体的各种运动都是骨骼肌收缩产生力量作用于骨骼,骨骼绕着关节运动所完成的。

1. 骨骼

具体内容见第二章。

2. 关节

图 3-1-1
关节运动模型

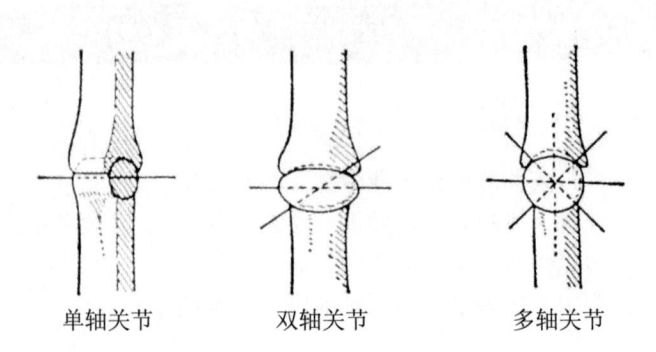

单轴关节　　双轴关节　　多轴关节

关节依据关节面的形态和运动形式,其类型按运动方向的维数划分:可分为单轴关节(X 或 Y 方向)、双轴关节(X 与 Y 方向)和多轴关节(X、Y、Z 方向),按关节的几何形态又可分为蝶状关节、车轴关节、平面关节、球关节、椭圆关节、鞍关节,见图 3-1-1,图 3-1-2,它们各自的运动特性见表 3-1-1。

图 3-1-2 关节的种类

蝶状关节　　车轴关节　　平面关节

球关节　　椭圆关节　　鞍关节

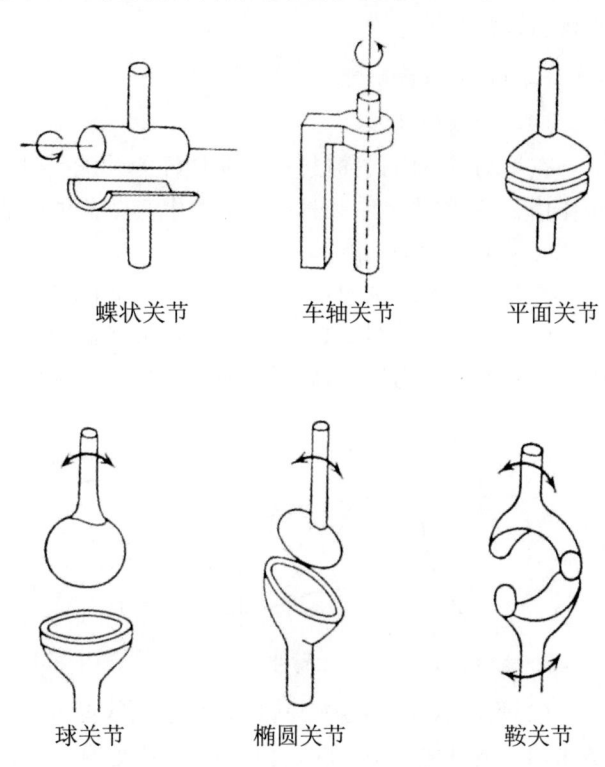

表 3-1-1 各类型关节的运动特性

关节类型		运动特点	运动形式	举例
单轴关节	车轴关节	只能绕一个运动轴运动(X 或 Y 方向)	绕自身的垂直轴作旋转运动	肘关节
	蝶状关节		沿冠状轴在矢状面作屈伸运动	指骨间关节
	平面关节		为巨大的球窝关节的一小部分,运动范围很小	肩锁关节 椎间关节
双轴关节	椭圆关节	可以绕两个运动轴运动(X、Y 方向)	沿冠状轴在矢状面作屈伸运动,并绕矢状轴在额状面内作收展运动	桡腕关节
	鞍状关节		可绕额状轴和矢状轴作屈伸运动和收展运动	拇指腕掌关节
多轴关节	球关节	可绕三个运动轴运动(X、Y、Z 方向)	可绕三个基本轴作屈伸、收展、回旋、环转和水平屈伸等五种运动,运动范围最大	肩关节 股关节

3. 肌肉

具体内容见第二章。

4. 皮下脂肪

人体皮下脂肪组织形成了体表的圆顺和柔软，使之产生皮肤的滑移，这是与人体运动紧密相连的。

（二）运动系统功能

1. 骨的运动功能

在运动系统中，骨骼起着运动杠杆的功能。骨为肌肉提供附着面，在神经系统作用下，肌肉收缩牵动骨以关节为中心做各种运动。

2. 关节的运动功能

关节运动是绕轴的转动，根据关节运动轴的方位，有如下五种运动形式：

（1）屈伸运动（图3-1-3）：指关节在矢状面内绕关节冠状轴所进行的运动，其中关节向前运动为屈，向后运动为伸，膝关节和踝关节除外。

图 3-1-3 屈伸运动

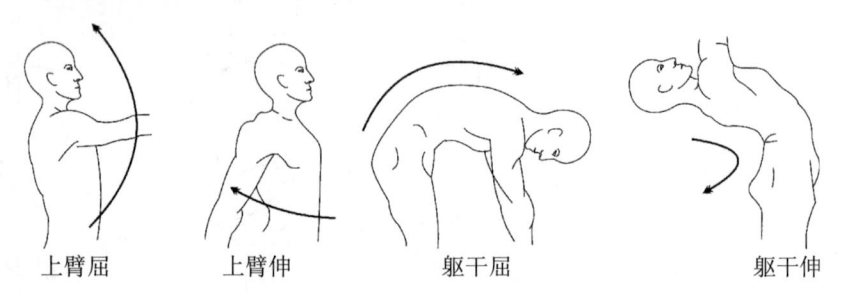

上臂屈　　上臂伸　　躯干屈　　躯干伸

（2）收展运动（图3-1-4）：指关节在冠状面内绕矢状轴所进行的运动，其中关节末端远离身体正中面的运动为外展，靠近身体矢状正中面为内收。

图 3-1-4 收展运动

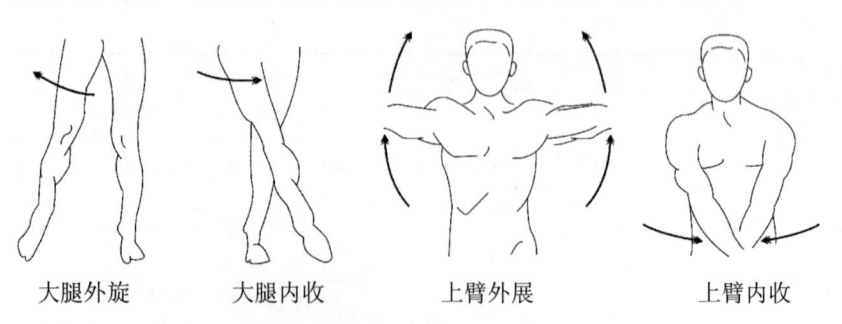

大腿外旋　　大腿内收　　上臂外展　　上臂内收

（3）旋转运动（图3-1-5）：指关节绕垂直轴在水平面内的运动，其中由前向内侧的旋转为旋内或旋前，由前向外侧旋转为旋外或旋后。

图 3-1-5
旋转运动

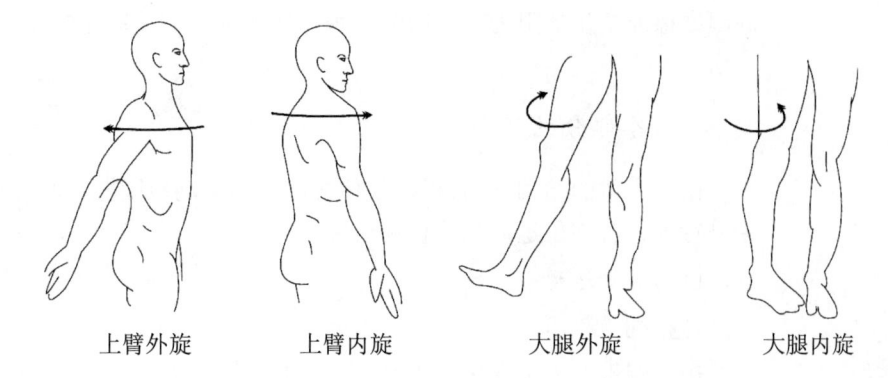

上臂外旋　　上臂内旋　　大腿外旋　　大腿内旋

(4)环转运动(图 3-1-6):指关节绕两个以上基本轴以及它们之间的中间轴作连续的运动。

图 3-1-6
环转运动

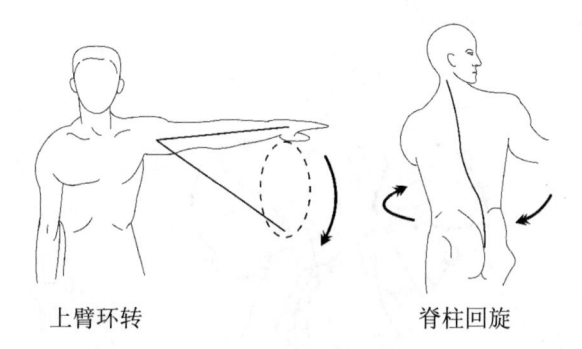

上臂环转　　脊柱回旋

(5)水平屈伸运动(图 3-1-7):常用于体育运动中,指上肢在肩关节或下肢在髋关节处,外展 90°,后再向前运动称水平屈,若向后运动则称水平伸。

图 3-1-7
水平屈伸
运动

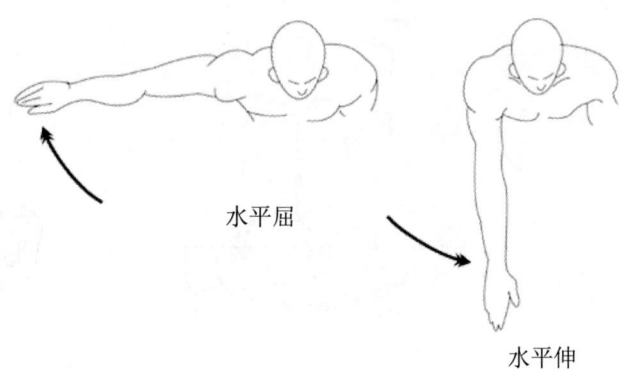

水平屈

水平伸

3.肌肉的运动特征

肌肉组织的运动特征是"收缩和放松",收缩时长度缩短,横断面增大,放松时则相反。其具有伸展性、弹性和粘滞性,含义分别如下所示:

(1)伸展性:肌肉在外力的牵拉下可以被拉长。

(2)弹性:被拉长的肌肉在外力解除以后又复原的特性。

(3)粘滞性:当肌肉收缩和舒张时,构成肌肉的胶状物质分子之间,肌纤维之间因摩擦而产生的阻力。肌肉的这种特性保证了人体动作的灵活性,避免了肌肉拉伤。

二、人体各部分的运动

由于人体的结构不同,根据人体各部位的运动范围、运动方向、运动强度等因素进行人体各部位运动的分析和研究。

(一)躯干运动

1. 颈部

由于颈椎的关节面接近水平,颈部可以内外旋转、多角度、多方向进行运动,主要有颈部前屈、颈部后伸、颈部侧屈、颈部外旋等动作,见图3-1-8,这些运动直接影响着衣领的造型与其运动功能性。

图3-1-8 颈部运动范围图

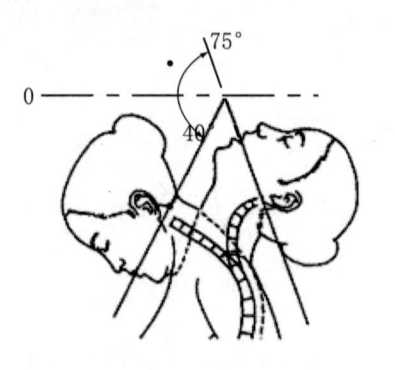

(a)颈部屈曲与伸展角度图

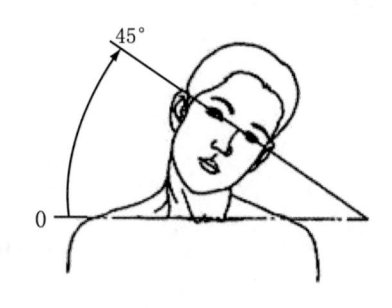

(b)颈部侧屈图

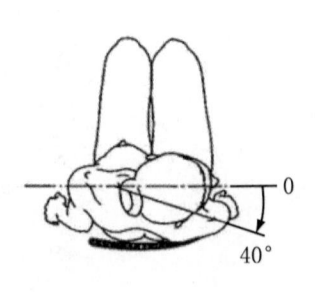

(c)颈部回旋图

2. 背部

日常生活中,人们经常使用的动作和姿势包括上肢上举、抱胸运动等,均使人体背部产生扩张运动,可见背部扩张运动往往与上肢和肩部运动连成一体。图3-1-9表示上肢运动引起的背部扩张和皮肤移位,表3-1-2为右上肢运动时背部长度的变化。

图 3-1-9 上肢运动引起的背部扩张和皮肤移位

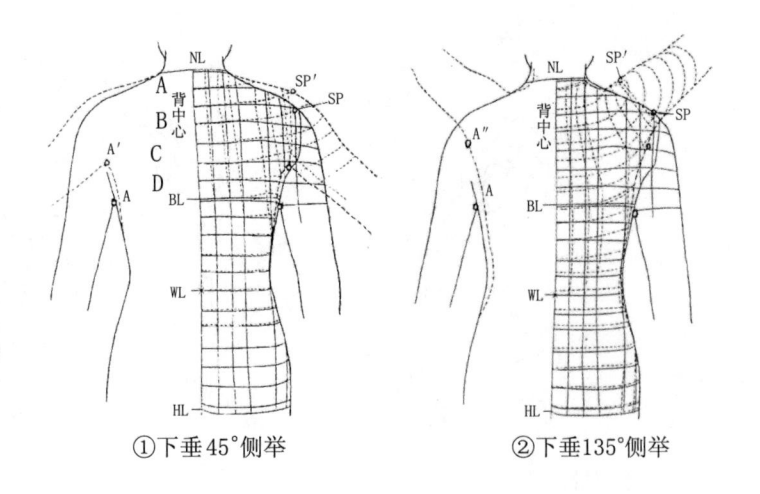

①下垂45°侧举　　②下垂135°侧举

表 3-1-2 右上肢运动时背部长度变化 单位:cm

序号		运动内容		
		下垂	水平前举	180°上举
A	NL↓BL	18.3	+0.2	-1.8
B		17.5	+1.8	+0.7
C		17.8	+1.7	+1.7
D		17.0	+3.3	+6.0

注：A、B、C、D 为由 NL～BL 中等分的区域,见图 3-1-9。

3. 胸部

图 3-1-10 胸部纵方向部位伸缩图

■ 伸展率大
■ 伸展率中
□ 收缩率大
□ 基本不变

(a)后部　　(b)前部

图 3-1-11 胸部横方向部位伸缩图

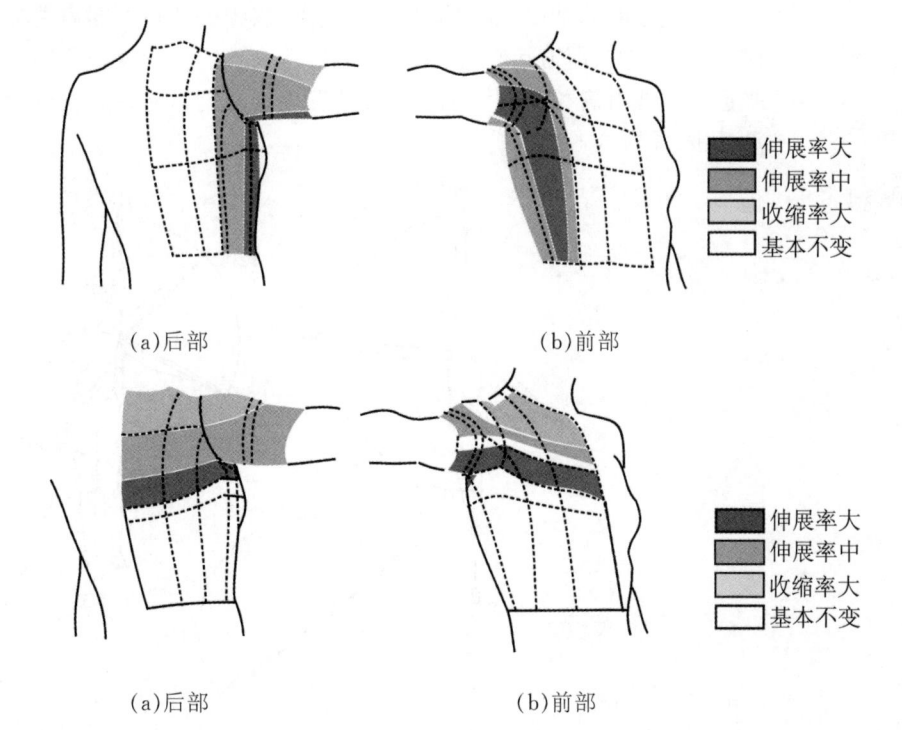

■ 伸展率大
■ 伸展率中
□ 收缩率大
□ 基本不变

(a)后部　　(b)前部

图 3-1-12
脊柱运动引起
的背部、胸腹
部体表皮肤
形变

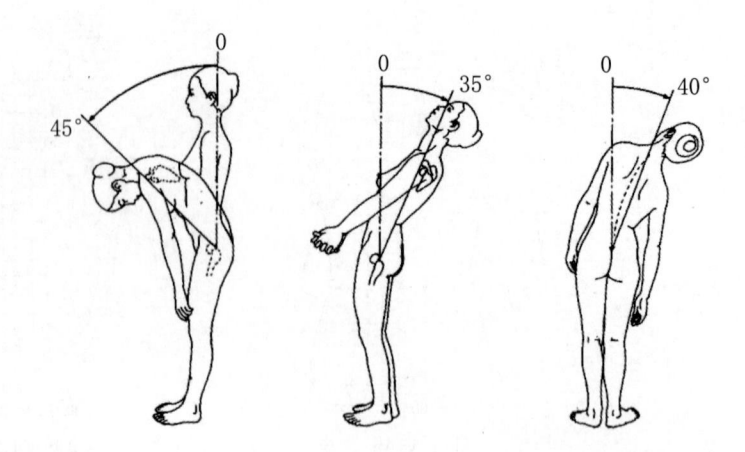

4. 脊柱

脊柱是由颈椎、胸椎、腰椎所组成,其中胸腰部脊柱的弯曲直接影响着人体背部、胸腹部体表皮肤的形变,导致服装对人体背部的压迫及对腋部的牵引,见图3-1-12。

(二)上肢运动

1. 上肢的构造

上肢分为上肢带和自由上肢骨。上肢带由锁骨和肩胛骨组成,自由上肢骨由肱骨和前臂的尺骨、桡骨、手根骨、指骨组成。

2. 上肢的方向性

在上肢的运动中,以胸锁关节为支点,肩锁关节也协同肩关节共同运动,从而使上肢在上方、前方运动时,可提高到接近头部的位置。按照动作范围的大小,上肢运动主要有肩关节、肘关节、腕关节三大支点的运动,每个支点都具有一定的活动范围,见图3-1-13。

图 3-1-13
肩关节的
运动

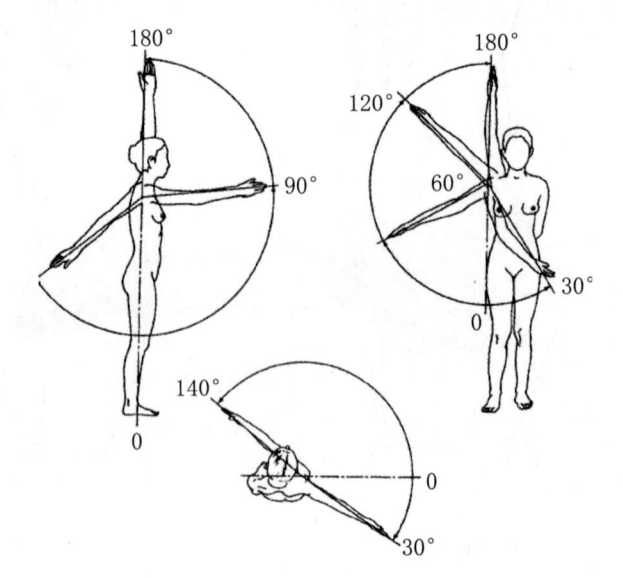

(1)肩关节

肩关节是肱骨头与肩胛骨关节窝相连接的多轴性球关节,可多方向自由运动,其运动范围见图 3-1-13,其中肩峰处前后方向的运动、肩峰处上下方向的运动直接影响服装肩部的造型,肩峰处前后、上下方向的运动范围见图 3-1-14,图 3-1-15。

图 3-1-14 肩峰部前后方向的运动范围（俯视图）

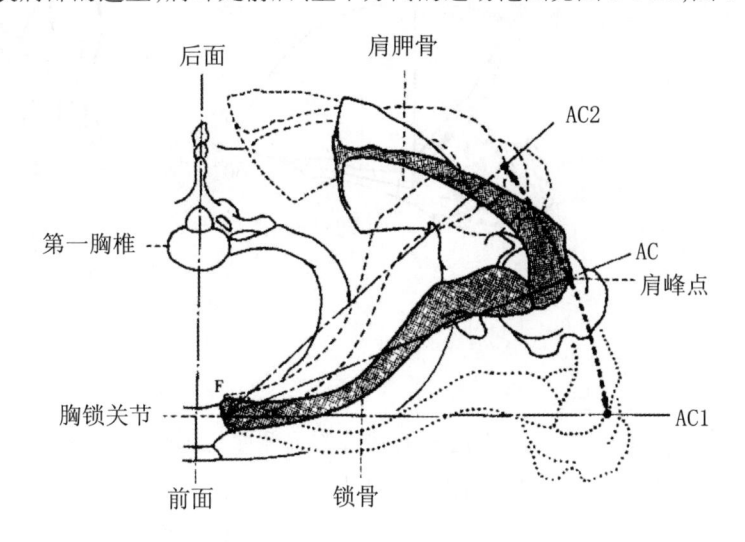

图 3-1-15 肩峰部上下方向的运动范围（前后视图）

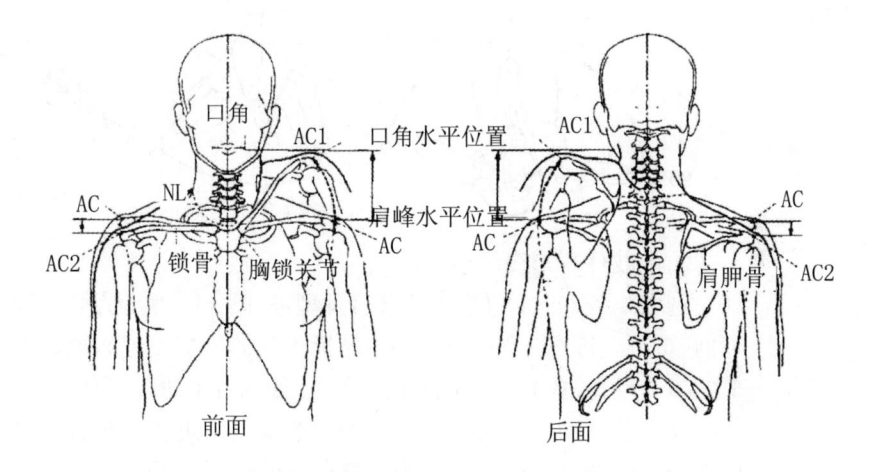

(2)肘关节

肘关节是单轴关节,因而肘关节只能向前屈曲,而不能向后伸展,且其屈曲的角度范围是 0°～145°。另外,尺骨上端和桡骨上端关节的运动,可以形成前臂的旋内、旋外的扭转运动,直接影响袖子的松紧,见图 3-1-16。

图 3-1-16
肘关节的
运动

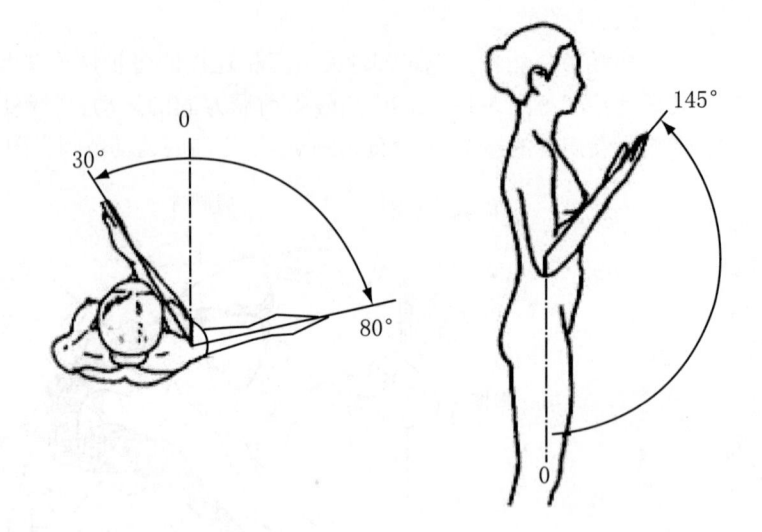

(3) 腕关节

腕骨间关节由近侧列腕骨的远侧面与远侧列腕骨的近侧面构成,关节活动范围相对而言比较小,见图 3-1-17。

图 3-1-17
腕关节的
运动

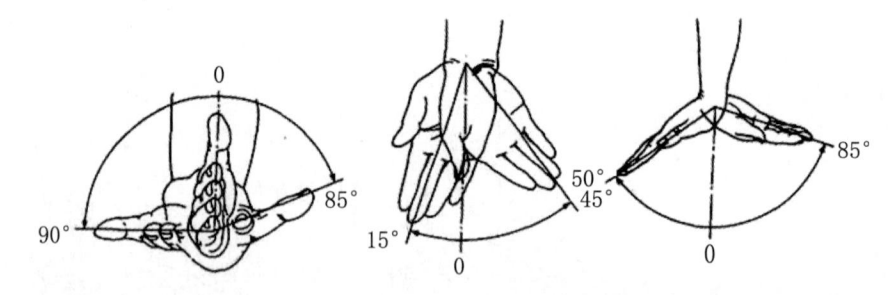

3. 上肢体表形变

选取 5 名 20～30 岁的正常男性体型进行测量。测量动作主要包括上肢以肘关节弯曲 45°、90°、150°,上肢以肩关节为转折侧举 90°、135°,上肢内收 30°、75°,上肢后振 30°、60°等 9 个动作,基本包括了日常生活中上肢的各个动作范围。

将上肢运动产生的皮肤各个部位的变形量进行分析,即得出皮肤面积变化率的曲线分布图。其中横坐标为距离肘点的位置,设肘点为零,由肘点到臂根处(身体背部)为正,平均取 6 个测定点;肘点到腕关节方向为负,平均取 5 个测定点。纵坐标为皮肤的面积变化率。

(三) 下肢运动

1. 下肢的构造

下肢骨由下肢带骨和游离下肢骨组成,其中下肢带骨主要由髋骨组成,而游离下肢骨由股骨、髌骨、胫骨、腓骨和足骨构成,总的来说,是由骨盆(骶骨、髋骨)、股骨、小腿骨、足骨所组成的。

2.下肢的方向性

按照动作范围的大小,在下肢运动时,与裤装有着密切联系的主要有股关节、膝关节两大支点的运动,每个支点都具有一定的活动范围。

(1)股关节

股关节是多轴性关节,股骨头是 3/4 程度的球体。以股骨头为中心,腿部可以形成多轴方向运动,其运动形式及其运动范围见表 3-1-3 和图 3-1-18。总的来说,股关节的各轴可以各自进行运动,同时也可以做多轴化的运动,从而形成下肢的立体运动范围。股关节的屈伸直接影响裤装对大腿内侧到腰部之间的牵引和压迫。

表 3-1-3 股关节的三根轴运动列表

项目	运动形式	运动范围
左右轴	脚的前后运动	160°左右
前后轴	腿部的内收、外展运动	外展为 45°,内收为 30°
上下轴	腿部做内外转运动	前后回转角度 217°左右

图 3-1-18 股关节的运动

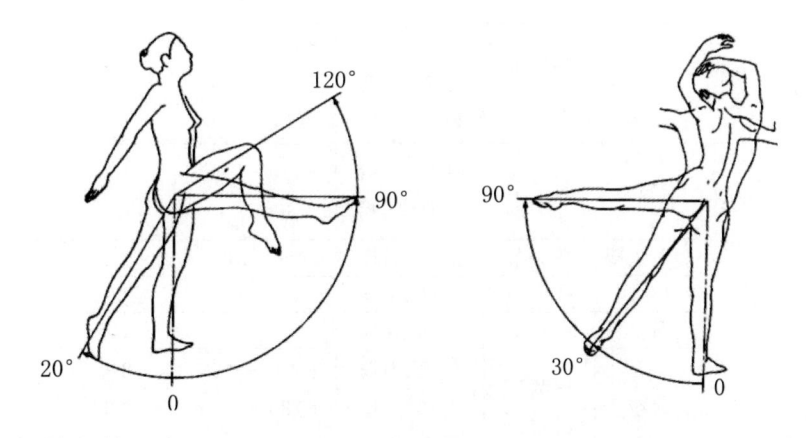

(2)膝关节

膝关节为单轴性关节,故只能做前后方向的弯曲运动(膝关节由伸至屈的运动范围是 135°),直接影响裤子膝部的牵引和压迫。股关节运动时,常同时伴有膝关节的运动,从而使下肢的运动范围更加广泛,见图 3-1-19。

图 3-1-19 膝关节的运动

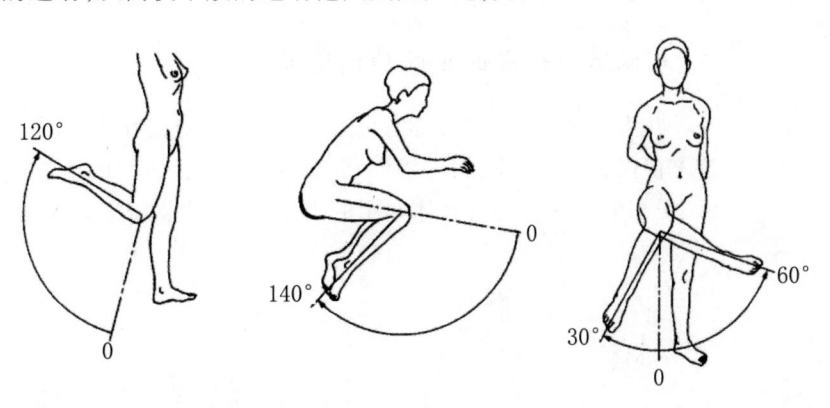

人体在正常行走时,其行走的动作跨度将影响两足之间的距离及围绕两膝的围长,同时这种影响将关系到穿着裙装时裙摆应具有的最少裙摆量,此种影响和关系见表 3-1-4。

表 3-1-4 女体正常行走时的行走尺寸和日常生活中迈步的尺寸 单位:cm

动作	距离	两膝围长	影响裙装部位
一般步行	65(足距)	80～109	裙摆量
大步行进	73(足距)	90～112	裙摆量
一般登高	20(足至地面)	98～114	裙摆量
二台阶登高	40(足至地面)	126～128	裙摆量

综上所述人体各个部位的关节活动,由于各关节的关节面形状不同,则不同关节的运动范围和方向也不相同,可得到如表 3-1-5 所示的关节运动范围。

表 3-1-5 成年人关节的主要活动范围和舒适姿势的调节范围

身体部位	关节	活动状况	最大角度(°)	最大范围(°)	舒适调节范围(°)
头对躯干	颈关节	低头、仰头	+40～-35	75	+12～+26
		左歪、右歪	+55～-55	110	0
		左转、右转	+55～-55	110	0
躯干	胸关节 腰关节	前弯、后弯	+100～-50	150	0
		左弯、右弯	+50～-50	100	0
		左转、右转	+50～-50	100	0
大腿对髋关节	髋关节	前弯、后弯	+120～-50	135	0(+85～+100)
		外拐、内拐	+30～-15	45	0
小腿对大腿	膝关节	前摆、后摆	0～-135	135	0(-95～+120)
脚对小腿	踝关节	上摆、下摆	+110～+55	55	+85～+95
前臂对上臂	肘关节	弯曲、伸展	+145～0	145	+85～+10
上臂对躯干	肩关节(锁骨)	外摆、内摆	+180～-30	210	0
		上摆、下摆	+180～-45	225	(+15～+35)
		前摆、后摆	+140～-40	180	+40～+90
手对前臂	腕关节	外摆、内摆	+30～-20	50	0
		弯曲、伸展	+75～-60	135	0
手对躯干	肩关节	左转、右转	+130～-120	250	-30～-60

三、人体运动形成的皮肤伸缩运动

在人体运动过程中,特别是上肢、下肢运动过程中,皮肤具有很强的跟随性。这不仅仅是由于皮肤的伸缩性,还因为皮肤与皮下组织之间在运动时产生了滑移,缓和了人体运动对肢体牵引的力度,从而使皮肤更好地参与人体的运动。

(一)与运动功能有关的皮肤皱纹

1. 皮肤伸展大的方向与皱纹的方向相垂直

皮肤本身具有弹性,以某种程度的伸长状态而覆盖于体表之上,各个部位都有大小不同的皱纹。皱纹产生的主要原因之一是皮肤组织结构上自然形成的皱纹,另一方面是与人日常生活中反复的动作而积成的皱纹,此因素对服装的形变有着至关重要的影响。

与服装有关的部分是皮肤割线和皮野。皮肤割线是构成皮肤的纤维方向,相当于布的经向,皮野是皮肤凹凸形成的皮肤整体。

皮肤割线方向,与其垂直方向相比一般具有伸长少的特性。皱纹行走方向大致与皮肤割线方向平行,也就是与皱纹行走方向相垂直的方向有较好的伸展性。组织结构的皱纹和积蓄的皱纹并不是没有关系,积蓄的皱纹重叠了组织的皱纹,就形成显为人见的皱纹,清楚地显示着伸展方向。

2. 前、后身皱纹伸展方向的差别和服装设计

人体上半身的后背上,皱纹从后正中线和腰围线交点附近、经过斜上方的后腋部,到三角肌为止,形成了一条后腋伸展线。前面与后面有很大的差别。它从腰围线后腋部开始,经过体侧以大弧度直接向上,再经过前腋部,也与后面一样到三角肌形成一条前腋部伸展线。前、后面伸展线的差别体现了袖窿和袖山前后的差别。

人体下半身可看到臀沟内侧伸展线,路线是大臀部→臀沟→大腿内侧→膝盖。这一伸展方向是提高裤子运动功能的主要路线。

3. 腰围线是上下半身的基点

另一个重要的地方是后正中线和腰围线的交点,是上、下半身共有的基点。这一位置的皮肤是不滑移的,对服装人体测量来说是最好的基点。运动功能转变成纸样时,最重要的问题是知道增加运动量的方向。

(二)运动时皮肤滑移的支持机构

1. 皮肤伸长、滑移对运动的作用

当上肢向上弯曲时,皮肤不仅是伸长,还产生与皮下之间的滑移,起到了缓和牵引的作用,皮肤的滑移就是这样参与服装的运动。

2. 产生皮肤滑移的机构和部位

皮肤和下层之间的滑移是由真皮、肌膜、骨膜等连成的网状组织(包括脂肪)产生的,也就是皮肤的支持机构。这种支持机构随人体的部位不同而不同,与皮肤的厚度、皮下脂肪有关。皮肤的厚度中背部最厚,向体侧部、腹部、股底、腋窝越来越薄,且越来越柔软。而皮下脂肪沿此方向越来越厚,也就是,皮肤薄的地方,脂肪厚。因此,支持结构也与脂肪相同趋向发达。

3. 在关节的伸侧皮肤滑移多

在关节伸侧(如肘头侧)的支持带组织细密,呈有粘性的海绵状连接皮肤和下

层,容易滑移。

人体的各种动作主要是在大脑的支配下,由肌肉、筋腱的收缩和伸展来牵动骨骼位移而形成的。骨与骨之间的连接部位——关节,对人体的运动发挥着重要作用,不同的关节构造形成了各部位骨骼特定的运动方向和运动量,这在人体工效学上称作人体运动的第一运动特性,由这种特性引起的骨骼位移、肌肉膨缩和伸展变化,结果就形成了人体特定部位的变形,这称为人体的第二运动特性。

4. 滑移方向和皮肤的伸展方向相同

平常人总是处于某种程度的运动状态中,人体有机的各种动作不断地改变着静态时的体型。随着人体各部位的变形,皮肤为适应那些部位的变形就产生不均匀的伸缩,这称为人体运动的第三运动特性。人体的运动过程便是这三个运动特性的有机组合。

第二节 服装形态与形变要素

一、影响服装动态形变的因素

(1)服装面料的物理性能(拉伸强度、密度、组织结构、布纹方向、摩擦系数、厚度);

(2)服装面积因子(服装表面积与人体的净体表面积的比值);

(3)人体的姿势与动作(体表面积的变化,肌、骨等的运动方向等);

(4)环境条件(温度、湿度、风速)。

(一)服装面料

在服装材料的物理性能中,直接与人体运动功能相匹配的是材料的弹性,材料的弹性性能与人体运动状态的有机融合,才能得到适合人体运动的最佳服装造型。由于使用弹性材料才可能设计胸、腰、臀围尺寸小于相应人体部位尺寸的服装,因此,在此以弹性面料为例。

图 3-2-1 不同织物的变形差异

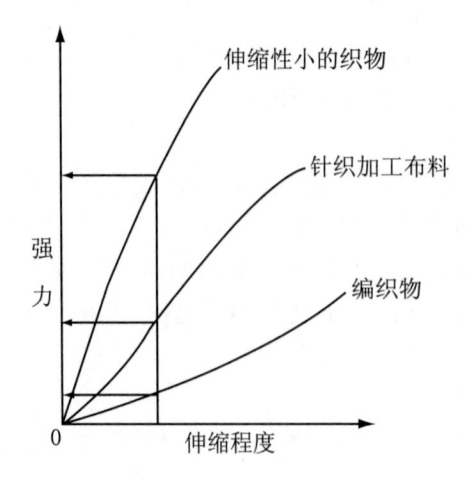

根据面料性能测试结果显示,面料的不同,其拉伸性能也不同,不同的面料被拉伸到同一长度时,它们产生的强力是不同的,见图 3-2-1 所示。

人体各部位在活动中材料所受拉力的方向、大小不尽相同,因此根据用途需要,可将弹性织物分为经向弹力织物、纬向弹力织物及经纬双向弹力织物,通过不同织物的不同伸缩性能和弹性性能以适应不同场合、不同部位的服装需求。我国生产的各种弹力织物见表 3-2-1,其服装适用性见表 3-2-2。

表 3-2-1 我国生产的各种弹力织物

织物名称	伸缩率(%)	风格特征
纬弹力灯芯绒	24.5～35.0	绒面丰满、柔软舒适、有弹性、覆盖率大、服装适用性广
纬弹力卡其	25.0	质地紧密、舒适耐用
纬弹力劳动布	13.0	质地松软、舒适美观
纬弹力华达呢	20～25.0	具有毛华达呢风格,弹性大、舒适坚牢
纬弹力舍味呢	20.2	具有毛面舍味呢风格,穿着舒适美观
经向弹力呢	9.47	属毛绢锦经向弹力织物,坚牢耐磨、舒适柔滑,具有丝毛感
纬向弹力织物	11.75	属毛绢锦纬向弹力织物,坚牢耐磨、舒适柔滑,具有丝毛感
经纬向弹力织物	经向 13.6 纬向 11.3	属于双向弹力织物,弹性好、毛感强,是舒适耐用的高档衣料

表 3-2-2 各种弹力织物的服装适用性

弹力织物名称	伸缩率(%)	服装适用性
弹力劳动布、弹力卡其、弹力华达呢等	15	西裤、短裤、牛仔裙
弹力劳动布、弹力灯芯绒、弹力卡其及华达呢	10～20	茄克衫、工作服、牛仔裤、紧式服
弹力细布、弹力塔夫绸、弹力府绸等	20～35	滑雪衫、运动服
弹力府绸、弹力细布等	40～45	内衣裤、女胸衣

(二)人体体表的动态形变

人体姿势与动作的不同,引起人体不同部位附近的体表皮肤发生相应的形变。对于设计合体性与运动性相和谐的服装来说,明确了解在不同的形变方向上形变量的大小是至关重要的。测量人体动态形变的方法,大致有未拉伸线法、体表画线法、石膏带法与捺印法这四类。通过这些测量方法,可以了解人体体表由于姿势和动作的改变而引起的皮肤形变状态。

1.未拉伸线法

测量方法:未拉伸线指用化学纤维纺丝成形后未经拉伸等后处理的纤维所组成的丝,取其贴合在需测定的人体表面,一般小于 0.55tex 粗的未拉伸线需 3 根,大于等于 1.1tex 粗的未拉伸线需 1 根。当人体运动时,皮肤伸展会将未拉伸展拉长,且不再回缩。将化纤丝拉展前后的长度相减便得到体表面的运动变形量。

图 3-2-2 采用了未拉伸线法的动态测量方法,根据被测者身上的特征线,布置未经拉伸处理的化纤丝,图上横方向上短画线(- - -)指该处的体表拉伸在 0%～2.25%之间,纵方向上短画线(- - -)指该处的体表拉伸在 0%～3.5%之间,斜方向上短画线(- - -)指该处的体表拉伸在 0%～2.6%之间;横方向上长画线(—— —)指该处的体表拉伸在 2.25%～4.3%之间,纵方向上长画线(—— —)指该处的体表拉伸在 3.5%～9.75%之间,斜方向上长画线(—— —)

指该处的体表拉伸在 2.6%~6.75%之间;横方向上点画线(— - —)指该处的体表拉伸在 4.3%~10.15%之间,纵方向上点画线(— - —)指该处的体表拉伸在 9.75%~20.85%之间,斜方向上点画线(— - —)指该处的体表拉伸在 6.75%~18.5%之间;横方向上直线指该处的体表拉伸在 10.15%~45%之间,纵方向上直线指该处的体表拉伸在 20.85%~45%之间,斜方向上直线指该处的体表拉伸在 18.5%~55%之间。

图 3-2-2 未拉伸线法测得人体不同部位在不同方向上的皮肤变形率分布图

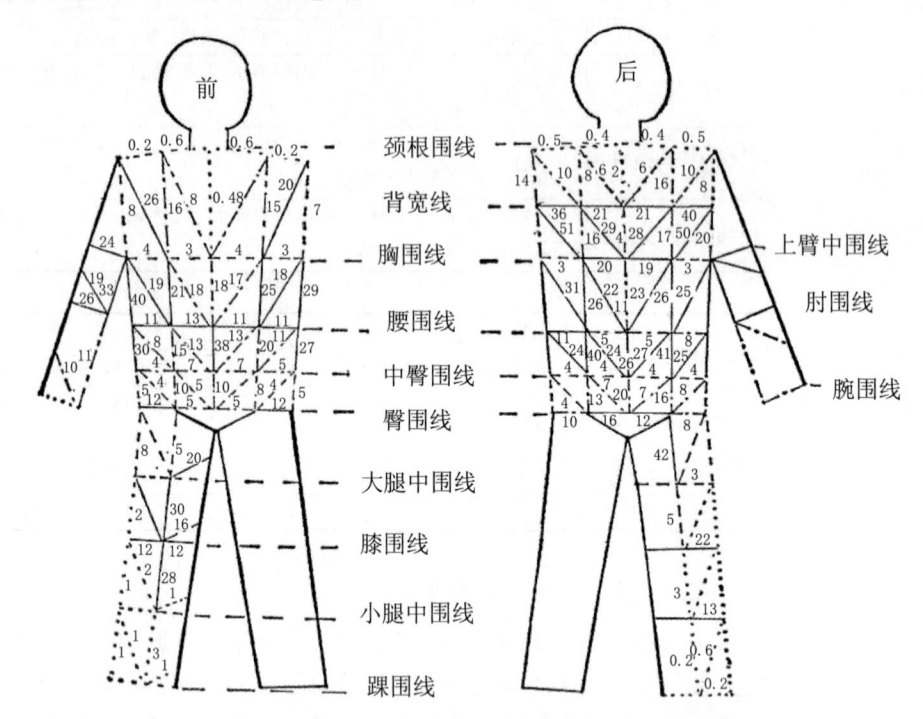

表 3-2-3 未拉伸线测得的体表各方位皮肤变形率

体表画线	体表皮肤形变率范围		
	横方向	纵方向	斜方向
— — — — — —	0%~2.25%	0%~3.5%	0%~2.6%
— — —	2.25%~4.3%	3.5%~9.75%	2.6%~6.75%
— - —	4.3%~10.15%	9.75%~20.85%	6.75%~18.5%
——————	10.15%~45%	20.85%~45%	18.5%~55%

图 3-2-3 是体表特征部位皮肤面积变形率分布图,不同部位体表面积的变化率不同。根据体表面积变化量的不同,主要分为四种变化类型,这四类的变化率表示见表 3-2-4,其中表面积变化最大的部位是上肢的肘部、躯干部的胸部至体侧的体表面、腹部、后背胛骨至后腰围线,变化最大的体表面积集中在身体后部。膝围至足围之间的体表面积变化最小,其次是腰围线至大腿围的体表面积,总体而言,上肢与躯干的体表面积变化率大于下肢的体表面积变化率,体表面积的变化与肩关节、肘关节、股关节、膝关节的转动有着密切的关系。

图 3-2-3
基于体操动作的体表各部位皮肤面积变形率

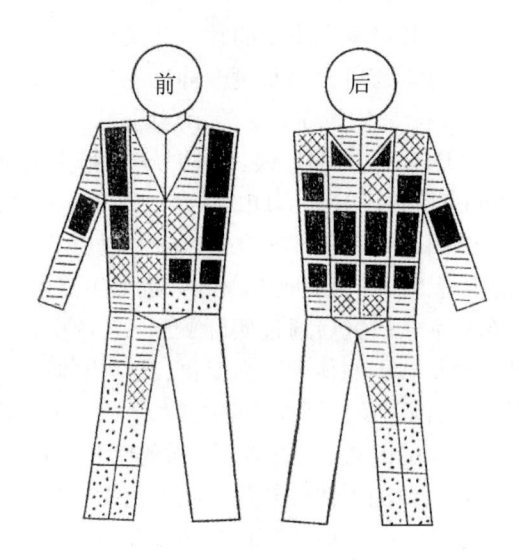

表 3-2-4 体表各部位表面积的变化率

类型	···	╳╳	≡	■
表面积变化率	0%～13.3%	23.3%～36.6%	13.3%～23.3%	36.6%～75%

2. 体表画线法

试验方法：在人体体表画纵横投影线，在人体前、后、侧、屈身、回转、四肢伸展等基本运动状态下，通过测量皮肤上投影线的长度，对相关部位的皮肤变化量进行定量研究。

计算公式：常用曲线尺测量动静态人体展平面的基础线和等分线的长度，求静态和动态的等分线长度及其变形率，研究动态人体表面皮肤变形量。

图 3-2-4 体表描线示意图

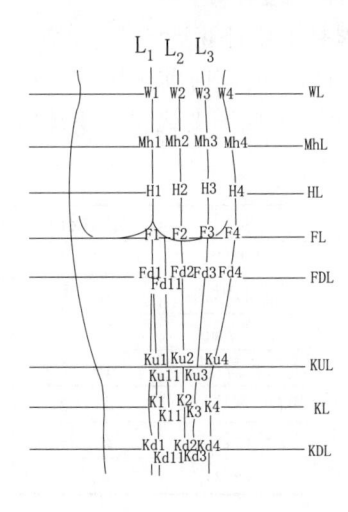

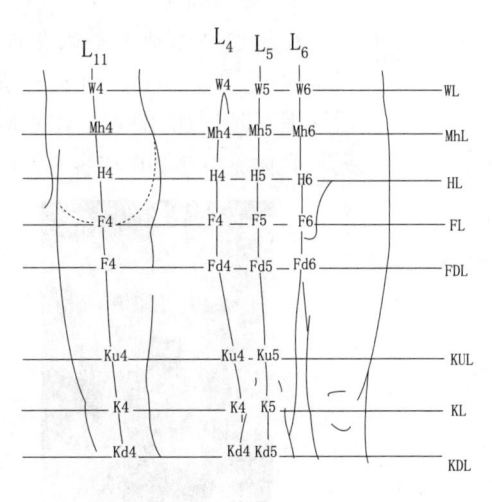

动静态长度变形率α的计算公式：

$$\alpha = (动态等分线长度 - 静态等分线长度)/静态等分线长度 \times 100\%$$

图 3-2-4 是体表描线法的示意图，从上到下描出的围度线分别为腰围线 WL、中臀围 MHL、臀围 HL 线、臀沟线 FL、最大腿围线 FDL、膝盖围 KL、膝盖围上下各 10cm 的线 KUL 和 KDL；纵向线依次分别为后中线 L_1、侧缝线 L_4 以及把后腰围、后中臀围和后臀围三等分连接并垂直下延长至 KDL 线的 L_2 和 L_3、前中线 L_6、前中缝 L_5、在裆下取 L_1 和 L_2 近似中点做 L_{11}。

东华大学研究者通过实际测量 27 名身高 170cm、腰围 78cm 的男子下体在四种运动状态下的体表特征变化，总结男体腰部及以下部位由于运动引起的皮肤变形量、比例以及位置关系的规律，主要进行动静态的比较、纵横方向的比较、不同号型之间的比较、不同部位区域的比较、单个样本与总体样本的对比。

体表画线法下体各部位皮肤变化率分析：

(1) 腿抬高 45°时引起的体表变化量

在腿抬高 45°时，腰围呈现变大的趋势，占主导因素的是前腰围的变化；臀围也是呈现变大的趋势，主要是由于后臀围的增加而引起的。图 3-2-5 所示的动作下，腰臀围处体表皮肤的变化情况分析见表 3-2-5。

图 3-2-5 腿抬高 45°

表 3-2-5 腿抬高 45°时的下体体表变化量

项目	均值(cm)	变化百分比(%)
半腰围	36.39	0.59
前半腰围	18.79	9.38
后半腰围	17.60	6.20
半臀围	45.85	2.85
前半臀围(B)	21.19	4.00
后半臀围(A)	24.66	6.00
A－B	3.34	——

(2) 腿抬高至水平状态时引起的体表变化量

在腿抬高达到水平状态时，腰臀处围度都逐渐变大，且增大的趋势与腿抬高 45°时不一致。对于臀围来说，后臀围增加的同时前臀围缩小；对于腰围来说，前后腰围同时增加，随着动作幅度的增大，后腰围变化量占整体腰围变化的比例增大。具体见图 3-2-6 和表 3-2-6。

图 3-2-6 腿抬高至水平状态

表 3-2-6 腿抬高至水平时的下体体表变化量

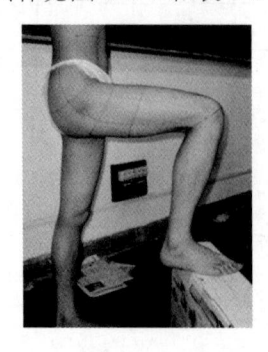

项目	均值(cm)	变化百分比(%)
半腰围	36.31	0.35
前半腰围	18.66	5.52
后半腰围	17.64	4.48
半臀围	46.70	4.76
前半臀围(B)	21.02	－8.02
后半臀围(A)	25.99	11.60
A－B	4.66	——

(3)弯腰至水平状态时引起的体表变化量

在弯腰至水平这个动作下,引起腰围、臀围增大,变化趋势与腿部抬高明显不一致。对于腰围来说,腰围增大趋势加大,且后半腰围变化量占腰围变化的百分比最大;对于臀围来说,臀围整体变大,当后臀围增大的同时前臀围缩小,见图3-2-7和表3-2-7。

图3-2-7 弯腰至水平状态

表3-2-7 弯至腰水平时的下体体表变化量

项目	均值(cm)	变化百分比(%)
半腰围	37.31	3.13
前半腰围	18.93	2.93
后半腰围	18.38	7.07
半臀围	45.68	2.47
前半臀围(B)	20.82	−2.18
后半臀围(A)	25.07	14.10
A−B	4.05	——

(4)自然下蹲引起的体表变化量

当动作幅度达到最大时,腰围增大趋势达到5.45%,其中前腰围与后腰围的增大趋势基本一致,见图3-2-8和表3-2-8。

图3-2-8 自然下蹲

表3-2-8 自然下蹲时的下体体表变化量

项目	均值(cm)	变化百分比(%)
半腰围	38.19	5.45
前半腰围	19.65	5.24
后半腰围	18.59	5.02

经上述分析,可以发现后腰围的改变量是由于肌肉的弹性所决定的,皮肤的变形量是由于肌肉在运动过程中所引起的,而前腰围的改变原因相当复杂,不但与人体运动有关,还与人体的生理结构密切相关,人体在深呼或深吸以及饭前和饭后前腰围都发生极大的改变。

在四种动作中,后臀围与自然站立时的臀围相比均是正向变化,即拉伸,而前臀围只有在抬高45°时是拉伸,其余动作均是变小,然而总臀围在各个动作中都是增加,因此臀围在各个动作的增加主要是由于后臀围的增加而引起的。这是由人体的生理特征和运动特征所决定的。

(5)男下体各区域纵、横向变化

根据五条横向线(腰围线、中臀围线、臀围线、大腿根围线和大腿围线)将下体分为图3-2-9所示的各个对应区域(A、B、C、D、E)。在不同动作过程中,区域A、B、C、D和E的体表发生相应的变化,以下针对各个区域的横向、纵向体表变化分别进行描述与分析,给裤装结构设计提供理论依据。

① 下体各区域横向变化图及其说明

图 3-2-9 体表画线法得出的下体体表各部位不同方向上面积变化率(%)

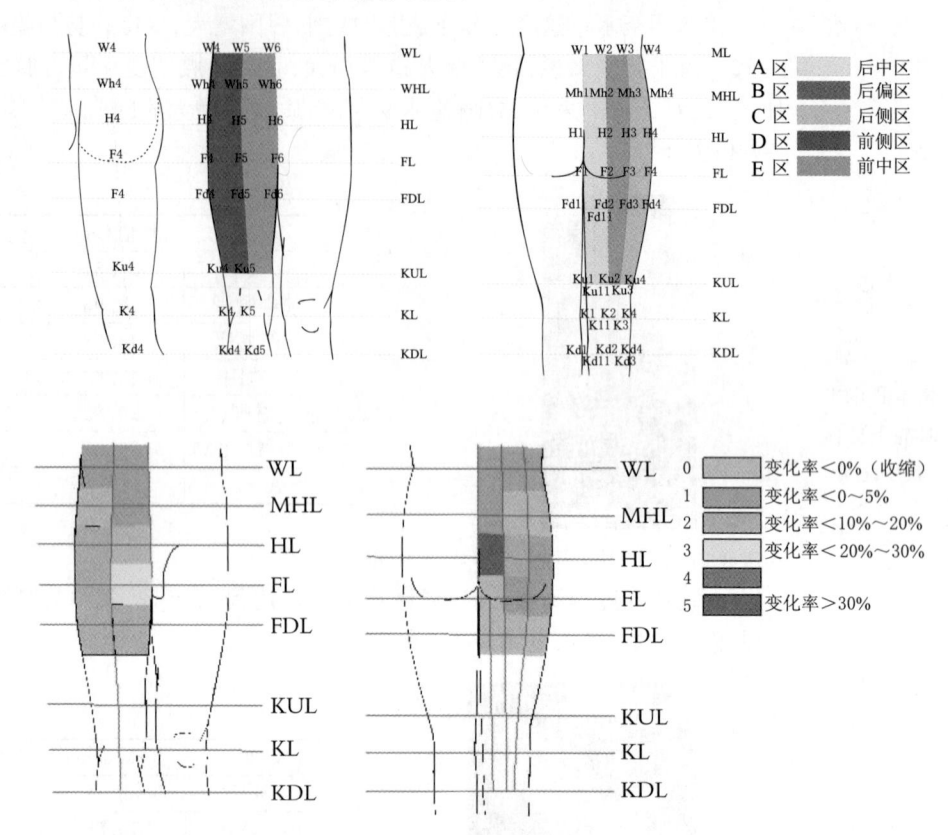

A 区 后中区
B 区 后偏区
C 区 后侧区
D 区 前侧区
E 区 前中区

0 变化率<0%（收缩）
1 变化率<0～5%
2 变化率<10%～20%
3 变化率<20%～30%
4
5 变化率>30%

图 3-2-9 是男下体体表在五种不同的运动状况下形变规律图，即人体运动对皮肤在不同区域所产生的影响。在 B 区域内，腰围线、臀围线附近的皮肤在四种动作状态下是正向拉伸，腰围线的变化率在 0%～10% 之间，臀围线在 2%～15% 之间，而中臀围和大腿围处的皮肤是收缩的。

表 3-2-9 A 区域横向变化率 单位:(%)

A 区域	抬高 45°	抬高水平	弯腰 90°	自然下蹲
腰围	0.24	0.74	5.86	3.77
中臀围	−0.02	0.21	1.75	1.04
臀围	13.13	19.34	18.95	40.28
大腿根围	−4.89	−6.36	1.45	——
大腿围	−9.20	−11.50	−1.58	——

在 A 区域，腰围线、中臀围线(除了动作抬高 45°之外)和臀围线处的皮肤在四种动作状态下都是正向拉伸，拉伸变化最大的部位是臀围附近，其变化率是 10%～40%，只有大腿根围(除动作弯腰 90°之外)和大腿围处的皮肤在四种动作下是收缩，且收缩率范围是 0%～15%(表 3-2-9)。

表 3-2-10
B 区域横向变化率(%)

B 区域	抬高 45°	抬高水平	弯腰 90°	自然下蹲
腰围	0.13	0.32	2.31	6.24
中臀围	−2.07	−2.18	1.31	−3.85
臀围	1.91	7.57	1.87	14.07
大腿根围	−2.39	8.44	−0.50	——
大腿围	−6.68	−7.63	−6.35	——

在 B 区域,腰围、臀围线处体表处于拉伸状态,中臀围(除弯腰 90°之外)、大腿根围(除抬高水平之外)和大腿围附近区域的是收缩,收缩范围在 0%~10%之间(表 3-2-10)。

表 3-2-11
C 区域横向变化率(%)

C 区域	抬高 45°	抬高水平	弯腰 90°	自然下蹲
腰围	0.50	1.28	5.74	8.11
中臀围	−0.97	0.31	1.30	−1.05
臀围	−0.20	4.66	−0.84	5.09
大腿根围	0.84	4.91	0.39	
大腿围	1.30	1.74	−6.81	

在 C 区域,腰围、大腿围(除弯腰 90°之外)和大腿根围处的体表皮肤在四种运动情况下均处于拉伸状态,收缩范围在 0%~9%之间(表 3-2-11)。

表 3-2-12
D 区域横向变化率(%)

D 区域	抬高 45°	抬高水平	弯腰 90°	自然下蹲
腰围	0.13	−0.61	0.61	2.37
中臀围	−2.09	−1.19	−0.18	6.14
臀围	3.47	11.01	1.29	
大腿根围	6.64	11.67	4.85	
大腿围	6.61	13.40	6.86	

在 D 区域,腰围和中臀围的变化量正向和反向不定,但变化量不大,臀围、大腿根围和大腿围在四种动作下都处于拉伸状态,变化率在 0%~15%之间(表 3-2-12)。

表 3-2-13
E 区域横向变化率(%)

E 区域	抬高 45°	抬高水平	弯腰 90°	自然下蹲
腰围	1.79	0.99	2.74	5.75
中臀围	−0.54	1.22	0.53	
臀围	−6.90	−5.10	−4.36	
大腿根围	10.66	21.11	5.63	
大腿围	8.99	13.59	3.57	

在 E 区域,臀围在四种动作下都处于缩小的状态,腰围、大腿根围和大腿围附近的皮肤处于拉伸状态,且其变化率在 0%~25%之间(表 3-2-13)。

综合以上所有横向的变化率总结,并在人体上分区域表示,根据变化率的大小分为四类(图 3-2-14):

表 3-2-14 变化率大小分类

分类		伸长率(%)
收缩		<0
伸长率小		0~5
伸长率中		10~20
伸长率大		20~30
伸长率特大		>30

② 下体各区域纵向变化图及其说明(图 3-2-10~图 3-2-12、表 3-2-15)

图 3-2-10 纵向变化率(%)

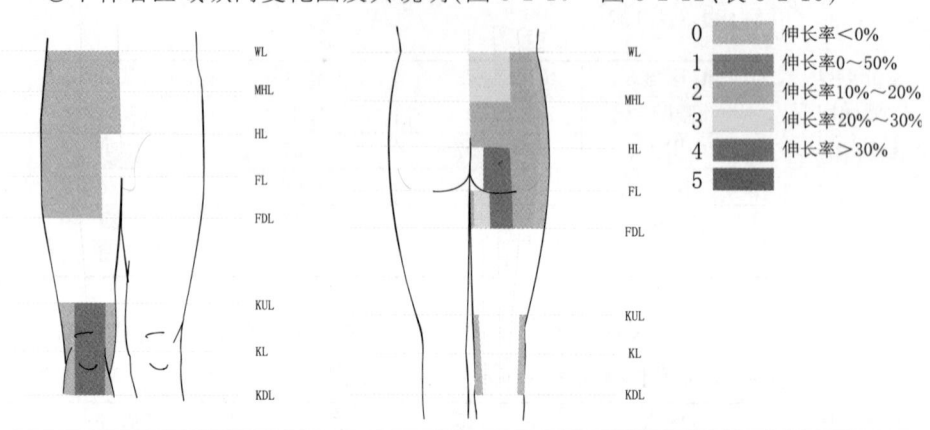

编号	伸长率
0	伸长率<0%
1	伸长率0~50%
2	伸长率10%~20%
3	伸长率20%~30%
4	伸长率>30%
5	

图 3-2-11 纵向皮肤变化率(1)(%)

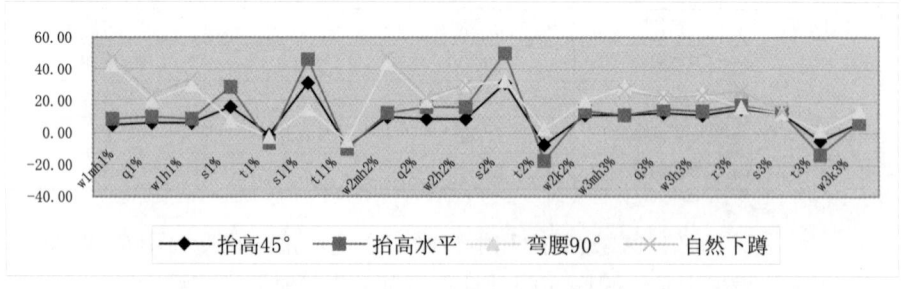

图 3-2-12 纵向皮肤变化率(2)(%)

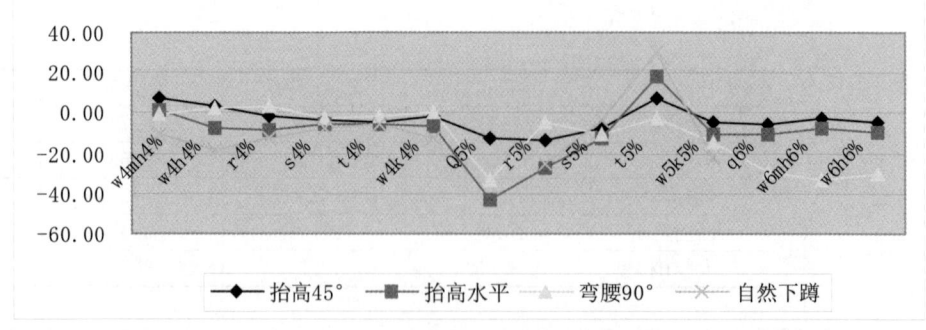

注:图 3-2-11 及图 3-2-12 中 W1mh1、W2mh2、…W6mh6 表示腰围至中臀围区域;W1h1、W2h2、…W6h6 表示腰围至臀围区域;Q1、Q2…Q6 表示中臀围至臀围区域;R1、R2…R6 表示臀围至大腿根围区域;S1、S2…S6 表示从大腿根围至大腿围区域;t1、t2…t6 表示大腿围至膝盖中点水平线区域,所有的 1…6 的编号皆为纵向区域编号。

第三章 人体动态特征与着装形变

由于纵向拉伸变形比横向大得多,以下是纵向的表示方法,见表3-2-15所示。

表 3-2-15 纵向变化率大小

		伸长率(%)
收缩		＜0
伸长率小		0～10
伸长率中		10～20
伸长率大		20～30
伸长率特大		＞30

3. 石膏带法

试验方法:先在体表上作基准线,然后将石膏带浸水软化贴覆在人体表面,快速干燥后在中缝、侧缝处剪开取下,按复印在石膏带上的基准线形状将石膏塑成的体表剪开展平,作成人体体表的展开图。

(1)上半身皮肤形变分析

图 3-2-13 采用石膏法得出的胸背部体表的变形

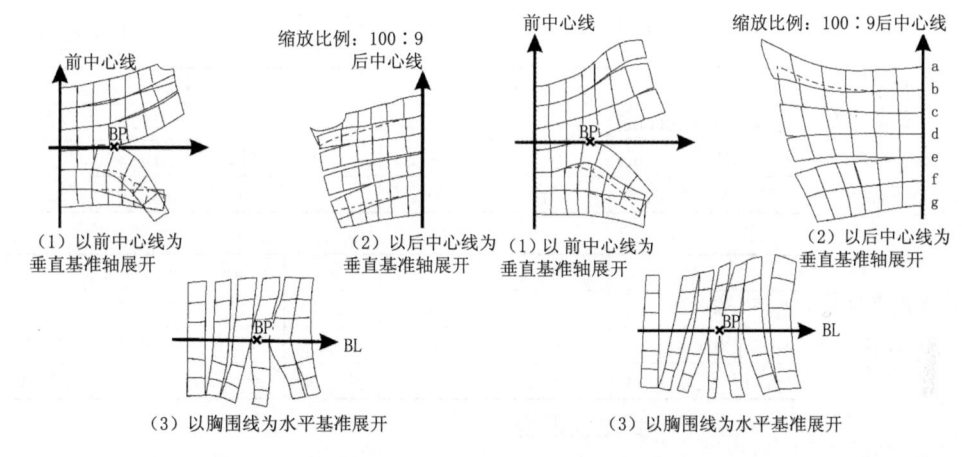

(a)静态人体胸背部模型平面展开图　　(b)动态人体胸背部模型平面展开图

如图 3-2-13 所示,将静态人体胸背部体表形态沿垂直轴展开的图形中,前胸部在胸围线处有非常大的省量,腋下有少量重叠,同时在胸围线下有大量的重叠,胸部曲度变化明显。后背部与前胸部相似,只是胸围处省量很小。

动态人体胸背部平面展开图与静态相比,腋下有小的省量,胸围处省量变小,胸围线下重叠量也变小,人体胸部变平坦。后背部变化不明显。在胸围线上部的纸样块面向右上方移动。

东华大学研究者测得的图 3-2-13 中前、后中心线到体侧线之间的水平向等分线长度,等分线位置沿垂直方向从胸围线上 6cm 到胸围线下 9cm,得到胸背部水平向等分线的长度值见表 3-2-16;背部从胸围线上 6cm 到胸围线下 9cm 之间的垂直向等分线的长度,等分线位置沿水平方向分别从前(后)中心线向被测者身体右侧到体侧线为止,分别得到胸部垂直向等分线长度值、背部垂直向等分线长度值见表 3-2-17 表 3-2-18 所示。

表 3-2-16 胸背部水平向等分线的长度测量表

			胸围线	+3cm	+6cm	−3cm	−6cm	−9cm
静态	前中—体侧	测量值(cm)	23.2	22.7	21.0	20.6	18.8	18.6
	后中—体侧	测量值(cm)	18.3	18.8	19.5	17.5	16.2	15.4
动态	前中—体侧	测量值(cm)	23.0	21.6	20.8	20.7	19.3	19.8
		形变率 α(%)	−0.9	−4.8	−1.0	0.5	2.7	6.5
	后中—体侧	测量值(cm)	18.8	19.3	20.5	17.9	16.5	15.5
		形变率 α(%)	2.7	2.7	5.1	2.3	1.9	0.6

由表 3-2-16 可知,人体前胸部的围度总是大于后背部的围度;并且与人体自然站立状态相比,人体在双臂侧举至与垂直方向成 130°时,胸部在胸围线以上水平围长缩短,形变率为负值,且以胸围线上 3cm 处的变化最大,形变率为 −4.8%;胸围线以下水平围长增大,以 9cm 处变化最大,形变率为 6.5%。背部水平围长都有所增大,以胸围线上 6cm 处变化最大,形变率为 5.1%,反映出该处因臂部上升运动引起的皮肤形变最显著。总体上水平方向的皮肤形变量不大。

表 3-2-17 胸部垂直向等分线长度测量表

		前中心线	+3cm	+6cm	+9cm	+12cm	+15cm	体侧线
静态	测量值(cm)	15.2	15.0	15.1	15.1	15.0	15.2	15.4
动态	测量值(cm)	16.0	16.5	17.4	18.8	19.8	20.0	19.3
	形变率 α(%)	5.3	10.0	15.2	24.5	32.0	31.6	25.3

表 3-2-18 背部垂直向等分线长度测量表

		前中心线	+3cm	+6cm	+9cm	+12cm	+15cm	体侧线
静态	测量值(cm)	15.2	15.0	16.1	17.3	17.5	16.5	15.4
动态	测量值(cm)	15.1	15.2	15.3	15.8	16.5	18.2	19.3
	形变率 α(%)	−0.7	0.7	−5.0	−8.7	−5.7	10.3	25.3

(2) 下半身皮肤形变分析

图 3-2-14 采用石膏法测得出的臀腰部体表的形变

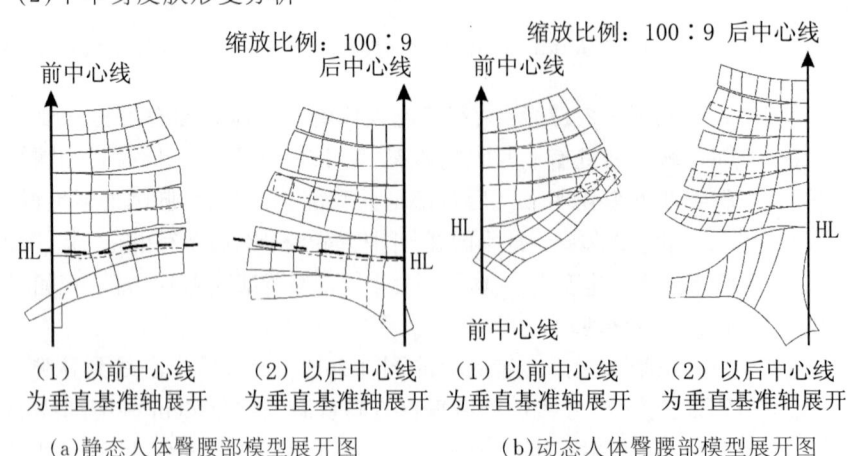

(a) 静态人体臀腰部模型展开图　　　(b) 动态人体臀腰部模型展开图

(1) 以前中心线为垂直基准轴展开　(2) 以后中心线为垂直基准轴展开　(1) 以前中心线为垂直基准轴展开　(2) 以后中心线为垂直基准轴展开

垂直向等分线长度在胸部前中心附近形变率不大,从前中心线到体侧线的拉伸形变率急剧增大,在偏离前中心12~15cm处拉伸形变达到30%以上。在背部的长度比静态人体稍有缩短,但偏离后中心线15cm处到体侧线之间亦有较明显的增长。总体上垂直方向上的皮肤形变量较大,且胸部、体侧变长而背部变短。说明运动状态下臂部肌肉的牵引主要引起胸部皮肤在垂直方向上的拉伸变形,且以体侧尤为明显。

通过分别测量人体臀腰部各部位的省量和重叠量,可得到以下分析结果:

①人体静态前腰—腹—臀围线以下,是始终凹凸不平的;后腰—中臀—臀围线以下,呈凹—凸—凸状态。

②人体动态从前腰—腹—臀围线以下,呈凸—凸—凹状态;后腰—中臀—臀围线以下,呈凹—凸—凸状态。在臀围以下曲度变化非常大,前面有大量重叠,后面臀围线下3cm处有大量的省。

表3-2-19 不同状态的臀腰部省量、重叠量测量表 单位:cm

			裸体静态	裸体动态
前腰腹部	腰部	重叠量	0.4	0
		省量	0.4	0.4
	腹部	重叠量	2.8	0.4
		省量	3.8	1.3
	臀围线以下	重叠量	0.8	10
		省量	1.5	0
	腰部	重叠量	0.8	1.2
		省量	0	0
	中臀	重叠量	0.8	1.5
		省量	3	3.5
	臀围线以下	重叠量	2.8	1.8
		省量	0	11.5

通过比较分析测量图(图3-2-14)上静态和动态人体腰臀部的等分线长度及其变形率,即测量从前、后中心线到体侧线之间的水平向等分线长度,如表3-2-20所示,发现人体做抬腿动作时,在水平方向上,人体前腰围处皮肤收缩,腰围以下至臀围线皮肤拉伸形变量逐渐增大,臀围线以下皮肤有少量的收缩变形;人体整个后腰臀部皮肤在水平方向上产生收缩形变,腰围线下24cm处(即臀围线下3cm左右)收缩量最大。通过测量从腰围线到腰围线以下27cm之间的垂直向等分线长度,等分线位置分别从前、后中心线开始到体侧线为止,见表3-2-21,可知,做抬腿动作时,人体前腰腹部皮肤在垂直方向收缩,形变率皆为负值,以前中心向身体右侧6cm与前中心之间收缩量最大;后腰臀部皮肤则大量拉伸变形,形变率皆为正值,以后中心向身体右侧6cm处拉伸量最大,形变率达到27.7%。

表 3-2-20 腰臀部水平向等分线长度测量表

	静态		动态			
	前中心—体侧	后中心—体侧	前中心—体侧		后中心—体侧	
	测量值(cm)	测量值(cm)	测量值(cm)	形变率 α(%)	测量值(cm)	形变率 α(%)
腰围线	16.0	16.3	15.6	−2.5	15.5	−4.9
−3cm	17.0	17.5	17.8	4.7	16.2	−7.4
−6cm	19.2	18.7	20.2	5.2	17.3	−7.5
−9cm	20.5	19.8	22.0	3.4	18.3	−7.6
−12cm	21.0	20.7	23.0	9.5	19.2	−7.2
−15cm	21.2	21.8	23.3	9.9	20.2	−7.3
−18cm	21.5	23.3	24.5	14.0	21.8	−6.4
−21cm	21.5	23.8	24.7	14.9	23.3	−2.1
−24cm	26.5	29.0	25.5	−3.8	26.0	−10.3
−27cm	26.0	25.0	25.7	−1.2	24.8	−0.8

表 3-2-21 腰臀部垂直向等分线长度测量表

	静态(cm)	动态(cm)	形变率 α(%)
前中心线	32.3	24.8	−23.2
+3cm	28.5	25.0	−12.3
+6cm	28.0	22.0	−21.4
+9cm	27.7	23.2	−16.2
+12cm	28.1	25.0	−11.0
+15cm	28.1	27.5	−2.1
体侧线	27.8	29.0	4.3
+18cm	27.5	31.0	127
+15cm	27.0	32.5	20.4
+12cm	26.8	33.5	25.0
+9cm	27.0	34.0	25.9
+6cm	28.2	36.0	27.7
+3cm	29.0	37.0	27.6
后中心线	30.2	37.0	22.5

(3)动态下体各部位面积变化率分析

图 3-2-15 以 170A 具体样本的人体数据为依据,通过把体表按照每块小四边形平面展开,虽然是曲面的,把它近似平面处理。将后腰臀的曲面面积近似为总面积∑(SQ4+SQ5+SQ6+SP4+SP5+SP6),式中 S 表示面积,Q 为中臀围线上体表,P 为中臀围线以下体表,4、5、6 为体表区域序号,测得了面积变化规律。

图 3-2-15
五种动态下的
体表面积展
开图

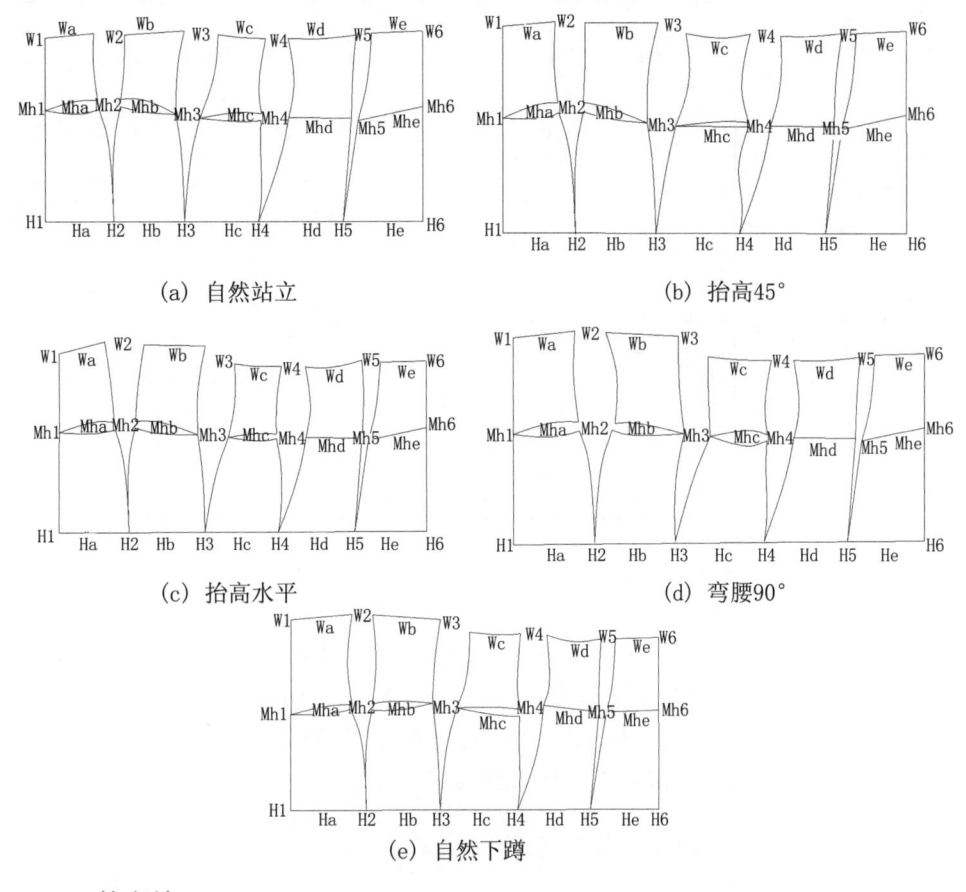

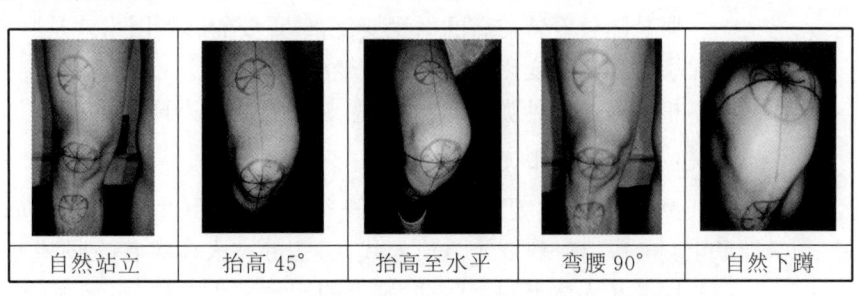

(a) 自然站立

(b) 抬高45°

(c) 抬高水平

(d) 弯腰90°

(e) 自然下蹲

4. 捺印法

测量方法：用橡章捺印法测量膝盖上下皮肤由于运动而产生变化的方向和程度。橡章的直径分 3cm、5cm 两种，视捺印点的面积大小而选用，橡章上刻有纵横、斜向直线。

具体方法：先在局部皮肤上按印，之后用拷贝纸拷贝，可拓下在不同运动状态下的印记，见图 3-2-16。

图 3-2-16
五种动态情况
下的捺印法
测量图

| 自然站立 | 抬高45° | 抬高至水平 | 弯腰90° | 自然下蹲 |

表 3-2-22 捺印法测量膝盖变化

位置	方向	静态 测量值 (cm)	抬高 45° 测量值 (cm)	抬高 45° 变化率 (%)	抬高水平 测量值 (cm)	抬高水平 变化率 (%)	弯腰水平 测量值 (cm)	弯腰水平 变化率 (%)	自然下蹲 测量值 (cm)	自然下蹲 变化率 (%)
膝上	横向	5	5.0	0.00	5.3	6.00	5.0	0.00	5.4	8.00
膝上	纵向	5	5.2	4.00	5.4	8.00	4.9	−2.00	6.2	24.00
膝上	斜向	5	4.7	−6.00	4.8	−4.00	5.2	4.00	4.9	−2.00
膝点	横向	5	5.3	6.00	5.4	8.00	5.5	10.00	5.5	10.00
膝点	纵向	5	6.2	24.00	6.4	28.00	4.3	−14.00	6.7	34.00
膝点	斜向	5	5.5	10.00	5.7	14.00	4.5	−10.00	5.7	14.00
膝下	横向	5	4.9	−2.00	5.1	2.00	4.7	−6.00	5.2	4.00
膝下	纵向	5	5.4	8.00	5.9	18.00	4.8	−4.00	5.8	16.00
膝下	斜向	5	5.2	4.00	5.3	6.00	4.9	−2.00	6	20.00

对捺印法测量结果分析，可以得到膝盖上、中、下部位的纵向、横向和斜向的变化率。通过表3-2-22，可以发现膝上、膝点及膝下等附近的体表皮肤从静态变化到抬高45°动作时，纵向方向都拉伸，从抬高45°到抬高水平时，在纵、横和斜向上体表变化率都变大；从静态到弯腰至水平时，膝上体表在纵向上变化率变小，膝附近的体表在纵、斜向上变化率变小，不管在哪个方向上膝下的变化率都是变小的，即下体越向下的体表皮肤逐渐收缩变小。

二、服装的动态形变

当着装的被测者开始运动时，由于姿势、运动的变化，会导致服装发生变形，对人体产生一定的拘束，表示服装拘束的程度指数（R 值）可以表示如下：

$$R = \frac{B-A}{A} \times 100\%$$

其中，A 指服装初始的表面积；B 指服装穿着在人体时覆盖人体的表面积。不同拘束指数反映了着装人体不同部位的服装变化量是不相同的。

服装随着着装前后的面积变化，最重要的影响因素就是服装拉伸性能与动作变化引起的皮肤变化导致的服装变化。

根据服装的种类，服装的动态变形主要有以下几种：

（一）上装的形变

测量方法：主要采用捺印法进行测量，即用直径为5~10cm的圆形印章，印章上刻有纵、横、斜8个方位的线条，在静态人体穿着的服装上盖上印章（图3-2-17），服装从人体上脱下后，服装上的印章发生变化，将静态的印章各个方向的变化量算出，便可得到各个方向的变化率。

图 3-2-17 印在服装上的印章图形

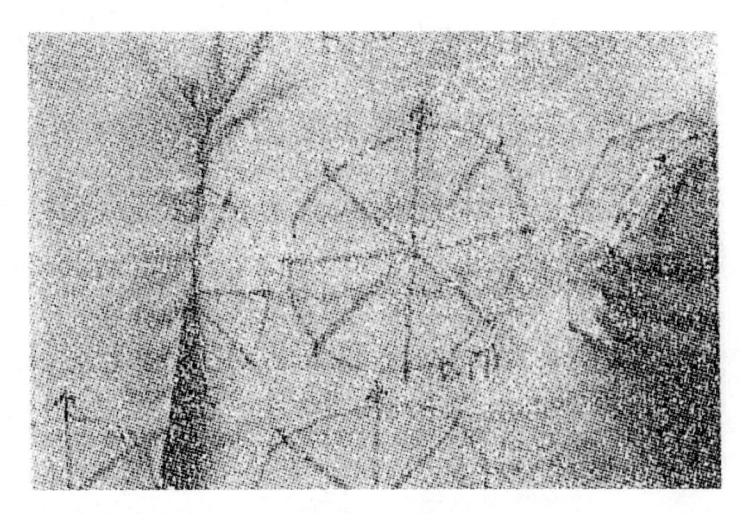

计算方法：设服装上的印章斜向半径是 l，脱衣后服装上的印章斜线距离圆心的半径长度变为 l'，那么该方向的服装变形率公式如下：

$$\varepsilon = 100 \times \frac{l-l'}{l'} (\%)$$

依此原理，服装上该印章的纵、横、斜向变形率都可以求出。

当着装人体处于动态时，服装上的印章发生改变，若印章斜向半径为 l''，那么该处皮肤的斜向变形率为

$$\varepsilon = 100 \times \frac{l''-l}{l''} (\%)$$

日本大野静枝(1967 年)通过捺印法测得弹力尼龙上装随着被测者姿势的改变引起的变化趋势(见图 3-2-18)。首先被测者穿好上装，然后处于自然站立的静止状态，在上装不同的部位盖上印章，最后被测试者开始改变姿势，处于不同姿势时，上装不同地方上的印章发生不同方向、不同大小的变化。根据大量测试，得到服装不同部位变化率与面料方向的相关关系，见图 3-2-19。

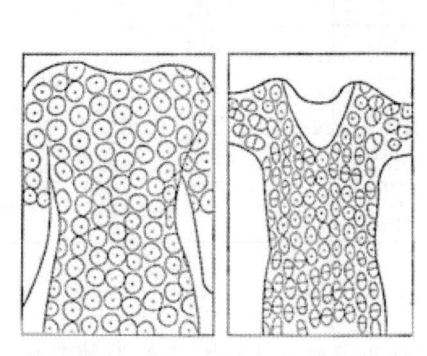

图 3-2-18 弹力尼龙服装的动态变化

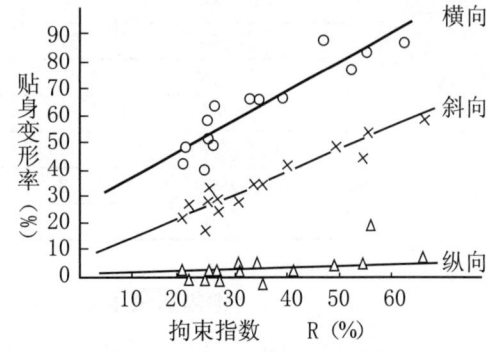

图 3-2-19 服装不同部位变化率与拘束指数

通过观察图 3-2-19，得出：

$$拘束指数\ R = (\%) = \frac{被衣服覆盖的人体表面积-着衣前衣服表面积}{着衣前衣服表面积} \times 100\%$$

可以发现同一部位在不同的方向上贴身内衣变化率都不相同,而且变化率从大到小的方向排序是横向＞斜向＞纵向;同时不同部位在同一方向上基本呈现线性正相关关系。但总的都是随拘束指数 R 增大而贴身内衣变形率增加。

通过未拉伸线法测量了被测者做广播体操时,经卷缩加工和一般加工材料制成的内衣,在常态时皮肤表面形变以及干态和湿态时内衣的形变大小和方向不同,见图 3-2-20。总体来看,无论是否采用卷缩加工服装,在湿态的形变大于干态形态;经卷缩加工材料制成的内衣形变大于一般方法加工材料制成的内衣。

图 3-2-20 做广播操时人体表面及内衣产生的形变图

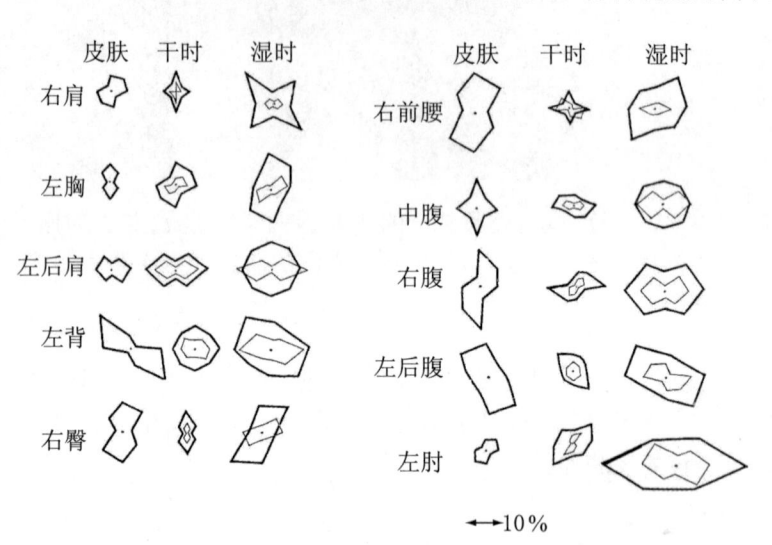

* 内细线图为一般纱线制成的内衣,外粗线图为卷缩弹性加工纱线制成的内衣

表 3-2-23 内衣特有形变部分与其最大形变量

显著共同变形部分	最大变形量(%)		显著共同变形部分	最大变形量(%)	
	一般纱线内衣	卷缩纱线内衣		一般纱线内衣	卷缩纱线内衣
左胸横	63	81	右腹横	58	105
右胸横	57	83	右后肩横	54	96
左侧右斜	65	86	左后肩横	61	85
右侧左斜	87	88	右背横	55	110
右侧右斜	61	92	左背横	61	117
左腹横	68	105	右臀横	76	101
中腹横	75	92	左臀横	70	118

(二)连体体操衣的形变

图 3-2-21 采用两种不同的方法进行连体体操衣的着装变形测量,可以发现腰部、腹部变形显著,其中腰部变化较大。图 3-2-21(a)(前后)表示连体服装横向拉伸时的变化示意图,其中腹部的横向变形大,尤其后部腹围附近变化较为显著;图 3-2-21(b)(前后)表示连体体操衣纵横向伸长时的变化示意图,其中腰部变

化大,尤其前腰附近的纵横伸长变化显著。

(三)下装的形变

如图3-2-22所示。当穿着裙子的被测者处于步行、坐姿状态时,可以发现前腰的变化不大,变化集中在裙下端附近,而后裙片的腰部比前片的变化显著,但是裙后下端变形小,变形角度与裙边成直角;当被测者处于弯腰前屈状态时,后裙片发生显著变化,且发生斜向拉伸现象,前片变形也加大,变形角度没有发生较大的变化,基本保持与裙边成直角状态。

图 3-2-21 连体体操衣的着装变化

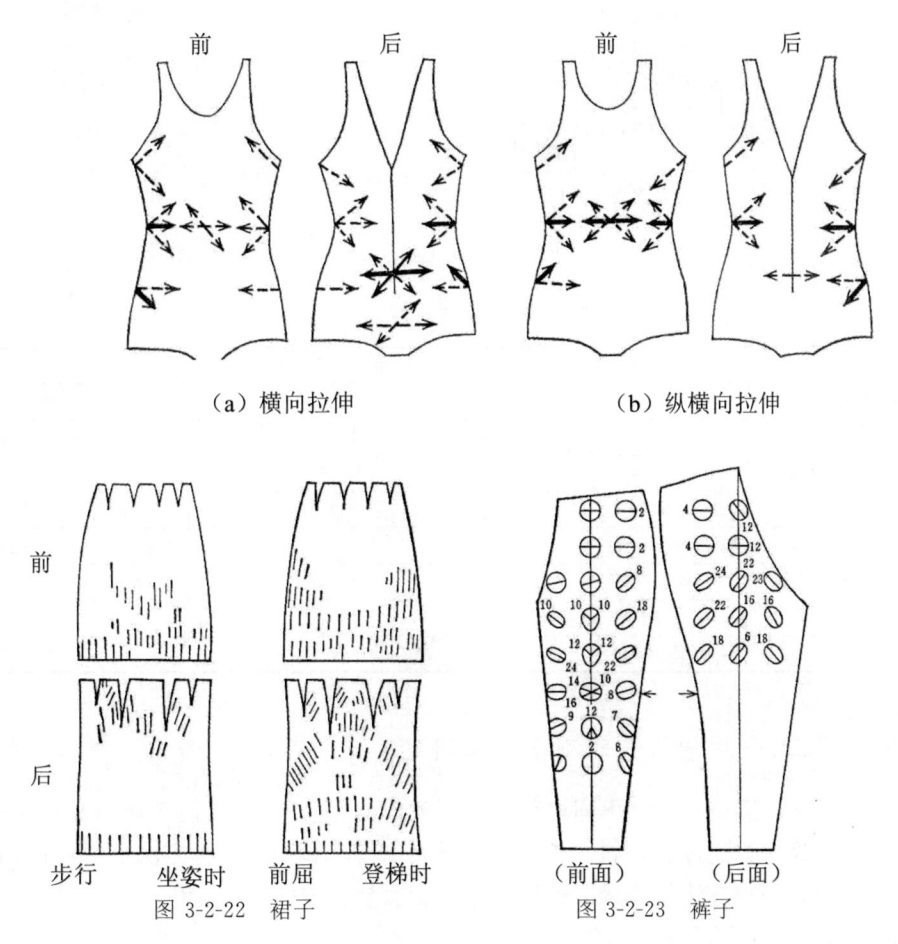

(a) 横向拉伸　　(b) 纵横向拉伸

图 3-2-22　裙子

图 3-2-23　裤子

如图3-2-23,当被测者穿着裤子时,裤子前后发生了显著变化,其中大腿至膝盖部分的变化率为10%~24%,后裤边上大腿至腰部的变化较为显著,其变化率基本为20%。总的来说,裤子着装变形主要集中在腰部的横向方向、大腿部的斜向方向上。

(四)不同型号服装的着装变化

同一款式的试验裤有三种规格尺寸型号,分别为S、M、L,如图3-2-24,通过动作的变化,可以发现由于面料拉伸性、收缩性、剪切性能的差异,导致膝围在穿着三条不同型号的裤子时的变化率和变化方位不同,总的来说规格尺寸与变形量成正比关系,如图3-2-24。

图 3-2-24 不同尺寸不同部位的裤装运动变形率

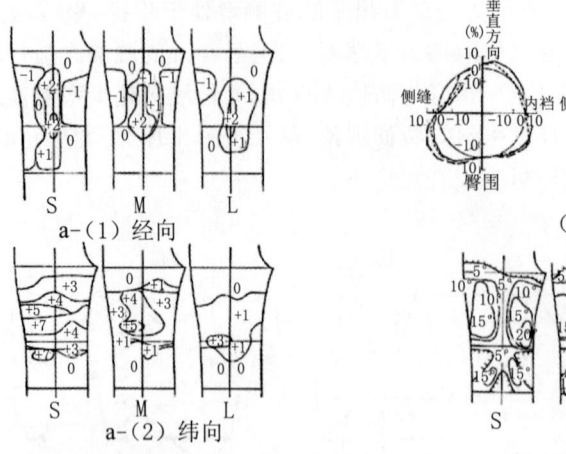

(a) 膝围宽松量与伸长变形率 (%)

(b) 膝部伸缩率

(c) 膝围宽松量与剪切变形量

(五)不同类型的服装着装变化量

表 3-2-24 不同类型的服装沿着面料纵、横、斜方向的伸长变化率都不同

服装种类	布纹方向	拉伸率(%)
男裤	横	10~15
男茄克衫	纵、横	25
女裤	纵、横	30
泳衣	横	50
滑雪裤	纵	35~40
衬衫外套	纵、横	10~15
裙	横	25
套装(男、女)	横	10~25

三、服装伸长量的测量方法研究

服装在各种不同姿势状态下如何伸展的问题,目前还在研究当中。以下研究为探讨通过服装的伸长量来测量人体姿态和动作这种方法是否可行,最终设想建立一种方法能够尽可能精确地测量服装伸展的模式。

(一)研究方法

1. 测量

利用一套光学运动跟踪系统来测量服装的伸长分布状态。如图3-2-25中所示,为一个装有5个照相机配置的VICON370系统。

这套VICON运动跟踪系统使用了可变数量(至少两个)的红外线带频闪观测仪的照相机以及被动的反射标志物。在暗房中,发射的红外光被标志物反射,因此照相机可以只记录下最不需要进行图像处理的标记。通过知道照相机的确切位置,以及每个标志物至少由两台照相机探测的三角布局(见图3-2-26),就有可能推测出每个标志物的位置。通常,所推测的标志物的位置就位于反射范围的中心。

图 3-2-25 照相机的排列方式:左:前视图 右:俯视图

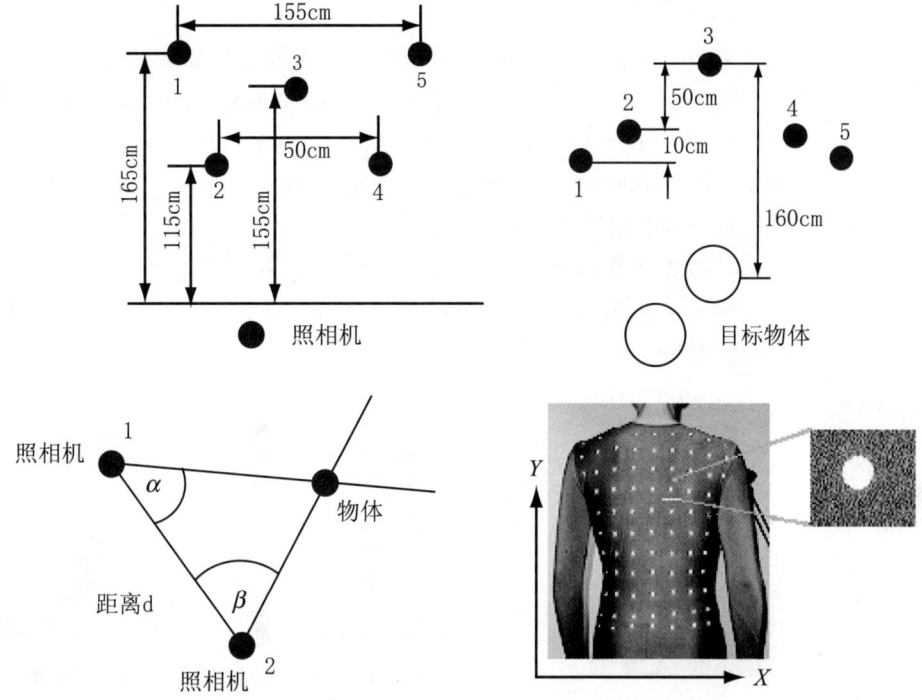

图 3-2-26 已知两个照相机之间的距离 d 以及角度 α 和 β,可以推测出标记的位置

图 3-2-27 标志物设定照片

2. 标志物和服装

考虑到制作的便利性及标记的尺寸应尽可能小,选择使用直径为6mm的标志物。

制作紧身贴体服装的织物应具有很好的弹性,它由95%的粘胶纤维和5%的弹性纤维组成,具有10%的预加应力。

这些标志物被放置在服装的每个5cm的栅格当中,栅格的尺寸是由标记的数量与系统分解之间的平衡来决定的(见图3-2-27),以上数据建立于90个标记的基础上。

3. 后加工处理

这个运动跟踪系统的输出结果是一串表示标记位置的三维数据流(50Hz)。为了根据这些数据得出服装伸展的分布状态,必须进行一些后加工处理。通过两个姿势之间的差值可以计算出伸长量,其中,垂直的姿势状态作为参考值。

(1)首先,以10个时帧作为参照,选好将要做比较的姿势。这些帧为被测者静止不动的时间点。通过计算经过这些帧时的标志物位置的平均值,能够减少测量误差,标志物之间距离的精确度可达0.5mm左右。

(2)两个相邻标志物之间的距离,在参照姿势下为 d_0,当前姿势下为 d_1,这两

个距离相对变化为 $e = (d_1 - d_0)/d_0 \times 100\%$。

(3)以上的计算方法在水平、垂直和对角线方向分别进行。

(二) 测量结果

采用上述的方法,得出耸肩、弯背、手臂前举的测量结果。

图 3-2-28～图 3-2-30 中,伸长值的范围由颜色的变化来表现,从 -20%(中灰)到 $+20\%$(深灰),无伸展表示为淡灰。图 3-2-29 和图 3-2-30 中伸长量分布成外部形状的不均匀状态,是因为某个标志物由于方法的局限而被忽略,导致它所在位置的伸长量没有被计算到。

当被测者耸肩时,背部的下半部分在水平方向上并没有明显的伸展(图 3-2-28),然而在上部,伸展量明显。在垂直方向上,由于耸肩时手臂的提升而使肩两侧的伸展量达到 11%。

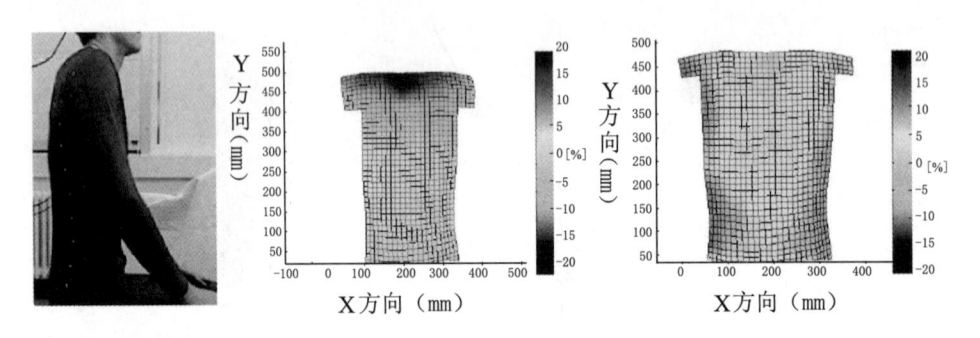

图 3-2-28 耸肩状态下服装(背部)伸长量分布(%)。(为得到较平滑的分布,伸长量已经被线型内插值替换。左:测量姿势;中:水平方向伸长量;右:垂直方向伸长量)

在被测者弯背的姿势状态下,可以观察到背部的下方在垂直方向上有很大的伸长量,达 17%(图 3-2-29)。背部的上方在水平方向上也有一个伸长量,它是由背部状态的改变以及手臂的前移共同造成的,图 3-2-29 中的左图就可以说明当身体上部分弯曲时手臂的移动状态。

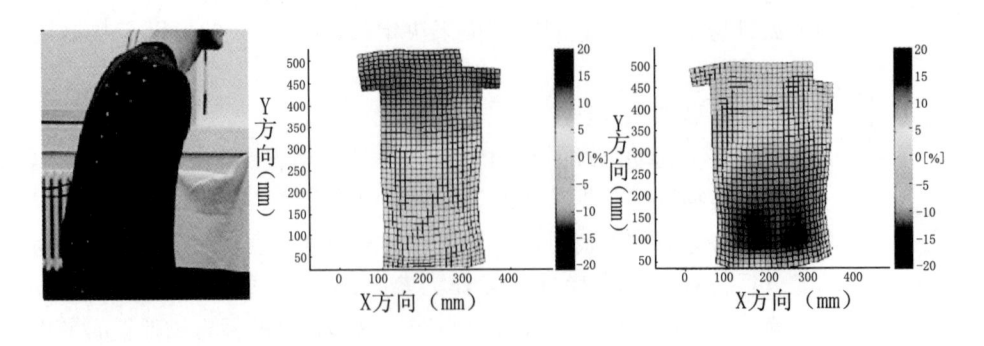

图 3-2-29 弯背状态下服装(背部)伸长量分布(%)。(为得到较平滑的分布,伸长量已经被线型内插值替换。左:测量姿势;中:水平方向伸长量;右:垂直方向伸长量)

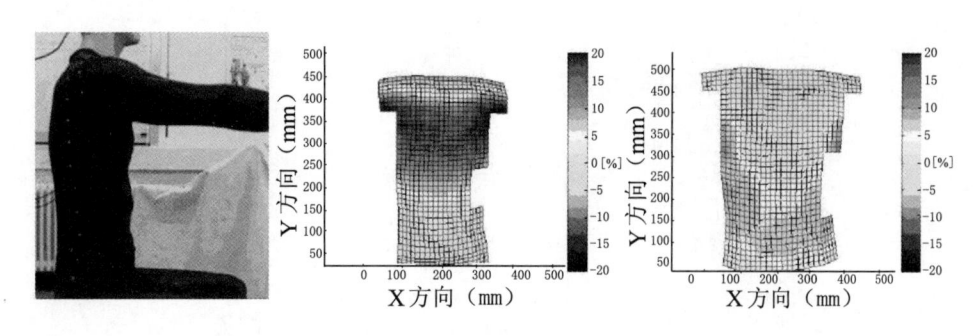

图 3-2-30 手臂前举状态下服装(背部)伸长量分布(%)。(为得到较平滑的分布,伸长量已经被线型内插值替换。左:测量姿势;中:水平方向伸长量;右:垂直方向伸长量)

为了证实这个观测结果,进行一项手臂基本运动的测量。从图 3-2-30 中可以看出,手臂的移动对于上背部的伸长量有很大的影响,所测出的伸长量为 15%～20%。

思 考 题

1. 简述人体关节的组成与分类。
2. 分析人体运动系统功能,特别是关节的运动功能。
3. 分析人体躯干部运动形变主要部位和变化幅度。
4. 分析人体下肢部运动形变的部位和幅度。
5. 分析测定人体线性动态形变的方法种类和具体方法。
6. 分析测定人体面积动态形变的方法和具体内容。
7. 分析服装动态形变中上装形变的测量方法。
8. 分析服装动态形变中体操衣形变的测量方法。

第四章　服装规格制定原理

研究人体测量群体的规律是为了科学制定服装规格,是服装人体工程科学的重要组成部分。本章从服装号型设计原理的角度分析号型的设计思路和步骤,介绍我国号型制定的技术途径和从人体测量至人体数据分析进行号型设置的数理分析和技术要领。介绍我国号型和规格标准的情况和发展历程,对服装示明规格的具体内容以及东西方各国的情况进行比较分析。

第一节　服装规格制定原理与技术途径

一、我国服装号型标准制定过程

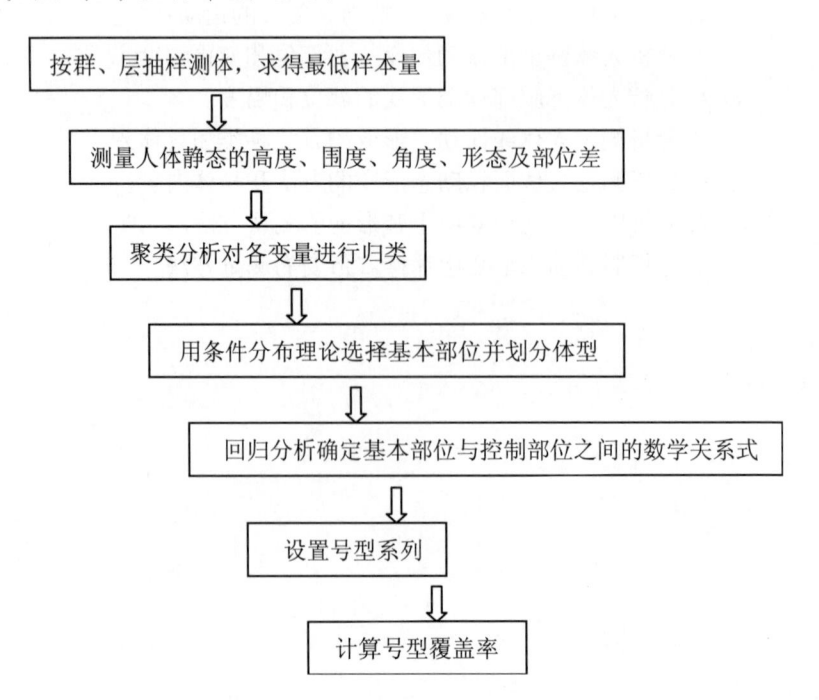

```
按群、层抽样测体,求得最低样本量
          ↓
测量人体静态的高度、围度、角度、形态及部位差
          ↓
聚类分析对各变量进行归类
          ↓
用条件分布理论选择基本部位并划分体型
          ↓
回归分析确定基本部位与控制部位之间的数学关系式
          ↓
设置号型系列
          ↓
计算号型覆盖率
```

确定测量范围。将被测人群按照"群"、"层"分类,取一定的样本量对被测人群进行人体尺寸抽样测量,对测得的数据按照科学方法进行统计分析及处理,整个技术途径如上所示:

二、我国服装号型标准制定体系

制定服装规格标准的行政体系大致可概括为下图:

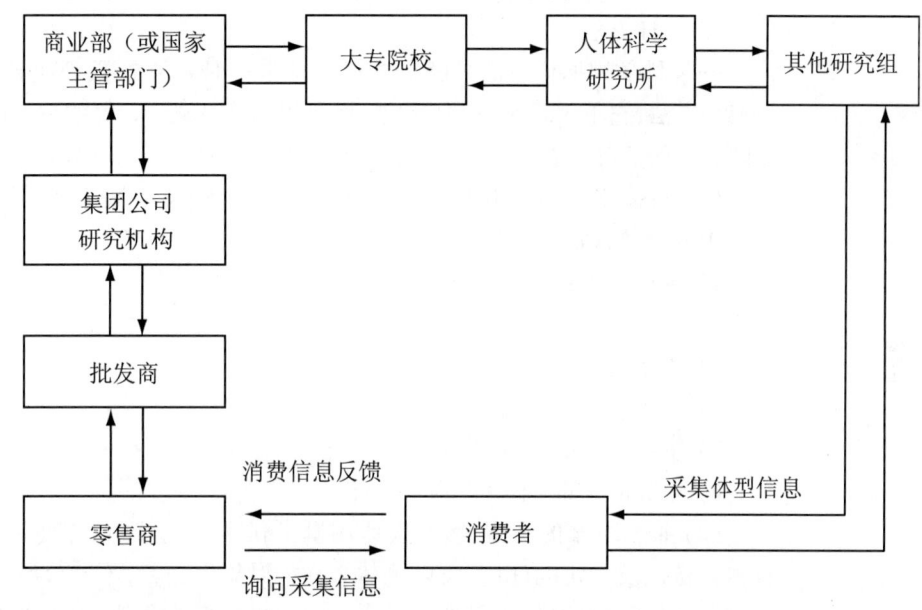

```
商业部(或国家主管部门) ⇄ 大专院校 → 人体科学研究所 → 其他研究组
         ↕                                                    ↓
     集团公司研究机构                                            ↓
         ↕                                                    ↓
       批发商                                                  ↓
         ↕                  消费信息反馈           采集体型信息  ↓
       零售商  ←——————————— 消费者 ←———————————————————————————
                  询问采集信息
```

三、人体尺寸测量及基本统计量的计算

人体尺寸测量及其数据研究不仅是制定服装号型标准的基础,而且是提升服装领域等产业整体技术水平的基础科学,所以国内外都比较重视人体测量工作,有些国家不仅制定了这方面的标准,还长期跟踪人体体型数据调查,除了大约10年一次的全国范围人体体型数据调查外,每年在小范围内也进行跟踪调查或开展专项研究,建立了完善的人体尺寸数据库,不断研制先进的测量仪器,采用先进的测量手段,不仅支持服装尺寸系列、服装人台、服装板型和服装CAD技术等一系列工作,人体尺寸数据还可以广泛应用于与人体工效学密切相关的建筑和机械等领域。

(一)我国服装人体尺寸测量抽样方案

20世纪70年代,在制定GB1335-1981《服装号型系列》国家标准时,人体测量调查工作在全国21个省、市、区范围内进行,测量了40万人体的体型,又在其中6个省市的数据中再抽取了6000人左右的数据进行了计算。制定GB1335-1991《服装号型》国家标准时,从1987年4月到7月在全国6个自然区域的10个省市、自治区开展人体测量工作,测得共计一万五千多人的服装用人体部位的尺寸数据,其中包括成年男子5500人、成年女子5500人、少年男子1300人、少年女子1300人、7~12岁儿童1300人,1988年又组织力量补测2~6岁儿童305人。1987年下半年开始建立数据文件库。

由于首次制定号型标准时受工作经验和客观条件所限,人体测量样本过多,不仅要花费大量的人力与经费,同时也不容易保证测量数据的准确性。所以,人体测量工作的科学性在以后的修订过程中得到重视,逐步形成了一套比较科学的抽样方案。以下是制定GB1355—1991标准时采用的抽样方案。

1. 抽样方法

一种科学的抽样方法是随机抽样。这是一种建立在数理统计基础上的抽样(调查)方法,它不仅省时、省力、快速,而且根据经过科学计算的适量的样本,能正确反映总体的情况。例如对总体的某些特征的估计,还可以获得这种估计的精度。

(1) 总体的划分。由于人体体型受性别、年龄及地域等多种因素的影响,将所考虑的全体人群(总体)进行了以下划分:

1) 成年男子:18~60岁
2) 少年男子:13~17岁
3) 成年女子:18~60岁
4) 少年女子:13~17岁
5) 学龄儿童(不分性别):7~12岁
6) 学龄前儿童(不分性别):2~6岁

(2) 抽样方案的类型,鉴于人体测量工作本身的特点,需要一组配套的专门仪器设备以及一定的环境,所以测体必须相对集中进行,不能分散进行,抽样必须是对群体的随机抽样,不可能是对个体的随机抽样。此外,由于中国幅员广大,人体尺寸与地域的关系极为密切,因此为了提高效率,保证精度,人体测量抽样方案选择分层整群随机抽样。

(3) 分层级抽取的省、市、自治区,按人类学的理论,将全国的各省、市、自治区(台湾省除外)分成6个自然区域,每个自然区域作为层。6个自然区域的命名及所包含的省、市、自治区如表4-1-1所示。

表4-1-1 我国按人类学划分的自然区域

层 号	1	2	3	4	5	6
自然区域	东北华北区	中西部区	长江下游区	长江中游区	两广福建区	云贵区
包含的省市自治区	黑龙江 吉林 辽宁* 内蒙古 河北 山东* 北京* 天津	河南* 山西 陕西* 宁夏 甘肃 青海 新疆 西藏	江苏* 浙江 安徽* 上海	湖北* 湖南 江西	广东 广西* 海南 福建	云南 贵州 四川* (含重庆市)

抽样时,按工作条件及便利程度,在每个层内选取一个或数个省、市、自治区进行测量,共抽取 10 个省、市、自治区(见表 4-1-1 中打 * 号者)。

(4)群的组成在每个层之内,随机抽取若干群体进行测量。这里的群应是一个自然的群体单位,如一个独立实际单位或一个单位中的一个或几个车间或班组,人数恰好达到规定的群体大小 M。将这个群体大小定为一个测量组一天的工作量,即 $M=100$ 人。应该注意的是,必须尽力避免在一个较大的单位中人为挑选被测量人员或听任自流,愿测试的人就测试,不愿测试的就不测试,如此凑够规定的 100 人。作这种规定的主要目的,是尽量使被测样本中各年龄的结构与总体的相应结构基本一致,必要时可适当选择样本群以调整样本中的年龄结构。例如老年人的被测人数不足时,可有意选择一些历史较长、老同志较多的单位,像一些办公室、科研组群体等。

2.样本量的确定

(1)样本量与精度的关系

样本量 n 的确定是抽样方案最重要的内容之一。从单一总体中抽样来进行某一项目的测试,样本容量过小则结论不可靠,所获得的信息不能描述总体特征,过大则浪费人力物力,因此抽样的原则之一是使置信度尽可能多地覆盖研究对象。

一般的样本,需要估计的目标量是这些指标的平均值,可以使用下面的公式计算样本量:

$$t=\frac{|\overline{u}-\overline{x}|}{\frac{\sigma}{\sqrt{n}}}$$

其中,$|\overline{u}-\overline{x}|$ 为样本容许差异的程度,用 Δ 表示,σ 为总体的标准差,通常可由过去所积累的经验资料中求得(见表 4-1-2)。如果使用这个公式,取置信度为 5%、自由度为 ∞,查得 t 值为 1.96,以 Δ/σ 的数值可知,相对来说对腰围的精度要求最高,因此以腰围考虑为主。若腰围的精度能满足要求,则其他指标的要求也能得到满足。

则服装人体测量的最大样本量为

$$n=t^2\times\frac{\sigma^2}{\Delta^2}=1.96^2\times 6.70^2=173 \text{ 人}$$

然而,我们知道,日本、英国、法国等国家在用于制定服装号型(尺寸)标准的人体测量中,测量的人数都在万人以上,可见这样的计算是不符合制定服装号型标准需要的。

《服装号型》标准的原则之一是使尽可能多的人能被规定的号型所覆盖,而且重要尺寸指标的误差应在允许的限度之内,覆盖率目标是使修订后的服装号型能在要求的精度内覆盖全国至少 90% 的人。至于精度,与其他多数抽样调查项目不同的是,此时估计量精度的要求主要是针对人体尺寸的分布情况,具体地说,就是需要估计的目标量是这些尺寸的分位数 X_p,而不是以平均值的形式出现。因为即使对总体的一些尺寸指标的平均值的估计能精确到 0.001mm,也与制定服装号型,使它能满足多数人的需要并无直接关系。所以应该根据测量的目的来选择计算方法。如果考察的是尺寸分布情况,则需要考虑某个尺寸指标 X 的 p 分位点 X_p 的估计 $\hat{X}_p$ 的最大容许绝对误差 Δ 与样本量的关系。

X 的 p 分位点 X_p 的定义为:

$$P_r(X<X_p)=p \tag{1}$$

如果用样本分位数 $\hat{X}_p$ 来作为 X_p 的估计,根据数理统计的理论,当抽样是用简单随机抽样,样本量 n_0 比较大时,$\hat{X}_p$ 近似遵从均值为 X_p,方差为 $p(1-p)/n_0[f(X_p)]^2$ 的正态分布。其中,$f(\hat{X}_p)$ 是该尺寸指标分布密度在 X_p 点的值。因此为使 X_p 满足

$$P_r(|\hat{X}_p - X_p| \leqslant \Delta) = 1-\alpha \tag{2}$$

则

$$\Delta = \frac{u_{1-\alpha/2}}{f(X_p)}\left[\frac{p(1-p)}{n_0}\right]^{1/2} \tag{3}$$

其中,$1-\alpha$ 是置信度,$u_{1-\frac{\alpha}{2}}$ 是标准正态分布 $N(0,1)$ 的 $1-\frac{\alpha}{2}$ 的分位数。因为人体尺寸指标一般近似为正态分布,设它的总体标准差为 σ,则

$$f(X_p) = \frac{\varphi(u_p)}{\sigma} \tag{4}$$

其中 u_p 是 $N(0,1)$ 的 p 分位点,$\varphi(u_p)$ 是它的密度函数在 u_p 处的值,从式(3)、(4)中,可得

$$n_0 = \left[\frac{u_{1-\frac{\alpha}{2}}}{\varphi(u_p)}\right]^2 p(1-p)\left(\frac{\sigma}{\Delta}\right)^2 \tag{5}$$

由于是整体随机抽样,为了获得与简单随机抽样同样的精度,实际整群抽样的样本量等于 n_0 乘以设计效应 $Deff$。整群抽样的设计效应有如下简单的公式:

$$Deff = 1+(M-1)\rho \tag{6}$$

其中,M 如前所述是群的大小,ρ 为群内相关系数,此数可以从以前类似调查(测量)结果中进行估计。由此可以计算整群抽样需要的样本量。在实际测量中,考虑到将来可能对异常数据进行剔除,在确定最终样本量 n 时,再增加 10% 的余量,于是:

$$n = n_0[1+(M-1)\rho] \times 1.1 \tag{7}$$

表 4-1-2 某些成年人体部位尺寸的容许误差和标准差

部位	最大容许误差 Δ(cm)	标准差 σ(cm)	σ/Δ
身高	1.0	6.2	6.20
胸围	1.5	5.5	3.67
腰围	1.0	6.7	6.70
臀围	1.5	5.2	3.47

(续表)

部位	最大容许误差 Δ(cm)	标准差 σ(cm)	σ/Δ
前颈腰长	0.35	2.3	6.57
后颈腰长	0.35	2.2	6.29

(2) 成年男子(或女子)样本量的确定

主要部位容许最大绝对误差即从历史资料获得的标准差数据如表 4-1-2 所示。

按照使用三个基本部位联合划分号型和覆盖 90% 的要求，考虑立体覆盖区域，且三个指标取同样的覆盖概率，则对每一个单位指标要求确定一个包含该指标 $(0.9)^{\frac{1}{3}} = 96.55\%$ 的一个区间。这就需要估计这个指标的 $p = (1-0.9655)/2 = 1.725\%$ 及 98.275% 两个分位数，其绝对误差不超过 1cm。由式(5)，当取 $1-\alpha = 0.99$ 时，(此时 $u_{1-\frac{\alpha}{2}} = 2.58$) 有

$$n_0 = (2.58)^2 \frac{0.982750 \times 0.01725}{(0.0426)^2} (6.7)^2 \approx 2800$$

由式(7)得 $n = 2800[1+(M-1)\rho] \times 1.1$

由于规定了 $M = 100$，并根据中国成年人人体测量四川省预试测量分析的结果，根据中国成年人人体测量预试测量分析的结果，$\rho = 0.00775$，于是

$$n = 2800[1+(100-1) \times 0.00775] \times 1.1 = 5452$$

取整数群体则

$n = 5500$，即合 55 个群，也即男女成年人各需抽测 55 群，5500 人。

(3) 少年及儿童样本量的确定

少年儿童体型分化不明显，故若需对这部分(子)总体设置号型时，仅需要两个基本部位。在主要部位中，以身高 $\Delta/6 \approx 12/2 = 6$ 的比值为最大。因此少年儿童服装精度要求以身高要求为最高。

按以两个尺寸指标联合划分号型、覆盖率为 90% 的要求，考虑到少年身高与几个围度(如胸围)精度要求相差较大，故考虑以下的分解

$$0.90 = 0.925 \times 0.973$$
$$\uparrow \qquad \uparrow$$
$$身高 \qquad 胸围$$

上式意味着要估计身高分位分布的 $p = (1-0.925)/2 = 3.75\%$ 和 $(1+0.925)/2 = 96.24\%$ 的分位点，且这两个分位点的估计误差不超过 2cm。当取 $1-\alpha = 0.99$ 时，由式(5)得

$$n_0 = (2.58)^2 \times \frac{0.9625 \times 0.0375}{(0.0818)^2} \times (6)^2 \approx 1293$$

当 $M = 100, \rho = 0.00775$ 时，

$n = 1293[1+(100-1) \times 0.00775] \times 1.1 = 2518$

归整取 $n = 2600$，即男女少年各需抽测 2600 人。从人体发育规律看，7~12

岁儿童的体型,在不同性别之间无明显差异,故这一年龄段的样本,可男女混用,因而实测时,可测男女13~17岁的少年各1300人,7~12岁的儿童共1300人。

(4)样本量在各层(及各省、市)中的分配

总样本确定以后,为分析计算方便,可以按全国各自然区域人口在全国总人口中的比例,用比例配置方法(以群为单位),把总样本分配到抽测的6个自然区域,然后再分配到各省、市、自治区,见表4-1-3。

表4-1-3 分配给各自然区域及各省市的测量人数 单位:人

自然区域	分配比例	省 市	成年男子	成年女子	少年男子	少年女子	儿 童	合计
东北华北区	0.36	辽宁	800	800	200	200	200	2200
		北京	400	400	100	100	100	1100
		山东	700	700	200	200	200	2000
中西部区	0.15	陕西	300	300	100	100	100	900
		河南	500	500	100	100	100	1300
长江下游区	0.17	安徽	400	400	100	100	100	1100
		江苏	500	500	100	100	100	1300
长江中游区	0.10	湖北	600	600	100	100	100	1500
两广福建区	0.10	广西	600	600	100	100	100	1500
云贵川区	0.12	四川	700	700	200	200	200	2000
合计			5500	5500	1300	1300	1300	14900

(二)我国服装人体测量项目与方法的确定

1.测量项目

人体测量项目是由测量目的决定的,测量目的不同,所需要测量的项目也有所不同。如何准确地选择服装人体的测量部位与方法,是提高测体效率和得出科学结论的基础。

修订GB1335-1981标准时,根据工作的目标,以下两个条件为原则选定了60个测量项目。

(1)满足服装工业对消费者人体体型规律研究的需求。

(2)满足修订服装号型系列标准的需要。

在确定60个测量项目的名称、术语、测量方法等内容时,严格执行了国家标准GB3975《人体测量术语》和GB5703《人体测量方法》的有关规定,并考虑到与ISO 3635《服装尺寸名称定义和人体测量程序》的一致。

表4-1-4是修订GB1355-1981标准时人体测量尺寸的记录表。除了人体测量部位以外,还要记录其他的一些基本信息,并作编号,以便检索。

2.测量方法

上述测量部位比较中,有两项测量方法是我国标准GB/T16160独有的:颈椎点高(直线测量)、臂长(直线测量),颈椎点高和臂长的曲线测量我国也有,国际标准只有这两项的曲线测量。其他测量方法都和国际标准基本一致。值得注意的是,GB/T16160规定,测体应在被测者穿质地软而薄的贴身内衣并在赤足的情况

下进行,在测妇女胸部时,被测者应穿戴完全合体的无衬垫胸罩,其质地要薄并无金属或其他支撑物。

测量方法除了可以参考这两个标准外,还可以参考 GB5703—1985《人体测量方法》。

表 4-1-4 人体尺寸记录表(正面)

序号	编号		高度			宽厚及其他	
01		序号	测量项目	数据	序号	测量项目	数据
	工作单位	11	体重		25	两乳头间宽	
		12	身高		26	腋窝前宽	
姓名		13	颈椎点高		27	腰宽	
03	姓名	14	颔下点高		28	腹宽	
04	年龄	15	肩高		29	臀宽	
05	民族	16	乳头高		30	颈根宽	
06	职业	17	上臂根高		31	肩宽	
07	工种	18	桡骨点高		32	腋窝后宽	
籍贯	父	19	桡骨茎突点高		33	上臂根厚	
		20	中指指尖点高		34	胸厚	
	母	21	腰围高		35	腰厚	
		22	会阴高		36	臂厚	
本人	出生地	23	膝高		37	臀厚	
		24	髂嵴点高		38	胸中矢状径	
	长期居住地				39	坐姿颈椎点高	
					40	头最大长	
	判定籍贯					头最大宽	
						外踝高	
			围 度			曲 度	
序号	测量项目		数据		序号	测量项目	数据
43	头围				61	颈乳长	
44	颈围				62	前颈腰长	
45	颈根围				63	肘长	
46	胸围				64	前肩横弧	
47	胸下围				65	胸宽	
48	腰围				66	右肩宽	
49	腹围				67	后肩横弧	
50	臀围				68	背宽	
51	会阴上部前后长				69	后颈腰长	
52	大腿围				70	背长	
53	大腿中围						
54	膝围						
55	腿肚围						
56	踝上围						
57	上臂根围						
58	上臂围						
59	前臂围						
60	腕围						

(续表)

序号	编 号	高 度		宽厚及其他	
		测量人		测量人	
		记录人		记录人	

3. 测量仪器

我国使用的测量仪器可以参考 GB5704－1985，主要为马丁测量仪。随着计算机技术的发展，非接触式三维人体测量仪已被广泛使用。在以后的人体测量中，可以在现有的技术和经济条件下，根据测量的目的和需要，采用直接测量(马丁测量仪)和间接测量(计算机辅助测量技术)相结合的测试手段。

4. 测量队伍

在测量人体之前，需要对工作人员进行技术培训、考核和试测，以保证测量技术的稳定性和测量数据的可靠性。

(三) ISO、美国 ASTM 和我国服装人体测量的有关标准

ISO、美国 ASTM 和我国在服装人体测量方面的标准主要有：

(1)国际标准 ISO 8559－1989：《服装制作和人体测量——人体尺寸》。

(2)我国 GB T16160－1996：《服装人体测量的部位与方法》，该标准等效采用国际标准 ISO 8559：《服装制作和人体测量——人体尺寸》。

(3)美国标准 ASTM D 5219－1999：《和服装尺码相关的人体尺寸标准术语》，该标准参考了国际标准 ISO 3635－1981《服装尺寸名称定义和人体测量程序》和国际标准 ISO 8559。

(四) 我国服装人体测量数据的预处理及基本统计量的计算方法

随着现代计算机技术的发展，完成此项工作已经很便利。使用计算机和统计软件能够快速、准确地对大量数据进行处理和计算。

1. 人体尺寸数据的预处理

在进行统计量计算之前，必须对数据进行预处理。主要包括人体尺寸数据文件的建立与编辑及人体尺寸异常数据的检出与处理两个步骤。

将全部人体尺寸资料按省的各测量点(群)，建立成年男子、成年女子、少年男子、少年女子及儿童的数据文件，并对每个数据文件进行编辑检查，删除、更正或补充等。人体异常数据对分析结果影响较大，不能真实反映总体特征，所以必须剔除。

2. 统计量的计算

根据统计分析的目的和需要，对所得的样本数据进行划分与合并，形成多种数据文件。制定我国服装号型标准时将数据归类为如下五组：

第一组：将各自然区域中各抽样点(群)中的所有成年男子、少年男子、成年女子、少年女子分别合并到一个数据文件中，共形成 24 个数据文件。

第二组：将第一组中的数据文件分成成年男子、少年男子、成年女子、少年女子进行合并而不再分自然区域，共形成 4 个数据文件。

第三组:将第二组中的数据文件分性别合并而形成两个数据文件。

第四组:将第二组中的每个数据文件根据中国人体体型的划分原则分别划分为Y、A、B、C四种体型的数据文件,共形成为16个数据文件。

第五组:将第三组中的数据文件分别划分4种体型而成为8个数据文件。

对每个数据文件,都计算均值、标准差与相关系数等最基本的统计量。

(1)均值

均值即某变量所有取值的集中趋势或平均水平,均值反映了人体某个部位尺寸的平均水平,计算公式:

$$\overline{X} = \frac{\sum\limits_{i=1}^{n} X_i}{n} \tag{8}$$

(2)标准差

能反映部位尺寸之间差异与变化的统计量是标准差。标准差的计算公式:

$$S = \sqrt{\frac{1}{n-1} \sum\limits_{i=1}^{n} (X_i - \overline{X})^2} \tag{9}$$

(3)相关系数

在对人体体型进行研究时,研究不同部位之间的关系很重要,两个变量相关性的大小可以用相关系数来反映。相关系数无量纲,其值在(-1,1)范围内。当数值愈接近-1或+1时,说明关系愈紧密,接近于0时,说明关系不紧密。相关系数的计算公式:

$$r = \frac{\sum\limits_{i=1}^{n}(X_i - \overline{X})(Y_i - \overline{Y})}{\sqrt{\sum\limits_{i=1}^{n}(X_i - \overline{X})^2 \sum\limits_{i=1}^{n}(Y_i - \overline{Y})^2}} \tag{10}$$

(4)回归方程

在标准的制定过程中,对每种体型还都需要计算所有控制部位对两个基本部位(身高与胸围)的二元线性回归方程(个别也使用了一元回归方程),以确定控制部位的分档数值,以下是回归方程的形式:

设Y是某一控制部位,Y对身高X_1、胸围X_2的二元线性回归方程的形式为:

$$\hat{Y} = b_0 + b_1 X_1 + b_2 X_2$$

其中,b_1是Y对身高X_1的回归系数,它表示当X_2固定,X_1每增加一个单位时Y平均变化的数值;b_2是Y对X_2的回归系数,它表示当X_1固定,X_2每增加一个单位时Y平均变化的数值,而b_0是常数项。

在计算回归方程的同时,要计算出Y对X_1、X_2的复相关系数R,R表示Y与X_1、X_2两个变量之间的线性相关程度,R越接近1,表示Y与X_1、X_2的线性回归关系越好。R的计算公式:

$$R = \sqrt{1 - \frac{\sum(Y - \hat{Y})^2}{\sum(Y - \overline{Y})^2}}$$

四、体型分类、基本部位与控制部位的选择、分档数值与号型覆盖率的计算与确定

(一)体型分类

体型分类是为了解决服装合体性(提高服装号型覆盖率)以及上下装配套问题。

1. 我国服装号型标准制定时体型划分方法的确定

根据有关资料显示,我国在划分体型时主要考虑了三类划分方法,具体划分思路如下:

(1)围度差。最主要的有胸围、腰围、腹围及臀围,它们不一定是同步变化的。相同的胸围,不同的腰围(腹围或臀围),就显示出不同的体型。因此,不同围度的差值,可用作区分体型的依据。

(2)前颈腰长与后颈腰长的差。也即前后腰节差。这个数值最能表示出正常人与挺胸凸肚或有曲背的体型的差别。前后腰节长本身也是女装设计与制作中经常需要考虑的部位。与之相类似,表示人体某种曲度部位的尺寸(或它们的差数),也可用来作为划分体型的依据。

(3)各种有关人体尺寸的指数。例如体重与身高的比(有人称为丰满指数),某种围度与身高的比,不同围度的比等等。

用第一类量作为划分体型的方法,比较简单易行。首先是测量围度特别是三围(胸围、腰围及臀围),测量部位明确,比较精确,也易于记忆,以此来制定标准也较容易。第二类量虽然也能正确反映某种体型的差别,特别是上体差别,但对下体差别不甚敏感,而且测量误差较大。第三类量是关于人体尺寸的指数,这些指数不太稳定,使用起来也不太方便,所以,我国决定使用围度差作为划分体型的依据。但体型不宜分得太细,太细则号型总数太多,不利于生产推广,而太少又不足以真正显示体型差别,特别是我国幅员广大,人体体型差别也较大,而少年与成年人的差别到一定年龄后,主要是发育上的差别,这些也可以从体型划分中区别开来。因此,将少年与成年人合并处理,男子与女子各制定一个标准,且男女都分为四种体型,以胸围与腰围差从大到小的顺序依次命名为 Y、A、B、C 型。其中 A 型是人数最多的普通人的体型,而 Y 型则是腰围较小的人的体型,至于 B 型、C 型与 A 型相比,腰围尺寸较大,故一般 B 型与 C 型表示稍胖和相当胖人的体型,当然对于尚未充分发育的某些少年,由于胸围不大,也有相当部分属于 B 型甚至 C 型。

Y、A、B、C 四种体型划分按以下原则:首先,使 A 型的覆盖面最大,而 Y、B 型也有相当比例,C 型比例则可低些,但也应有一定比例,同时型与型之间的间隔最好是等距的,以利于上下装的配套与衔接。参照样本中按胸围与腰围差的频率分布,同时考虑到女子胸围和腰围差的值比男子的差值平均高 1cm 多,因此确定女子与男子同型的分类值相差 2cm。A、B、C 三种体型,胸围与腰围落差的跨度为 5cm,而 Y 体型为 6cm,这是基于上下装配套的考虑,至于胸围与腰围落差为 22cm 的男子或 24cm 的女子,可以穿同样胸围而腰围稍大一些的下装。

2. 其他划分体型的方法

各国服装尺寸系统标准对体型的划分方法各不相同。以下列出了其他几种不同的体型划分方法,可作为进一步研究的参考。

(1)ISO 在 1991 年发行了技术报告 ISO TR10652《服装标准尺寸系统》,其划分体型的依据是:男子以胸围和腰围的差值范围划分为 A、R、P、S、C 五种体型,女子以臀围和胸围的差值范围划分为 A、M、H 三种体型。

图 4-1-1 美国女子的一种体型分类方法

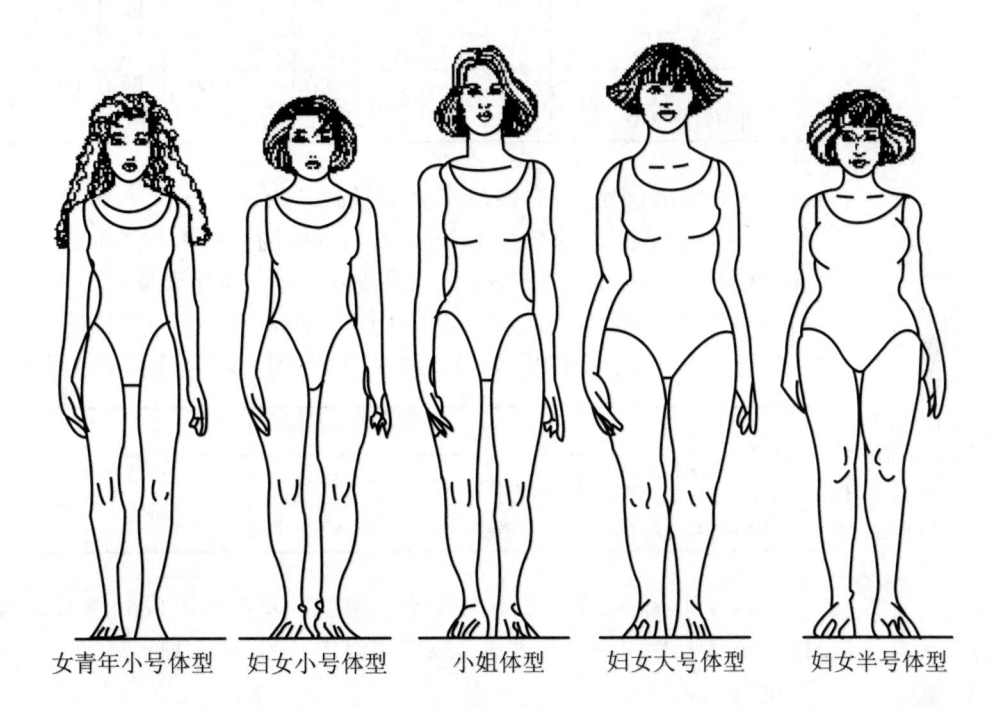

女青年小号体型　妇女小号体型　小姐体型　妇女大号体型　妇女半号体型

(2)因为美国企业可以自愿采用产品标准,其制定标准的团体比较多,所以有不同的体型分类。1971 年美国商业部主持修订的标准 PS 42-70,以身高、体重、胸围将其分为七种女子体型:瘦小青年体型、青年体型、瘦小小姐体型、小姐体型、高个小姐体型、半码体型、妇女体型,在制定时由于年青人数量较多,尺寸偏向年轻女性。20 世纪 90 年代,ASTM 考虑到随着年青人的年龄增长,老年人数比例逐渐增大,体型随着年龄的增长而变化,导致不少年纪稍大一些的女士购买服装有困难,故将 55 岁及以上的女子也按照 PS 42-70 标准中的体型种类分为七种。另有将女子分为五种体型的划分方法(见图 4-1-1),男子则按身高、胸围分为短小型、普通型和长大型。

(3)日本男子体型以胸围和腰围落差划分为 J、JY、Y、YA、A、AB、B、BB、BE、E 十种体型,相对应的胸腰差值分别为 20cm、18cm、16cm、14cm、12cm、10cm、8cm、6cm、4cm、0cm。女子服装尺寸系统将体型划分为 Y、A、AB、B 四种,划分方法为:先定出 A 体型,在身高和胸围相同的条件下,臀围比 A 体型小 4cm 的为 Y 体型,比 A 体型大 4cm 的为 AB 体型,比 A 体型大 8cm 的为 B 体型(见表 4-1-5,

以 158cm 身高为例)。

表 4-1-5 身高 158cm 的 Y、A、AB、B 体型尺寸表 单位:cm

体型	部位	身高 158									
Y	胸围	74	77	80	83	86	89	92	96	100	—	—
Y	臀围	81	83	85	87	89	91	93	95	97	—	—
A	胸围	74	77	80	83	86	89	92	96	100	—	—
A	臀围	85	87	89	91	93	95	97	99	101	—	—
AB	胸围	74	77	80	83	86	89	92	96	100	104	108
AB	臀围	89	91	93	95	97	99	101	103	105	107	109
B	胸围	—	—	80	83	86	89	92	96	100	—	—
B	臀围	—	—	97	99	101	103	105	107	109	—	—

A 体型的确定方法为:日本女子身高分为 142cm、150cm、158cm、166cm 四档,出现频率最高的身高为 156cm,因为身高随年龄的增加而降低,考虑到年青人,所以将身高中心定为 158cm,身高 158cm 的胸围出现频率最高的是 83cm,所以将 A 体型中心的胸围定为 83cm,相对胸围 83cm,将不同身高段出现频率最高的臀围定为 A 体型中间体的臀围,这就组成了不同身高段的 A 体型中间体,见表 4-1-6。

表 4-1-6 不同身高段的 A 体型中间体 单位:cm

身高	142	150	158	166
胸围	83	83	83	83
出现频率最高的臀围	89	89	91	93

然后以不同身高段的中间体尺寸为中心,将胸围按 3cm 或 4cm 为档距、臀围按 2cm 为档距向两边依次递增或递减组成系列,则四种身高段的 A 体型系列全部定出。

(4)德国女子体型的划分方法为:将身高划分为 160cm、168cm、176cm 三档,然后将这三档身高和所有的胸围相配,则臀围尺寸适中的人为标准尺码,和标准尺码相比,臀围比标准尺码臀围大 6cm 的人为宽阔尺码,比标准臀围小 6cm 的人为纤细尺码(见表 4-1-7)。

表 4-1-7 德国女装尺码表 单位:cm

胸围	身高	160	168	176	身高	160	168	176	身高	160	168	176
	臀围	标准尺码代号			臀围	纤细尺码代号			臀围	宽阔尺码代号		
76	86	16	32	64	80	016	032	064	92	516	532	564
80	90	17	34	68	84	017	034	068	96	517	534	568
84	94	18	36	72	88	018	036	072	100	518	536	572
88	97	19	38	76	91	019	038	076	103	519	538	576
92	100	20	40	80	94	020	040	080	106	520	540	580
96	103	21	42	84	97	021	042	084	109	521	542	584
100	106	22	44	88	100	022	044	088	112	522	544	588
104	109	23	46	92	103	023	046	092	115	523	546	592
110	114	24	48	96	108	024	048	096	120	524	548	596

(续表)

胸围	身高	160	168	176	身高	160	168	176	身高	160	168	176
	臀围	标准尺码代号			臀围	纤细尺码代号			臀围	宽阔尺码代号		
116	119	25	50	100	113	025	050	0100	125	525	550	510
122	124	26	52	104	118	026	052	0104	130	526	552	510
128	129	27	54	108	123	027	054	0108	135	527	554	510
134	134	28	56	112	128	028	056	0112	140	528	556	511
140	139	29	58	116	133	029	058	0116	145	529	558	511
146	144	30	60	120	138	030	060	0120	150	530	560	512

（二）基本部位的选择

基本部位是基准人体模型或服装号型中对人体和服装的统领部位，最能反映人体最重要的体型特征，选好基本部位是服装其他部位合体的前提，使人们根据少数几个基本部位就可以选购适合自己的服装。

人们对基本部位的选择方法各不相同，相关美国文献中有这样的介绍：20世纪40年代，曾经研制美国商业部 PS 42—70 标准的 O'Brien 和 Sheldon 主张和身体其他部位相关性最大的为基本部位，他们通过数据分析找出两个基本尺寸：身高和体重。1977年，Green 认为上装基本部位为前腰长和肩宽，下装为臀围和会阴高，上下连体衣服的基本部位为胸围和会阴高。1979年，Mcconville et al 认为基本部位应该满足：(1)方便测量；(2)是构成服装的一部分；(3)基本部位之间低相关。他们为每类服装推荐两个基本部位：上衣为胸围和前腰长。下装为臀围和会阴高或臀围和腿外侧长。1986年，Gordon 通过分析男女军人数据，认为工作服的基本部位应为肩周长和身高，军裤为臀围和会阴高。因为腰围可以通过调整裤带来改变，而臀围和会阴高不容易改变。英国的 Kemsley 通过相关分析认为基本部位为身高和体重，然而这些研究人员建议用胸围和臀围来代替体重，因为这样可以使上下体部分联系起来。

这些选择结果虽然有所不同，但对基本部位的认识有一定的相同之处：基本部位应和其他部位的相关性比较大，可以反映其他部位的信息，我国选择基本部位的思路也是如此，但是选择基本部位所使用的数学方法不同。

许多国家制订服装标准常用主成分分析法，在国外一些资料上也出现过使用剩余方差分析。主成分分析是研究多个定量(数值)变量间相关性的一种多元统计方法，它是研究如何通过少数几个主分量(即原始变量的线型组合)来解释多变量的方差——共变量结构。具体地说，就是导出少数几个主分量，使它们尽可能地完整保留原始变量的信息，并且彼此间不相关。

我国选择基本部位的思路是应该选择代表性最好的部位作为基本部位，选择了一个基本部位后，其他部位的大小可以根据它来估计，这种估计必然有一定的误差，显然误差越小越好。选择代表性最好的部位，并用它来估计其他部位并且满足其他部位的误差水平达到最小。选择的这种原则，在数学上称为 D 最优，在实验设计中被广泛地应用。把这个思想用到服装标准上就产生使条件广义方差达到极小的原则,经过适当的推导,等价于选择方差(标准差的平方)最大的变量作为第一个代表。具体计算方法:首先选择标准差最大的部位,作为第一部位。在选定第一基本部位 $X^{(1)}$ 后,确定第二部位,此时直接比较标准差就没有多大意义了,因为部位之间都存在着一定程度的相关性,但当 $X^{(1)}$ 固定时,对于那些与 $X^{(1)}$ 相关极为密切的部位,尽管它本身的标准差也较大,但当 $X^{(1)}$ 固定时,它也就相对固定,变化就不会很大。因此当固定 $X^{(1)}$ 后,其他部位的变化大小顺序与这些部位的原标准差大小顺序不同。在固定一个部位的条件下,另一个部位的变化大小可用条件标准差来表示,因此应计算在固定 $X^{(1)}$ 条件下,其他部位的条件标准差,取最大者为第二部位,记为 $X^{(2)}$。而第三基本部位的选取则应是在 $X^{(1)}$、$X^{(2)}$ 固定条件下条件标准差最大的部位。

表 4-1-8 按标准差及条件标准差值的大小选择的基本部位

组别	$X^{(1)}$	$X^{(2)}$	$X^{(1)}$、$X^{(2)}$ 固定,按条件标准差大小顺序排列的部位
成年男子	腰围	身高	会阴上部前后长,胸臀落差,胸围(胸腰落差)、腹围
成年女子	腰围	身高	胸臀落差、会阴上部前后长、腹围、臀围(腰臀落差)、胸围
少年男子	身高	腰围	会阴上部前后长,胸围,胸臀落差
少年女子	身高	腹围	胸围,腰臀落差,胸腰落差,胸臀落差

条件标准差的计算,除需用各部位原来的标准差外,还需要用各部位之间的相关系数,具体公式比较复杂。表 4-1-8 中分别对成年男子、成年女子、少年男子、少年女子列出了选取的 $X^{(1)}$、$X^{(2)}$ 以及当 $X^{(1)}$、$X^{(2)}$ 固定条件下,其他部位的条件标准差按从大到小的顺序。

由表 4-1-8 可以看出,对于成年女子,腰围与身高都是必选的基本部位,但第三部位如果选择会阴前后长和胸臀落差,则会由于使用会阴前后长不方便制板推板,且和上装无关,而使用胸臀落差则会使基本部位增加到 4 个,应用不便,另外,考虑到标准的连贯性及实用性,选用了胸围。至于少年男、女,也基于这些理由,选定身高、腰围及胸围作为基本部位。身高和腰围用于下装,身高和胸围用于上装。

(三)控制部位的选择

服装号型是为生产成衣而设置的,也是为了最大程度地满足消费者的适体要求,但仅有身高、胸围和腰围三个基本部位的数据是不够的,还需要某些主要部位的数据,这些数据称为控制部位。

我国根据服装生产和设计的需要与现状,选定的控制部位有:颈椎点高、坐姿颈椎点高、全臂长、腰围高、颈围、总肩宽、臀围,加上胸围、腰围、身高三个基本部位共计十个部位作为制板推板的必要部位。其中,颈椎点高用以决定衣长,坐姿颈椎点高用以决定衣长分档数值,全臂长用以决定袖长,腰围高用以决定裤长。

(四)中间体的选定

为了使号型标准适应当时我国服装工业的生产水平,适合工厂制板推板的方式,便于推广,通过设立中间体的系列分档数值来确定各控制部位的数值。

中间体的设置除考虑基本部位的均值外,主要考虑覆盖率的高低,使中间体尽可能位于所设置号型中间位置。另外考虑到人们对穿衣的要求,一般是宁可偏大而不偏小,此外,当人的体型发生变化时,也更多地向(型)增大方向变化,根据这些原则,最后确定男子与女子各体型的中间体。

日本中间体的确定也是选择频数分布最多的人,同时考虑年龄与身高的负相关关系,偏重考虑年青人,故在频数分布最多的身高值上又增加了2cm,定为中间体的身高。

(五)分档数值

1. 制定服装号型标准时分档数值的计算方法

分档数值是根据控制部位对基本部位的回归方程来计算的,例如,通过数据处理得到男子 A 体型的颈椎点高对基本部位身高和胸围的回归方程如下:

颈椎点高＝－8.54＋0.883H＋0.040B^*

其中,H 表示身高,B^* 表示胸围。

当胸围不变,身高增加 5cm 时,颈椎点高增加:$0.883 \times 5 = 4.415$cm。

同样,当身高不变时,胸围增加 4cm,颈椎点高增加:$0.040 \times 4 = 0.160$cm。

由于颈椎点高与身高关系密切,与胸围关系不密切,它主要随身高的变化而变化,这样的部位可以直接用一元回归方程,颈椎点高对身高的一元回归方程为:

颈椎点高＝－7.99＋0.900H

根据该方程,身高每增加 5cm,颈椎点高增加:$0.900 \times 5 = 4.50$cm。

这个数值与根据二元回归方程计算的数值相当接近。考虑到我国打板时,长度部位只跟随身高变化,围度部位只随胸围(或腰围)变化,所以只有控制部位对基本部位的一元回归方程确定的分档数值才有实际应用。但是,有的控制部位与两个基本部位的相关性都不可忽略,这样,再使用一元回归方程就会出现较大的误差,为解决这个矛盾,采用了一种折衷的计算方法。

从二元回归方程出发,所有有关长度的控制部位分档数值等于它对身高的偏回归系数$b(B^*)$乘以身高的分档数加上它对胸围的偏回归系数$b(B^*)$乘以胸围的分档数的一半。即

长度部位分档数＝$b(H) \times \Delta H + b(B^*) \times \Delta B^*/2$

反之,对围度的控制部位,采用下面的公式:

围度部位分档数＝$b(H) \times \Delta H/2 + b(B^*) \times \Delta B^*$

其中,$b(H)$为控制部位对身高的偏回归系数,$b(B^*)$为控制部位对胸围的偏回归系数,ΔH 为身高分档数,ΔB^* 为胸围分档数,

分档数值的计算采用上面的方法,在使用时,一个控制部位只跟随一个关系密切的基本部位变化,解决了推档的问题。

从服装号型中控制部位的分档数值的计算过程可以看出,服装号型中分档数值的计算是把各部位折衷为和胸围关系密切或和身高关系密切两种。然而,还有些个别部位对胸围、身高的二元回归方程中的复相关系数不高或者相关关系复

杂,无法实际应用,所以没有出现在号型标准中,如前后腰节长、上裆等,这些可以依靠经验或其他方法去单独解决。

2. 其他服装人体尺寸标准中的分档数值

国外一些服装人体尺寸标准的分档数值见表 4-1-9。

表 4-1-9 其他服装人体尺寸标准或文件中主要控制部位的分档数值 单位:cm

部位	国别或其他 分档数值	英国	德国	日本	ISO/TR10652
身高	女子	10	8	8	8
	男子	—	—	5	6
胸围	女子	4、5	4、6	3、4	4、6
	男子	—	4	2	4
胸围	女子	4、5	4、6	3、4	3、4、5、6
	男子	—	4、6	2	4、6
胸围	女子	4、5	4、3、5	2	4、5、3、4(A),5、4、3、6(M), 5、2、3(H)
	男子	—	—	—	4、3、2、5(A)(其余体型略)

* — 表示此方面资料不全或该标准中无此部位。

从表 4-1-9 可以看到,国外服装人体尺寸标准中出现了某部位分档数值不只有一个的现象,这表示在该部位尺寸变化到某个数值时分档数值开始变更,也就是说一个部位的分档数值在标准中不是一成不变的,例如,日本女子服装的胸围分档数值变更点为 92cm,具体地说,就是胸围小于 92cm 时,其分档数值为 3cm,胸围大于 92cm 时,分档数值改变为 4cm。英国标准的胸围分档数值变更点也为 92cm,德国为 104cm,腰围的变更点更复杂,日本女装的腰围变更点为 76cm;英国为 72cm。在这一点上我国和其他国家不同,一种体型、一个系列(5·4 或 5·2)所有部位都只有一个分档数值,而其他标准中某些部位有两个或两个以上的分档数值,但不同标准中的分档数值变更点不同。身高的分档数值没有变更点,ISO 技术文件、日本、德国的女子服装身高分档数值都为 8cm,英国为 10cm。胸围的分档数值基本都处于 3～6cm 之间,和我国接近。

(六)号型覆盖率

我国号型的覆盖面比较高,可以覆盖 90% 以上的人群,但是企业不可能生产所有的号型,所以号型标准提供了两种号型覆盖率表,一种是全国各体型的比例和服装号型的覆盖率,一种是地区各体型的比例和服装号型覆盖率。

1. 各种体型在总人群中所占比例的计算方法

人体各部位尺寸可以近似看作是遵从正态分布的,而每个正态分布的差也遵从正态分布,所以胸腰落差也可以看作近似遵从正态分布。某种体型对应的胸腰落差范围作为区间(a,b),则根据成年男子、成年女子、少年男子、少年女子的均值和标准差 σ,利用概率的计算公式可以计算每种体型出现的概率为:

$$P(a<X<b)=F(b)-F(a)=\Phi\left(\frac{b-\mu}{\sigma}\right)-\Phi\left(\frac{a-\mu}{\sigma}\right)$$

式中：P——每种体型出现的概率；

Φ——标准正态分布的累积分布函数。

2. 男子与女子各号型覆盖率的计算方法

对给定体型，各号型的覆盖率计算在数学上是一个二维正态概率的计算问题，我国号型标准制定时利用了中国科学院计算中心编制的二维标准正态分布概率计算程序。

第二节 我国服装号型、规格标准内容

一、服装号型与服装规格标准

《服装号型》国家标准是服装工业重要的基础标准，是根据我国服装工业生产的需要和人口体型状况建立的人体尺寸系统，其所显示的数据通常是对人体进行净体测量所得到的。服装规格则是表示某件服装成品主要部位外形的具体尺寸。

服装成品尺寸是根据款式将人体尺寸加上不同的放松量制定的，所以，服装号型是指导服装规格设计的依据，企业可以将服装号型的设定要求转换成具体的服装成品外形主要部位的实际尺寸；相同的号型（人体尺寸）、不同的款式和流行情况设计出的服装规格不同，所以服装号型的数据是相对稳定的，服装规格则是可以根据款式和流行时尚相对变化的。服装号型这一相对稳定的数据信息无疑会给消费者和服装从业人员提供商品流通、销售和技术交流的便利，千变万化的服装规格则提供给服装千姿百态的空间。

随着我国经济的发展，在服装号型标准的建设进程中，我国服装工业的标准化也经历了一个从有到无、从不完善到比较完善的过程。到目前为止，我国除了GB/T1335－1997《服装号型》标准以外，还制定了 GB/T6411－1997《棉针织内衣规格尺寸系列》、GB/T2667－2002《男女衬衫规格》、GB/T2668－2002《男女单服套装规格》、GB/T14304－2002《男女毛呢套装规格》等常见服装规格标准，给服装生产、销售和购买提供了可靠而具体的依据。另外，GB/T16160－1996《服装人体测量的部位与方法》规定了服装人体尺寸的测量部位与测量方法，使我国的服装号型与规格标准逐渐形成了一个较为完善的体系。

二、我国《服装号型》标准的形成及发展过程

（一）GB1335－1981 标准

我国从1974年起开始着手制定《服装号型系列》标准。经过了人体测量调查、数据计算分析、草拟标准、推荐试行、修改完善标准几个工作阶段后，国家标准总局于1981年6月1日批准次年在全国正式实施 GB1335－1981《服装号型系列》国家标准。

该标准根据人体体型的规律和使用需要，对上装和下装分别用最有代表性的

两个基本部位作为制定号型的基础。上装以身高为号,胸围为型;下装以身高为号,腰围为型。

执行 GB1335—1981 以来,有很多好处,如有利于工业组织生产,加强企业管理,提高服装产品质量;有利于企业搞好经营,提高服务质量;有利于广大消费者购买成衣,可见制定该标准是一个很大的进步。但由于制定标准的客观条件所限,工作经验不足,工作方法还处于探索阶段,对国外先进标准还只有粗略的了解,随着时间的推移,经济的发展,人民生活的提高,服装业的发展,人体体型的变化,81 标准在我国实施了 10 年之后,制定新的服装标准已是当务之急。

(二)GB1335—1991 标准

为了弥补 GB1335—1981 标准的不足,1986 年,国家组织有关方面共同讨论和商定修订工作方案,并在全国开展人体测量工作,广泛参考国外同类的先进标准,历时五年,终于完成了 GB1335—1991 标准的制定。1991 年 7 月,经国家技术监督局审查批准。这是我国服装生产技术领域的一个重大科技成就,标志着我国服装号型标准进入世界先进行列。和 GB1335—1981 标准相比,GB1335—1991 标准具有以下特点:

(1)GB1335—1991 标准对人体体型进行分类;

(2)由于有了体型的划分,可以将上下装配套,因此 GB1335—1991 标准把人体的号和型进行有规则的分档排列,制定出号型系列,解决了上下装配套的问题;

(3)GB1335—1991 标准提供了全国和各地区各体型比例和服装号型覆盖率,使服装厂可以根据号型的覆盖率来确定该号型服装的生产数量;

(4)在人体测量方法和部位选择的科学性上比 GB1335—1981 标准提高了。

(三)GB/T1335—1997 标准

在 1991 版标准的基础上,参考国际标准技术文件 ISO/TR10652《服装标准尺寸系统》、日本工业标准 JISL4004《成人男子服装尺寸》、JIS4005《成人女子服装尺寸》等国外先进标准,对男子、女子标准部分的有关内容进行了删除和调整,取消了男子和女子部分的 5·3 系列的内容,同时增加了 0~2 岁婴儿的号型和内容,使标准的内容更加完善,形成了现行的 GB/T1335—1997《服装号型》标准。

三、我国 GB/T1335—1997《服装号型》标准的内容

(一)号型定义

"号"指人体的身高,"型"指人体的净体胸围或腰围。

(二)体型分类

由于我国地域辽阔,人口众多,各地区人体体型差别也较大。我国服装号型标准将我国人体的体型按胸围与腰围的差值大小,分为四类:Y、A、B、C 型。A 型为人数众多的普通人体型;Y 型是腰较小的体型;而 B 与 C 型表示稍胖和相当胖人的体型。四种体型的胸腰差见表 4-2-1:

表 4-2-1 我国人体四种体型的胸腰差 单位:cm

体型分类代号		Y	A	B	C
胸围与腰围的差数	男	22～17	16～12	11～7	6～2
	女	24～19	18～14	13～9	8～4

注:儿童不分体型。

(三)表示方法

机织类成品服装上必须标明号、型,号和型之间用斜线分开,后接体型代号。如:

上装:170/88A 表示该服装号型适合身高(号)为 170cm,净胸围(型)为 88cm,体型为 A 的人穿着。

下装:170/74A 表示该服装号型适合身高(号)为 170cm,净腰围(型)为 74cm,体型为 A 的人穿着。

套装系列的服装,上、下装必须分别标有号型标志。儿童不分体型,号型标志上不带体型分类代号。

(四)号型设置范围

男子服装号型适用于身高在 150～185cm 之间,净胸围在 72～112cm 之间,净腰围在 56～108cm 之间的男子。

女子服装号型适用于身高在 145～175cm 之间,净胸围在 68～108cm 之间,净腰围在 50～102cm 之间的女子。

儿童服装号型把身高划分成三段,组成系列:

婴儿服装号型适用于身高在 52～80cm 之间,净胸围在 40～48cm 之间,净腰围在 41～47mm 之间的婴儿。

小童服装号型适用于身高在 80～130cm 之间,净胸围在 48～64cm 之间,净腰围在 47～59cm 之间的儿童。

大童服装号型分男女,男童服装号型适用于身高在 135～160cm 之间,净胸围在 60～80cm 之间,净腰围在 54～69cm 之间的男童。女童服装号型适用于身高在 135～155cm 之间,净胸围在 56～76cm 之间,净腰围在 49～64cm 之间的女童。

不同体型与身高、胸围和腰围数据的配置见表 4-2-2,表 4-2-3:

表 4-2-2 成人号型系列设置范围和分档间距表 单位:cm

号　型		男	女	分档间距
号		150～185	145～175	5
胸围	Y 型	76～100	72～96	4
	A 型	72～100	72～96	4
	B 型	72～108	68～104	4
	C 型	76～112	68～108	4
腰围	Y 型	56～82	50～76	4、2
	A 型	58～88	54～84	4、2
	B 型	62～100	56～94	4、2
	C 型	70～108	60～102	4、2

表 4-2-3 儿童号型系列设置范围 单位:cm

号　型	婴儿	儿童(小童)	儿童(大童)	
	52～80	80～130	135～160(男)	135～155(女)
胸围	40～48	48～64	60～80	56～76
腰围	41～47	47～59	54～69	49～64

(五)上下装配套

成人服装号型标准中规定身高以5cm分档,胸围以4cm分档,腰围以4cm、2cm分档,组成了5·4系列和5·2系列,见表4-2-4。上装采用5·4系列,下装采用5·4系列和5·2系列。在上下装配套时,可在系列表中按需选用一档胸围尺寸,对应下装尺寸系列选用一档或两档甚至三档腰围尺寸,分别做一条或两条、三条裤子、裙子。

儿童服装号型标准中规定婴儿身高以7cm分档,胸围以4cm分档,腰围以3cm分档,组成了7·4系列和7·3系列,见表4-2-5。上装采用7·4系列,下装采用7·3系列。小童身高以10cm分档,胸围以4cm分档,腰围以3cm分档,组成了10·4系列和10·3系列。上装采用10·4系列,下装采用10·3系列。分性别的大童身高以5cm分档,胸围以4cm分档,腰围以3cm分档,组成了5·4系列和5·3系列。上装采用5·4系列,下装采用5·3系列。

表 4-2-4 成人号型系列分档间距 单位:cm

分档间距	男子	女子
身高	5	5
胸围	4	4
腰围	4 和 2	4 和 2

表 4-2-5 儿童号型系列分档间距 单位:cm

分档间距	婴儿	儿童(80～130)	儿童(大童)	
			男童(135～160)	女童(135～155)
身高	7	10	5	5
胸围	4	4	4	4
腰围	3	3	3	3

(六)号型系列中间体的确定

号型系列的设置以中间标准体为中心,按规定的分档距离,向左右推排而形成系列。中间体的设置除考虑部位的均值外,主要依据号(身高)、型(胸围或腰围)出现频数的高低,使中间体尽可能位于所设置号型的中间位置。在设置中间体时也考虑了另外一些重要因素,即人们对服装的穿着习惯一般是宁可偏大而不偏小,此外当人的体型发生变化时,一般向胸围与腰围差变小型变化。根据这些原则,确定各体型的中间体,见表4-2-6。

表 4-2-6 各体型的中间体 单位:cm

类别	成人								儿童		
体型	Y		A		B		C		身高 80～130 儿童	身高 135～160 男童	身高 135～155 女童
主要控制部位	男	女	男	女	男	女	男	女			
身高	170	160	170	160	170	160	170	160	100	145	145
颈椎点高	145	136	145	136	145.5	136.5	146	136.5	—	—	—
坐姿颈椎点高	66.5	62.5	66.5	62.5	67	63	67.5	62.5	38	53	54
全臂长	55.5	50.5	55.5	50.5	55.5	50.5	55.5	50.5	31	47.5	46
腰围高	103	98	102.5	98	102	98	102	98	58	89	90
净胸围	88	84	88	84	92	88	96	88	56	68	68
净颈围	36.4	33.4	36.8	33.6	38.2	34.6	39.6	34.8	25.8	31.5	30
总肩宽	44	40	43.6	39.4	44.4	39.8	45.2	39.2	28	37	36.2
净腰围	70	64	74	68	84	78	92	82	53	60	58
净臀围	90	90	90	90	95	96	97	96	59	73	75

(七)控制部位的确定

制作服装仅有身高、胸围、腰围尺寸是不够的,还必须有不可缺少的若干控制部位的尺寸才能完成服装的打板、裁剪和制作。对于控制部位,服装号型标准中是这样确定的:上装的主要部位是衣长、胸围、总肩宽、袖长、领围,女装加前后腰节长。下装的主要部位是裤长、腰围、臀围、上档长。服装的这些部位反映在人体上是颈椎点高(决定衣长的数值)、坐姿颈椎点高(决定衣长分档的参考数值)、胸围、总肩宽、全臂长(决定袖长的数值)、颈围、腰围高(决定裤长的数值)、腰围、臀围等。至于前后腰节和上裆等部位,由于相关因素比较复杂,故不在成衣批量生产中给出一个分档系数。

(八)分档数值

控制部位的分档数值即跳档系数。号型标准中分了四种体型,这四种体型的控制部位与基本部位(身高、胸围、腰围)的变化,有些是不同步增长的,因此不同体型,同一部位的跳档数值比较复杂,经过大量测算分析和合理归并,对各种体型给出不同的分档数值。

我国成人的号型系列分档数值见表 4-2-7。

表 4-2-7 成人主要部位分档数值 单位:cm

主要控制部位		体型							
		Y		A		B		C	
		男	女	男	女	男	女	男	女
当身高每增减 5cm 时	颈椎点高	4	4	4	4	4	4	4	4
	坐姿颈椎点高	2	2	2	2	2	2	2	2
	全臂长	1.5	1.5	1.5	1.5	1.5	1.5	1.5	1.5
	腰围高	3	3	3	3	3	3	3	3

(续表)

主要控制部位		体型							
		Y		A		B		C	
		男	女	男	女	男	女	男	女
当胸围每增减4cm时	颈围	1	0.8	1	0.8	1	0.8	1	0.8
	总肩宽	1.2	1	1.2	1	1.2	1	1.2	1
当腰围每增减4cm时	臀围	3.2	3.6	3.2	3.6	2.8	3.2	2.8	3.2
当腰围每增减2cm时	臀围	1.6	1.8	1.6	1.8	1.4	1.6	1.4	1.6

我国儿童的号型系列分档数值见表4-2-8。

表4-2-8 儿童服装号型系列分档数值 单位:cm

主要控制部位	身高	身高	身高
身高	10	5	5
坐姿颈椎点高	4	2	2
全臂长	3	1.5	1.5
腰围高	7	3	3
胸围	4	4	4
颈围	0.8	1	1
总肩宽	1.8	1.2	1.2
腰围	3	3	3
臀围	5	4.5	4.5

(九)覆盖率

现行标准中给出了全国及各地区不同体型的覆盖率,还详细给出了每一体型中不同号型的覆盖率,供厂家选择号型和计算生产量使用。

现代的服装号型标准是建立在全国测体的平均数的基础上,但由于中国的地域广阔、人群的形态南北、东西差异大,故号型标准执行不甚理想;同时上装系列界定为5·4系列,对极贴体的服装及宽松类服装都产生型值过大或过小的问题,不少专家都提出补充或修正意见,期待在以后的号型规格制定时加以考虑。

第三节 服装示明规格

服装示明规格是服装生产、销售、使用流通环节中显示服装大小属性的表示方式。服装示明规格有两部分内容,一是规格代号,二是服装成品的规格尺码标示方法。规格代号在人体尺寸系统中可以用来代表相对应的人体尺寸,与人体尺寸系统关系较密切。规格标示也是建立在人体而非服装尺寸之上的,但主要目的是表示服装适体对象的,和人体尺寸系统的关系不是那么直接,但也是其中一部分内容。

一、示明规格代号的表示方式

1. 胸围制：以服装的胸围规格作为衣服的示明规格，如针编织内衣。
2. 领围制：以服装的领围规格作为衣服的示明规格，如男立领衬衫。
3. 代号制：以数字、字母为代号，如2,4,6,…XS,S,M,L…。
4. 号型制：以人体的基本部位尺寸及体型组别组成，如我国的号型规格。

二、规格代号的元素构成

各国构成服装规格代号的元素数量有所不同，从一个到三个元素不等，不同的服装，在不同国度其尺码使用可有一元、二元、三元之多；并且对于同样的元素内涵，我国是使用人体净体尺寸直接表示，而有些国家对某些部位尺寸使用间接的记号表示。

（一）中国服装规格代号

我国服装规格代号由号、型、体型三个元素或号、型（童装和棉针织内衣没有体型元素）两个元素构成，其中的号、型两元素使用人体净尺寸。针编织服装用一元（服装胸围）标识，男式立领衬衫用一元（服装领围）表示，在所有的服装只表示笼统大小范围时采用一元元素的代号制。

表4-3-1 GB/T1335与GB/T6411在"号型"标志上的差异 单位：cm

项目		GB/T1335	GB/T6411
号型系列（成人）		5·4系列和5·2系列	5·5系列
体型分类		分为Y、A、B、C四种体型	不分体型
"号型"标志举例	成人服装	上装160/84A，下装160/68A	上装160/90，下装160/90
	童装	上装150/68，下装150/60	上装150/75，下装150/75

在我国服装号型标准GB/T1335中，具体规定服装"号型"标志的表示方法为：成人男子与成人女子服装，上下装分别标明号型，号与型之间用斜线分开，后接体型分类代号。儿童服装因为不分体型，所以使用号与型表示，号与型之间用斜线分开，上下装分别标明号型。另外，在GB/T6411《棉针织内衣规格尺寸系列》中对棉针织内衣的"号型"标志也作了规定：在内衣上必须标明以"cm"为单位的总体高和成品胸、腰围。表示方法：总体高与围度之间用斜线分开。GB/T1335与GB/T6411在服装"号型"标志上的差异如下表所示：

（二）日本服装规格代号

日本服装尺寸系统标准提供了三种规格表示方式：体型区分表示、单数表示、范围表示。

体型区分表示的规格代号由胸围、体型、身高三个元素构成，例如：92J5（男装）；9AR（女装，见表4-3-2）。它没有将某些控制部位的实际人体尺寸数据直接显示出来，而使用了记号的形式。例如规格 92J5 中的 5 表示身高适穿范围为 170cm 左右；规格 9AR 中的 9 表示胸围适穿范围为 83cm 左右，R 表示身高适穿范围为 158cm 左右。

表 4-3-2 日本女装的体型区分表示三元法举例（身高 158cm，A 体型）单位：cm

规格代号			3AR	5AR	7AR	9AR	11AR	13AR	15AR	17AR	19AR
部位	胸围		74	77	80	83	86	89	92	96	100
	臀围		85	87	89	91	93	95	97	99	101
	身高		158								
参考	腰围	年龄区分 10	58	61	61	61	67	70	73	76	80
		20									
		30	61		64	67	70	73	76	80	84
		40		64							
		50	64		67						
		60	—	—		70	73	76	80	84	88
		70		—	—	76					

注：10 表示 16～19 岁，20 表示 20～29 岁，30 表示 30～39 岁，40 表示 40～49 岁，50 表示 50～59 岁，60 表示 60～69 岁，70 表示 70～79 岁；R 是 Regular 的缩写，表示普遍身高。

一元表示的规格代号如：S、M、L 或 ST、MT、LT 等。对于不同种类的服装，这些元素所包含的控制部位及其数量不同。运动装、工作衣等合体性要求不高，服装则可采用范围表示的方法。

二元表示方法的规格代号由胸围、身高两个元素构成，例如：90－6（男上装）、9R（女上装），但也有某些类别的服装规格只使用单独的一个元素：胸围或腰围，例如：85cm，即取该衣服的胸围为示明规格。

所以日本的服装规格代号基本上是由一到三个元素组成，见表 4-3-3、4-3-4，但有些元素使用间接的记号来表示，不需要在两个尺寸数据之间画斜线将其分开，也没有直接显示某些人体尺寸，和我国有些不同。

表 4-3-3 日本女装一元表示方法举例（身高：166cm）单位：cm

规格代号		SP	MP	LP	LLP
部位	胸围	72～80	79～87	86～94	93～101
	身高	146～154			

注：P 是 Petite 的缩略表示，即身型较小。

表 4-3-4 日本女装二元表示方法举例（身高：142cm）单位：cm

规格代号		5PP	7PP	9PP	11PP	13PP	15PP	17PP	19PP	21PP
部位	胸围	77	80	83	86	89	92	96	100	104
	身高	142								

注：PP 是身高比较低的缩略表示，即比 Petite 还要矮小。

(三)欧美

一些欧美国家比如德国、英国、意大利、美国等,其服装示明规格除采用胸围制、领围制的表示方法外,经常使用一个数字来表示,属一元表示。例如:8、10、12、14、16……一个元素包含了所有服装控制部位的人体尺寸信息(见表 4-3-5)。

表 4-3-5 英国女装尺码表部分数据 单位:cm

部分部位 尺码	胸围	腰围	臀围	身高
8	80	60	85	160~170
10	84	64	89	160~170
12	88	68	93	160~170
14	92	72	97	160~170
16	97	77	102	160~170
18	102	82	107	160~170

三、服装成品的规格标示方法

服装规格标示是帮助消费者了解服装适体对象的信息工具,是服装耐久性标签内容的一部分,服装标签是 TBT 协议中的内容之一,在各国标准中一般被列为技术法规,为了消除在服装规格标示方面出现的非关税性贸易壁垒,国际标准化机构(ISO)的技术委员会 TC133 逐步制定了一系列服装规格标示标准,一些国家为了不因此而造成非关税性壁垒,其服装规格标示也逐渐与国际标准一致。比如日本和英国,在制定服装人体尺寸系统标准时,服装规格标示部分的相关内容都以国际标准为重要参考依据。

我国目前的服装规格标示方法在 GB5296.4《消费品使用说明纺织品和服装使用说明》中有明确规定,具体内容为:纺织品的号型或规格的标注应符合有关国家标准、行业标准的规定。服装产品应按 GB/T1335.1~1335.3 的要求标明服装号型。目前还没有采用图示或文字表述标示的规定。

在国际标准中,首先根据服装穿用部位和用途将服装分类,不同种类的服装选择出不同的控制部位并设置一定的顺序,在成品服装上如果有合适的位置,使用图示的方法,将控制部位的尺寸借助图形来标明,高度尺寸在图右,围度尺寸在图左;没有合适位置,则按照控制部位的顺序使用文字叙述的方法。

表 4-3-6 成年男子和少年男子外衣需要标示的控制部位和顺序

服装种类		控制部位	
		成年男子	少年男子
上身或全身穿着的服装	非针织	(1)胸围 (2)腰围 (3)身高	(1)身高 (2)臀围 (3)胸围
	针织	(1)胸围 (2)身高	(1)胸围 (2)身高

(续表)

服装种类		控制部位	
		成年男子	少年男子
下身穿着的服装	非泳衣	(1)腰围 (2)腿内侧长	(1)身高 (2)臀围 (3)腰围
	泳衣	(1)腰围	(1)腰围

表 4-3-7 成年女子和少年女子外衣需要标示的控制部位和顺序

服装种类		控制部位	
		成年女子	少年女子
上身或全身穿着的服装	非针织、非泳衣	(1)胸围 (2)臀围 (3)身高	(1)身高 (2)胸围 (3)臀围
	针织	(1)胸围 (2)身高	(1)胸围 (2)身高
	泳衣	(1)胸围 (2)臀围	(1)胸围 (2)臀围
下身穿着的服装		(1)臀围 (2)腰围 (3)身高	(1)身高 (2)臀围

表 4-3-8 成年男子和少年男子内衣、睡衣和衬衫需要标示的控制部位和顺序

服装种类		控制部位	
		成年男子	少年男子
上身穿着的服装	非衬衫	(1)胸围	(1)胸围 (2)身高
	衬衫	(1)颈围	(1)颈围 (2)身高
全身穿着的服装		(1)胸围 (2)腰围 (3)身高	(1)身高 (2)胸围 (3)腰围
下身穿着的服装		(1)腰围	(1)腰围 (2)身高

表 4-3-9 成年女子和少年女子内衣、睡衣、胸衣和衬衫需要标示的控制部位和顺序

服装种类		控制部位	
		成年女子	少年女子
上身穿着的服装	非胸衣	(1)胸围	(1)胸围 (2)身高
	胸衣	(1)下胸围 (2)胸围	(1)下胸围 (2)胸围

(续表)

服装种类		控制部位	
		成年女子	少年女子
全身穿着的服装	非胸衣	(1)胸围 (2)身高	(1)胸围 (2)身高
	胸衣	(1)下胸围 (2)胸围 (3)臀围	(1)下胸围 (2)胸围 (3)臀围
下身穿着的服装	非束裤	(1)臀围	(1)臀围
	束裤	(1)腰围 (2)臀围	(1)腰围 (2)臀围

国际标准中，成年男子、少年男子、成年女子、少年女子的服装分类及其控制部位和顺序如表 4-3-6～表 4-3-9 所示：

图形标示和文字表述方法举例：

(1)成年男子上衣

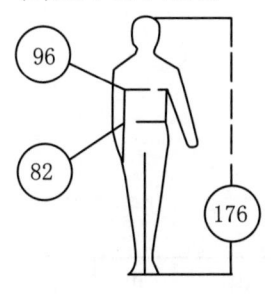

胸围	96
腰围	82
身高	176

(2)男裤

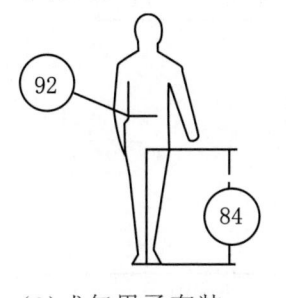

腰围	92
腿内侧长	84
脚口	55

(3)成年男子套装

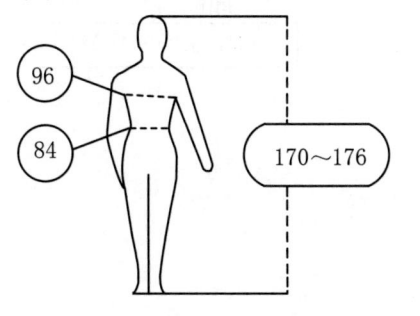

胸围	96
腰围	84
身高	170～176
腿内侧长	80

(4) 少年男子上衣

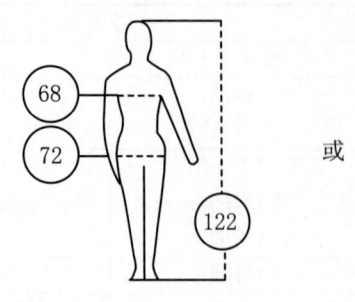

身高	122
臀围	72
胸围	68
尺码	122

或

(5) 成年女子睡衣

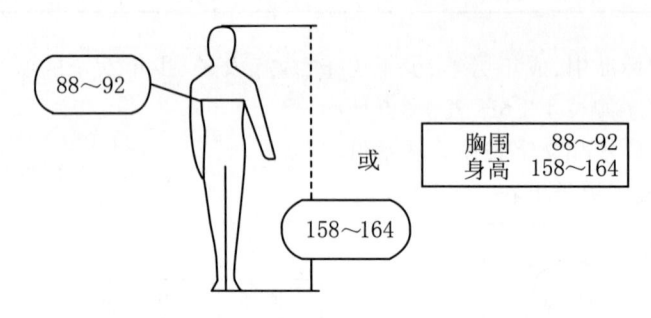

| 胸围 | 88~92 |
| 身高 | 158~164 |

或

(6) 成年男子正式衬衫

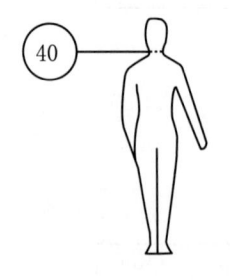

| 颈围 | 40 |
| 袖长 | 74 |

或

(7) 成年女子胸罩

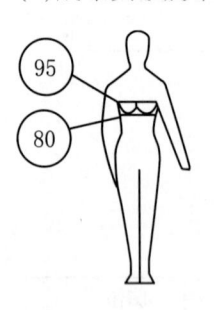

下胸围	80
胸围	95
尺码	808

或

(8) 成年女子裤装

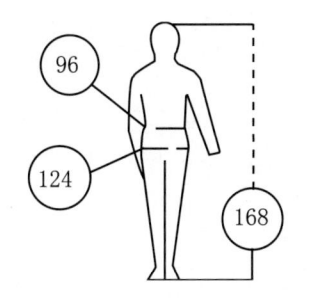

臀围	124
腰围	96
身高	168
尺码	50

思 考 题

1. 分析服装规格号型标准制定的技术途径和制定体系。
2. 剖析服装号型标准制定时和体测样本数的数理统计方法？
3. 剖析服装号型标准制定时测体数据处理的数理统计方法？
4. 我国人体体型分类方法与日本等国的分类方法的共异性。
5. 号型标准中基本部位的确定方法有哪些？
6. 分析号型标准中中间体并控制记忆的确定。
7. 分析服装示明规格的表示方法并举例说明。
8. 试举例分析一元、二元、三元表示方法。

第五章 服装设计中人体工效学的应用

　　人体的静态三维结构和动态的研究是建立科学的服装结构设计的基础,是人体工效学在服装设计中的具体运用。本章通过说明服装松量设计的基本原理与服装松量关系的人体因子的关系;各种口袋的优化设计原理;袖山和袖窿的优化设计;胸罩的结构优化设计;肩部的结构和造型设计与原理;衣领的设计原理;探讨下装的构成原理等服装结构设计中关键部件和部位的分析,比较深层次地介绍其设计原理和优化技术方法。

第一节　服装松量设计

　　服装松量是服装廓体与人体体表间的周长差,是维持人体生理活动与生活、工作需求的必要物理量(图 5-1-1)。

图 5-1-1 维持人体生理活动与生活、工作需求的服装松量

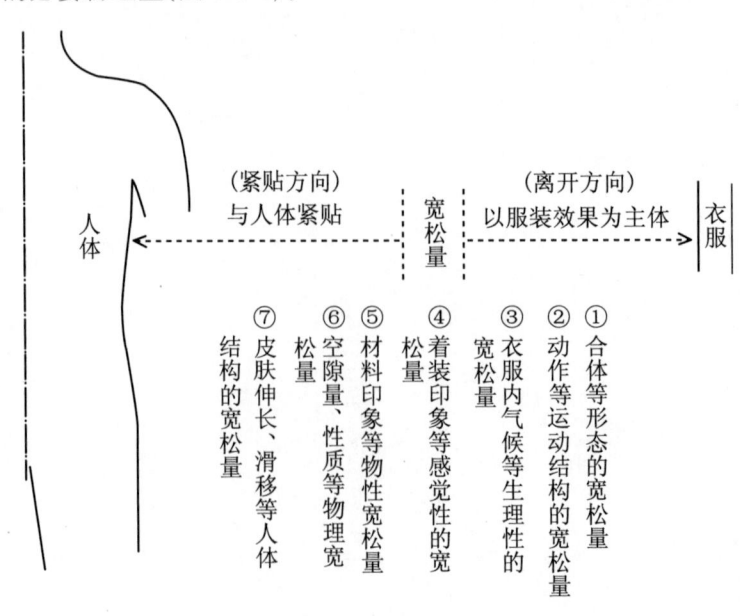

（紧贴方向）与人体紧贴　　宽松量　　（离开方向）以服装效果为主体

人体 ←——————→ ←——————→ 衣服

① 合体等形态的宽松量
② 动作等运动结构的宽松量
③ 衣服内气候等生理性的宽松量
④ 着装印象等感觉性的宽松量
⑤ 材料印象等物性宽松量
⑥ 空隙量、性质等物理宽松量
⑦ 皮肤伸长、滑移等人体结构的宽松量

一、宽松量的组成

宽松量根据其作用可包含下列成份：

1. 生理、卫生需求的松量：对应于皮肤的放热、出汗、体温调节、呼气、吸气等生理、卫生现象所需求的松量。

2. 服装穿脱需求的松量：服装穿脱时一般在前后衣身中心、腋下、袖口等部位做开口，这样可减少甚至不需松量。但由于人体的立体构造，在开口部位以外没有松量将会使穿脱很困难，特别是伸缩性能差的布料加松量更为必要。

3. 相对于体型变化的松量：人们在生长发育、饮食、妊娠、日常生活动作、体育运动、劳动时其形态会发生变化，为使体表变化不受牵制，亦需加松量。

4. 服装品种及风格需求的松量：服装的各种品种不同，如婴幼儿服、老人服、上学服、工作服、运动服、休闲服、睡衣、礼仪服装等，因用途不同等都应有相应的松量，并且由于各个时期的流行风格不同，同样的服装也会有不同的宽松量。

5. 服装材料的物理性能所需的松量：根据被服使用的材料，对应于不同的厚度、密度、重量、刚硬度、伸缩性、悬垂性，其松量亦取值不同。

二、宽松量的设置

宽松量设置要取得最大的效果必须考虑以下因素：

1. 宽松量应设置在皮肤伸展性大的部位，适应动作的伸展方向需求。
2. 在皮肤的伸展偏移部位应配置伸展性好、复原性好的材料。
3. 服装的周径方向应加入的松量要根据皮肤运动偏移部位及方向等情况，以充分发挥效果。为避免产生型的皱褶，要以身体的机能与布料的性能为基础全面考虑松量放置的位置、数量和方向。

图 5-1-2 女上衣外轮廓与上体胸围、腰围间的横截面

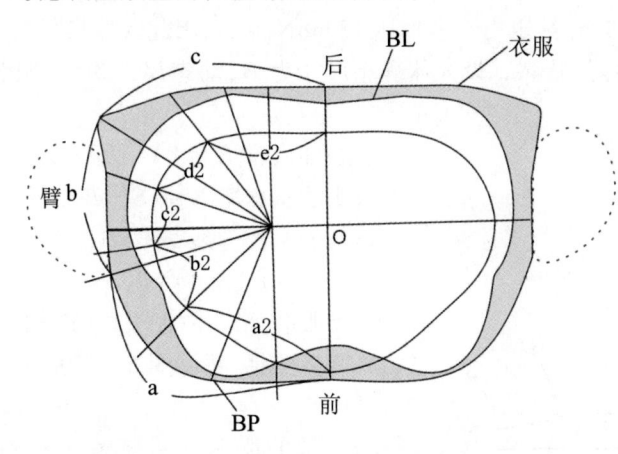

图 5-1-2 是女上衣外轮廓与上体胸围、腰围间的横截面。考虑到人体运动时背部的运动量大于前胸部运动量，因而后腋部的松量 c 要占 $(B-B^*)/2$ 的 32% 左右，前腋部的松量 b 要占 $(B-B^*)/2$ 的 28% 左右，而侧部袖窿宽部位的松量 a 要占 $(B-B^*)/2$ 的 40% 左右。这样在最需要松量的部位上设置合理的松量是服装结构设计中常考虑的问题。

图 5-1-3 是下装外轮廓与下体的腰围、臀围的横截面图。从图中可以看出前

后臀围的松量差不如上装那么明显。这是因为臀围的运动不同于上体因手臂运动而使后背、前胸部发生明显的横向扩张,故后臀围的松量一般大于等于前臀围的松量。

图 5-1-3 下装轮廓与下体的腰围、臀围的横截面图

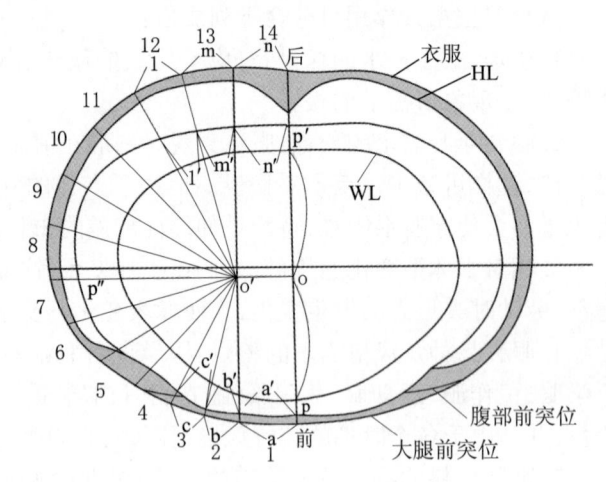

三、人体皮肤伸展率与材料拉伸率的相互关系

图 5-1-4 人体与布料尺寸图

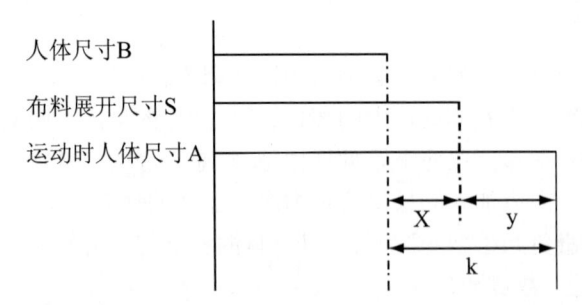

人体的皮肤在人体骨骼运动时会产生较大程度的伸缩。皮肤的垂直方向最大伸展率为50%,水平方向最大伸展率为30%～40%。此外,在穿用服装时,通过服装作用于人体的张力、拘束力,使人体感到有紧缚感。而且每隔 5cm 其压力差平均达 17.68N 左右,因此人体与服装尺寸之间就不能保持紧密贴体的状态。设人体静态尺寸为 B,动态尺寸为 A,服装布料的尺寸为 S,则:

图 5-1-5 $(X+1)(Y+1)=K+1$ 的关系

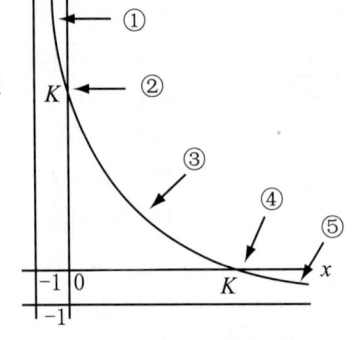

皮肤伸展率 $K=(A-B)/B$
衣服的宽松率 $X=(S-B)/B$
布料的必要伸展率 $Y=(A-S)/S$
且 $(X+1)(Y+1)=K+1$
各类服装如果用 $(X+1)(Y+1)=K+1$ 的关系式来衡量的话,可由图 5-1-5 表达:
其中:
①表示的服装松量率<0,如有收臀作用的绷裤;
②$X=0$,$K>0$ 表示合体的服装,如贴体风格的牛仔裤;

③松量用以补充材料拉伸量的不足,以维持衣服运动机能,如西装裙、西裤的臀部;

④$X=K$,$Y=0$ 将人体的伸展率作为衣服伸展率加入松量的服装,如西服上衣的背、肩、肘部等部位;

⑤$X=K$,$Y<0$ 宽松风格类服装,如大衣、风衣等。

四、各类服装材料的拉断力和拉断伸长率

考虑到上述①②③类服装对材料性能的依赖,特别是对材料的拉断力和断裂伸长率性能指标,表 5-1-1 给出了部分较典型面料的拉断力和断裂伸长率。

表 5-1-1 部分材料的两种性能

织物名称	拉断力(N)		拉断伸长率(%)	
	经	纬	经	纬
漂白布	404.7	390.1	11.3	20.8
细平布	510.6	243.1	7.9	15.9
棉法兰绒	275.3	104.9	6.0	29.8
毛粗花呢	398.9	339.9	27.1	29.2
毛平纹织物	334.2	264.6 以上	80.2	180.0 以上

服装材料常按弹性大小划分为三类:高弹性织物弹性为 30%~50%,中弹织物弹性为 20%~30%,低弹织物为 20% 以下。高弹及中弹织物服用性能良好。

五、服装主要部位的松量设计

服装主要部位的松量设计根据目前企业的通常设计应用为:

1. 上衣胸部松量

女装:贴体风格 B=(B*+内衣)+<10cm,弹性材料 B=B*−≤8cm
　　较贴体风格 B=(B*+内衣)+10~15cm
　　较宽松风格 B=(B*+内衣)+15~20cm
　　宽松风格 B=(B*+内衣)+≥20cm

男装:贴体风格 B=(B*+内衣)+<12cm
　　较贴体风格 B=(B*+内衣)+12~18cm
　　较宽松风格 B=(B*+内衣)+18~25cm
　　宽松风格 B=(B*+内衣)+≥25cm

2. 裤子臀腰部松量设计

臀部是人体下部明显丰满隆起的部位,其主要部分是臀大肌,如何表现臀部的美感和适合臀部的运动是下装结构设计的重要内容。

臀部运动主要有直立、坐下、前屈等动作,在这些运动中臀部受影响而使围度增加,因此下装在臀部应考虑这些变化而设置必要的宽松量。表 5-1-2 是各种动作引起的臀围变化所需的松量。表中显示臀部在席地而坐作 90°前屈时,平均增加量是 4cm,也就是说下装臀部的舒适量最少需要 4cm,再考虑因舒适性所必需的空隙,因此一般舒适量都要大于 5cm。至于因款式造型需要增加的装饰性舒适量则无限度。因此裙装的臀围松量最少取 4cm。

表 5-1-2　臀围变化所需松量

姿势	动作	平均增加量 cm
直立正常姿势	45°前屈	0.6
	90°前屈	1.3
坐在椅上	正坐	2.6
	90°前屈	3.5
席地而坐	正坐	2.9
	90°前屈	4.0

表 5-1-3　腰围变化所需松量

姿势	动作	平均增加量 cm
直立正常姿势	45°前屈	1.1
	90°前屈	1.8
坐在椅上	正坐	1.5
	90°前屈	2.7
席地而坐	正坐	1.6
	90°前屈	2.9

腰部是下装固定的部位，下装腰围应有合适的舒适量。表5-1-3是各种动作引起的腰围尺寸的变化。表中显示当席地而坐作90°前屈时，腰围平均增加量是2.9cm，这是最大的变形量，同时考虑到腰围松量过大会影响束腰后腰围部位的外观美观性，因此一般取2cm。

六、服装松量分布规律研究

经分析研究人体和服装间真实的空间关系，得到人体和服装松量关系显得尤为重要。中国学者采用三维人体扫描仪得到标准人体和同一款式不同宽松量服装点云数据，拟合不同部位截面的曲线，建立人体与服装间面积松量的算法模型，讨论人体特征曲面人体与服装间面积松量的分配关系，揭示人体穿着服装空间的变化规律。

1. 实验方法

(1)用立体裁剪方法制作10件胸围松量不同的外观效果良好的外套(图5-1-6)，设定10件服装分别为X1~X10。成衣的具体规格见表5-1-4。

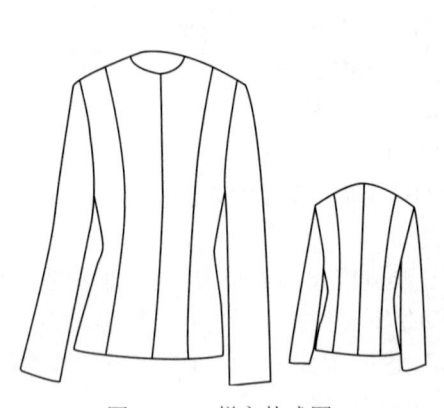

图 5-1-6　样衣款式图　　　图 5-1-7　着装衣身人台

表 5-1-4　成衣规格表　单位:cm

规格	人体	X1	X2	X3	X4	X5	X6	X7	X8	X9	X10
B	84	89	91	93	95	97	99	101	103	105	107
W	64	73	75	77	79	83	85	87	89	91	93
H	89	95	97	99	101	97	99	101	103	105	107

使用的是根据 GB/T1335.2—1997 规格制作的标准体人台。[TC]^2 三维人体扫描仪是扫描人体的专用设备。

将改造好的人台与穿着 10 件外套的人台使用[TC]^2 三维人体扫描仪分别进行扫描,将未着装人台与着装人台进行合并,观察着装效果(见图 5-1-7),获得所需截面,例如胸围、腰围及臀围等特征截面各点的坐标。

(2)对人体曲线和服装曲线均采用三次多项式 P(X)分段拟合,为提高拟合的精度,采用五点为一段进行交叉三次多项式拟合。用最小二乘法和三次多项式分段拟合每个截面的曲线,弧长等分计算曲线等分点,建立人体与服装间面积的算法模型,计算与分析人体特征截面与不同宽松量服装间面积松量。

2. 人体与不同宽松量服装特征截面面积松量的分配关系

从人体与服装特征截面图(图 5-1-8,图 5-1-9,图 5-1-10)可以看出:胸围松量、腰围松量和臀围松量都基本以纵坐标为对称轴进行变化,即 $\theta=90°\sim270°$ 与 $\theta=270°\sim90°$ 变化规律基本一致,所以研究松量变化可以仅仅研究 $\theta=90°\sim270°$ 的分配规律。

图 5-1-8 人体与服装胸围截面图

图 5-1-9 人体与服装腰围截面图

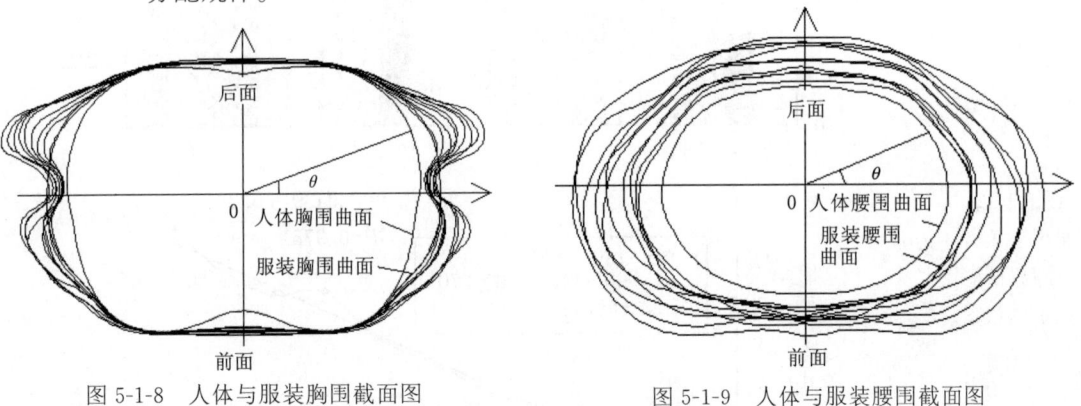

图 5-1-10 人体与服装臀围截面图

(1)胸围截面人体和服装间面积松量的分配关系:

1)对于单件服装而言,前片面积松量与后片面积松量并不相等,对于 X1～

X4,前片面积松量要大于后片面积松量,而对于 X5～X10,前片面积松量要小于后片面积松量,并随着胸围放松量的影响,趋势越发明显(图 5-1-11)。

2)人体是立体的曲面体,因此细化人体角度,分析人体与服装前面、侧面和后面三个部分面积松量的分配规律,90°～140°是人体后面部分,140°～230°是人体侧面部分,230°～270°是人体的前面,通过计算分析,90°～140°和 230°～270°的面积松量随着胸围放松量的增加基本处于 10cm² 水平状态(图 5-1-12),变化不大,而 140°～230°的面积松量随着胸围放松量的增加呈现线性变化关系,说明服装面积松量的变化主要集中在人体的侧面。

图 5-1-11 人体与服装胸围面积松量分配示意图

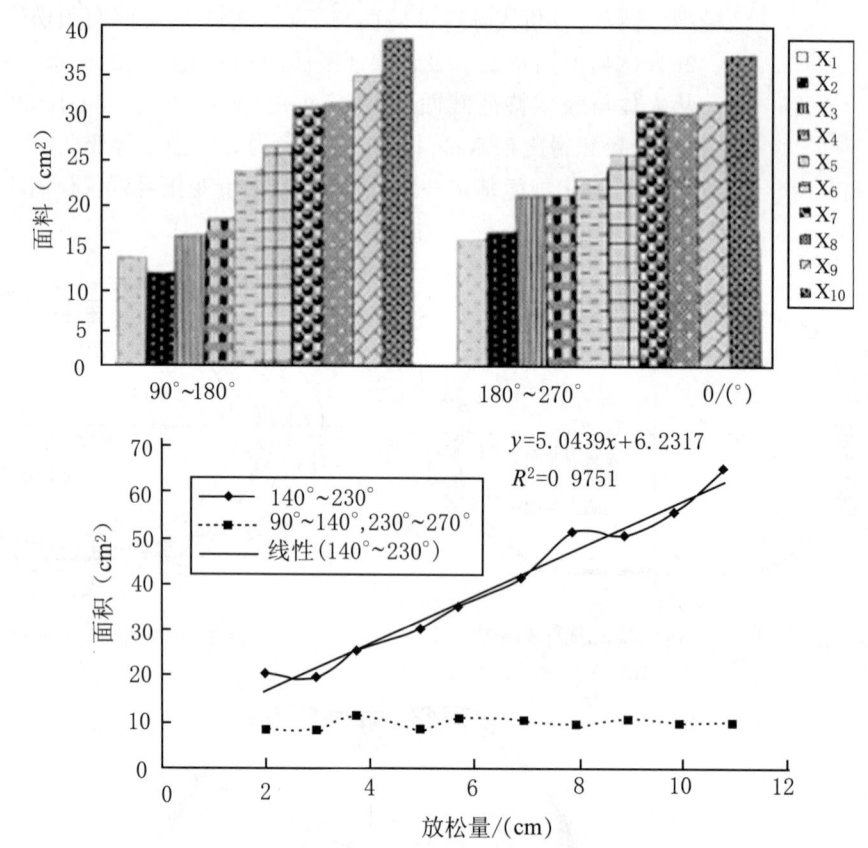

图 5-1-12 面积松量与胸围放松量关系示意图

140°～230°胸围面积松量与服装胸围放松量的关系式:

$$y = 5.0439x + 6.2347 \quad R^2 = 0.9751$$

式中:y 为面积松量(cm²);x 为胸围放松量(cm)。

$\alpha = 0.05$,$R_a^2 = 0.6664$,若 $R^2 \geqslant R_a^2$,则该方程拟合效果显著。

(2)腰围截面人体与服装间面积松量的分配规律:

1)对于单件服装而言,前片面积松量基本大于后片面积松量(图 5-1-13)。分析人体前面、侧面和后面三个部分面积松量的分配规律,90°～140°和 230°～270°面积松量总和要小于 140°～230°侧面的面积松量(图 5-1-14),随着服装腰围放松量的增加,这种趋势越发明显。说明腰围处的面积松量主要集中在人体侧面。

2)为研究服装良好外形效果与特征曲面指标的客观关系,计算出 X1～X10 的 90°～140°、140°～230°和 230°～270°面积松量总比例以及 140°～230°面积松量的比例并不随着服装腰围放松量变化而变化,而是基本保持在水平状态,说明外观良好的服装可以通过腰围面积松量比例指标进行评价,即侧面的面积松量比例为 70% 左右,前、后面积松量总比例为 30% 左右。

140°～230°腰围面积松量与腰围放松量的关系式:

$$y = 0.7584x^2 - 2.58x + 26.323 \quad R^2 = 0.9767$$

90°～140°和 230°～270°面积松量之和与腰围放松量的关系式:

$$y = 0.1736x^2 + 1.0232x + 5.5195 \quad R^2 = 0.986$$

其中 y 为面积松量,x 为服装腰围放松量。$\alpha = 0.05$,$R_a^2 = 0.6664$,若 $R^2 \geqslant R_a^2$,则该方程拟合效果显著。

图 5-1-13 人体与服装腰围面积松量分配示意图

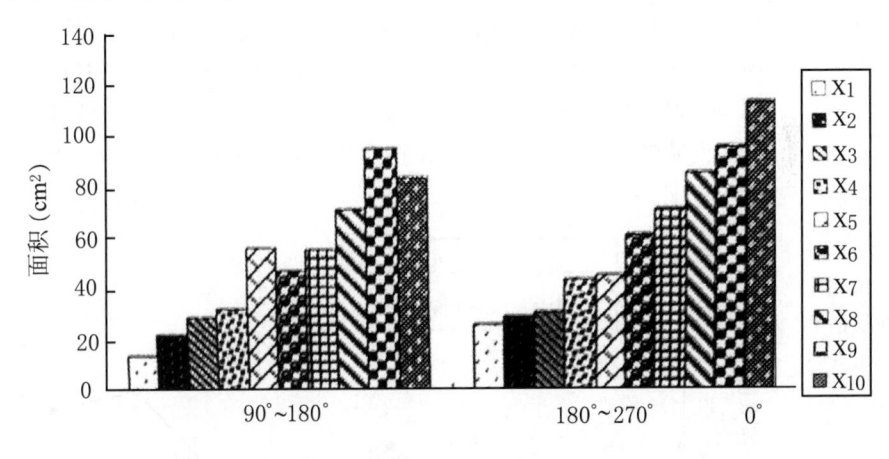

图 5-1-14 面积松量与腰围放松量关系示意图

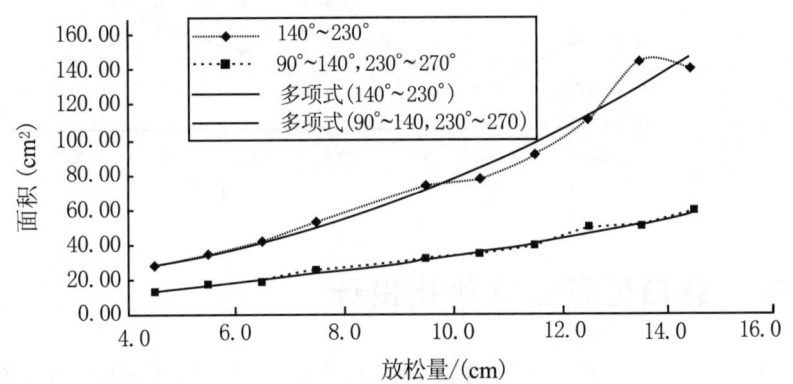

(3)臀围截面人体与服装间面积松量的分配规律:

1)对于单件服装而言,前片面积松量基本大于后片面积松量,并随着臀围放松量的增加,趋势越发明显(图 5-1-15)。

图 5-1-15
人体与服装
臀围面积松
量分配示意图

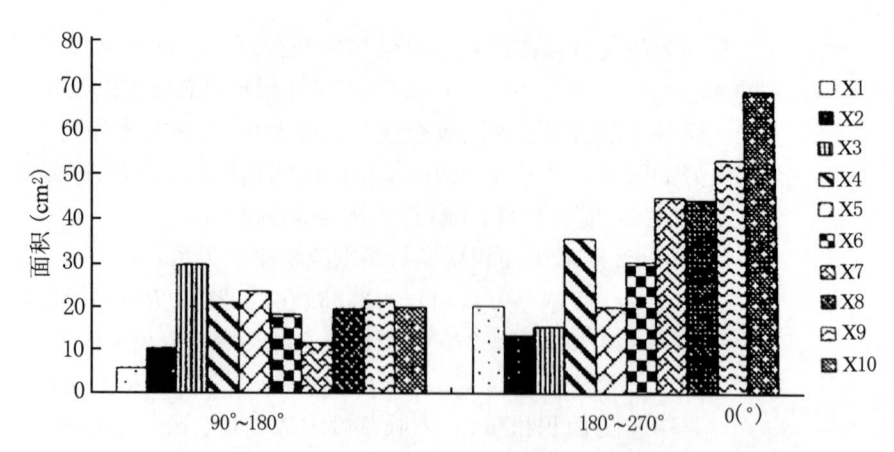

2)计算人体与服装间前面、侧面和后面三个部分面积松量,发现 90°～140°、230°～270°和 140°～230°的面积松量的分配关系没有规律,故计算人体角度 90°～195°、195°～270°的面积松量(图 5-1-16),X1～X3 的 90°～195°面积松量随着服装臀围松量的增加而增加,X5 比 X4 小,是因为 X5 臀围放松量小于 X4 臀围放松量。说明随着服装臀围放松量的增加,服装在臀围处是向前倾斜的状态,而不是均匀分配的。

图 5-1-16
不同角度臀
围面积松量
分配示意图

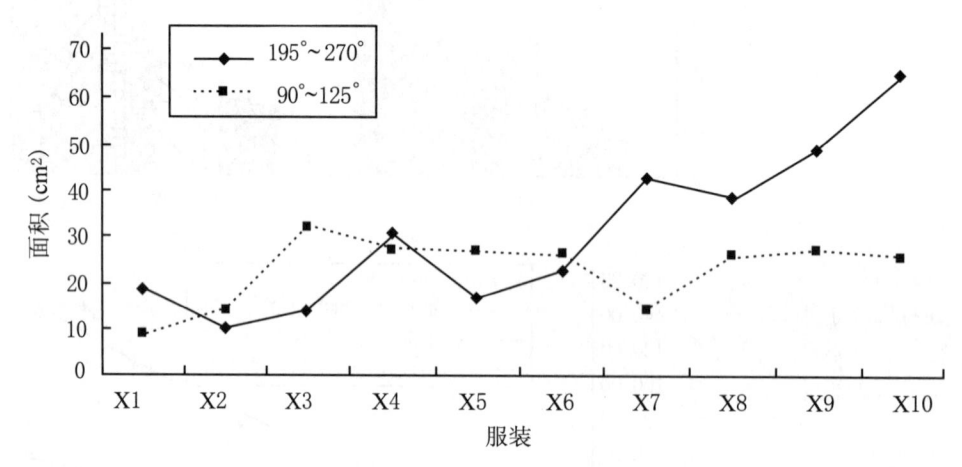

第二节 袋口位置角度优化设计

袋口的位置分胸袋与腰袋,上衣的腰袋与下装的口袋(侧袋,后袋)皆属于腰袋。作为胸袋与腰袋的基本型,必须从人体工效学出发,讨论从功能性出发的设计合理性,以确定从工程层面上的袋位优化设计。

一、胸袋

胸袋位于上衣的前胸部,有单个(处于左衣身)和双个(左右衣身都有)之分,以单个形式为主。

(一)设计原理

以肩点 SP 为中心,手臂呈 45°自然弯曲,当手臂向前转动时形成以 SP 为圆心,以大拇指和食指至 SP 的长度为直径的弧,此弧与人体前胸(首先是左前胸)的胸围线相交,形成一个自然舒适的胸袋设计区域,拇指与食指的位置应处于胸袋的中央,即胸袋不论是开袋还是贴袋,其袋口与胸围线、前胸宽线、前中线都形成具有相应功能造型的配伍关系(目前胸袋的作用主要是插花、手绢等礼仪性作用,装物的功能已经基本衰退)。

(二)设计方法

以衣服胸围线为基础,一般都位于胸围线上部或上下部,常与服装造型需要相结合。如男衬衫:袋口位于对准第二粒扣或第二至第三粒扣中间,左右距前胸宽线≥2.5。中山装部分制服袋口对准第二粒扣,左右距前胸宽线≥3cm。马夹类贴体服装位于胸围线上,距离前胸宽线≥2.5cm。燕尾服类贴体服装位于胸围线上,左右距前胸宽线≥2.5cm。胸袋的角度一般在水平线近袖窿处翘起 1.5cm 左右,既具有视觉的动感,又具有插物的方便性。胸袋口的大小(不包括封口缉线的位置)约为 7~11cm,其中 8~10cm 的大小使用最广泛。

二、腰袋

腰袋位于腰围线上下的上下装口袋,其外形形式按安装形式分为贴袋、开袋、开贴袋;开袋按形状分为无嵌线开袋、单嵌线开袋、双嵌线开袋、装袋祥的开袋;按所在部位分为前腰袋(侧缝钱)、侧缝袋(侧缝中)、后腰袋(侧缝后)等三类。

(一)腰袋优化设计的实验及分析

图 5-2-1 上、下限之间的 10 个点

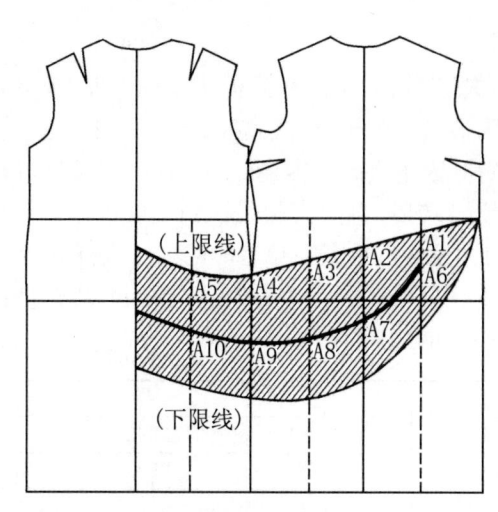

实验内容及程序:选择 4 名身高 160cm、胸围 84cm、腰围 65cm 左右的女性按下列项目进行实验

1. 实验服:

无袖、无领的贴体风格连衣裙,布料:纵 24 根纱线/cm,横 22 根纱线/cm。

2. 实验内容:

袋口大小:袋口大=被测者手掌宽+手掌厚,取 13cm。

袋口位置:取立位正常姿势,上肢自然下垂,右手沿体表向左方向移动,在身体前面和后面形成的右中指尖端的轨迹作为袋口位置区域下限。取立位正常姿势,上肢自然下垂,右手肘关节成最大屈曲状态,从后中线向前运动形成袋口位区域上限。

如图 5-2-1 在上限与下限之间(斜线表示区域)内等分 10 个点 A1~A10。

袋口角度:根据插手的方便性,从 0°、15°、30°、45°、60°、75°、90°这 7 种角度中选择,然后以一个角度为中心、±30°构成 3 个角度与袋位配伍。图 5-2-1 形成实验口袋共 25 种(表 5-2-1)。

表 5-2-1 袋口的位置及角度

位置 \ 角度	B_1 ($B_2+30°$)	B_2	B_3 ($B_2-30°$)
A_1	75°	45°	15°
A_2	60	30	0
A_3	75	45	15
A_4	60	30	0
A_5	45	15	—
A_6	60	30	0
A_7	45	15	—
A_8	45	15	—
A_9	30	0	—
A_{10}	45	15	—

实验因子:袋口位置(A)10 种

袋口角度(B)2~3 种

被测者:4 人

实验评价语:以一种腰袋为基准袋,让被测者感觉其方便性。其他袋的方便性以此为对照形成 5 种评价语:比基准袋方便、比基准袋较方便、与基准袋一样、比基准袋较困难、比基准袋困难。

(二)实验评价语的处理

对实验评价语进行汇总分析,运用离散分析法进行处理,观察各种因子的贡献率大小,以最大贡献率为最重要因子,依次类推,得到下列结论,其表 5-2-2:

根据分析,口袋的位置其因子贡献率为 40.5%,其次为腰袋口角度在腰袋口位置 A3 时的因子贡献率为 3.9%,再次为腰袋口角度在腰袋口位置 A1 时的因子贡献率为 1%,而腰袋口角度在其他袋口位置时的因子贡献率皆为 0,即与口袋使用方便毫无关系。即使用最方便的口袋位置与角度组成是:A_3B_2、A_3B_3、A_2B_1、A_2B_2、A_4B_1、A_3B_1……的顺序。

表 5-2-2 离散分析表

来源	f	S	S'	ρ(%)
A	36	329.286	310.962	40.5
$B_1B_2B_3(A_1)$	8	11.825	7.753	1.0
$B_1B_2B_3(A_2)$	8	9.859		
$B_1B_2B_3(A_3)$	8	33.718	29.646	3.9

(续表)

来源	f	S	S'	ρ(%)
$B_1B_2(A_4)$	4	2.572		
$B_1B_2(A_5)$	4	1.394		
$B_1B_2B_3(A_6)$	8	3.674		
$B_1B_2(A_7)$	4	1.825		
$B_1B_2(A_8)$	4	1.501		
$B_1B_2(A_9)$	4	2.536		
$B_1B_2(A_{10})$	4	1.286		
R	12	14.126	8.018	1.0
A×R	108	77.970	22.998	3.0
e	552	276.428		
标记(e)	(592)	(301.075)	388.623	50.6
T	764	768.000	768.000	100.0

* f=自由度,S=标准差,S'=条件标准差,p=因子贡献率,A=袋口位置,B=袋口角度,R=被检者,T 为合计。

图 5-2-2 腰袋位置分布区域图

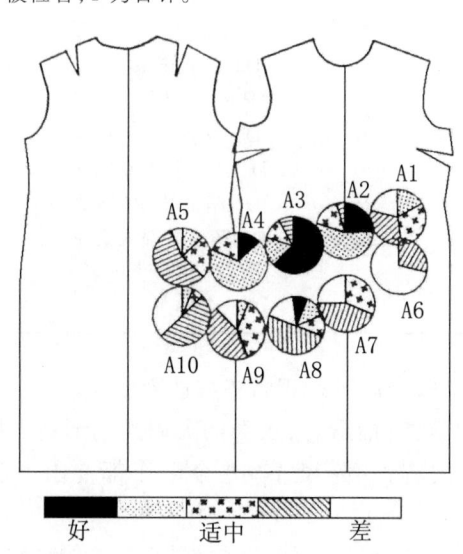

(三)腰袋结构设计优化

腰袋结构设计时应该注意,袋口的位置对使用方便性的影响很大;袋口的角度对使用方便性的影响其次;正常立位时使用最方便的腰袋口位置位于中指尖端的上限线上,从前中线开始到侧缝线上的范围内。其中使用最方便的是袋口的位置 A3,袋口的倾斜角度以相对于 WL 的 15°～45°时为好,如图 5-2-2。

第三节 袖窿—袖山结构优化设计

袖窿—袖山结构是上装结构设计的重点,其关系到衣身的外观平稳性及袖身的运动舒适性。以下内容是袖窿—袖山结构优化设计的实验及分析。

一、实验内容及程序

选择身高 160cm,胸围 84cm,腰围 65cm 左右的标准体型青年女子 6 人。
实验动作:选择与上半身关系深,影响到袖窿周围的尺寸形态变化显著的动作:

上肢90°前举;上肢180°前举;上肢90°外举;上肢最大后举;抱胸,上肢最大前屈;再加上单肢与双肢的区分,可组成10个动作。

实验服:取B＝净胸围＋10cm贴体风格无领,侧缝装拉链的套衫,采用全棉经向27根纱线/cm,纬向22根纱线/cm的面料。

实验因子:如表5-3-1所列,取被测者的袖窿深度、袖山高度、动作。

表5-3-1 实验因子

要素	内容
被检者(A)	
袖窿深(B)	B1 胸围/4－2cm B2 胸围/4－1cm B3 胸围/4 B4 胸围/4＋1cm B5 胸围/4＋2cm
袖山高(C)	C1 袖窿尺寸/4 C2 袖窿尺寸/3
动作(D)	D1 右上肢90°前举 D2 右上肢180°前举 D3 右上肢90°外举 D4 右上肢最大后举 D5 两上肢90°前举 D6 两上肢180°前举 D7 两上肢90°外举 D8 两上肢最大后举 D9 上体最大前屈 D10 抱胸

实验内容:被测者穿着实验衣后进行正常姿势适合性与动态体型适合性两大类实验。正常姿势适合性内容:衣袖形态,衣身袖窿周围的形态,袖窿尺寸(上肢要稍动)。动态体型适合性内容:袖窿尺寸(10个动作都要由上肢下垂状态开始)。

实验评价语:评判方法采用主观评价法,评价袖形、衣身的袖窿周围形态的标准为:好—较好—一般—较差—差;评判袖窿尺寸的标准为:宽松—较宽—正常—较紧—紧。

二、实验评价语的处理

对实验数据的处理采用离散分析法进行处理,表5-3-2是对静态袖形的实验数据的离散分析表,其中C的因子贡献率最大为15.83%,其次是B和C的组合因子贡献率为10.25%,B的因子贡献率为7.25%。这表明按袖山的高度、袖窿深度的顺序影响袖、袖窿周边的形态。

表 5-3-2 静态袖形的实验数据离散分析表

来源	f	S	S'	ρ(%)
Aa	8	15.52	10.96	1.14
Ab	4	2.87	—	
Ac	4	4.24	—	
Ad	4	5.27	—	
B	16	78.70	69.58	7.25
C	4	154.26	151.98	15.83
Aa×B	32	55.40	37.16	3.87
Ab×B	16	35.60	26.48	2.76
Ac×B	16	5.70	—	
Ad×B	16	5.19	—	
Aa×C	8	12.63	—	
Ab×C	4	13.35	11.07	1.15
Ac×C	4	1.50	—	
Ad×C	4	2.51	—	
B×C	16	107.50	98.38	10.25
Aa×B×C	32	28.87	10.63	1.11
Ab×B×C	16	14.71	—	
Ac×B×C	16	10.51	—	
Ad×B×C	16	6.36	—	
e	720	399.31	—	
标记(e)	(828)	(470.80)	543.76	56.64
T	956	960.00	960.00	100.00

Aa＝体型间差，Ab＝44 体型内差，Ac＝55 体型内差，Ad＝66 体型内差，B＝袖窿深，C＝袖山高，T 为合计。

表 5-3-3 是对动态体型适合性的实验数据的离散分析表，其中 C 的因子贡献率为 18.59%，其次为 B 的因子贡献率为 7.45%。这表明按袖山高度、袖窿深度的顺序影响动作舒适性。

表 5-3-3 动态体型的适合性试验数据离散分析表

来源	f	S	S'	ρ(%)
A	20	280.99	272.39	5.67
B	16	364.39	357.51	7.45
C	4	893.86	892.14	18.59
D	36	301.14	285.66	5.95
A×B	80	131.32	96.92	2.02
A×C	20	170.86	162.26	3.38
A×D	180	259.72	182.32	3.80
B×C	16	100.41	93.53	1.95
B×D	144	112.30	50.38	1.05
C×D	36	144.66	129.18	2.69
A×B×C	80	203.16	168.76	3.52
A×B×D	720	309.50	—	

(续表)

来源	f	S	S'	ρ(%)
A×C×D	180	210.89	133.49	2.78
B×C×D	144	104.23	42.31	0.88
(e₁)	1440	(652.32)	149.87	3.12
e₁	720	315.82		
e₂	2400	896.76	1783.28	37.15
T	4796	4800.00	4800.00	100.00

A=体型,B=袖窿深,C=袖山高,D=动作,T为合计。

三、袖窿—袖山结构的优化处理

根据上述对实验数据的离散分析,可对袖窿—袖山的结构进行优化处理:作为日常生活服装穿着时外观要优美,对正常生活的运动动作亦能满足的袖窿—袖山结构是袖山取 AH/3 左右的高,袖窿深度取 B/4+1～2cm 的组合形式;作为动作适合性强的工作衣,其袖窿—袖山结构应以袖山取 AH/4 左右的低袖山,袖窿深度取 B/4+0～2cm 的组合形式为佳。

四、袖结构的运动舒适性

为分析圆袖和分割袖结构在相互搭配的形式时如何考虑它们的功能性,可收集如下 10 类结构形式的衣袖:

1. 前部为装袖,后部为插肩袖,如图 5-3-1(a)所示。
2. A、B 点是手臂运动的部位点,在前衣身上留有充分的运动量,如图 5-3-1(b)所示。
3. 袖子是一片袖,袖缝设计在前身,前衣身的转角上包含充分的运动量,如图 5-3-1(c)所示。
4. 插肩袖在后袖底部成直角状,有充分运动量,以避免后背及腋下肌肉的运动变化而影响衣服,如图 5-3-1(d)所示。
5. 一片袖,袖缝在后身,底部无缝,如图 5-3-1(e)所示。
6. 前部为插肩袖,背部呈水平状,如图 5-3-1(f)所示。
7. 底部宽余量大,能适应腋下皮肤的伸展,并保证手部作上举最大时不牵制衣身,如图 5-3-1(g)所示。
8. 上部为连袖,前、后、下部都为装袖,能从前、后、上、下四个方面考虑手臂运动,如图 5-3-1(h)所示。
9. 在肩部较少受手部运动影响的部位装袖,如图 5-3-1(i)所示。
10. A、B 点是手臂运动的部位点,前后袖身的分割线 C 保持肩周围的形态,能方便外衣的穿脱等活动,如图 5-3-1(j)所示。

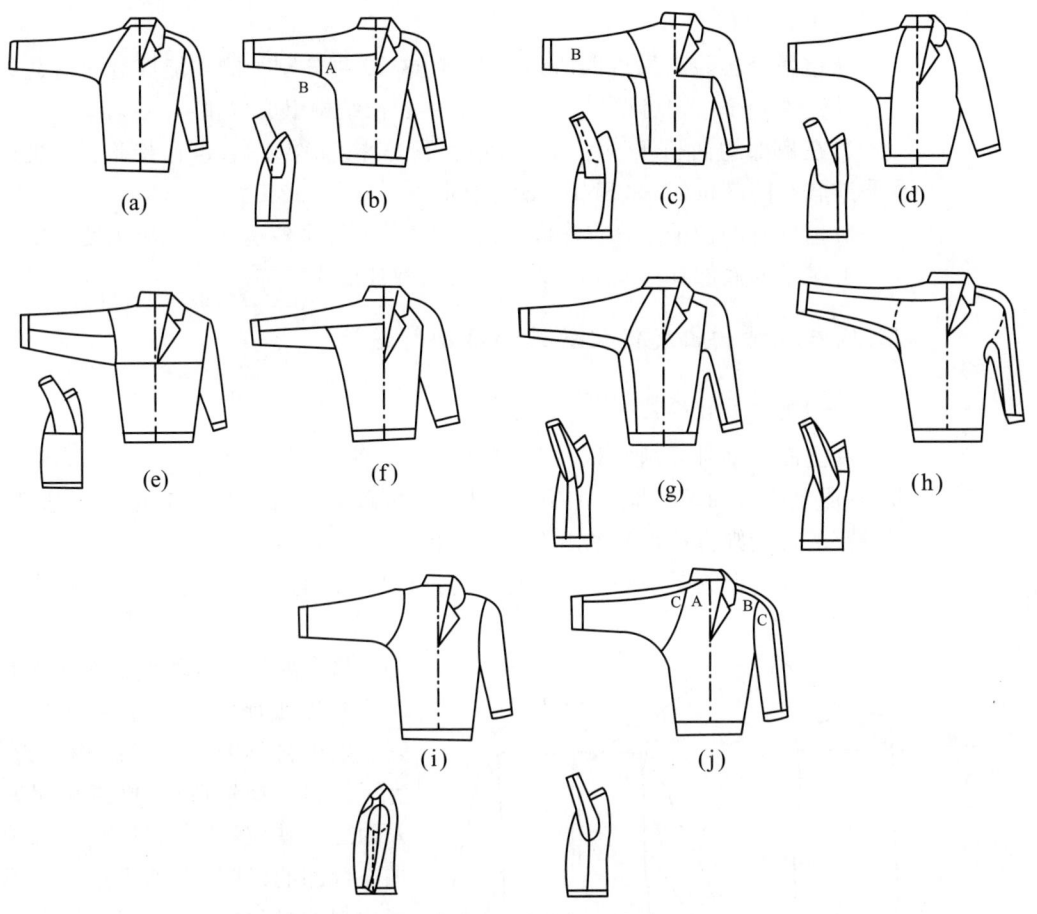

图 5-3-1　10 种结构的袖子

为检测这 10 种袖子的功能性,由标准体型的成年男子分别穿着分割袖和普通的装袖,在所监测的服装部位上装有微型灯泡,然后进行高速摄影,记录手臂的运动与微型灯泡运动间的关系。正面拍摄手臂水平横举的状态,侧面拍摄手臂向前上举的状态,然后用慢镜头的形式显示摄影结果。10 种分割袖测定的结果可与普通袖测定结果进行比较,如装在衣服底边的微型灯移动量比普通袖的小,则可认为是功能性好的袖子。

第一个实验是不固定衣服底边,在底边上装微型灯,然后根据手臂上举而引起的灯位移动量,来确定各类袖子的功能性。10 种分割袖(实线),其手部横向上举最大可达 180°,但底边的微型灯的移动只有 12cm。普通装袖(虚线)手部横向上举最大只能达到 157°,而底边灯位的移动量却达到 36cm。分割袖与普通装袖有 24cm 的差量。

第二个实验室将底边和袖口加以固定,测定袖子功能性。当手臂做横举时,穿普通装袖的手臂(虚线)只能举至 72°,而穿分割袖的手臂(实线)可以举至 160°左右。当手臂作前方上举时,普通装袖的手臂只能举至 76°,而穿分割袖的手臂可以举至 150°左右。

从这两个实验结果可以清楚地看到,这 10 种分割袖的功能性远比普通装袖好。从这类袖子结构可得出功能性良好的衣袖结构组成规律:

1. 在肩部的袖子部分宜与衣身相连成一片,宜作装袖,也宜装在肩部受运动量影响较小的部位(人体 SNP~SP 之间)。
2. 前后身的袖子部分宜作成插肩袖形式,保证手臂运动变化所需要的量。
3. 袖子的底部宜作成上下活动量大的装袖形式。

五、从衣袖结构出发优化款式和运动舒适性

（一）加大后背松量

在上肢运动时,后腋窝部位对服装的动态舒适性有着非常重要的影响。因此,在服装的后袖窿打褶或加更多的松量,可改变衣袖和肩部的运动舒适性能。后袖窿的形状则直接影响袖山弧线的形状和外观,同样可影响衣袖的运动性和服装的舒适性。但为了一些必需的运动,并保持迷人的款式,常在这些常规方法上做改进。

图 5-3-2 加入一个折裥以增加动态舒适性

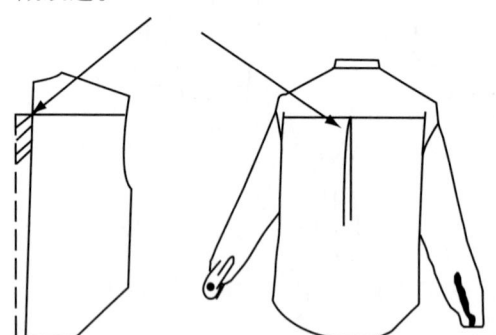

将大部分的运动松量加在服装的后衣身宽上比平均分配所有松量更好。以男衬衫的后衣身结构图为例,为了加强运动舒适性,胸部测量时加入的松量就应增加,假设它大部分是加在背部的,这就更加适宜在上举手臂和想动身体时手背的运动,这些额外的松量会影响后背,尤其是袖窿下部的设计。相应的,在育克线处加入一个箱形裥,就可在后背加入更多松量,且在保证前衣身迷人外观合体性的同时,又能达到上举手臂的要求。如图 5-3-2 所示。

（二）加大后背宽和袖肥

图 5-3-3 在后袖窿处加大松量使服装在保持款式风格的同时也可舒适地运动

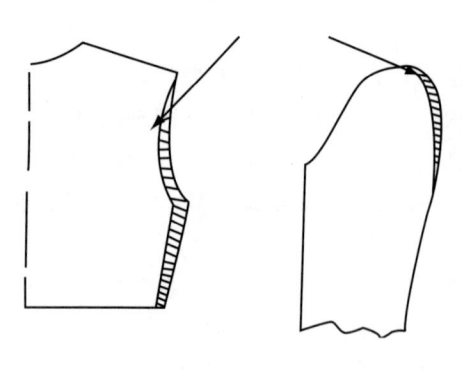

在手臂运动时,人体躯干前部产生的变化要少于后背产生的变化,因此与后衣身相比,服装的前部则需要更少的松量。因此在分配松量时,给予后衣身足够的松量是可行的。通过在衣身和衣袖的后部加入大部分松量,服装则可在舒适穿着的同时保持外观的美观。这种方法适用于男装,因为胸部的合体裁剪对男装而言非常

重要,否则它将失去大量款式风格特点。

随着服装松量总量的减少,人体与服装之间的空隙将减少,将手举至头上等夸张的动作将变得困难,并致使服装产生剧烈变形。相应地,如果为了达到迷人的外形而减少服装的松量,但又要保持运动舒适性,那么就应在胸部分配少许松量,后背和后袖窿处等大部分部位松量再加大。可使在保持服装迷人款式合体性的同时,也可使身体运动自如。如图 5-3-3 所示。

(三)隐形折裥

加入折裥可以改进服装的运动舒适性,同时它也可成为一种造型。但这常会使服装的线条变得不顺畅。可采用隐形折裥的方法之一是在后袖窿处加入一个松量折裥,这种结构的布料需均匀地打折裥。袖窿的外部缝合不变,但新褶需藏在缝合线内部,夹在外部缝线和袖缝线之间。当手臂运动时,因为上肢的运动基本集中在上肢根部,折裥的面料将会随着手臂运动的程度放松出来,因此各种款式的衣服都适合加入此类折裥,从而可在保持服装的静态合体性和舒适性的同时使身体运动自如。如图 5-3-4 所示。

图 5-3-4 将折裥藏于袖窿的缝合处

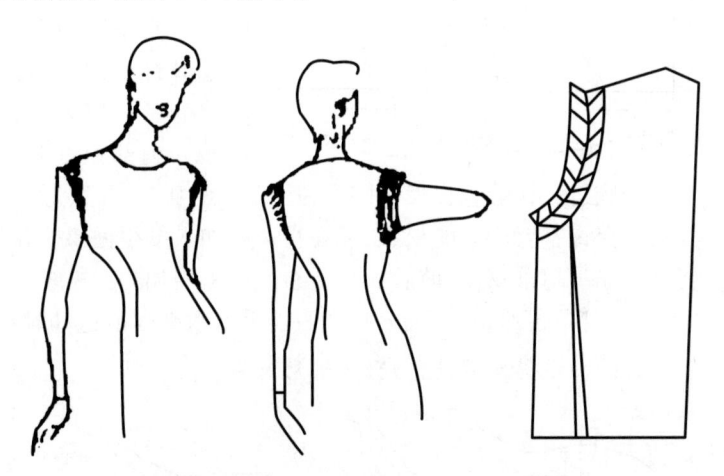

(四)利用款式、比例及结构提供松量

不仅要从款式和比例的角度上将服装视为一个整体,同时也要在结构的角度上(比如,合适的袖窿深,嵌条和袖窿几何学)将其视为整体。因此增大侧片宽,减少服装前片宽度可加强整件服装的三维立体感。在将袖窿形状修改合适后,上肢运动时服装面料的牵扯现象将会减轻,手臂将会更自如地运动。若将袖肥改窄,袖山增高(袖山高由 13cm 或 14cm 增至 17~18cm),衣袖看上去将会更细长,更美观。同时又可改进服装动态舒适性,如图 5-3-5 所示。

图 5-3-5 利用比例来解决款式与功能性之间的不相容性

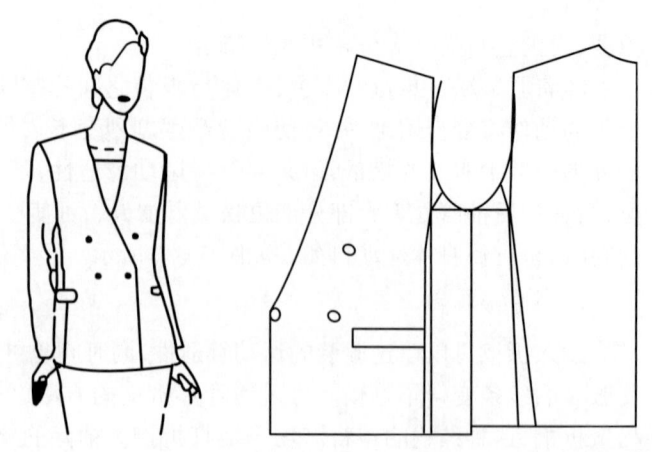

（五）保持手臂运动自由性时注意上装整体平衡

图 5-3-6 手臂上举时底边的解决办法

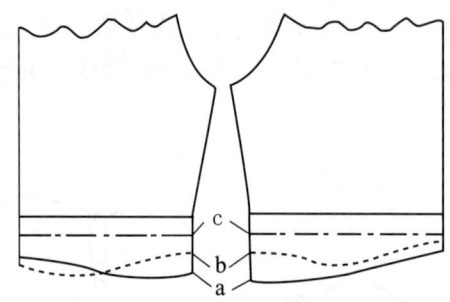

当手臂运动时，不仅衣袖形状会发生改变，后衣身和腋下部位的长度也会随之改变。为了顺畅地将服装各部分连接起来并在手臂抬起时保证款式、衣身平衡和适体性，可在布的底边处加入一定量的多余布料。更进一步考虑，因为手臂运动对躯干前部和后部的影响不同，那么前后衣身的底边和松量也自然不同。在图 5-3-6 中，可看到为了达到衣身整体平衡同时具备允许手臂运动的松量，需在折边处加入多少面料。位置 a 表明为了允许手臂垂直上举超过双肩，前后衣身折边处所需增加的面料多少。位置 b 表明当手臂举至 45°时折边的位置，而 c 则表明当手臂水平向前运动时折边的移位。

（六）设置前后分割线，改进动态运动自由性

图 5-3-7 设置分割线，改进运动自由性

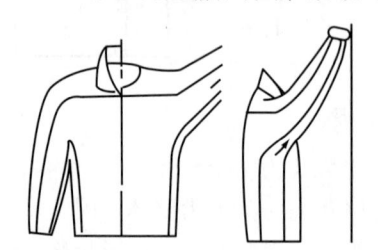

精确地设置前后衣身结合的分割线可以改善动态舒适性和自由性。比如，插肩袖比和服袖或连身袖的运动功能性更好。连身袖缺少分割线，阻碍了穿着者运动，但如果服装的连衣部分由缝合线组成且这些缝合线是根据人体自然构造设计的，那么服装的伸展性和运动自由性将得到很大改进。当服装部件在人体运动时随着人体皮肤的伸展方向伸展时，多数服装就会表现出更好的运动功能性。在衣身和衣袖部位使用分割线可使上身更加自由地移动和转动。另外，这些分割线可控制衣袖形状，并使衣袖在肩和肘处更自由地伸展，这种办法尤其适合于运动服、工作服、防护服的设计，如图 5-3-7 所示，将后背的育克线与衣袖的分割线相连，可使服装的运动功能性得到很大改善。

(七)在运动中,可分离服装部件,有助于人体伸展

图5-3-8 测量方式

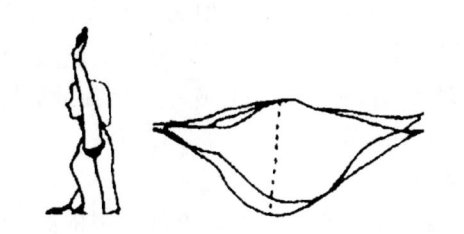

图5-3-8所示的是一种测量方式,用于测量低弹性面料在允许手臂上举90°时,需插入袖底的总量。使袖窿缝线处于未缝合状态,随着手臂运动,插片所需的布料大小也不同。

手臂运动是上身运动中最重要的运动,覆盖手臂的衣袖则是在考虑运动功能性和动态舒适性时最关键的服装部件。衣袖的款式和结构影响了一件服装的整体外观。可通过松量的不同分配来适应在手臂运动时后背比前躯干有更多的伸展。因此在一件非常合体的服装中仍可设计出更高层次的动态舒适性。更进一步,运动功能性可通过分割衣片适应人体的各个部件来得以加强,女性比男性更希望服装合体,因此这在女装设计中显得更为重要。

第四节 胸罩钢圈造型设计

由于穿着的舒适性,无钢圈胸罩经常受到青睐。但为了保持胸罩的质量,钢圈仍然是必需的,并且由于它们的功能和更低的价格,经常被用于胸罩设计中。对于自然裸体下胸围曲线而言,很难确定胸罩钢圈的适合度。下面从人体工效学角度分析胸罩钢圈应如何适合下胸围和胸部的曲线。

一、研究方法

1. 胸部测量

胸部的三维图像通过段状波形图而获得,曲面的三维图形通过三维扫描装置(PAPIDFORM)而获得。

17个中年女性(30~50岁,尺寸规格:胸围87.5~92.5cm,下胸围77.5~82.5cm)参加了实验。照相机的焦点是以一种斜向观察的计测方法置于被测者的右胸部。在激光器的计测下获得整个胸部图像。

2. 人体穿着实验

21个测试者穿着实验型胸罩并且运用七点法(将感觉分为七个等级)评价穿着感觉。她们中的7个人参加了三维裸体扫描,在随即安排下被测者穿着实验型的胸罩10min。然后,评价穿着感觉。10min是用于对胸罩进行评估,被测者穿着胸罩做各种各样的姿势和运动来评价穿着感觉,不仅包括静止的姿势也包括在运动条件下,如不断地左右运动身体,不断地上举胳膊。

(1)实验型胸罩的穿着感觉

在穿着软钢圈的一组测试者中,主观评价的得分比穿着硬钢圈的一组差。主要由于实际穿着时,软钢圈很柔韧,因此不能支撑胸部,由于这种不稳定性,所以

很多人不喜欢。利用 SPSS Ⅱ 来分析硬钢圈个体穿着结果可以得到如下结论。拥有不对称胸部的女性在所有的穿着感觉中将合体型的钢圈排在首位。而对称型胸部的女性宁愿选择狭小的钢圈而不是合体的钢圈。总的说来,合体的钢圈对于不对称胸型来说是最好的,而对于对称的胸型来说狭小的钢圈是最好的。这些结果表示钢圈形状应当和胸部曲线相配位,特别是内胸围部分。

(2)在穿着测试中的胸部形状

依据胸围类型,为了寻找对某一类型胸罩主观偏好的客观依据,通过分析穿着实验型胸罩前后的三维图像来评价实验型钢圈的性能,如图 5-4-1。这表明在穿着胸罩钢圈中女性的胸部经受了不对称的变形。也说明在穿着胸罩之后关于胸部体型钢圈的球状平均曲率半径的比率的最大化,近似于裸体,同时发现穿着合体型的胸罩胸部的形状在所有被测钢圈中变化是最小的,这对于舒适性的感觉是很有利的。

最好钢圈的外围曲线更接近于裸体胸部的外围曲线,而在对称型中这是最差的钢圈。换句话说,对于对称型胸部的人群来说,在裸体外围胸围线和着装的外围胸围线之间的位移在最好的钢圈中比最差的钢圈小,然而,对于不对称的胸部来说,在外围胸围线之间没什么不同。

图 5-4-1 三维图像上穿着外形最好和最差钢圈的裸体胸部的代表曲线

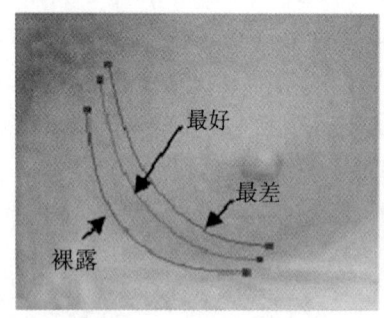

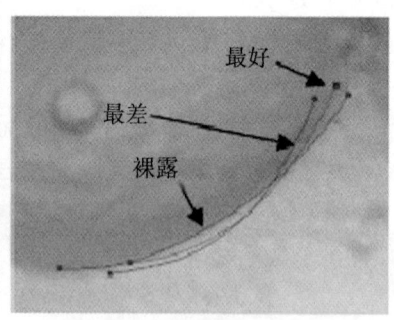

对称胸型的胸围外曲线图像　　不对称胸型的胸围内曲线图像

图 5-4-2 用三个连续点比较钢圈 10 部分的球状曲率半径

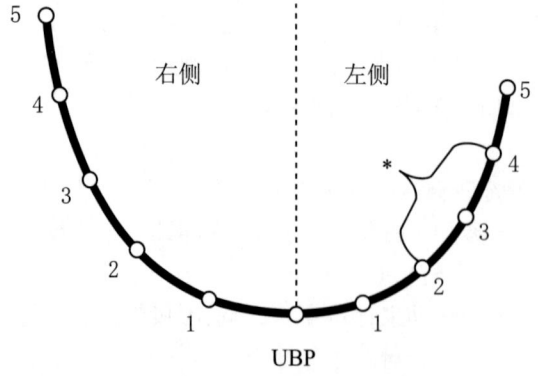

在胸围内区域情况下,最好的钢圈(合体型的钢圈)和最差的钢圈(中等的钢圈)相比更接近于向斜向胸围曲线靠拢。当我们将钢圈分成 10 部分,如图 5-4-2 所示。然后用三个连续点比较它们的球状曲率半径。所有非对称型体型中,对最好的钢圈和最差的钢圈进行比较,发现在 2～4 部分的球状曲率半径近似于裸体。保持胸罩的宽度如裸体中 2 个 BP 点之间的距离,估计罩杯的高度。这个研究结果表明:遵循裸体的胸部形状对设计胸罩有很好的指导作用。

实验的扭曲刚度(硬－狭小型,软－狭小型)和在先前的研究中力学的胸罩钢圈相比较来评价钢圈的力学刚度范围,便于提供一个舒适的穿着感觉。在此研究中,硬钢圈的扭曲刚度范围也落在好胸罩的范围内。软钢圈估计是太柔韧,全部落在好胸罩钢圈下方范围的外部。总的说来,适宜的钢圈刚度大约为 $0.015\text{N}/\text{mm}^2$。

二、结论

人体穿着实验证实了应用三维胸部数据进行适体服装胸罩设计的作用。在胸罩钢圈设计中利用下胸围曲线的球状平均曲率半径提高总体的穿着感觉和胸罩形状的满意度,特别是对那些不对称型体型而言。考虑到中年妇女中有 25% 下胸围曲线不对称,虽然,在这次研究中被测的不对称型是很小的,应用三维身体形状来进行胸罩钢圈设计能够减少市场中那些不对称体型妇女的抱怨。胸高的主观评价、客观评价以及其他的外形特征,通过在基本胸围线的基础上采用三维图像进行胸围钢圈的设计已经达到了一个满意的高度。

第五节 服装肩部造型研究

肩部是上装最基础的部件,其他部位通过与肩部的不同形式的衔接形成各种风格和形态。对于上装而言,不论是静态的平服美观还是动态的合体舒适,都是靠合体的肩部进行支撑。

一、肩部的生理特征

人体肩部是由指前部凸出的肱骨水平位置经后背肩骨的水平位置为下限,领围线为上限的区域。它包括胸锁关节和肩关节。胸锁关节是连接肩和躯干的唯一关节,此关节是多轴性关节,使肩部运动自由且范围增大。

二、肩部的设计与运动功能的关系

(一)肩线造型

图 5-5-1 肩线的三种不同造型

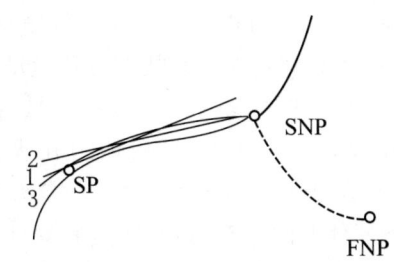

图 5-5-1 为肩线的三种不同造型。1 和 2 为直线形造型。1 的形状是 SNP 点浮起而 SP 点压紧的直线形,将受力点集中在肩部,容易使肩部受力过大,使肩头感到压迫感。反之,2 的形状是 SNP 点压紧而 SP 点浮起的直线形,将受力点集中在领口位置,易造成领口的压力过大。3 是曲线形造型,曲线形状按人体肩颈形设计,适合人体的肩颈部特征,优良的西装肩线便属于此类,受力较平均地散布在整条肩线上,是最佳的造型。

（二）肩部与袖窿的关系

图 5-5-2 为肩部的造型与袖窿的关系。分为三种：①合体型。特点为肩宽变小、肩斜增大、袖窿深变浅、袖山高增加，着装合体性好但运动性差。②正常型。即按人体肩点 SP 及略平于人体肩斜的袖窿线。③宽松型。特点与①恰好相反，着装效果差但有很好的运动功能。

图 5-5-2 肩部造型与袖窿的关系

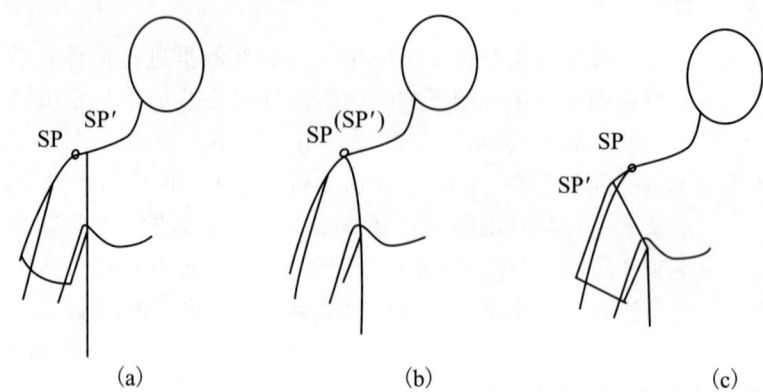

三、肩线及肩袖结构的优化

（一）肩斜角

表征肩部形态的最重要部位是肩斜角度，成年女子的肩斜角度为 10°～30°，平均角度为 22°，图 5-5-3 是各种肩斜角的人体合影图，大于等于 24°的肩称为斜肩，斜肩亦称溜肩，古代东方称为美人肩，此类肩穿着平面结构类型的连袖类服装很有女性美。小于等于 20°的肩称为平肩，中国人体中年青人逐步呈现平肩化特征，此类肩穿着立体结构类型的圆袖类服装常具男性美。

图 5-5-3 各种肩斜角的人体合影图

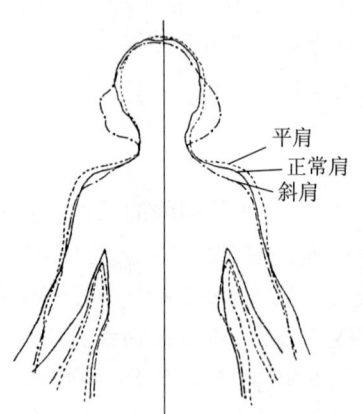

（二）肩点的范围

静态的肩点距颈侧点的距离称单肩宽，成人一般为 13.5～15cm，但若运动时，手臂上抬，由于骨骼的运动总是向上、向内的运动，牵动肌肉，当压缩状态时，肩点 SP 都呈向颈侧移动的状态。图 5-5-4 是仰卧人体上肢作各种运动时状态的比较，其中①是平均肩体五状态比较，②是斜肩体的五状态比较，③是平肩体的五状态比较。图 5-5-5 是立位与仰卧状态时肩线状态的比较，①是平均肩体的两状态比较，②是斜肩体的两状态比较，③是平肩体的两状态比较。图中 a 是静态，b 是侧举 45°，c 是侧举 90°，d 是侧举 135°，e 是侧举 180°时的单肩线形状。

从上述的图示实验中可以看到肩线无论是站立还是卧床，在各种动作中单肩宽总是呈减小状态，故肩线的设计有以下特点：

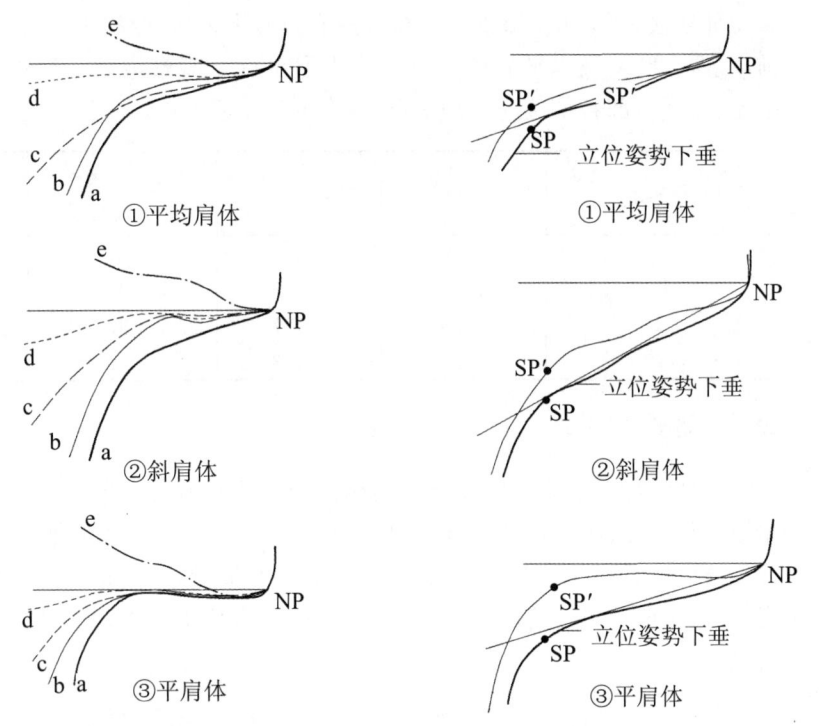

图 5-5-4　仰卧人体上肢做各种运动时状态的比较　图 5-5-5　立位与仰卧状态时肩线状态的比较

设计圆袖结构时，衣服肩点的位置设计范围是人体肩点 SP 到≤2cm 的周边，在设计袖结构时，以袖身衣身抬起、衣服肩线不产生过多褶皱的袖结构为好，故连袖、插肩袖、半插肩袖等袖结构优于圆袖结构。

对运动舒适的肩线来说，不装垫肩的肩袖结构舒适性比装垫肩的肩袖结构好。

第六节　服装背部结构放松量的优化处理

图 5-6-1 实验图

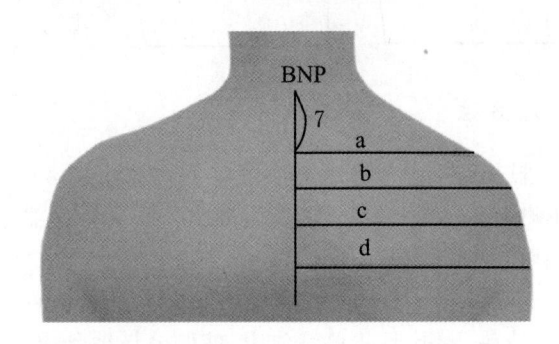

人体躯体与上肢运动状态下，从前述的人体运动时表面变形分析可知，上肢与躯干的接合处是上体运动变形的主要部位，尤其是人体背部的运动变形量最大，分析该部位的变形与衣服松量的处理对提高上衣的运动舒适性至关重要。

一、实验

在女体裸体表面敷贴薄膜，然后将背部纵向画出 a、b、c、d 四条水平线(见图 5-6-1)，其中 a 位于 BNP 下 7cm，b 距 a 2.5cm，c 距 b 2.5cm，d 位于后腋点，用未拉伸线法,在 a,b,c,d 四个部位的左右点敷上未拉伸线,上肢做静止下垂、水平前举、两上肢交叉水平前举、180°上举四种动作。观察运动前后的未拉伸线长度之比,即为背部各部位的运动变形量,变形值见表 5-6-1。

表 5-6-1 背部各部位的运动变形值 单位:cm

运动 部位	下垂	水平前举	水平前举 (两上肢交叉)	180°上举
a	18.3	+0.2	+2.7	-1.8
b	17.5	+1.8	+4.2	+0.7
c	17.8	+1.7	+4.2	+1.7
d	17.0	+3.3	+5.5	+6.0

二、背部变形量的结构处理原理

人体背部变形量在原理上的结构处理用两种方法加以解决。其一是将变形量放在袖窿处(图 5-6-2),即在 a、b、c、d 所对应的袖窿部位处理,一般来说由于袖窿线要画顺,故很难完全消化各部位的最大变形量;其二是在背部将各变形量加以解决,一般可只考虑解决 d 部位的松量,因为其量最大,此量解决,其余量亦可解决。

图 5-6-2 背部变形量的结构处理

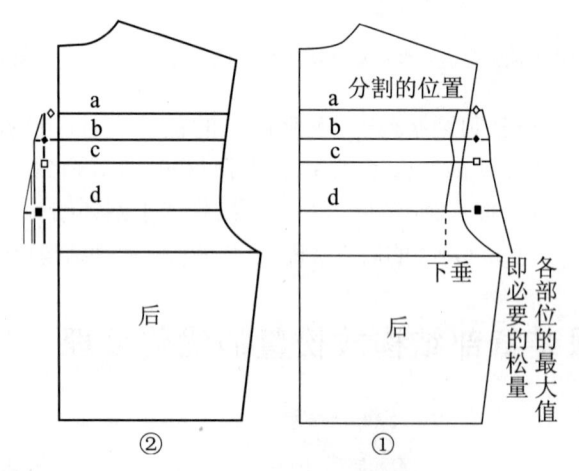

三、背部变形量的处理方法

人体背部变形量在服装结构上的处理方法可有下列几种:
① 在袖窿底部和侧缝处解决一部分量,在后袖山上解决另一部分量。
② 背中线处作折裥,折裥量=最大变形量=d 部位的变形量。
③ 后背两侧作折裥,折裥量=最大变形量=d 部位的变形量。
④ 在袖窿处放出最大变形量,且将侧缝放出,使侧缝与袖窿成 90°左右,一般用于宽松服装的结构处理。
⑤ 在后衣身处放出波浪,使波浪量≥最大变形量=d 部位的最大变形量。见图 5-6-3。

图 5-6-3 背部造型量的处理方法

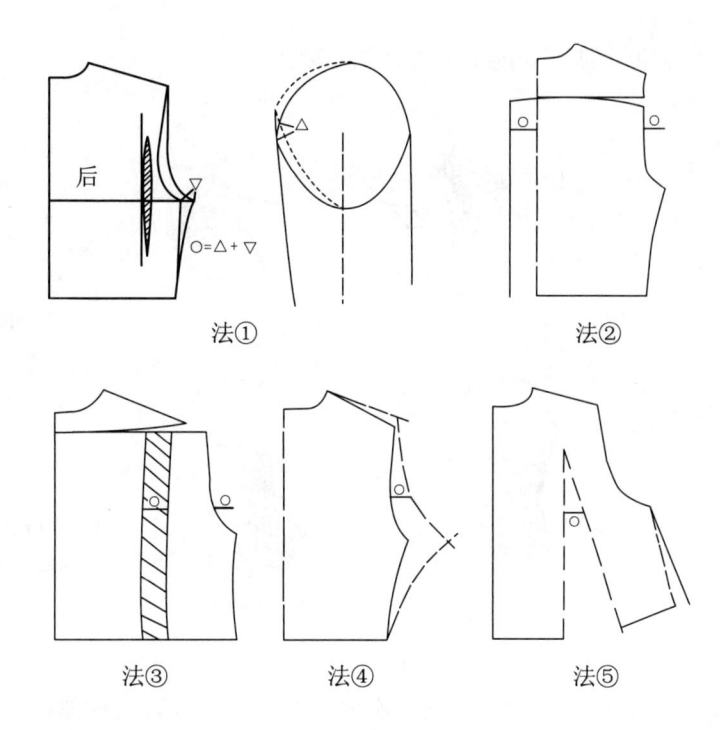

法①　法②

法③　法④　法⑤

第七节　颈部运动与衣领结构优化

一、颈部静态特征

人体静态颈部特征可从两个方面加以描述：

1. 颈部中心垂直倾斜角(图 5-7-1)

颈部中心垂直倾斜角＝(前中心倾斜角＋后中心倾斜角)/2≈22.2°

图 5-7-1 颈部倾斜角测定位置

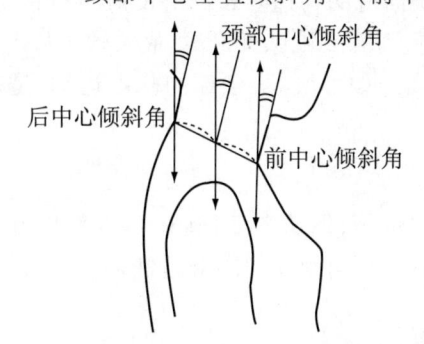

2. 颈部侧部水平倾斜角

颈部侧部 SNP 处颈部与水平线的倾斜角 ≈96°

这两个角度对决定衣领的前倾程度和领侧部贴体性有重要意义。颈部呈静止状态时颈根围的形状如图所示，呈桃形，特别是肥胖体态的人颈根围的横向更宽，其中前颈根围 SNP′⌒FNP 可视为 SNP′～O′，为半径的圆弧，后颈根围 SNP⌒BNP′可视为 SNP～O″，为半径的圆弧。

二、领与颈部运动的对应关系

颈部可有如图 5-7-2 所示的 6 种运动。再加上由这些运动的组合，颈部具有相当宽广的运动领域，因此普通的领子对运动来说只是一种障碍。然而，领子从

图 5-7-2
颈部运动和
领子

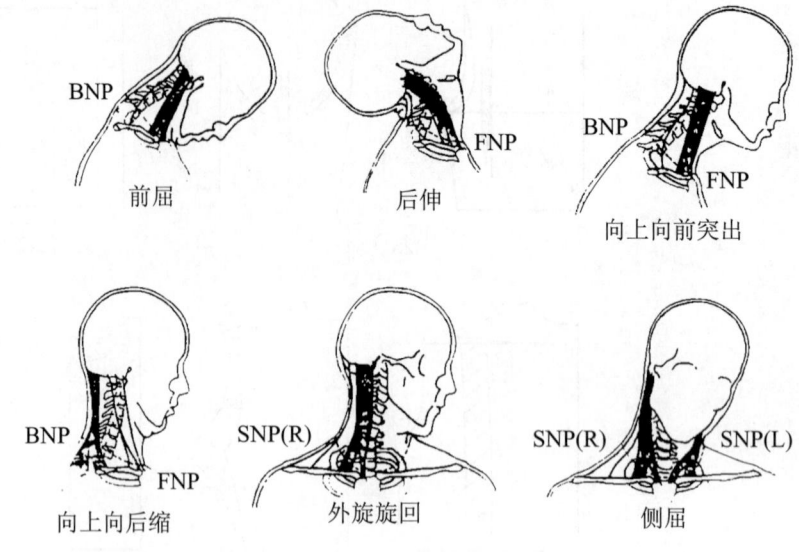

装饰上或是功能上来说都是必要的。

（一）颈部运动

颈部运动与头一起,有颈部前屈、颈部后伸、颈部侧屈、颈部外旋等动作。从骨的变化看,前屈运动和外旋运动,颈部运动的轴心是颈椎的环椎(第一环椎)。颈部运动的主作用肌—胸锁乳突肌的停止点因位于环椎的后头关节左右轴的后面,所以运动量大的部位是前颈部分。这在考虑领子的运动功能性时,是基本的考虑因素。

从皮肤的构造也可看出颈部的基本运动。人体的皮肤,从背侧到腹侧逐渐变薄;除手足以外的四肢,内侧部分要比外侧部分薄;在手、腿根部,尾侧也比头侧(直立时,从上方到下方腋下或者臀下)薄。也就是,手臂根部、大腿根部的可动部位与皮下结缔组织连接,形成柔软而薄的构造。颈部的皮肤也有这个倾向,后颈部厚、从斜方肌到胸锁乳突肌逐渐变薄,到咽头部最薄、最柔软。从皮肤构造上也可知道,颈部前屈方向适应性最高。如上所述,颈部的基本运动,是前屈及外旋运动。

（二）运动时颈根围的变化

颈部在运动时,颈根围将发生位移,但从图 5-7-4 中可以看出五种运动产生的位移程度是很微弱的,一般也不会影响到衣领的舒适性,尤其对没有领身的衣领(无领)更是如此。

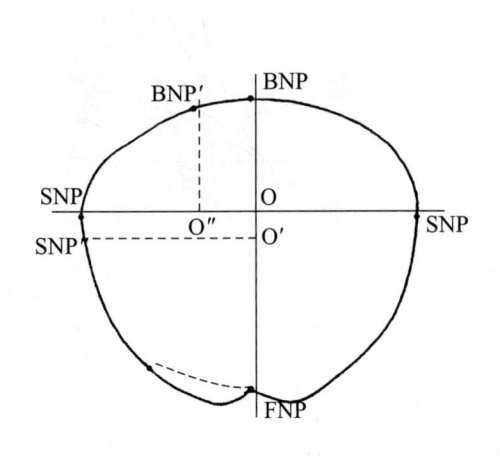

图 5-7-3　颈部颈根围横截面 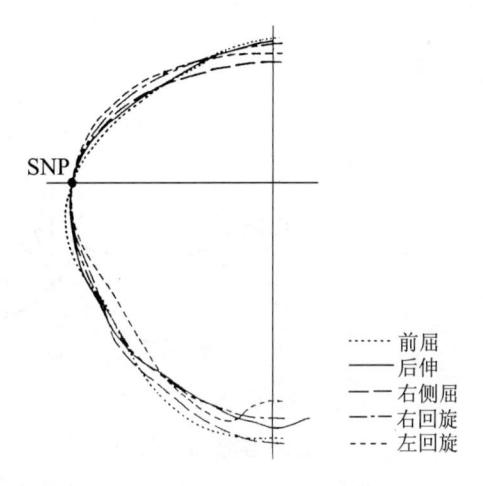　　　　图 5-7-4　颈部运动时颈根围的变化

（三）颈部运动对衣领结构的影响

衣领的前后倾斜度受颈部前伏后仰运动的影响，即领前部要满足前伏运动 AA′位移；领后部要满足后仰运动 BB′位移（图5-7-5）。即领身与颈部必须要有一定的宽松量。衣领的左右倾斜度受颈部左右摇摆运动的影响，即领侧部要满足左右摇摆运动位移 CC′，因此领身在设计有向内倾斜状态时亦要保证领身与领侧部有一定的宽松量（图 5-7-6）。综合上述因素，一般领上口的松量需≥2cm。

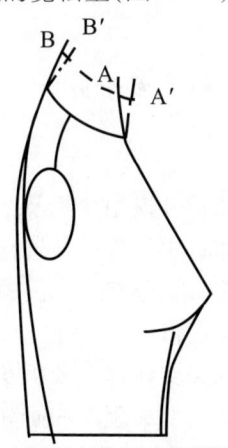

图 5-7-5　颈部向前运动位移图 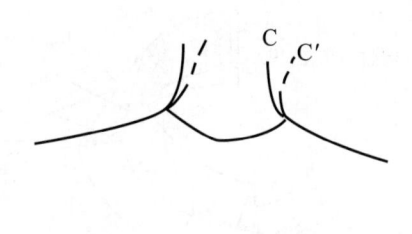　　　　图 5-7-6　颈部侧向运动位移图

由于颈部的外旋运动，使领部与颈部贴合程度受此运动幅度的影响。一般立领、翻折领的领座部分，按与水平线夹角 α 来分可有 $\alpha>90°$，$\alpha=90°$，$\alpha<90°$ 之分。由于领上口线长即领围的长度都在颈围的基础上加上松量，故 $\alpha\leq90°$ 时领上口不会限制颈部运动，但当 $\alpha>90°$ 时则应考虑领上口距颈部有大于或等于颈部侧部运动幅度的量（单侧即≈0.5cm，礼仪类服装的软材质衣领可比此量小些，其他生活类服装，材质较硬的服装衣领可比此量大些）。从图 5-7-7 中可以看出，上口运动舒适性好的领型，在装于 SNP 处的上口部位必须成外倾的弧形状。

图 5-7-7
领型与平面
纸样

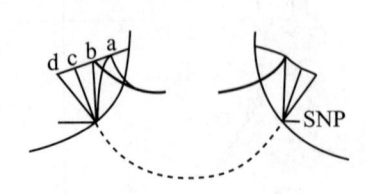

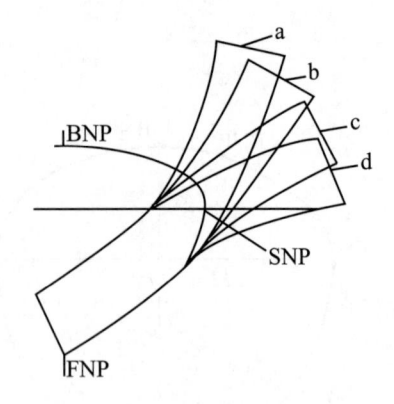

(四)运动对领型的制约

人体颈部向前呈倾斜状时,呈上细下粗的圆台形。领片倾斜角与颈部倾斜角相适应从大到小的变化,也是领部由贴近颈部到离开颈部,并且由硬到软的过程;底领及领片的弯曲过程也从弯道直到向相反方向弯曲,即翻折线与装领线相比长度由小到大的变化过程。颈根与肩部相连的界线由清晰到模糊,在颈侧部产生缓慢的圆弧,其装领线也从平直到在 SNP 处产生弧线的复杂变化。

挡住咽部的领子(高立领等)从运动舒适性来看是最不适当的,但是它适合于限制颈部的运动、抑制身体摇动、提高全身紧缚感、增强庄重的装饰效果的服装。驳折领类前面为平坦的领子,无论从颈部前屈的运动特征看,从侧面领子的形状看,还是从不妨碍颈部主作用肌的前面动作的角度看,都是装饰性与运动功能性良好的领型。

三、基于女体体型的翻折领结构及其相关因子分析

(一)相关因子确定

图 5-7-8
立体结构效
果图

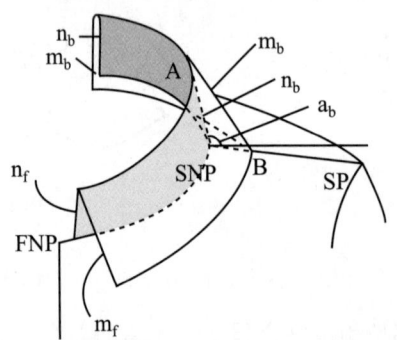

翻折领模型分析及结构因子确定:

翻折领结构设计过程中最重要的参数为:翻领宽 m_b、领座高 n_b、领座肩侧倾斜角 α_b 以及翻领松量。

相关女体体型分析及特征因子确定:

对肩部和颈部的研究要从人体出发,对不同类型的人体,肩部和颈部的形态和大小是不一样的,所以有必要将人体进行分类,确定不一样的人体体型。由于诸多条件限制,本文着重研究与翻折领结构有关的两种类型,分别为:

(1)正常体、肥胖体、瘦体;

(2)正常体、平肩体、溜肩体。

1.胖瘦程度不同体型的因子确定

胸围可以作为一项代表人体上半体(胸围以上)胖瘦程度的重要指标;而人体

颈围虽然有其特殊性,但是也与人体上半体围度方向的各尺寸有密切的相关关系,可以用胸围等围度尺寸的数学关系式进行表达,在胖瘦程度不同的人体表示上,可采用胸围指标作为衡量标准。所以取胸围作为此类体型的特征因子。

2. 肩斜程度不同体型的因子确定

根据人体肩倾斜角度的不同分为:21°~23°为正常体;大于23°为溜肩体;小于21°为平肩体。所以在选择溜肩体、正常体、平肩体时取人体肩倾斜角度 β 作为此类体型的特征因子。

(二)实验设计及样衣制作

利用相关因子及正交分析原理,设计实验。采用的参数分别为 n_b、m_b、α_b 以及体型参数共有4个不同的变量,每个变量为5个水平,选用 $L_{25}(5^4)$ 作为试验设计所需的正交表模式,进行试验设计。

1. 根据人体胖瘦程度的不同,假定身高为160cm,胸围分别为92cm、88cm、84cm、80cm和77cm的人体,其颈围根据原型中颈围与胸围的回归关系进行增加。

2. 根据人体肩倾斜程度的不同,假定身高为160cm,肩倾斜角度分别为12°、16°、20°、24°和28°的人体,其颈围与胸围为身高160cm、胸围为84cm的标准体所对应的胸围和颈围。

3. 对于结构因子,取值分别为:n_b 取 2cm、2.5cm、3cm、3.5cm、4cm;$m_b - n_b$ 取 1cm、2cm、3cm、4cm、5cm;α_b 取 85°、90°、95°、100°、105°。

实验制作50件样衣,部分样衣见图5-7-9:

图 5-7-9 部分实验样衣

$\beta = 12°, \alpha_b = 85°, n_b = 3cm, m_b = 7cm$

$\beta = 16°, \alpha_b = 90°, n_b = 3.5cm, m_b = 8.5cm$

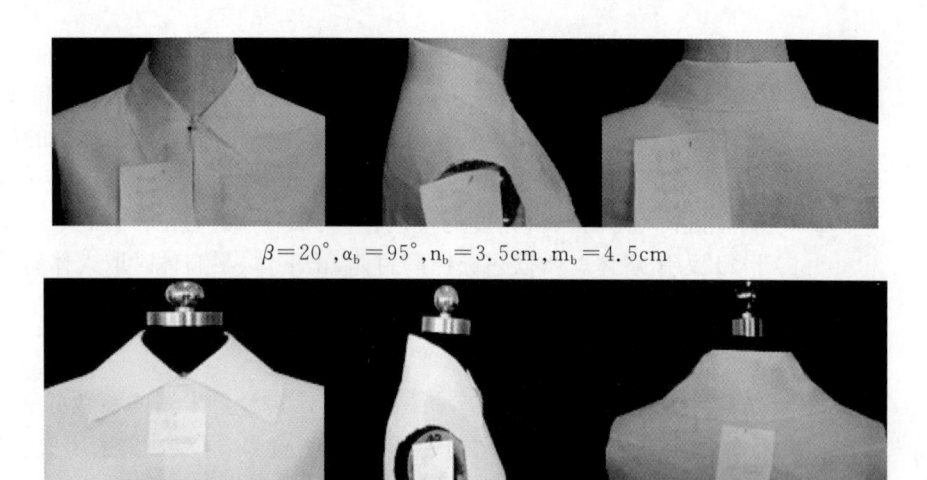

$\beta=20°, \alpha_b=95°, n_b=3.5\text{cm}, m_b=4.5\text{cm}$

$\beta=24°, \alpha_b=100°, n_b=4\text{cm}, m_b=8\text{cm}$

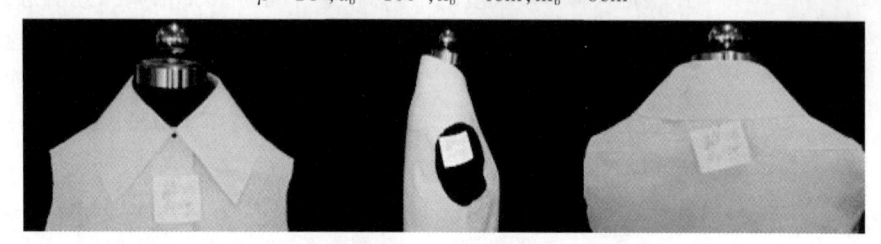

$\beta=28°, \alpha_b=105°, n_b=3.5\text{cm}, m_b=7.5\text{cm}$

（三）数据分析及结论

通过提取样衣上的相关数据，并利用 SPSS 软件对其进行分析，得到：

1. 与翻领松量最为密切相关的变量因子为 mb－nb，无论是对于胖瘦体还是平溜肩体的数据分析，都得到此变量因子与翻领松量的相关系数均＞0.9，为密切相关，说明此因子对翻领松量的影响比较大。

2. 作为人体胖瘦体程度的特征因子胸围与翻领松量不相关，其偏相关系数是 0.2205，为不相关。可以认为人体的胖瘦程度对于翻领松量没有影响。

3. 作为人体肩倾斜程度的特征因子肩倾斜角度 β 与翻领松量虽然在相关性分析时，其相关系数为－0.254，其绝对值＜0.3，为不相关，但是在偏相关分析时，偏相关系数达到了－0.9233，其绝对值≈1，为强相关关系。所以可以认为人体肩倾斜角度 β 的变化对于翻领松量有一定的影响。

4. 翻折领结构的另一重要因子 n_b，虽与翻领松量的相关系数＜0.2，但是与翻领松量的偏相关系数在两类体型数据分析中均＞0.7，为较相关关系，说明此因子与翻领松量有一定的影响。

5. 对于胖瘦体数据分析结果中，结构因子 α_b 与翻领松量的关系密切程度不够。

6. 对于胖瘦不同（肩斜度均为 20°）的体型，其翻领松量的回归表达式为：$y=-0.533+1.559(m_b-n_b)+0.434n_b$，其中，y 指翻领松量，单位为 cm；$n_b$、$m_b$

n_b 分别为后领座宽、后翻领宽与后领座宽的差值,它们的单位均为 cm。

7. 对于肩倾斜角度 β 不同(胸围为 84cm)的体型,其翻领松量的回归表达式为:$y=1.581+1.581(m_b-n_b)-0.11β+0.430n_b$,其中,y 指翻领松量,单位为 cm;β 为肩倾斜角度,单位为度;n_b、m_b-n_b 分别为后领座宽、后翻领宽与后领座宽的差值,它们的单位均为 cm。

第八节 下体静动态特征及裤装结构优化

一、男子下体静态测量与分析

对男子下体的静态特征进行研究,样本数 27 人,其结论如下:

对下体进行主成分分析,臀腰比和臀腰差可以比较有效地表示男子下体体型。通过对下体变量的聚类分析把下体数据分为:长度方向为一类,围度方向为一类。通过下体变量的相关性分析,下体的纵向尺寸都与身高相关系数大,围度方向尺寸都与臀围相关系数大。下体变量的回归分析得到重要的回归方程:

总裆围 = 0.706 × 臀围 + 14.862

总裆围 = 0.380 × 腰高 + 37.883

总裆围 = 0.683 × 臀围 + 0.14 × 腰高 + 5

立裆 = 0.195 × 臀围 + 9.904

立裆 = 0.158 × 腰高 + 10.543

立裆 = 0.15 × 臀围 + 0.108 × 腰高 + 2.281

立裆 = 0.1 身长 + 11

立裆 = 0.257 × 总裆围 + 7.408

腹臀宽 = 0.3432 × 臀围 − 10.76

股下长 = 0.572 × 身长 − 21.41

二、人体下体的几何展平与裤片图形

人体是一个复杂的自然造型体,人体各部位均为不规则形体,其表面有凹凸,是由不规则曲面围成,而服装图样上的每条线的长短及形状,均应是这种空间状态的体现。因此可以利用投影理论将空间人体表示到平面上,以此来研究和解决人体空间几何问题。

借助几何画法可以对人体进行合理分析和准确模拟。首先要对人体的各部位有一个准确的模拟定义,即把本来不规则的几何形体模拟为规则的几何体。利用几何画法中对各种平面几何体、曲面几何体的形成原理及定义的理论,可以细致地分析人体各部位的形体特征,从而获得最大限度的近似人体的准确模拟定义。

对人体各部位有了准确的几何模拟定义后,再利用几何画法中"立体和曲线的展开作图原理"求出这些立体模型的展开图。这样我们就把空间形体转化成了

平面图形,从而可使空间问题的研究通过平面图形的研究方式来解决。

可展曲面是指曲面上相邻两条直线能构成一平面(即两直线平行或相交),均可展开。属于这类曲面的有柱状面、锥状曲面以及切线面等。

不可展曲面是指母线为曲线,或者相邻两直线是交叉直线的曲面,都是不可展曲面,如球形、圆环、曲线为母线的回转面、螺旋面、单叶双曲面等等。

腰部可作为斜椭圆来展开,最后在展开图上将各三角形底边连成圆滑曲线,如图 5-8-1 所示。

图 5-8-1 腰部曲面展开图

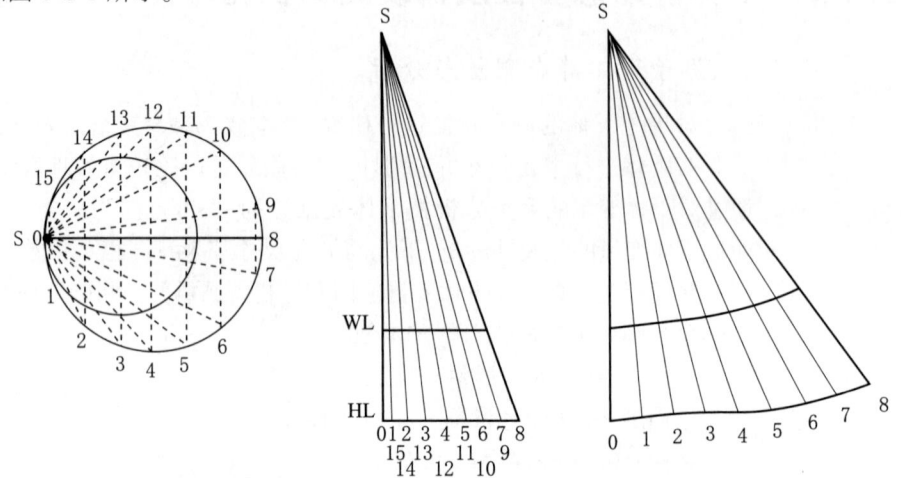

臀围到腿围部分是比较复杂的形体,该部分在裤装结构方面也比较复杂,直接关系到裤装的舒适性。现将该部分理解为两个相同的斜椭圆锥的相交,即作为可展面来考虑。

图 5-8-2 臀腿部展开图

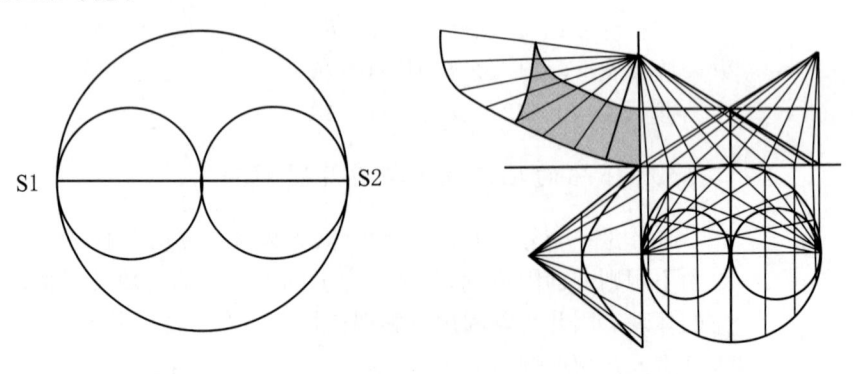

图 5-8-3 腿部圆台展平

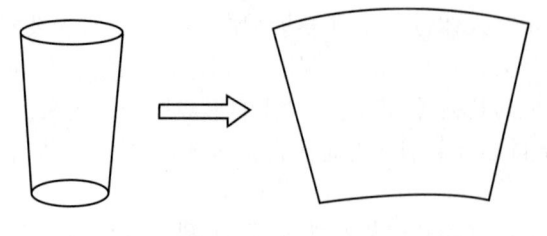

就合体裤装结构设计而言,在膝盖以下部位通常作为设计区域,其结构的变化程度受到款式的限制,膝盖以上部位可以直接理解为圆台,其平面展开图如图 5-8-3 所示。

由上述各部分展开图可以获得下体整体展开图,并根据裤型的要求,将其腰、臀、腿部的展开图进行整体的连续性修正,并做出前后裆部的差异,形成贴体类裤装结构(图5-8-4)。

图 5-8-4 几何模型展开图与贴体裤板的比较

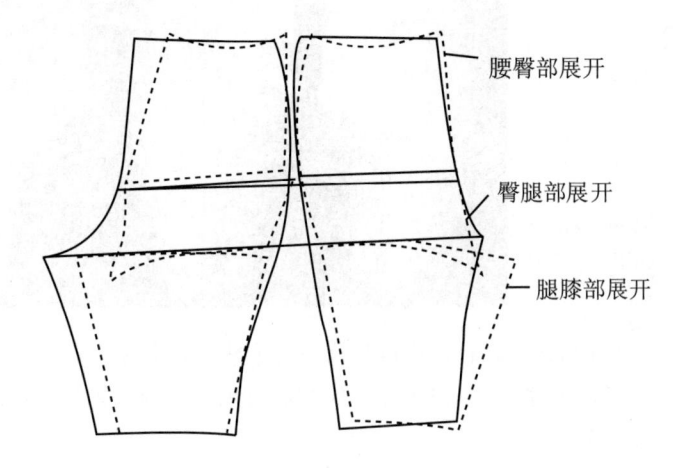

腰臀部展开
臀腿部展开
腿膝部展开

三、女性下体特征与裤装结构因子

（一）女性下体特征与裤装结构因子组合的影响关系

(1) 女性下体特征与裤装的关系(表5-8-1)

表 5-8-1 女性下体特征与裤装关系表

女性局部名称	女性下体特征	与裤装局部的关系
骨盆	臀部较扁且向下	贴合区的裤装贴合程度较难
臀部	臀大肌的下缘到臀沟之间尽是脂肪	后裆弧线的形状
下肢侧面	肌肉突出	裤装中裆、脚口的大小及分配
腰部	运动横向、纵向不易变形	裤装腰部的放松量设计
腹部	运动能够承受较大的压力	裤装前上裆缝的形状设计
股关节、膝关节	股关节三轴向运动、膝关节一轴向	裤装开脚度设计
皮肤拉伸方向	从后腰部开始,经过臀沟、内股到膝头	裤装运动功能设计

(2)通过采用人体测量得到人体特征的量化关系

标准体人体腹臀宽≈0.21H^*,$\triangle BR_b$=5～6cm,根据腰厚/腰宽来判别人体体型的圆/扁性,人体的上裆长与身高的关系不大。

(3)通过立体构成设计,来了解女下体的形态特征

依照人体侧面曲势线定位的侧缝线上的臀围分配,能使臀腰部更加合体。

通过软质包带法获取三维人体和体表形态(图5-8-5),可看到人体的前曲势线和后曲势线都不是直的。后曲势线弯曲的情况可以通过后裆部工艺拔、结构设计中增加落裆来解决。前后臀围线端点之间的距离只有11.5cm,与人体的腹臀宽18.7cm相差很远。有弹力或者可以通过工艺拔的形式使裆部拔出立体造型的形态。

图 5-8-5 软质色带法获取三维人体和体表形态

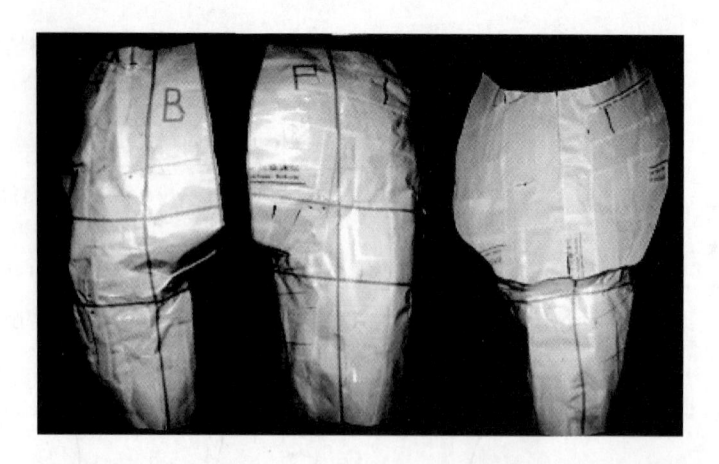

(4)按照各种风格裤装分类讨论结构因子,以细部因子分析为主的解决方案。解决了传统理论研究不全面、不系统的问题,得到最佳风格裤装的结构因子组合关系(表5-8-2)。

(5)通过评价设计,来辅助完成平面构成设计中的实验裤装中因子的筛选,并分析各因子组合对各种风格裤装美观性和舒适性的影响程度(表 5-8-3)。

表 5-8-2 最佳裤装结构因子组合关系

最佳裤装	最佳裤装结构因子的组合调整关系
裙裤	$W=W^*$,$H=H^*+5(H/4-+1)$,$BR=(BR^*+2)+3$(腰头),BRW=人体腹臀宽,$L=60$
贴体裤	$W=W^*+4$,$H=H^*+4(H/4-+2)$,$BR=(BR^*-3)+3$(腰头),$BRW=0.125H$,$BRWf=3.7$,$\alpha=11°$,$L=94$,$SB=20$,前裤中线偏侧缝 1.3,后裤中线偏侧缝 2
较贴体裤	$W=W^*+4$,$H=H^*+9(H/4\pm1)$,$BR=(BR^*-3)+0.5+3$(腰头),$BRW=0.135H$,$BRWf:BRWb=1:2.4$,$\alpha=11°$,$L=94$,$SB=22$,后裤中线偏侧缝 1
较宽松裤	$W=W^*+4$,$H=H^*+15(H/4)$,$BR=(BR^*-3)+1.5+3$(腰头),$BRW=0.15H$,$BRWf:BRWb=1:2.5$,$\alpha=10°$,$L=94$,$SB=22$,后裤中线无偏移
宽松裤	$W=W^*+4$,$H=H^*+21(H/4\pm2.5)$,$BR=(BR^*-3)+2+3$(腰头),$BRW=0.14H$,$BRWf:BRWb=1:3$,$\alpha=11°$,$L=94$,$SB=23$,后裤中线偏侧缝 1

表 5-8-3 裤装结构因子组合影响程度表

风格	臀围分配	上裆宽	上裆宽分配	上裆长	后上裆倾角	落裆	裤中线
裙裤	大 大	大 小	无 无	中 小	无 无	无 无	无
贴体裤	大 大	大 中	大 大	大 大	大 大	中 大	小
较贴体裤	中 小	大 小	小 小	小 小	小 小	无 中	中
较宽松裤	小 中	小 大	小 大	中 中	无 无	小 小	小
宽松裤	无 无	小 小	小 小	小 小	无 无	小 小	小

(二)建立裤装结构因子相互之间影响模型

通过相关性分析、因子分析等统计理论,对样裤结构设计数据进行相关性分析及确定结构决定因子。结合成品裤装因子组合的参照,验证传统论证的结构因子的影响模型并得到众多新的细部结构因子间的影响模型,为各种风格裤装的因子调整提供量化的参考。

(1)结构因子影响模型(表 5-8-4)

表 5-8-4 结构因子影响模型

结构因子	影响关系	结构因子	影响关系
腰围	由人体特征决定	上裆长	由人体特征决定
臀围	由人体特征决定	前臀围	由臀围决定
后臀围	由人体特征决定	后裆宽	由后上裆倾角和臀围决定
后上裆倾角	由人体特征决定	上裆总弧长	由上裆宽、后翘量、上裆长决定
下裆角	由人体特征决定	裤中线	由臀围、上裆宽共同决定
脚口	由人体特征决定	裤装开脚度	由裤中线、后上裆倾角共同决定
裤长	由人体特征决定	裤中线的移动	下裆角、后上裆倾角、脚口变化
前裆宽	由人体特征决定	后翘量	由后上裆倾角决定
上裆长增量	由臀围决定	成品总裆宽	由上裆宽和下裆角决定
落裆	由臀围决定	上裆宽	由臀围决定
裤装美观性	可调整腰围、裤中线、前后裆宽及分配、脚口、后上裆倾角、上裆长增量、总裆弯长、落裆	裤装舒适性	可调整成品后臀围、裤长、成品总裆宽、脚口、裤装开脚度、上裆总弧长、腰部形态

(2)裤装结构因子关系小结

1)臀围前后分配规律

臀围前后分配 $= \frac{H}{4}+1\text{cm} : \frac{H}{4}-1\text{cm}$(裙裤),$\frac{H}{4} : \frac{H}{4}$(贴体裤),$\frac{H}{4}-1\text{cm} : \frac{H}{4}+1\text{cm}$(较贴体裤),$\frac{H}{4}+1\text{cm} : \frac{H}{4}-1\text{cm}$(较宽松裤),$\frac{H}{4}+2.5\text{cm} : \frac{H}{4}-2.5\text{cm}$(宽松裤)。

后臀围:23~25.5cm 之间。

2)上裆宽规律

上裆宽=人体腹臀宽(裙裤),0.145H(贴体裤),0.145H(较贴体裤),0.15H(较宽松裤),0.14H~0.15H(宽松裤)。

前裆宽:3~4cm 之间;

后裆宽=上裆宽-前裆宽=上裆宽-(3~4cm)。

3)上裆长规律

裤裆底距人体=2~3cm(裙裤),0cm(贴体裤),0.5~1cm(较贴体裤),1.5~2cm(较宽松裤),2~2.5cm(宽松裤)

4)后上裆倾角和后翘量的数量对应关系(表 5-8-5)

表 5-8-5 后上裆倾角与后翘的对照

α	7°	8°	10°	11°	13°	14°	15°	17°	20°
后翘	1.5	1.6	2	2.1	2.2	2.5	2.6	2.9	3.5

5) 运动舒适性的主影响因子

后上裆倾角、裤中线移动、上裆宽、后臀围、落裆。

6) 臀腰差处理的方法

①裤装的臀围与腰围的差数取决于人体的结构以及人体运动、造型等加放量。即裤装的臀腰差＝H－W＝(H*＋臀围放松量)－(W*＋腰部放松量)

②预定裤装的前后片的臀腰差

臀围的前后分配为 $H/4 \pm a$

预定前片臀腰差＝Hf－W/4＝(H－W)/4＋a，预定后片臀腰差＝Hb－W/4＝(H－W)/4－a

③取定省/褶量、省/褶的个数、位置

腰部省/褶可设置：侧缝省、前后裤身省/褶、前中省(前上裆倾角撇去量)、后中省(后上裆倾角撇去量)。

④前后片侧缝线的配伍适应

根据前后片侧缝线的相互配伍适应性，调整侧缝省的值。

⑤确定省设计好后，腰部需要的互接量

根据设计好的省量，确定腰部的前后互接量 $b(W/4 \pm b)$

前片臀腰差＝(H－W)/4＋a－b，后片臀腰差＝(H－W)/4－a＋b。

7) 裤中线的位置

较贴体裤装：后片偏侧缝 1cm。较宽松、宽松裤装：后片裤中线不用偏移。

贴体裤装：人体前裤中线≈纸样的前裤中线位置≈9，人体后裤中线位置＝纸样的后裤中线位置＋后上裆倾角的影响。

四、职业女性贴体裤结构优化

(一) 实验

分析职业女性穿着裤装的运动状态，得到最符合目标群体的代表性动作进行实验。这些动作包含了绝大部分活动范围(表5-8-6)：

表5-8-6 职业女性行为设计表

设计动作	考虑到的日常生活、工作习惯动作
自然站立	乘电梯、会面、发言、讲课、等车
抬腿 15cm	上楼梯(商务楼梯高度)、行走
自然坐姿	打电话、处理文件、打字、记录、开会、坐地铁、公交
前屈 90°	鞠躬、握手、传递物品、倒水
自然下蹲	拾取物品、换鞋子

(二) 实验内容

1.在人体上描线和做标记

要求被测试者更换指定纸内裤，自然站立并保持呼吸均匀，测量者需要先确定好各个控制部位，做标记，然后用眉笔进行描线。具体见第三章图3-2-4。

2. 在各个动作下，测量人体的皮肤变化量并记录

为了保证测量的准确性，软尺在身体表面进行测量时，应该使软尺贴服于身体表面而且不可紧压皮肤，松度要始终保持一致。读取数据时，测量者的视线应该垂直于标尺部分，不可斜视。如图5-8-6所示的各个动作。

图5-8-6 测量动作

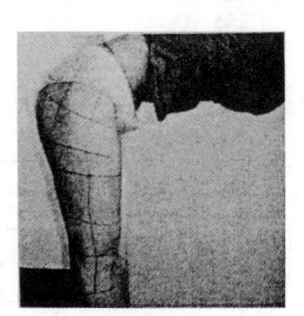

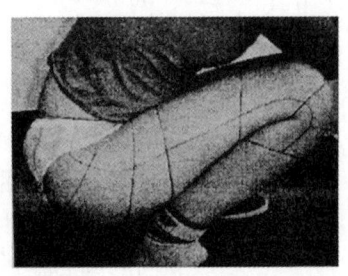

站立　　抬腿15cm　　前屈90°

坐姿　　自然下蹲

（三）实验结论

1. 腰臀部纵向各区域变化率

图5-8-7 腰臀部在各个动作下的纵向变化率（%）

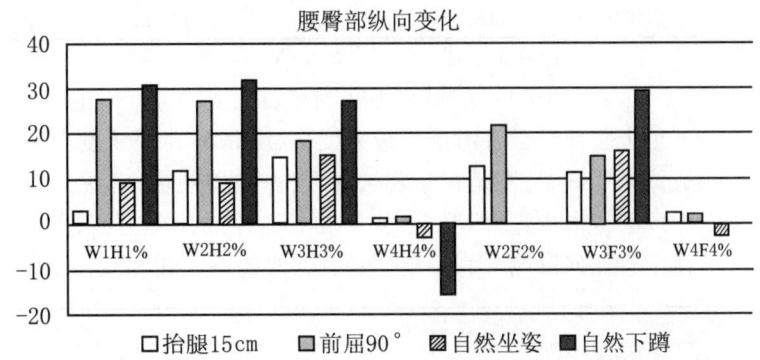

腰臀部纵向变化

□抬腿15cm　□前屈90°　▨自然坐姿　■自然下蹲

注：图中 W1H1…W4H4 表示腰部至臀部区域；W1F1…W4F4 表示腰部至臀沟区域，具体解释见图3-2-4 体表描线示意图。

如图5-8-7所示，可以明显看出，自然下蹲动作下各个区域的变化最显著，其

中 W2H2 变化最大超过 30%。

在自然坐姿和下蹲动作时,变量 W4H4、W4F4 都是收缩变化。这主要与动作本身特点有关系。

区域 1 和区域 2 臀部和臀沟部位是变化趋势最大的。可以推断整个腰臀部纵向的主要变化趋势集中在靠近后身靠后中心线一侧,如图 5-8-8 所示。

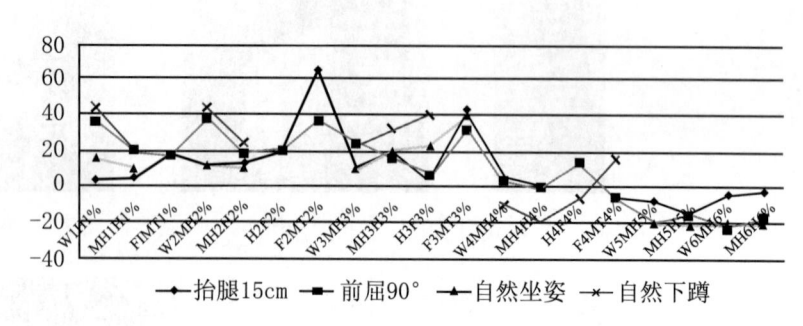

图 5-8-8 主要变化区域

图 5-8-9 纵向区域变化率(%)

抬腿动作下,腰部到臀部从区域 1 到区域 3 变化是逐渐增大的,而腰部到臀沟部在此范围内则是逐渐减少的,因此可以推断,臀部到臀沟部的变化趋势是逐渐减少的,集中分布在区域 1 和区域 2。

2. 纵向区域的整体比较

表 5-8-7 五个动作下腰围的尺寸均值 单位:cm

	自然站立	抬腿 15cm	前屈 90°	自然坐姿	自然下蹲
半腰围	33.61	33.77	34.06	34.64	35.49
前半腰围	16.70	16.80	16.68	17.77	18.16
后半腰围	16.91	16.96	17.38	16.88	17.33

由表 5-8-7 可以看出,半腰围在自然下蹲动作时的变化量最大,增加 1.88cm。理论上腰部松量要考虑到最大变化,但是从美观角度上来看,腰部松量太大会造成过多褶皱,特别是在坐姿状况下,影响美观性,考虑到职业女性本身生活状况,下蹲动作很少进行,再之,从生理舒适性的角度上看,腰部有 2cm 的压迫量对身体没有任何影响,因此,根据裤装款式的不同腰部放松量取 0~2cm。

表 5-8-8 前后围度的变化量 单位:cm

	抬腿 15cm	前屈 90°	自然坐姿	自然下蹲
半臀围	0.16	−0.20	5.29	7.68
前半臀围	0.11	−0.25	1.89	3.65
后半臀围	0.05	0.05	3.40	4.03

根据表5-8-8,在前屈、自然坐姿和下蹲三个动作下,后中臀围变化率比前中臀围大,差值分别为0.3,1.51,0.68。特别是坐姿下变化差异较大,在测量人体时发现这个问题,因为女性腹部肉多且较松弛,前半部分的肉容易堆积在一起。前屈动作中,由于肌肉的挤压使得前半臀围变化量为负值,而后半部分则主要是由于肌肉的拉伸作用造成的。

表5-8-9 五个动作下臀围的变化尺寸均值 单位:cm

	自然站立	抬腿15cm	前屈90°	自然坐姿	自然下蹲
半臀围	45.37	46.67	45.75	48.71	—
前半臀围	20.88	21.36	20.55	21.94	—
后半臀围	24.49	25.31	25.20	26.77	28.75
Δ	3.61	3.95	4.65	4.83	—

由表5-8-9可看到:

在各个动作下,后臀围的变化均大于前臀围的变化。根据人体的生理特点可以充分理解,人体后臀围有着丰厚而柔软的肌肉,极其容易产生变形。

前半臀围在前屈动作下有收缩变化。在其它动作下都是拉伸的。后臀围均是拉伸状态,且有逐渐增大趋势。

前半臀围在抬腿、坐姿动作下变化占据总臀围变化量的36.9%,31.7%,后半臀围的变化率分别为63.1%,68.3%,跟腰围分析时的考虑因素一样,只考虑这两种常规动作,可以得到前后的臀围放松量比例约为1:2。

五、男性贴体裤结构优化

(一)测量

经过动态测量与统计分析,对男子体型及运动状态产生的形变得到下列结论:

1. 对27名男性进行动态测量,得到各区域的变化数据。
2. 进行石膏法实验和捺印法实验。
3. 对各参数进行多配对样本非参数检验,得出五种运动状态下,各参数变化是显著的。
4. (1)以体型为控制变量对臀围横向变化量进行单因素方差分析是有影响的。(2)以身高为控制变量对臀围纵向变化量进行单因素方差分析是有影响的。(3)以体型为控制变量对臀围纵向变化量进行单因素方差分析是有影响的。

(二)腰围运动变形及松量确定

表5-8-10 五个动作下腰围的均值 单位:cm

动作代号	后半腰围	前半腰围	半腰围
自然站立	17.58333	18.59333	36.17667
抬高45°	17.59667	18.795	36.39167
抬高水平	17.64042	18.66375	36.30417
弯腰90°	18.38292	18.92542	37.30833
自然下蹲	18.59125	19.645	38.185

从表 5-8-10 中可以看出,抬高 45°时总腰围增加 0.44cm,抬高至水平时总腰围增加 0.26cm,弯腰 90°时总腰围增加 2.28cm,再自然下蹲时总腰围增加 4.02cm,从理论上腰围样板应当增加 4cm 左右的放松量,以完全满足上述各个动作的需求。但是自然下蹲这个极限动作一般极少做,另外从美学角度看,腰围放松量大,则腰带以下部位出现褶皱多,从生理学的角度来看 2cm 的压迫量对人体没有任何影响,因此腰围加放松量根据裤子款式在 0～2cm 之间选择。

(三) 前后臀围和臀围运动变形及松量确定

表 5-8-11 五个运动下臀围的均值 单位:cm

	后半臀围(A)	前半臀围(B)	半臀围	A－B
自然站立	23.52	21.06	44.58	2.46
抬高 45°	24.66	21.19	45.85	3.34
抬高水平	25.99	21.02	46.70	4.66
弯腰 90°	25.07	20.82	45.68	4.05
自然下蹲	28.00			

从 5-8-11 表中可以看出,各个动作中都是后半臀围比前半臀围大,这是人的生理特征决定的,臀部有富有弹性的肌肉,具体地在自然站立时大 2.46 cm,在其他三种动作时后半臀围比前半臀围大的量分别是 3.34cm、4.66cm,自然下蹲时无法测出前臀围。

在抬高 45°时总臀围增加 2.54cm,抬高至水平时总臀围增加 4.24cm,弯腰 90°时总臀围增加 2.20cm,再自然下蹲时由于前臀围无法测量,因此只分析后臀围的变化以作参考,后臀围增加 8.96cm,取整数 9cm,根据以上三种动作前臀围变化规律,假定前臀围在自然下蹲时减少 3cm,则总臀围增加 12cm,即腰完全满足自然下蹲臀部横向需要的量,臀围需要加放 12cm 的松量。如果假定前臀围在自然下蹲时保持不变,则臀围需要加放 18cm 的松量以完全满足自然下蹲时臀部横向需要的量。自然下蹲这个极限动作一般极少做,另外从美学角度看,臀围放松量过大,则臀部周围出现褶皱多,从生理学的角度来看 2cm 的压迫量对人体没有任何影响,因此综合以上因素,臀围最小加放松量为 4cm。

由表可知在四种动作中,后臀围与自然站立时均是正向增加,即拉伸,而前臀围只有在抬高 45°时是拉伸,其余动作均是缩短,然而总臀围在各个动作中都是增加的,因此臀围在各个动作的增加主要是由于后臀围的增加而引起的,这是由于人体的生理特征和运动特征所决定的。

因此计算在抬高 45°时前后臀围在总臀围变化中所占的比例,前臀围占 9%,而后臀围占 91%。在其他动作中,前臀围均是缩短,因此综合考虑其他运动情况和生理特征,从理论上讲,为满足运动功能,主要考虑的因素:臀围的放松量分配前占 20%,分配后占 80%。

(四) 男子下体纵向变化率

男子下体的纵向变化率可运用画线法和捺印法进行实体实验,下体纵向变化率划分区域见第三章图 3-2-10。

通过对五种不同运动状况下,腰下部皮肤变化规律的研究,人体运动对皮肤在不同区域所产生的影响,横向与纵向进行比较分析,从而可以为结构设计的放松量区域分配奠定基础。使用捺印法对膝盖周边的纵向变化进行的实验和分析见第三章表 3-2-22。

六、裤装适合运动舒适性的结构处理

从实验的结果可知人体下体在运动时,尤其是屈曲运动时对裤装的结构影响最大,图 5-8-10 是抬腿和屈曲形成的下体皮肤皱纹及主要的伸展方向,其中主要伸展途径自中臀围线起沿着斜形弧线至膝部。这部分运动途径是产生纵向运动变形,即裤装要产生纵向运动松量的主要原因。裤装结构上解决此量的方法原理如下图 5-8-11,即将此量分三种方式解决,如图中(1)将纵向运动松量放至后裆底,如裙裤类,图中(2)将纵向运动松量放至后上裆倾斜角和后裆底等两部分,图中(3)将纵向运动松量放在后腰围上,然后在侧缝收紧使前后侧缝仍一样长。

图 5-8-10 下半身皮肤皱纹和主要伸展方向

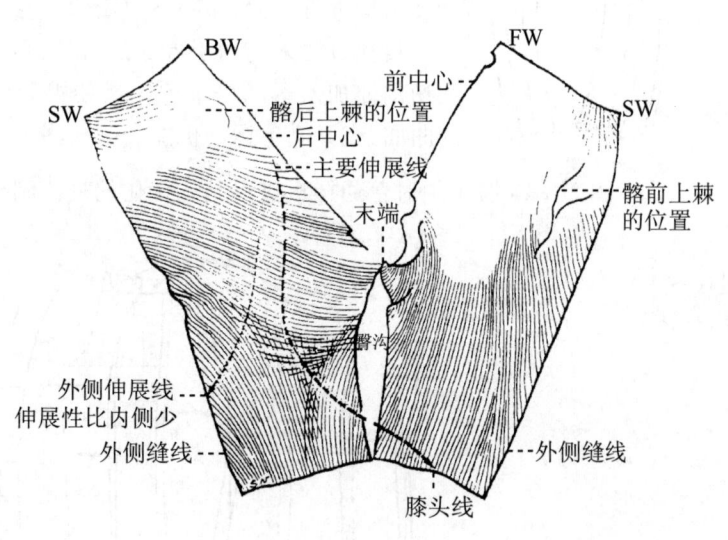

图 5-8-11 解决纵向运动松量方法图

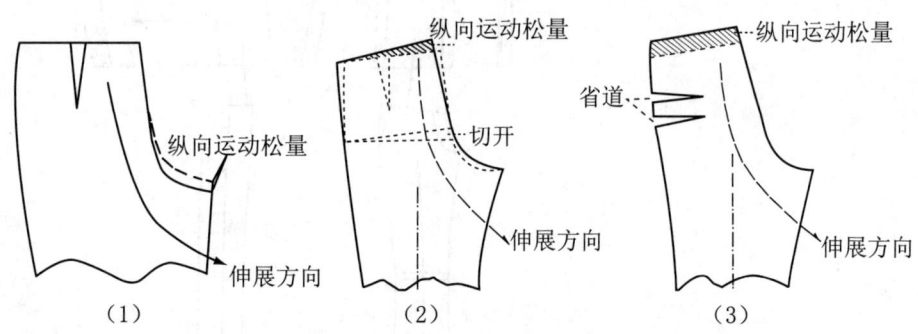

(1)裤装纵向运动松量=人体运动变形量[1− 材料弹性系数(%)− 材料摩擦系数(%)]

(2)裤装纵向运动松量¤＝后上裆纵向运动松量¤^{1}＋½上裆底部开低量¤^{2}

后上裆纵向运动松量¤^{1}可用两种方式获得(图5-8-11)：

①将后裤身腰省转至侧缝、腰缝，整体上移¤^{1}

②将后裤身臀围线剪开、拉展臀围线，形成¤^{1}

上裆底部开低量¤^{2}＝裤装在上裆部向下开低的量¤^{2}

(3)裤装纵向运动松量¤($\approx$6cm)(表5-8-12)

表5-8-12 裤装纵向运动松量 单位：cm

	最贴体裤 （马裤类）	贴体裤 （牛仔裤类）	较贴体裤 较宽松裤	宽松裤 裙裤
后上裆纵向松量¤^{1}	5～6	4～5	3～4	≤3
上裆底部开低量¤^{2}	0～0.5	0.5～1	1～1.5	≥1.5

图5-8-12 贴体运动裤款式图

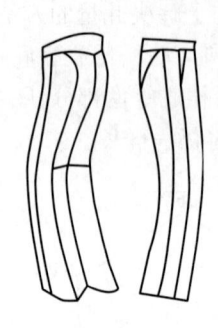

七、结构优化的贴体裤装结构研究

在分析下体静动态特征及变形规律后，如何对贴体风格的裤装结构进行优化，即静态要适体，动态要舒适。

具体方法采用切割裤片的方法，可以达到两个目的：其一，在切割处加入运动松量，其二，使裤装结构有与人体结构一致的曲面，充分满足运动机能。款式图见图5-8-12。

图5-8-13展示了对普通样板进行结构优化的分割制作过程：

图5-8-13 样片制作过程

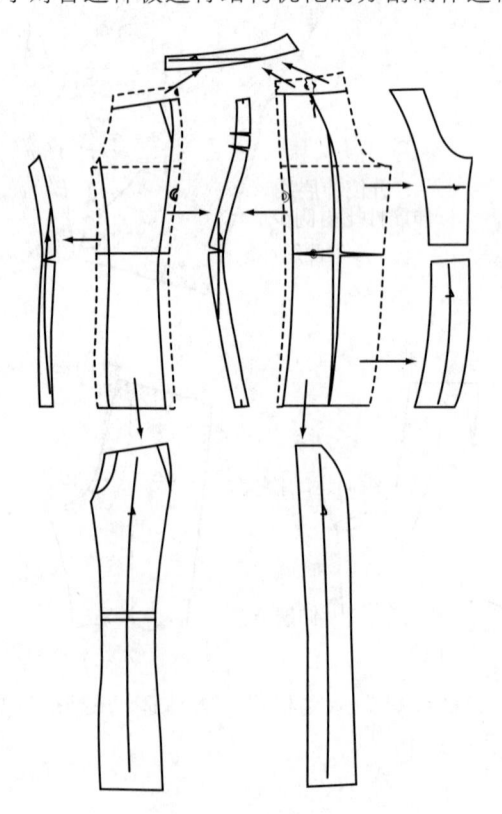

1. 前片

前片切割为前内侧片、前中片和前外侧片三片。在抬高45°、抬高水平和自然下蹲三种动作中,用圆点捺印法,得到5cm范围内膝盖中线纵向伸长分别为1.2cm、1.4cm和1.7cm,变化率分别是24%、28%和34%。膝盖总在前中片膝关节处拉展,拉展量取按照捺印法测得的量1.3cm。其他的量在面料弹性和皮肤承受力以内。在前内侧片相应部位剪开拉展。前外侧片和后外侧片合并后,也在对应部位剪开拉展以满足膝部的屈曲姿势和拉展。

2. 后片

纵向切割为后内侧片、后中片和后外侧片三片。后内侧片、后中片切割的部位选取为腿的后中,与大腿和小腿的自然弯曲贴合,关于这一点在立体裁剪得到的完全贴体裤装结构中可以直观表现,在剪开口处剪掉在立体裁剪得到的贴体裤装结构中的省量。后片横向在膝窝处剪开,除去膝窝处多余部分。为满足臀部纵向拉伸变形,在原形制作时,已经用剪开法拉开,考虑贴体,拉得过大,臀处的运动储备褶皱就多,因此采用内侧片的上片选用横料,用足够的弹性满足纵向的拉伸变形。

3. 腰部

由于测量的前中线在运动中呈缩短趋势,处理前上裆线剪短1cm,便于运动;后腰省合并转移;前后腰合并形成有曲度的裤腰造型。

第九节 西服上衣结构优化设计

西服上衣是男性最重要的外衣,它要求在穿着时静态要适合穿着体体型,动态时要满足人体运动必要的舒适性。研究其合体性、功能性的有机统一,结构优化是上衣设计的重要内容。

一、研究前的专业知识背景

要了解西服的历史、社会背景以及流行趋势;
要从人体工学的角度了解西服的穿着方法,穿着者的生活范围;
要从人体工学角度了解穿着西服的人体动静态姿势变化及此时的人体构造;
要了解西服的构造;
要了解西服的组成材料;
要了解西服的制作方法;
要了解西服的合体性;
要了解西服的功能性。

二、西服上衣的合体性和功能性的内涵

(一) 西服上衣的合体性

身体构造的适合性——适合人体的个性,即是否对正常体、肥胖体、挺胸体、弓背体、平肩体、斜肩体等体型都要有良好适合性。

尺寸的适合性——对整体的、局部的部位尺寸都要有适合性。

社会生活中的衣生活适合性——要对衣生活中的姿势有良好的适合性。

美的适合性——穿着后要具有庄重、潇洒等外观的美感,无论是静态,还是动态都给人以美的适合性。

(二) 功能性

穿着后运动要容易,不会感到过度的牵紧。要穿着容易,衣服表现出的时尚性附加值要高。

三、研究前的准备

(一) 分析人体构造的变化

从每天生活中所使用的动作中筛选最具代表性的 7 个动作:自然站立、伏案学习、前仰15°、上手臂前倾25°、单臂上举90°、双臂前举90°、双臂水平横举、双臂上举180°、弯腰系带等,观察在这些运动中人体骨骼的运动、皮肤的变化、从而产生体肤的运动和变化。

(二) 对市场中西服上衣纸样的研究

选择市场上最畅销的 10 种品牌的西服上衣,将其同样尺寸的纸样复合在一起(一般取 165/84/A,170/88/A 或 175/92/A),取其各部位的平均值,得到标准服的纸样。

考虑到以标准服为基本对象研究衣服的静态合体、动态舒适时需要在一定的范围内考察、修正,故在标准服的纸样基础上进行下列变化:

$$B = B^* + \begin{cases} 12\text{cm} & \cdots\text{标准服}-2\text{cm} \\ 14\text{cm} & \cdots\text{标准服} \\ 16\text{cm} & \cdots\text{标准服}+2\text{cm} \\ 18\text{cm} & \cdots\text{标准服}+4\text{cm} \end{cases} \quad \text{袖窿/袖山 底部} \begin{cases} \cdots\text{标准服}-2\text{cm} \\ \cdots\text{标准服} \\ \cdots\text{标准服}+2\text{cm} \end{cases}$$

(三) 实验服的制作

由于实验服需包含三种实验因子(体型、宽松量、构造),即 4 种体型,4 种宽松量,3 种袖窿、袖山的差异构造,故总的实验服 = 4 种体型×4 种宽松量×3 种构造×2 件 = 96 件,款式取常规流行的造型,材料亦取常规品种。

四、实验服穿着状态的主观与客观评价

(一)对实验服穿着状态的主观评价

被实验者穿着各类别实验服,进行前述七种动作,观察下列部位的形态:

袖窿底部的移动及袖身下部的移动,前肩部位上方位置变化、锁骨、肩胛骨为基轴的肩部位变化,西服上衣下摆线拉上的尺寸及离开人体的尺寸,手臂上举时袖口位置移动的尺寸。

评价语可采用具体尺寸的记录,以评价穿着状态的优劣。

(二)对实验服穿着状态的客观评价

从人体工学的角度出发,为了追求穿着舒适、具有良好着装感的男子西装设计的基础数据,通过被测者静态着装以及动态着装下的服装压测试或将主观评价的着装感与实测的服装压进行关联,并对其关系进行分析。

着装测试时,就肩部、前腋窝部、肩胛骨部、后腋窝部及上臂根部等五个部位,测试静态(立体正常姿势)和动态(双手平行前举90°姿势)下的服装压。测试时,采用日本 AMI 公司的 AMI3037 型气囊式接触压测定器。

结论:(1)对于西装重量、易活动性以及综合快感评价来说,西装上衣的尺寸越大,综合快感评价越好,易活动性评价越高,易活动性评价相比重量来说更接近综合快感评价,即易活动性的评价得分对综合快感评价得分是重要因素。(2)男子西装的总着装感,静态时与人体肩部关联显著,动态时与后腋窝部及上臂根部关联较大。(3)静态时,肩部服装压在 0.8kPa 以下,被测试者综合快感感觉舒适;达到 1.4 kPa 以上,总体上感觉不适;在 1 kPa 左右时,被测试者无所谓舒适还是不舒适。(4)动态时,后腋窝部在 0.7 kPa 以下,被测试者综合快感感觉舒适;达到 4.5 kPa 以上,总体上感觉不适;在 2 kPa 左右时,被测试者无所谓舒适还是不舒适。(5)动态时,上臂根部在 1.4 kPa 以下,被测试者综合快感感觉舒适;达到 5.0 kPa 以上,总体上感觉不适;在 2.5 kPa 左右时,被测试者无所谓舒适还是不舒适。

五、优化结构的改良西服上衣

1.根据主、客观对西服上衣的评价,在袖窿袖山、侧缝、腋下省、大小袖身等部位进行修改,得到结构改良的纸样,用此纸样再制作第二次实验服。

2.用改良的实验服进行前述相同的实验,再进行微小部位的调整,得到结构优化的西服上衣纸样,见图 5-9-1,图中虚线表示的纸样便是结构优化满足静态美观、动态舒适要求的西服上衣纸样。

服装人体工效学

图 5-9-1 改良服与标准服的各部位差异

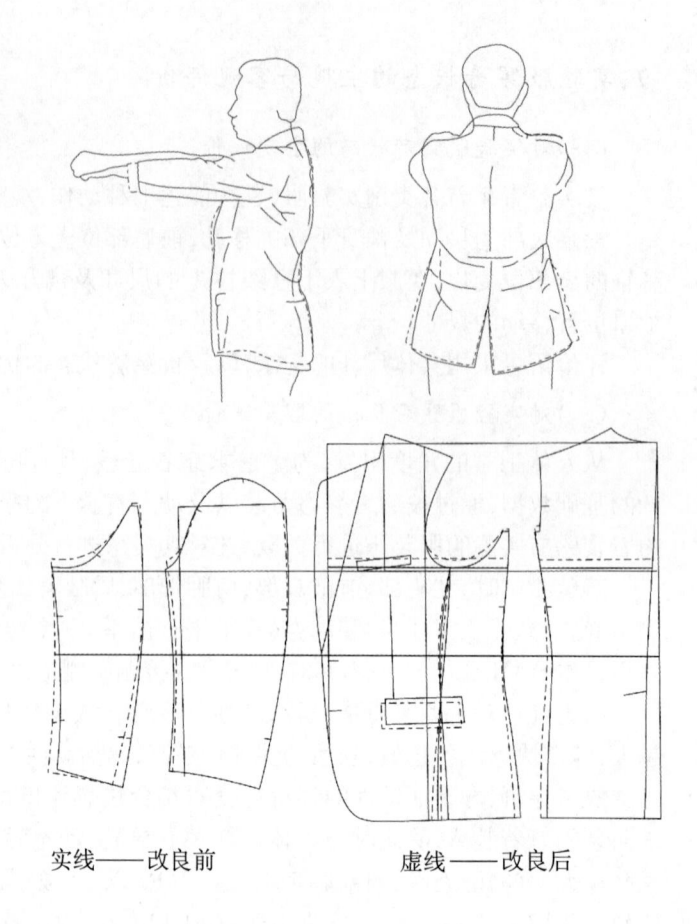

实线——改良前　　虚线——改良后

图 5-9-2 结构优化的西服上衣纸样

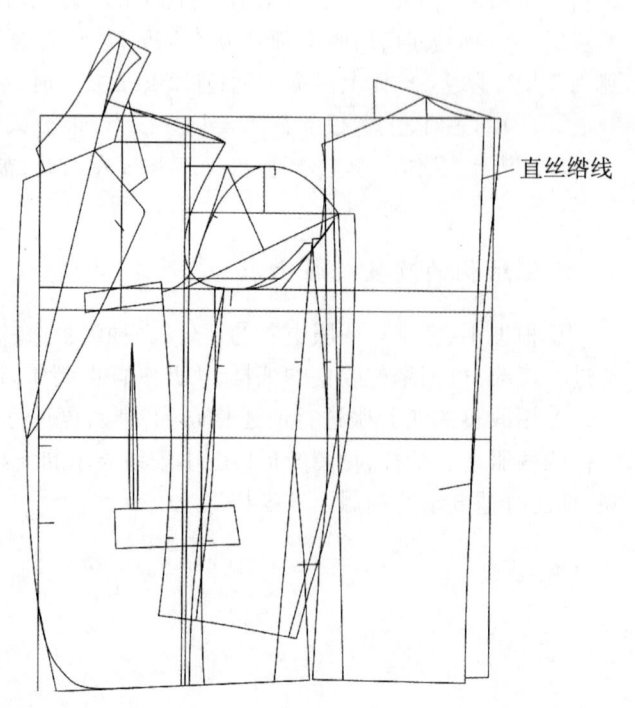

直丝绺线

图 5-9-2 是最终结构优化后的西服上衣纸样,图中前浮余量是通过指文胸处理,后浮余量部分通过肩缝缩处理,部分通过转入背缝处理,因而后背缝下端呈倾斜状,袖子袖山的底部与袖宽的底部充分吻合以加强两者的配伍性,袖身的弯度正好盖住腰袋的 $\frac{1}{2}$ 处,袖窿的深度也较浅,可改善袖身上抬的舒适性,但内穿衣服不能多,一般以衬衫或再加紧身的薄毛衣。

第十节 服装开口的优化设计

服装开口是为穿着舒适和装饰需要而设置的结构形式。领口、袖口、衣服下摆部位的开衩等都属于开口类。

服装开口根据所在部位的方位和动作的需要分为向上、水平、向下三种不同方向。例如:人直立时领口、袖口、下摆等都属于上下方向的开口,而当横卧时它们又都属于横向水平开口。若是无袖的款式,其袖窿是横向水平的开口。图 5-10-1 为各种服装上使用的开口模型。

图 5-10-1 各种服装上使用的开口模型

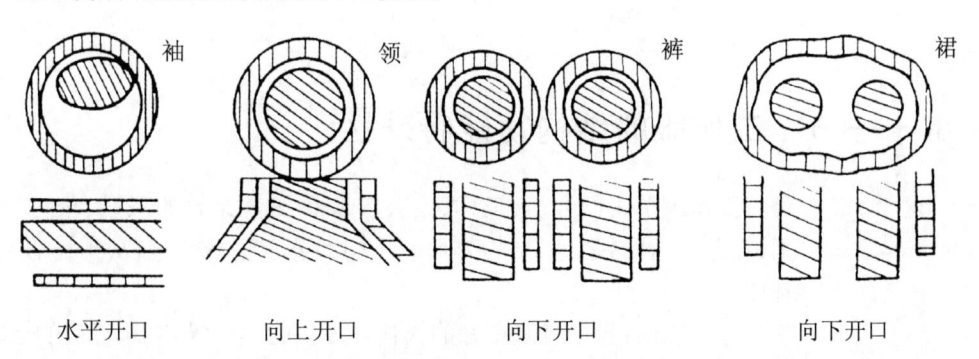

水平开口　　向上开口　　向下开口　　向下开口

服装开口与服装的保暖性有密切关系,原因主要是开口方向以及衣服内的空气层影响服装保温性。表 5-10-1 是由于开口形状引起的热对流率。

表 5-10-1 开口形状不同的热对流率(%)

空气层的厚度 mm	两端封闭	向下开口	向上开口	两端开口	垂直向下开口	45°倾斜向下开口	水平开口	垂直向上开口
4.5	0.231	0.227	0.229	0.243	0.227	0.230	0.229	0.229
9.0	0.213	0.217	0.216	0.297	0.217	0.222	0.226	0.216
14.0	0.218	0.220	0.242	0.344	0.220	0.239	0.261	0.242
19.0	0.240	0.241	0.290		0.241	0.251	0.290	0.290

1. 向下开口的散热量:空气层作为上端,当空气层厚度大于 9mm 时,下端为开口时比两端封闭散热量大;当空气层厚度为 9~14mm 时,既不利于空气流通,又能充分隔离两层布料,因而有最小散热量。

2. 向上开口的散热量:向上开口因有利于热空气散发,故比起向下开口其散热量大。当衣服内部的空气层增大时,散热量有增加的倾向。当空气层厚度为 9mm

时,其有最小的散热量。

3. 两端开口的散热量:衣服空气层的上下两端都作开口时,散热量最大,空气层的厚度为15mm时,穿衣服与裸体一样具有同样的散热量。

4. 水平方向开口的散热量:水平方向开口的散热量比向下开口的大,其间的差数随空气层的厚度增加而显著。45°倾斜的向下开口在空气层大于4.5mm时的散热量大致是水平方向开口和向下开口的中间值。

因此在服装设计中要根据服装的功能需要设计开口的位置和大小。严寒季节的服装,无论是水平、向下开口或者向上开口都必须是能够封闭的,即穿着时打开,穿上后封闭。登山服、滑雪衫、风衣尽量减少向上开口,以免防寒功能受影响。夏季的服装要注意选择向上开口或上下都开口的形式,开口的量也要尽量大。这样即使出汗量多的背、胸等部位亦会减少出汗量,水分蒸发困难的腋窝部位也能够调换空气,减少衣服污染。

服装开口的功能性还体现在合理地满足所在部位的舒适量方面,凡在穿脱及行走、运动等生理活动需有一定舒适量的服装部位,可结合款式造型设计作开口。开口的形式可以是永久的,也可以是用拉链、钮扣、布袢等部件暂时固定的可封闭开口。

第十一节　工作服的结构功能特殊性

工作服是人们劳动、工作、办公等各种场合穿着的服装,根据穿着场合的不同,在色彩、材料质地、结构方面有不同的要求。概括地说,工作服有下列三个设计要素:

1. 功能性:包括具有良好的人体—环境的小气候调节、舒适的运动性、保护人体免受外界危害等功能。

2. 象征性:在种类上要按劳动者所服务的单位性质、业务内容、工作场合等因素,在形态、色彩、穿着方式上有统一的模式,以示识别。

3. 审美性:一般工作服以功能性好、价值便宜为首先考虑的要素,而较忽视美观性,但在可能的条件下也应考虑审美性,促进劳动者愉快地工作,创造更高的劳动效率。

从结构设计的角度分析工作服设计的重点:

1. 考虑衣服的工作状态,重要部位必要的松量。例如:腋下、下裆、袋口、袖口等易拉伸变形部位,膝盖、肘突、袖口、袖山等易磨损破裂的部位都必须考虑必要的松量。

以农业劳动使用的工作服为例,首先要分析人体前屈运动引起的背宽伸展状态,由于作前屈运动,背部平均伸展5cm,因此衣服背部必须具备5cm的松量;然后考虑由于前屈运动,臀部的动作角度大多是在90°~135°范围内,因此后臀部位应增加6~9cm的松量;另外还要考虑膝部的屈折运动,其动作角度在90°~135°

的范围内,松量必须增加6cm左右。

2.根据衣服的工作季节和场合,考虑整体和部件的结构形态。上衣整体造型,夏季多为短上衣型;冬季多为长外衣型。衣领结构,男女大多采用驳折领型;冬季也有采用可关闭的领型。衣袖结构,夏季多用短袖,冬季多用长袖,但在工地上穿用的工作服多采用长袖,袖子也大多是采用一片袖,袖口常做成装克夫的小袖口结构形式。由于衣袖的运动变形量最大,因而常根据实际需要而设计成多种形态。如自在袖是为使抬手舒服,在腋下装插角以增加衣袖运动量的衣袖;旋转袖是前衣身从肩点到领口呈水平状,后袖身作插角袖的衣袖;水平袖是衣袖的后袖部分和后衣身组成育克型的衣袖,当手臂横举时,从背中到手腕部呈水平状;28°袖是袖中线与肩点的垂线成28°的向前倾斜的装袖;前分割袖是人体肩部无肩缝,肩缝移至前衣身做成前分割形式的衣袖;后分割袖是肩缝移至肩胛骨附近部位而袖山低平的袖型。它们都是功能性较好的袖型,被广泛地应用于工作服的结构设计。

以下是种梨工工作服的设计与测试:

1.理想工作服设计

理想的种梨农夫的工作服应该是手臂能够自由运动,能够保护头部和颈部,这种款式可以提高运动性和热舒适性,并且可以把水果放在口袋里。为种梨农夫设计的服装款式效果图如图5-11-1所示。

长度:袖子和裤腿的长度应该设计的较长,以便农夫可以根据田里的温度决定卷起或放下。

衣服的松量要加在5个受测试的平均测体尺寸上去,胸围、臀围、背宽、腰围和背长的加放量 $B=B^*+15\sim20cm$, $H=H^*+5cm$,背宽=背宽$^*+5\sim7cm$,背长=背长$^*+1cm$。

图5-11-1 为种梨夫设计的服装款式效果图

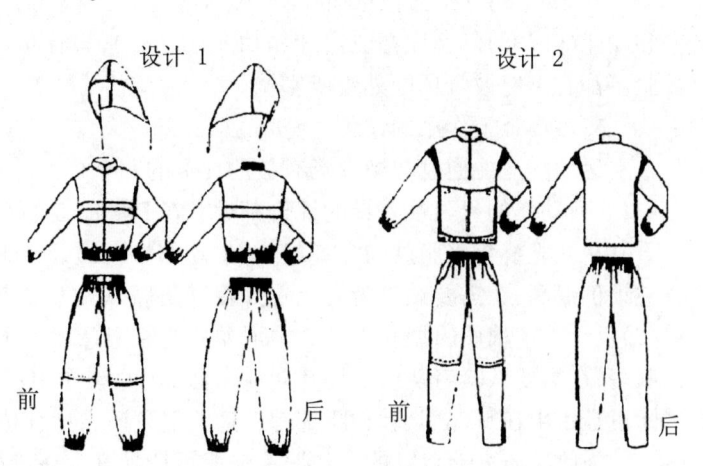

2.种梨工作服的测试内容

舒适性测试是评价衣服的舒适性、运动性和接受度,而田间测试是受测试者在工作状态下对上述功能以及热舒适的评价。受测试者说出感觉再由专家评分。

测试中按衣服或身体的部位分 14 个项目：颈、肩、躯干、手臂和腿等部位以及穿、脱等动作的运动舒适性。之后再测试热感觉、湿感觉、手感以及颜色的偏好，都是用五个评分等级。

在受测试者穿着四套样衣(2 种设计×2 种织物,全棉、尼龙)在果园工作 2 小时后,由专家和受测试者共同去评判在人体做不同运动时,身体与服装的合适度,来判断衣服各个部位加放量是否合适。

根据种梨农夫的工作特点把他们的动作分为四种姿态：
第一种：站立、手臂上举 90°、向上看
第二种：站立、手臂上举 180°、向上看
第三种：站立、上身弯曲 90°
第四种：坐姿、把梨装箱的动作

图 5-11-2
工作时的姿势

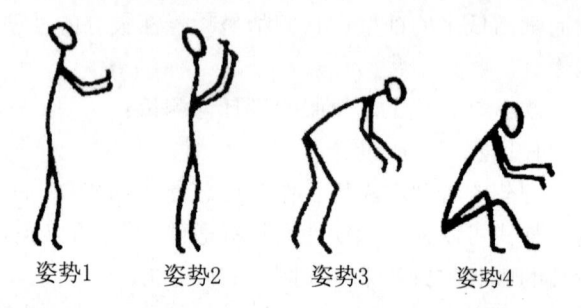

姿势1　姿势2　姿势3　姿势4

根据由专家们完成的调查表,与舒适性有关的 14 项是预测合体和外观的独立变量。这些表度的合理性系数是 0.884,与总体可接受度有很大关系的变量是口袋的尺寸和功能(0.718)、上装的长度(0.668)以及总体的不拘束价值(0.734),这些与舒适性有关的 14 项也被综合起来并且作为一个总的变量,它的合理性系数是 0.896。由专家们提到的与一般可接受性有很大关系的变量是口袋的尺寸和功能(0.738)以及兜帽的尺寸和功能(0.667),当评价这些设计时,评价者和试验者都有可能被合体的外观所影响。

3. 对设计工作服的评价

运动舒适性通过与梨农场有关的任务的四个标准动作来评价,在这两种设计中,任何动作的显著性差异的评价都没有在 $P \leqslant 0.05$ 的水平。在需要试验者向上看并从站立姿势将胳膊向上举起 90°的动作中,(1)设计 1 在胳膊和腿的适合性上被评价很高;在需要试验者向上看并将其胳膊从站立姿势向上举起 180°的动作；(2)设计 1 中棉质原型和设计 2 中尼龙质的原型总体上比其他两种设计评价更舒服些;在需要试验者从站立姿势向前弯曲 90°的动作中;(3)设计 2 中棉质的原型比设计 1 中在臀部、胳膊和腿部都合适的尼龙质原型评价更高。

为此次研究而设计的工作服在一般可接受度上评价很高,特别是与装水果相符合的口袋。因为它减少了摘梨时弯腰、直腰动作的重复。具有流线型轮廓的上衣的设计也给予很高的称赞,因为它给上身有自由活动的空间。对前身开口的固定装置,试验者更喜欢设计 1 中完全分开的拉链,而不是设计 2 中具有较短拉链

的针织紧身套衫。另一方面,对于口袋的选择,设计2中不分开的具有最大宽度的结构(一个口袋)比分开的结构更好(左、有各一口袋)。由于可分开的拉链将影响口袋的宽度,建议在一边的一个宽口袋应用一个固定装置挂住,使前片固定来打开上衣整个前片的长度。设计1中被挂住的兜帽的功能性评价很好,因此建议该兜帽应从工作服上分离。

至于颜色的选择,60%的试验者选择蓝色,12%的选择紫红色,8%选择绿色,其余较分散。

4. 根据上述评价可对设计的理想工作服进行第二次设计,对意见集中的欠妥处进行修正,并再次制成样衣重复上述试验则可得到真正理想的工作服。

第十二节 特种服装的运动功能设计

在运动员、工业工人和在危险环境下作业人员的日常服装设计中,考虑影响服装运动性能的因素就显得比一般服装来说更为重要。当一些硬挺而缺乏弹性的面料用于此类人员的防护服装时会使人体运动大大受阻。因此,在此类服装的设计中运动舒适性就显得极具挑战性。

1. 刚性材料的应用

当需要采用刚性材料用于防护服时,最简单的方法是在易受损伤的部位采用彼此独立的防护垫,防护垫可用绳带系于人体所需部位,也可通过绳带或其他弹性材料缚于相邻的防护垫上。无论以何种方式将各防护垫连接在一起,关键在于研究各块防护垫的运动是如何相互影响的。通常将几块防护垫连接起来成为一个整体,如图5-12-1的曲棍球弹力运动服的防护垫。在此示例中,大腿骨的防护垫设计在服装外面的弹性袋处,而胫骨的防护垫填塞在服装腿部的内侧袋处,髋部的塑身防护垫则通过其中部缝合在服装的腰线附近。不论是各防护垫之间的可伸展部分还是各防护垫之间彼此独立,都有助于提高服装的活动性能。

图 5-12-1 曲棍球弹力运动服的防护垫　　图 5-12-2 捕手的胸部防护结构

2. 弹性材料的应用

如果要求保证防护服的连续性和完整性，或者考虑到采用防护垫彼此独立的方法会使身体暴露部分过多，那么也可以通过对非弹性材料进行分割的方法来满足服装对运动性能的要求。刚性材料可使用分割线实现弯曲。如图 5-12-2 中捕手的胸部防护结构就是通过缝纫工艺将胸部材料分割成许多部分，以保证捕手处于蹲伏状态时服装能与人体姿态保持一致。为了使各块独立的刚性衣片恰好接合，通常将它们衬在一块弹性材料上，弹性材料作为连接枢纽使防护服能随人体的运动而作相应的伸缩。但因在分割区域厚度会有所减小，所以采用分割的方法会降低服装的隔热、防寒、抗冲击或抵御诸如 X 射线之类有害辐射的性能。一种新颖的抗连续击打的防护服，其原理是依靠突出部分通过自身的延展，确保分割线处的防护性能。

图 5-12-3 手套的手指处于弯曲的工作状态

3. 服装工作状态的设计

另外一个相对简单的方法是将服装设计成工作时的状态。图 5-12-3 中的手套就是在手指处使之弯曲处于工作状态。这就使手在每次弯曲去抓东西时无须克服材料的刚性阻碍，手指借助手套本身就已处于工作状态，使穿着者能够轻松地实现这一工作姿势。潜水服则设计成游泳时的形态，膝部有一定的弯曲，背部有一定的拱起。在许多运动服中，肘部的防护结构通常设计成一种微曲状态。虽然把服装设计成某种工作时的形态不能像分割法或其他方法一样满足一系列的运动要求，但这种方法是针对人体在特定工作中最常用的某种姿态而设计，因而使这种工作姿态更易实现。

4. 耐压服的设计

在太空探险和高空飞行中穿用的耐压服中可以发现最奇妙的连接方法。虽然在地面感觉不到物理大气压，地面大气压 101kPa 有助于人体组织和呼吸维持正常水平。由于外太空缺少大气压力，因而太空服必须能够为宇航员提供大气强，否则，空气将会从宇航员体内向压强相对较低的外部流动而使人体爆炸。那么，宇航服必须是一个完全密闭的系统，并且能够像气球那样膨胀起来使服装内有足够的压强，从而使体内的气体和体液维持正常水平。宇航服中提供这一功能的装备是气囊层，一种类似抗裂尼龙的强力织物经过橡胶整理形成宇航服中的完全非透过部分。

宇航服的各个部分都可以看作一个长形的气球。如果一个长形的气球被完全充满，那么势必不能弯曲。同样，一件完全被气体充满的宇航服也毫无运动性可言，宇航服将变得十分僵硬，而包裹在里面的宇航员也无法弯曲自己的四肢和身体。有两种方法可以使气球较易弯曲。一种方法是不要把气球完全充满，一种方法是使用形状细长、截面直径较小的气球。用第一种方法，宇航服内的压力可能会降低——平均大气压至少要稳定在 24.55kPa——不完全充满无法达到这一标准。因此可以用第二种方法，通过减小组成宇航服的圆柱形筒的截面直径来改善运动性能,使它与人体更为贴合。

高空飞行的耐压服,因为只有坐在飞机驾驶舱中的时候才需要面临压力问题,所以试图通过橡胶整理将服装制作成坐姿的形态来解决这一问题。但是宇航员必须身着宇航服完成一系列的工作,因此在设计服装运动性能的时候,站、走、曲、坐都必须考虑到。有两种较为常用的方法可提供服装的运动性。一种可以为整个人体提供可运动性,一种只是在关节处提供可运动性。但两种方法都采用了一些约束手段来减小服装各部分的截面直径,并使服装不完全充满气体。

一些宇航服采用躯干带协助宇航员的曲体运动。当带子张紧时,前衣长缩短,宇航员处于曲体型态;当带子放松时,人体恢复直立伸展状态。为使关节处运动更充分,防透气囊层的橡胶整理织物在关节处可以用金属环或金属线圈加固塑形。

图 5-12-4 烟囱式联接结构

质地刚硬的服装也可以采用烟囱式联接结构(图 5-12-4),其所包覆下的肢体运动要比在质地柔软的服装中容易得多,这主要是由于多方面的原因,其一是不存在气球效应,其二是人体运动时无须克服材料的伸长或缩短的阻碍作用。这类服装的等容构造能够使服装与人体皮肤表面之间始终保持一定的空隙,这就为人体运动和换气创造了空间。

思 考 题

1. 试分析服装宽松量的组成及其内涵。
2. 试分析宽松量的设置原则并举例说明。
3. 试分析服装胸围宽松量与面积松量的部位关系和数学关系。
4. 试分析上装腰袋及下装后袋的最佳部位和最佳角度。
5. 试分析研究上装袖内—袖窿最佳部位的方法、原理。
6. 举例分析改善上装胸背部运动创造性的七种方法。
7. 举例分析服装肩部结构设计的原理。
8. 举例分析上装背部结构设计的优化形式。
9. 试分析衣领结构设计中的制约因素。
10. 试分析袖领结构设计各因子的相互关系。
11. 试分析裤装结构设计各因子的相互关系。
12. 试分析西装结构设计优化的重点。

第六章 色彩和图案对人体生理与心理的作用

人体对色彩和心理的感觉是色彩科学的重要部分。本章对色彩科学在服装设计中的应用、人们对色彩和图案的感受原理进行分析和介绍。

第一节 色彩科学的由来与发展

一、引言

随着人类自身的进化,人类对色彩有意识、有目的、甚至是有计划地注意、了解、研究,构成了人类古代文明的主要精神基础之一。古希腊哲学家、科学家亚里士多德就对色彩进行了广泛的研究。到中世纪,著名医生阿尔韦托·马格诺还撰写发表了关于颜色的论著。将现代科学手段引入色彩研究是近代的事。1666年,牛顿用三棱镜进行了光的分解和色合成的实验,揭示了光色的奥秘。而1725年,德国解剖学教授舒尔兹发现了光对银盐物质的作用,紧接着法国画家达盖尔和英国科学家塔尔伯特的摄影法的发明,特别是1873年以后,人们陆续发现有机染料与卤化银乳剂合成物的多感色性(蓝色除外),在此基础上出现了彩色摄影和光化学学科。从此开始,人类对色彩的认识、研究便进入了一个崭新的时代。

到20世纪后期,随着人类社会的发展、科学技术的进步和文化艺术的丰富,人类在色彩领域不断遇到新的事物,发现新的问题,人类在这方面的认识亦在不断地积累,并由量到质、由感性到理性科学化,由此逐渐和自然地形成了一门新兴的交叉边缘学科——色彩学。色彩学是发达的科学技术和绚丽的文化艺术的综合产物,是各学科、学科群在分解、组合的动态中自然形成的,具备了学科的各种属性。

英国科学家牛顿在1666年发现了色相序列及色相间的相互关系,建立了6色相环,为后来的表色体系的建立奠定了一定的理论基础,在此基础上又发展成10色相环、12色相环、24色相环、100色相环等。

格式塔心理学是西方现代心理学的主要流派之一,根据其原意也称为完形心理学。1912年在德国诞生,后来在美国得到进一步发展,与原子心理学相对立。

格式塔心理学主张心理学研究现象的经验,也就是非心非物的中立经验。在观察现象的经验时要保持现象的本来面目,不能将它分析为感觉元素,并认为现象的经验是整体的或完形的(格式塔),所以称格式塔心理学。

二、色彩学研究现状

色彩是一个五光十色的神秘世界。人类借助科学仪器能辨认的颜色大约有两万个以上。在光线充足的条件下,人们能够裸视识别的颜色也有两千多个。在日常生活中,人们常接触的颜色有四百多个,从古至今能查到名字的颜色约三百五十个左右。

色彩又是一个十分深邃的情感世界。不同的色彩都具有各自的个性表情:红的引人注目,黄的光明磊落,蓝的宁静致远,白的纯洁无瑕,黑的庄重沉静等。不同的色彩都有各自的感情,或寓冷暖、或寓进退、或示轻重,十分明朗。不同的色彩都有各自的象征,从日月星辰、阴阳五行到等级制度、宗教信仰。不同的色彩都会引起各自的联想,从具象到抽象,任人浮想联翩。在不同色彩共寓一个整体时,包括同类色、类似色、对比色和过渡色等的运用,使色彩的理解和运用,在世界范围内,总的看是有共性的,是能引起共鸣的。色彩像音乐一样,也是一种世界性的语言。各个国家和民族,在长期历史中,都形成了各自的传统色、常用色。

千变万化的颜色可分为彩色系和无彩色系两大类。黑色、白色及黑白色调合而成的各级灰色属于无彩色系。白色是亮度的最高级,黑色是亮度的最低级。无彩色系之外的所有颜色都属于彩色系。对色彩进行科学分类的基础是色彩三要素——明度V、色相H和纯度C,三要素形成的三维空间构成色彩体系。

色相:不同颜色的名称称为色相,如大红、湖蓝、中黄等,色相是颜色最重要的特征。按色相的顺序,可以循环排列成色相环。变幻无穷的色彩世界,色相的千差万别是首要的因素。

明度:是色彩明暗变化的属性,由各种有色物体反射光量的程度区别所造成。

纯度:又称彩度、饱和度,是一种颜色包含色彩的纯净程度。从光谱上分析得出的红、橙、黄、绿、青、紫是标准的纯色。纯度越高色彩感越艳丽明媚。

色调的分类:从色相方面来分,有红色调、黄色调、绿色调、蓝色调、紫色调等。从色彩的明度来分,有明色调、灰色调、暗色调等。把明度与色相结合起来,又有对比强烈色调、柔和色调、明快色调等。从色彩的纯度来分,有清色调(纯色加白或加黑)、浊色调(纯色加灰)。把纯度与明度结合起来,又分明清色调、中清色调、暗清色调。色调还常以色彩给人的冷暖感觉来分,有冷色调、暖色调等。作品中的色调体现了设计者的感情、审美、意境、趣味等心理要求。故而色调的研究是服装色彩设计的重要内容之一。

在流行色出现以前,人们用的是传统色和常用色。传统色和常用色是一种宝贵的文化财富,至今仍随处可见,继续发挥着重要作用。流行色的产生,不仅是社会经济发展和历史文化变迁的折射,同时,在人们的生理和心理上也是有根据的。单调和长年重复使用的色彩,会使人们产生一种疲劳感和厌倦感。同样,对色彩的变迁和创新,人们都有一种模仿和追求心理。没有对过时色彩的厌倦和对时尚的模仿,也就不会有流行色的产生和传播。

每个人对流行色的模仿和追求,是自由随意甚至是自发偶然地进行的。就社会群体的行为而言,流行色的立意和传播,则是可以认识、可以预测、也可以导向的。在预测时,广泛应用社会学、经济学、心理学和统计学的方法,包括社会观察、抽样调查、销售记录和灵感来源等。这里,既有情感化的社会心理定性分析,也有消费意向等定量指标的研究,西欧国家常用直觉预测法。他们认为专家也是消费者,而且是知觉机敏的消费者,能够凭灵感和积累就能捕捉流行的苗头。日本则更注重市场分析调查和统计,注意研究消费者喜爱和潜在的需求,并且常用电脑处理成千上万的调查数据。事实证明,这种预测法一般较少失误,厂家也乐于接受。一个是侧重形象思维,一个是倚重数理逻辑。我们现在的做法是兼而有之,既有情感化的社会思潮表述,也有市场记录的量化指标的依据。在预测流行色时,对色彩自身存在的规律也要特别注意。在诸如色彩变化走向、色彩组合比例、色彩排列程序等方面,都不能不受色彩自身规律的制约。流行色的预测不能冒然离开色彩规律,要力求做到若即若离。

中国现代工艺是从图案学与图案设计起步的。"图案"具有美学装饰意义,它是产品表面装饰或商业美术装饰的主要方法。这种认识和社会需要导致现代图案学研究和图案设计在20世纪20～30年代广泛开展。当时的许多美术专科学校均设立了图案系科或图案课。图案学研究的开展促进了基础图案和各种工艺图案设计(如服饰、陶瓷、染织、广告、漆器等)的繁荣。进入20世纪50年代后,图案学研究在研究的深度和广度上大大超越了过去水平。人们不仅研究总结中国传统图案,而且广泛地研究、介绍外国的古今图案。视野的拓宽和生产实践的刺激,使图案艺术呈现崭新的面貌。20世纪80年代,工业生产迅猛发展,它不断地激发人们突破狭隘的装饰图案观念,以适应工业设计的全面性要求。这种新趋势也在带动图案教学以至整个艺术设计及美术教育的改革。

第二节 色彩与图案对人体的影响

一、色彩的定义

人的感觉是认识的开端。客观世界的光和声作用于感觉器官,通过神经系统和大脑的活动,我们就有了感觉,就对外界事物与现象有了认识。色彩是与人的感觉(外界的刺激)和人的知觉(记忆、联想、对比……)联系在一起的。色彩感觉总是存在于色彩知觉之中,很少有孤立的色彩感觉存在。

光色并存,有光才有色。色彩感觉离不开光。光在物理学上是一种电磁波。从 0.39~0.77μm 波长之间的电磁波,才能引起人们的色彩视觉感觉。美国光学学会(Optical Society of America)的色度学委员会曾经把颜色定义为:颜色是除了空间和时间的不均匀性以外的光的一种特性,即光的辐射能刺激视网膜而引起观察者通过视觉而获得景象。在我国国家标准 GB5698-1985 中,颜色的定义为:色是光作用于人眼引起除形象以外的视觉特性。根据这一定义,色是一种物理刺激作用于人眼的视觉特性,而人的视觉特性是受大脑支配的,也是一种心理反映。所以,色彩感觉不仅与物体本来的颜色特性有关,而且还受时间、空间、外表状态以及该物体的周围环境的影响,同时还受各人的经历、记忆力、看法和视觉灵敏度等各种因素的影响。

(一)色彩对人体生理的影响

生理物理学表明,人体感受器官能把物理刺激能量,比如光、压力、声音、化学物质等,转化为神经冲动,神经冲动传到大脑里,就产生了感觉和知觉。费厄发现,肌肉的机能和血液循环在不同色光的照射下发生变化,蓝光最弱,随着色光变为绿、黄、橙、红而依次增强。举个例子,眼睛盯着一张红纸一段时间,红纸移开,眼前会出现一片绿色,这是视神经的调节现象。库尔特·戈尔茨坦对有严重平衡缺陷的患者进行了实验,当给她穿上绿色衣服时,她走路显得十分正常,而当穿上红色衣服时,她几乎不能走路,并经常处于摔倒的危险之中。

对色彩治疗病方面大致有如下对应关系:

紫色——神经错乱;

靛青——视力混乱;

蓝——甲状腺和喉部疾病;

绿——心脏病和高血压;

黄——胃、胰腺和肝脏病;

橙——肺、肾病;

红——血脉失调和贫血。

另外,我们的视线因受空间大气介质的影响,不同距离的物体在形体和色彩上都会发生不同的变化。物体的近大远小是空间透视原理,而物体的近者清晰,远者模糊,色彩观感的近者强烈,远者微弱,便是色彩空间透视的结果。因此,调整某一色彩时,要掌握色彩表现空间距离时的变化规律,近的暖,远的冷;近的纯,远的灰;近的鲜明,远的模糊,近的对比强,远的对比弱。

色彩对服装的影响与运用还体现在军事上。比如美国海军陆战队于 2002 年推出一种新"海军图案"的海军陆战队作战制服(图 6-2-1),采用最新数码"像素"点迷彩图案。这种图案利用视觉生理学原理,能够适应多种环境背景下的隐蔽需求。它采用绿色、棕色、褐色和黑色做基本色,根据具体应用环境进行组合。近距离看,这种图案就像把显像荧光屏的点放大,呈现出一格一格的方形小色块;从远距离看,数码迷彩的图案能够非常容易地融入到各种不同的背景之中,让人眼不

图 6-2-1
"海军图案"
作战制服

容易发现。格式塔心理学认为,视觉加工的一个重要操作就是"图像"和"背景"的分离,根据"封闭性"原则,流畅的线条更易被识别。在现实的丛林或沙漠条件下,叶片、碎石或细沙的轮廓并不规则,数码点阵的设计正好与之相符,使敌人从"背景"中提取特异"图像"的操作更为困难。

(二)色彩对人体心理与生理影响的比较分析

心理现象是脑整体活动的产物,是脑对现实刺激和过去种种经验的反映。色彩本身就是有个性的,人们对色彩的偏好往往都带有许多心理上的折射,它也是时代的内涵在人们心理上的投影与写照。色彩的直接性心理效应来自于人的视网膜在接受了不同波长光刺激后作用于大脑,色彩的物理刺激对人的生理产生的直接影响,是一种心理反映,是人内心活动的一个复杂过程。色彩和人们的情绪关系密切,不同的色彩能引起人们不同的心理感应,使人们产生不同的心理体验。

色彩感觉是依靠人的眼睛发生作用后传递到大脑的,是生理上的现象。色彩学家通过长期对色彩的研究,发现不同波长作用于人的视觉器官产生色感的同时,透过感觉的冲击作用,必然导致某种复杂情感的心理活动,直接在人的心理产生心理现象,如温暖、冷漠、安静、热闹、清爽等诸如此类感受都来自于心理的作用。

色彩对人体心理与生理影响的比较,如表 6-2-1 所示:

表 6-2-1 色彩对人体心理与生理的影响

色彩\影响	生理	心理
红色	刺激和兴奋神经系统,增加肾上腺素分泌和增强血液循环	接触红色过多时,会产生焦虑和身心受压的情绪
橙色	诱发食欲,有助于钙的吸收,利于恢复和保持健康	产生活力
黄色	刺激神经和消化系统,加强逻辑思维;金黄色易造成不稳定和任意行为	
绿色	有益消化,促进身体平衡	起到镇静作用,对好动或身心受压抑者有益
蓝色	能调节体内平衡,有助于减轻头痛、发热、晕厥失眠	在寝室使用蓝色,可消除紧张情绪

(续表)

色彩\影响	生理	心理
紫色	对运动神经、淋巴系统和心脏系统有压抑作用,可维持体内钾的平衡	有促进安静和爱情及关心他人的感觉
靛蓝色	可调和肌肉,能影响视觉、听觉和嗅觉,可减轻身体对疼痛的敏感作用	
灰色(50%)	黑色和白色的混合色。灰色没有自己的特点,和周围环境易融合	
棕色		木材和土地的本来颜色,它使人感到安全、亲切、舒适。在摆放着棕色家具的房间里更容易让人体会到家的感觉

由表可以得出,服装色彩对人体心理和生理是一个共同的影响过程,两者相辅相成,互相作用。很多时候,色彩先对人的心理产生潜意识的作用,再通过具体症状表现出来,也就是生理作用。因此,当我们研究色彩对人体生理影响的时候,必须要知道该色彩对心理的影响,从而得出结论。

二、图案的作用与影响

（一）图案在服装应用中的重要作用

服装图案在服装设计中是继款式、色彩、材料之后的第四个设计要素。服装图案对服装有着极大的装饰作用。图案对于服饰而言,是一朵奇葩,一道光亮,可起到"惹人春色不须多,万绿丛中一点红"之妙。

服饰图案的出现由来已久,可以说它是随着服装的产生而产生的,尽管从实用的角度上讲,服饰图案是附属品、是点缀物,似乎其存在与否并不影响服装穿着,甚至还不会影响服装审美,但我们对它不可等闲视之。

服饰图案从产生之日起就没有消失间断过,相反,它色彩纷呈、流派各异,在不断发展,丰富着服装服饰,它的所有纹样最初设想出来都是作为象征符号来表达的,有些纹样的出现,其本身的意义或许在历史发展过程中已经消失,在服装方面也早已成为意义不太大的装饰物,但仍有相当一部分作为象征和艺术流传至今,并且在发扬光大。可以说,服装设计有赖于图案纹样来增强其艺术性和时尚感,也成为人们追求服饰美的一种特殊要求。

服饰图案的组合都蕴藏着符合人的生理与心理需求的形式美的基本原理。这些服饰图案排序是有规律的,在变化中求统一,有对称与均衡,对比与协调,动感与静感,比例与黄金分割,重复、节奏与韵律等种种艺术形式。

（二）图案对人体心理和生理的影响

和色彩对人体的影响一样,图案对人体也有重要的影响力。从心理学上来讲，简单的图案很难引起人们的注意，而过于复杂的图案，又会使人们感到负担太重从而放弃对它的欣赏。

蝴蝶翅膀上的眼睛图案能惊吓捕食者；豹子的斑点和蛇纹能导致人心跳加速。人类对艺术或视觉世界的反应，与其说是基于美学，倒不如说是基于动物的本能。自然界有一套约定俗成的法则，人类也一样。

三、不同色彩、图案穿着的效果比较

图 6-2-2 不同色彩、图案服装的穿着效果

由图 6-2-2 所示六幅图片，我们可以看到，同一件款式的衣服，配上不同的颜色和图案，效果是截然不同的。有的成熟，有的风情；有的玲珑，有的大气；有的简洁，有的艳丽。

此外，颜色浅的服装给人很明显的膨胀感，而深色的服装则使人看上去苗条。红色大花朵图案的服装也比小花朵图案服装更显膨胀。

四、视错原理及应用

图 6-2-3 同等长度的水平线与垂直线

视错是由于光的折射及物体的反射关系或由于人的视角不同、距离方向不同以及人的视觉器官感受能力的差异等原因造成的视觉上的错误判断，这种现象称为视错。

例如：

(1)两根同样的直线，水平与垂直相交，垂直线会错感觉比水平线长，如图 6-2-3。

(2)取三个大小相同的长方形，如图 6-2-4 进行分割，人的视错觉会认为竖线多的长方形比一条竖线的长方形长。

图 6-2-4 经过不同形式分割的相同大小长方形

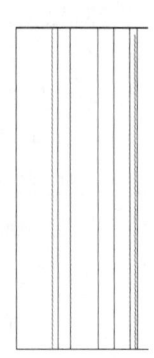

我们通常所说的"近大远小",就是由于人在感受色彩时,各种不同波长的色彩在人眼视网膜上的成像有前后,红、橙等光波长的色在视网膜内侧成像,感觉比较迫近;蓝、紫等光波短的色在外侧成像,在同样距离内感觉就比较后退,这其实就是一种视错觉的现象。一般暖色、纯色、高明度色、强烈对比色、大面积色、集中色等有前进感觉,相反,冷色、浊色、低明度色、弱对比色、小面积色、分散色等有后退感觉。

将视错的认识运用于服装设计中,可以弥补或修补整体缺陷。例如利用增加服装中的竖条结构线或图案来掩盖较胖的体型。视错在服装设计中具有十分重要的作用,利用视错规律进行综合设计,能充分发挥造型的优势。比如,由于色彩这种"前、后感",暖色、高明度色等有扩大、膨胀感;冷色、低明度色等有显小、收缩感。

思 考 题

1. 试举例分析服装色彩对人体心理、生理的影响。
2. 试举例分析服装图案对人体心理、生理的影响。
3. 试举例分析视错原理在服装设计中的应用。

第七章 服装穿着舒适性

人体和服装环境下的相互作用对人体舒适感极为重要,本章通过对服装压的概念、研究方法进行了详细的论述,并对服装压的舒适性评定和实验方法进行了介绍,重点介绍了服装压的生理指标的评定内容和方法;从衣环境人体工程学角度出发,通过对人体穿着不同服装材料及不同物理状态的裤装进行穿着拘束性的实验,分析裤装拘束感的相关因子及其相互和总体之间的相关关系和回归方程。介绍了服装环境气候相关内容并以着装温度为例来说明人和服装环境的研究方法。

好的服装应该适合着装者的体型,不妨碍人体血液循环和呼吸等基本生理活动,并且便于身体的正常运动。而过重、过紧的服装都会给人体较大的压迫感,使穿着者有不适的感觉。

18世纪洛可可(Rococo)时代的女性紧身胸衣,严重造成了穿着者胸部、胃部的移位和变形,危害了人体健康。1985年,Growther研究发现,长期穿着紧身牛仔裤不仅会导致身体形态的凹凸变形,严重者还会损害身体的健康。Rutten在论文中汇总了那些长期穿着没有延伸性的紧身牛仔裤病人的痛苦病理。另有医学研究报告指出:假定人处于坐姿或者下蹲状态时,过度紧身的服装就是一个有效的止血带,从而导致血栓的形成,进而严重危害人体健康。同时,过重的服装不适于活动,特别是对发育期的幼儿、少年有很大影响。一般来讲,穿着过重的服装会压迫两肩和胸部,从而妨碍呼吸运动。

可见过大的服装压力会对人体造成极为有害的影响。但合适的服装压力,可以提高身体的运动机能,修饰体型缺陷,缓解运动中的肌肉紧张。如穿着护腿从事长跑、竞走等运动,不易引起腿部发酸发疼的感觉,同时在运动时感到腿部有耐力;穿着护身从事长跑、短跑和游泳等运动,感到较轻松自如,能减少运动阻碍;穿着护腰在从事重体力活动时(如举重),能增强腰肌收缩力,提高腹肌爆发力,并防止腰脊易位,并且有效地应用在医疗领域,帮助皮肤和肌肉骨骼的恢复。

第一节 服装压与压力舒适性研究

一、服装压舒适性的研究范畴

如果将服装—人体看作一个系统,这个系统与周围环境发生物理、生理、神经生理、心理的交互过程。对服装压舒适性,可以这样认为:首先来自服装(或类似服装)的物理机械信号作用于人体皮肤,然后,该刺激信号由皮肤中的神经末梢(力感受器)传递到神经系统末梢,此时物理的刺激信号被转换为神经系统能够识别的神经信号,此神经信号由神经末梢被传送到大脑,大脑根据生理与心理过程对刺激信号形成感觉,从而着装者对所穿服装的物理机械刺激产生一个综合的主观舒适判断。

只有将物理、生理、神经生理以及心理过程方面的所有知识结合起来,才能更合理地预测穿着过程中服装的舒适性能。即接触压舒适性的研究领域同样包括物理、生理、神经生理以及心理过程。

二、服装压舒适性的评定

(一)服装压舒适性的客观评定

1. 评定指标

早期,研究者曾用着装拘束指数(k)来衡量人体穿着服装后的拘束感,也称为着装压舒适性。拘束指数是通过着装前后服装表面积的变化来客观评定这一舒适感觉,公式如下:

$$k = \frac{B-A}{A} \times 100\%$$

式中:A 为着装前衣服的表面积(cm^2);B 为服装覆盖的人体表面积(cm^2)。

此外,另一个客观指标是服装压,也称为着装接触压、着装拘束压,近年来,多为研究者所用并将服装压定义为:人体着装时服装作用于人体表面且垂直于人体表面的单位压力。在着装状态下,服装作用于人体的压力主要有两种形式。第一种是由于服装的重力作用对人体产生压力的影响。第二种是由于材料的变形产生张力,从而产生作用于人体上的压力,使人体产生压迫感。对于人体曲面的部分,可能这两种压力形式都包含,也即材料变形产生的张力垂直于人体曲面的分解力和由于服装受重力作用而产生的压力。对于平面部分,一般情况下是这两种压力形式的其中一种。

2. 服装压的测定方法

服装压的测定主要是仪器测定法,有直接测量法与间接测量法两种。

(1)直接测量法

直接测量法指人体着装状态下,将测量用压力传感器固定于人体需测部位,直

图 7-1-1 气囊式压力传感器插入服装与人体之间的状态

接测出服装压的大小。图 7-1-1 是气囊式压力传感器插入服装与人体之间的状态。

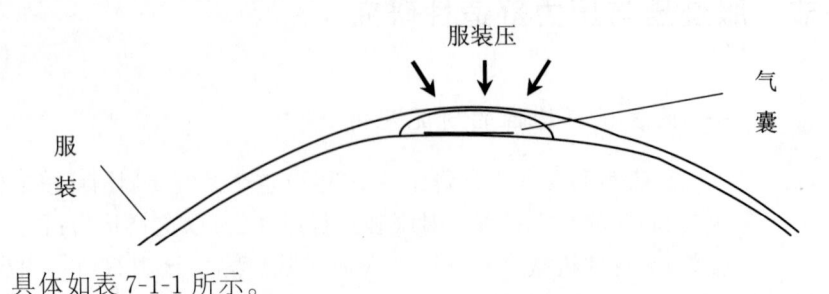

具体如表 7-1-1 所示。

表 7-1-1 服装压测量方法

测量方法		方法简述
直接测量法	流体法	扁平橡胶球法
	气囊法	空气充入薄袋作为压力传感器
	电阻法	应变片作为压力传感器
间接测量法	理论计算法	测取织物张力与人体曲率,公式计算
	其它	模拟法等

流体法,通常指水银压力计或水压力计。将橡皮球作为感受部,经橡皮管连接 U 型水银压力计,然后测定服装压。后来人们将该方法进行了改良,将水和空气同时充入橡皮球内。该测定方法必须使用内容积充分大的橡皮球,且橡皮球厚度不能过大,否则对人体曲率半径小的部位(膝盖、肘部、胸部、身体侧面、臀部等)测定有困难。而且有伸缩性的内衣和妇女紧身胸衣等对人体压力较大的服装,橡皮球的插入会造成服装的较大变形,所以影响测量结果。总结以上论述,可得出流体法的特点是:方法简便、直接;受压橡皮球插入会造成服装的较大变形;测量结果受橡皮球大小和性质的影响比较大;动态服装压测定误差较大。

气囊法其实质是改良的流体法。将水这一介质转换为气体。近年来主要有日本 AMI 公司的气囊式压力测量系统。如图 7-1-2 为日本 AMI 公司的气囊式压力测量系统的基本构造图,主要包括气囊型传感器、主接收单元、校准器、数据收集装置与配套的气缸装置。压力信号转换为电信号输出,直径有 10～30mm 多种。传感器最大量程为 350kPa(直径为 30mm 时),精度可达±1.0kPa。

图 7-1-2 AMI3037 气囊式压力测量系统

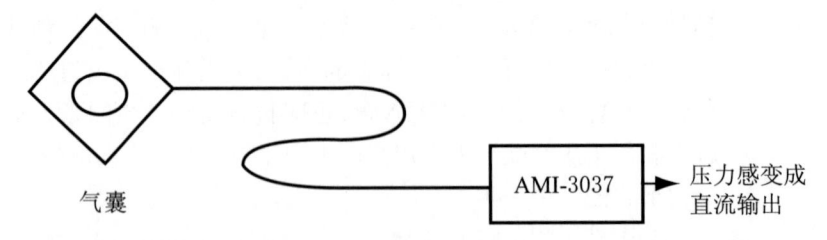

英国 Talley 公司的 SD500 接触压测评仪与 AMI 气囊式压力测量系统方法类似,图 7-1-3 为仪器,图 7-1-4 为测量实际状态。测定范围 0～32.8kPa 之间,精度±0.68 kPa。这两种系统不仅可用来测量衣着类(鞋、袜、服装等)对于人体的接触压力,还用于测量座椅、寝具等的接触压力以及生活用具的握力,从而对其设计进行符合人体工学的指导。

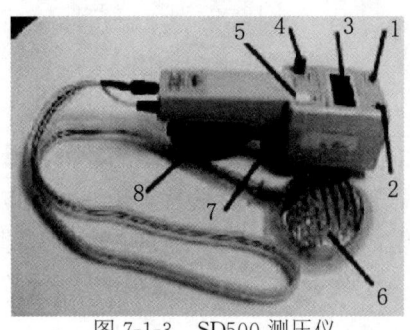

图 7-1-3　SD500 测压仪　　　　　图 7-1-4　测量实际状态

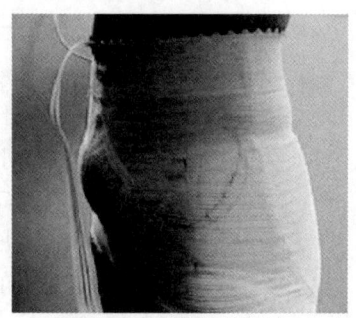

电阻法,也称为拉伸应变计示器。采用应变电气材料作为传感器,从而减小传感器的厚度和大小,进而弥补流体法中传感器过大的缺点。该法使用应变式压力传感器,探头采用应变计元件。早期由于应变计元件难以加工成合适的尺寸,因此对测量精度影响较大。后来美国 Tekscan 公司改良了该方法,发明了柔敏传感器,该公司的压力分布测量系统包括 ELF(Economical Load &Force) 系统和 FlexiForce 传感器。图 7-1-5 是传感器 FlexiForce B101 型的外观。

图 7-1-5　传感器外观

它由两层薄膜组成,每层薄膜上铺设银质导体并涂上一层压敏涂层。两片薄膜压合在一起形成传感器。银质导体从传感点处延伸至传感器的连接端。传感点在电路中起电阻作用。该传感器具有良好的柔韧性,可附着在许多表面上进行测量。该传感器的特点是:精度高,但受压面上难以产生适当的服装压力。传感器的附着容易受外部条件影响,调节难。反应特征因传感器的大小、形状、种类不同而不同。

(2)间接测量法

间接测量法包括理论计算法与模拟法。

理论计算法是通过测量皮肤的形变、被测部位曲率、服装材料的形变,根据欧拉公式进行间接计算。1966 年,在第 35 届纺织研究协会(TRI)年会上,Kirk 等人发表了他们的研究,得到了织物伸长与人体所受压力间的关系。下式即为欧拉公式:

$$P=\frac{T_H}{\gamma_H}+\frac{T_V}{\gamma_V}$$

式中:T 为在拉力测定仪上相同应变时测得的拉伸力(Pa);γ 为有关人体部位的曲率半径(cm);H 为水平方向;V 为垂直方向。

人体曲率半径可由测量曲率半径装置测量取得,见图 7-1-6,可得到

$$r = \frac{1}{2h}(\phi^2 + h^2)$$

式中:h 为装置框以上的物体高度(cm);ϕ 为物体被测部位的弦长(cm);γ 为曲率半径(cm)。

显然垂直服装压 P 与该点的曲率半径成反比。

模拟法通常制作假人模型,将压力计埋入其中,模拟穿着状态测定服装压。早期采用石膏法,用石膏做出测定部位的模型,模型的顶部要做得平一点,然后打孔,贴感压器材,测定模型上面的衣服施加的压力。该法的特点是:可以测出接近穿衣时的自然服装压力;但模型的制作麻烦,必须在衣服上做记号并剪断;不可能把握连续动作引起的服装压力变化;不能根据测定目的或条件直接使用。

图 7-1-6 人体部位曲率半径求解方法

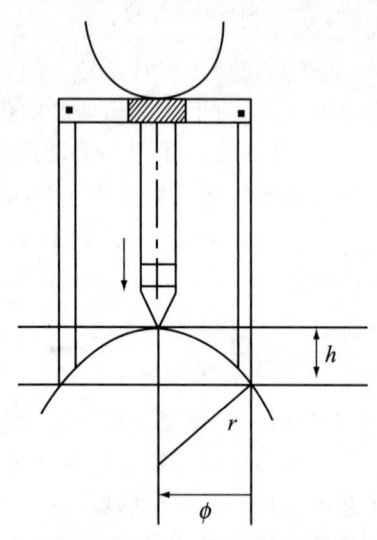

2004 年,Yu W. 与 Fan 等人建立了用于服装压力舒适性研究的个体假人模型。作者用石膏法对人体进行取模,分别采用适当的材料模拟人体骨骼、软组织与皮肤。该假人中,用强力纤维塑形玻璃制造骨骼,具有韧性的聚亚胺酯(polyurethane)泡沫塑料制成软组织,硅胶材料模拟人体皮肤层。通过控制材料与添加剂的比例,达到人体不同部位软组织和皮肤所要求的不同柔软度。该假人模型的建立,对于测量服装压力值以及评价服装的压力舒适感是一个很好的尝试。

(二)着装接触压舒适性的主观评定

服装的主观穿着评价是研究服装舒适性的重要手段之一,它是穿着者心理和生理及织物各种复杂的物理性能的综合反映。

服装压力舒适性的主观评价,可利用心理学标尺进行。主要评价指标有:束缚感、压迫感、滑爽感、刺痒感、柔软感、重量感等。

主观评价舒适性的方法很多,主要有成对比较法、排序比例尺法、语义差异标尺法等。前两种方法属于事实上的纯粹比较,它的结果仅仅可以应用于所研究的样品范围。服装接触压舒适性主观评价中常用的是语义差异标尺法。该法由

Osgood 等人在研究语言含义中发明。语义差异标尺由一系列两极比例标尺组成,其中每一标尺都有一组反义词或一个极端词加一个中性词组成。两极词的每端限定于若干分开条目的 5~7 个比例标尺上。相反情况下,中心是两极端点的中点。

目前,用于服装接触压舒适性主观评价的用语需要标准化,并且探讨如何保证主观实验者本身的可靠性和实现实验的可重复性也是必要的。

三、服装压与服装压舒适性的影响因素

(一)时间与服装压力舒适性

1970 年,Deton 在研究中已经涉及到服装压力舒适感觉与时间的关系:如果被测者最初有稍微不舒适的压力感觉,那么一段时间后,被测者的这种不舒适感觉减轻;但如果被测者一开始就有非常不舒适的压力感觉,那么随着时间的推移,这种不舒适的压力感会变得难以忍受。而 1990 年,Shimizu 等人在研究穿着宽松裤的被测者膝部的服装动态特性时发现:服装压力的变化是时间的函数。

2004 年,Toshiyuki 在他的研究中,发现穿着短袜后两小时,可以观察到一定的稳定压力值。研究结果表明,如果被测者一开始感觉短袜有一点松弛,那么随着时间的推移,压力舒适感觉舒服;另一方面,两个小时后,被测者对于短袜压力值的评价减小,这表明,一开始觉得有些紧的受试者,经过一段时间后会觉得非常合体,而随着时间的增加,穿着压力感变弱,这与前人的研究结果类似。

(二)服装重量与服装压

环境、季节、性别、年龄、体格、习惯、职业等都会影响服装的重量,除此之外,面料种类、造型变化、穿着组合也是重要的影响因素。通常情况下服装重量增加,肩、臀部压力会增加,动作的束缚性上升,从而着装拘束性增加。

表 7-1-2 是夏装与冬装肩腰部服装压力值表。表中可见,男子服装中,冬装肩部的服装压明显大于腰部的服装压,而夏装略大于或相等。而女装,只有在穿着外套的西装时,肩部服装压大于腰部,其他情况下均为肩部服装压小于腰部。这进一步表明服装重量是产生服装压的重要因素之一。

表 7-1-2 夏、冬装肩腰部服装压分布 单位:N

服装类别		男子服			女子服		
服装类型	季节类型	肩(g)	腰(g)	肩:腰	肩(g)	腰(g)	肩:腰
西装	冬装	19.6	9.8	66.5:33.5	9.8	11.76	45:55
	冬装(含外套)	39.2	9.8	80:20	24.5	11.76	70:30
	夏装	7.84	5.39	60:40	1.47	3.43	30:70
和服	冬装	19.6	11.76	60:40	13.72	19.6	40:60
	冬装(含外套)	34.3	11.76	75:25	—	—	—
	夏装	3.92	3.92	50:50	3.43	9.8	26:74

因为女装造型贴体,故而腰部服装压偏大,可见着装拘束性与服装的合体性也有密切关系。

（三）织物的延伸性与服装压

随着生活水平的提高，越来越多的消费者希望穿着既合体又舒适的服装。

人体运动时，皮肤将会发生形变，皮肤拉伸形变时服装的合体性、服装的滑移、织物的延伸可以适应这种应变。合体的服装可以为皮肤应变提供允许的空间，它受服装尺寸和人体尺寸的比例以及服装设计特点的影响，在服装结构设计中往往体现为宽松量。服装的滑移，主要取决于皮肤与织物之间、皮肤与服装的不同纱层之间的摩擦系数。织物的延伸性是确保压力舒适的一个重要因素，它主要取决于织物弹性和弹性回复性能。

当织物延伸阻力小且对皮肤的摩擦力大，那么运动时适应皮肤形变倾向于织物的延伸。如果织物摩擦力低且织物的延伸阻力大，则情况就相反。如果织物既有很高的摩擦阻力，而织物延伸阻力又大，可能对人体产生较大的着装压力，从而导致不舒适感。

通过对人体坐姿时皮肤的变形与织物的实际伸长之间关系的研究，发现皮肤应变明显高于实际织物的伸长，这表明在顺应皮肤的应变方面，合适的服装尺寸及滑移起着非常重要的作用。近年来消费者偏爱迷你的服装，迷你服装一般采用弹性织物，而弹性织物能够小变形地延展和收缩，这是近期广泛用来使服装合体的另一种方法。如 Lycra 类弹性纤维也大量应用于泳衣等紧身功能性服装，既达到提高人体活动性能的功能，又满足人体的压力舒适性。

（四）人体姿势与服装压

根据 Kirk Ibrahim 的压力公式可知，人体某点的服装压与该点的曲率半径成反比。因为姿势的变化会引起人体细部曲率的半径变化，因此动静态时人体同一部位曲率半径不同，从而服装压也会发生变化。人体细部曲率半径的变化由表 7-1-3 可见。

表 7-1-3 曲率半径 r 值 单位:cm

部位	方向	静止时	动作时	部位	方向	静止时	动作时
肩	横	6	5	背	横	7	8
	斜	4	4		斜	8	8
	纵	4	4		纵	15	7
	斜	4	8		斜	9	8
胸	横	9	8	前腰	横	12	25
	斜	9	7		斜	18	14
	纵	8	10		纵	—	9
	斜	8	8		斜	15	9
腹	横	11	15	后腰	横	11	9
	斜	12	15		斜	12	10
	纵	16	16		纵	8	30
	斜	12	12		斜	18	12

(续表)

部位	体位			部位	体位		
	方向	静止时	动作时		方向	静止时	动作时
中腹	横	10	11	臀	横	12	8
	斜	12	12		斜	12	12
	纵	11	15		纵	28	8
	斜	10	12		斜	12	9
后肩	横	14	10	肘	横	3	2
	斜	8	7		斜	4	2
	纵	15	15		纵	—	2
	斜	8	7		斜	6	3

表 7-1-4 表示了改变弹性紧身带的压迫程度,分别取直立位、椅坐位、正坐位时接触压的变化:弹性紧身带对人体的压力按直立位、椅坐位、正坐位的顺序在增大。

表 7-1-4 穿用弹性紧身带时姿势的改变与压力的比较 单位:Pa

压迫程度(cm)	1	2	4	6	8
站立	3471.6	3599	4540.5	5266.2	6668.5
坐位	3667.7	4138.4	5070	6001.7	7070.6
正坐	3805	4207.1	5472.1	6266.4	7472.7

表中的压迫程度是指将弹性紧身带依次勒紧 1、2、4、6、8cm

(五)其他影响因素的研究

Makabe 等人在 1993 年测量了紧腰衣和腰带处的服装压力,并记录了受试者对服装压力的感觉反应。他们观察到腰部压力是覆盖面积、呼吸和服装随身体运动的能力的函数。天野等人,用光谱分析了呼吸对于服装压变化的影响。影响着装压力变化幅度的是被测者姿态(动作姿态),而不是着装时的服装外形。静止状态下,在 0.2~0.4Hz 之间观察到一个由于呼吸引起的压力变化波峰。波峰出现频率低的范围内,压力光谱随服装和被测者的姿态而改变,该研究认为服装压力的变化和服装舒适性有关。

东华大学教授张文斌等人通过对人体穿着不同厚度、密度、宽松量、湿度的裤装进行对比实验,得到服装压、拘束感与服装宽松量之间的变化规律。方方等人,对紧身服装压力舒适性进行了研究,测量和计算了客观的服装压力值、织物拉伸率、服装的合体性。提取了五个主因子:1、压力感、压力穿着舒适性、束缚感;2、刺痒感;3、重量感;4、柔软感;5、光滑感。研究认为穿着压力舒适与束缚感、刺痒感、重量感和压迫感负相关,压迫感与束缚感、刺痒感、重量感正相关。得到了服装压与织物拉伸率(分别在经纬方向上)之间的回归关系;服装压迫感与宽裕量之间回归关系;主观压迫感与服装宽裕量、织物分别在经纬方向上的弹性模量之间的回归关系。

2004年,Toshiyuki等人研究发现:腿前部表面压力值对压力感觉有显著影响;腿的下部和脚后跟的最小周长影响短袜的穿着压力舒适性。并研究了舒适压力值与穿着时间、小腿部分尺寸的关系。研究认为,压力感的变化主要由拉伸恢复引起的压力值变化导致的。

四、舒适的服装压力范围

尽管接触压不是唯一影响接触压舒适性的因素,但它毫无疑问是着装接触压力舒适性客观评定的依据和基础。由此,研究者们根据自己的试验,得到了不同服装的舒适的接触压力范围。表7-1-5是米田1967年实验所得的成年男女日常服装的接触压。

表7-1-5 成年男女日常服装的服装压 单位:Pa

部位		肩	剑状突起	乳	肩胛骨间	肩胛骨下	第10胸椎	肚脐	侧腹	肠骨前上棘
男子	2月	3893.2	353	559	294.2	421.7	245.2	3020.4	3079.3	1804.4
	8月	696.3	68.6	157	19.6	49	19.6	1588.7	2098.6	382.5
女子	2月	1588.7	255	421.7	196.1	392.3	166.7	1353.3	1578.9	1118
	8月	696.3	88.3	196.1	49	78.5	29.4	323.6	725.7	19.6

从表7-1-5中可看出冬天服装压要高于夏天,也充分说明服装重量对服装压的影响。肩、臀部服装压高于肩胛骨部,与Kirk Ibrahim的压力公式一致。

1970年,Deton用弹性带围在人体某一部位拉伸进行人体实验,从而估算出不舒适压力值的最低限度,并对压力舒适程度进行了主观判定。Deton得出人体不舒适的临界压力大约为6864.7Pa,这个值接近于人体皮肤表面毛细血管的血压平均值7845.3Pa。

表7-1-6是已有研究中得出的各种服装款式的压力舒适范围汇总。

表7-1-6 各种款式服装的压力舒适范围

服装款式	压力(Pa)	服装款式	压力(Pa)
游泳衣	980.7~1961.3	医用长袜	2942~5884
紧身胸衣	2942~4903.3	紧身服	<1961.3
针织围腰	1961.3~3432.3	西裤背带	5884
弹性袜带	2942~5884		

1993年,Homata等发表了一项穿着日本男袜的服装压力的研究,确定了男性着短袜时的舒适感觉压力大致范围:上部1.33kPa,踝部666.5Pa~1.33kPa。同年,Makabe等人测量了紧腰衣和腰带处的服装压力。研究报告了被测者对腰部压力的感觉评价:(1)压力在0~1.47kPa时无感觉或者无不舒服的感觉;(2)压力在1.47~2.46kPa时有轻微的不舒服感觉;(3)压力超过2.46kPa时感觉极不舒服。

1999年,日本有学者研究了小腿的前部和后部的不同极限压力值。结果发现:小腿前部的压力极限值根据部位不同其范围从0~2451.7Pa之间;后部不如前部敏感,当服装压超过1961.3Pa时,才能比较敏感地感受到服装压的变化,并且压力极限的变化范围也小;小腿前部的压力舒适值小于后部;而压力感更多地受到前部的影响。

2002年,J.Fan研究了束腹内裤服装压对于紧绷感的影响,并得出10个部位的舒适压力值。2004年,Toshiyuki等人着重研究了男士短袜袜口压力值与压力感之间的关系,认为上部舒适压力值为20.02 ± 0.29kPa。

五、软体假人

针对传统模特人台质感僵硬的问题,香港理工大学用多年时间成功开发的全球首个软体假人,除可准确测试及示范女性内衣的舒适度外,更有助于研制医学用的压力衣物以及用作教学用途,向男学员介绍女性内衣的特性。研究开发时对B=84cm标准胸围的真人模特,利用立体扫描按照她的身形做"模"。这个软体假人外层采用聚氨脂海绵,模仿人体质感、表层再铺上光滑的仿皮肤布,模仿女性肌肤,内置一组按人体模型而设计的骨架,包括胸骨、脊骨、盘骨及大腿骨;另一特性则是备有一对以硅胶制造的人造乳房,并可随时更换大小,方便设计上的需要。

由于聘用真人模特成本昂贵、难以配合试身时间,而且女性胸围会因荷尔蒙变化使尺码有异。而传统假人则质感僵硬、容易损坏,最重要是人体皮肤具有弹性,该类模特往往不能展示内衣塑形和松紧度,因此软体假人可克服有关问题。最初构思设计软体假人是为了学术用途,配合即将开办的内衣学学位课程,让同学避免触摸真人模特上课的尴尬。

东华大学研究的可活动式女性软体假人的内层采用标准骨骼模型作为基本部件,外层采用类似于人体肌肤质感的材料,并通过设计可活动式人工关节及调节装置制作而成。该软体假人不仅仅对人体的肉弹性质感进行模拟,还要开发和制作人工腰关节、髋关节、膝关节以及相应部位的活动肌肉模型,克服一系列使人体模型有类似于肌肤的质感且具有活动功能造成的难题。目前,这种可活动式软体模型不仅在国内没有,在国际上尚属于首创。其可活动式骨骼模型如图7-1-7所示,可活动式软体假人如图7-1-8所示。

该可活动式骨骼模型部分为标准的成年女性下半身(腰椎及以下部分)各部位的骨骼模型,并通过研制的人工腰部脊柱、人工髋关节、人工膝关节等活动装置连接而成;人工腰部脊柱由多方位旋转的钛金软管串套于椎骨中心的方式制作而成,人工髋关节采用万向球轴装置,将股骨与髋臼连接的方式制作而成,人工膝关节用蜗杆传动机构将股骨与胫骨连接的方式制作而成。

图 7-1-7　可活动式骨骼模型　　　　图 7-1-8　可活动式软体假人

该可活动式骨骼模型通过调节，其腰椎可以很好地模拟人体腰部的各种动作形态，如多方位前、后弯曲、侧屈以及旋转等；髋关节能够在矢状面、冠状面和横截面三个互相垂直的平面分别做屈伸、内收和外展、内外旋等各种运动，可以逼真地模拟人体的坐椅、蹲下、行走、跑步、横跨、抬腿等不同的动作；其膝关节不仅可以对人体膝关节的前后弯曲运动进行很好的模拟，而且具有稳固的定位功能，方便实现动作形态的再现性。

该软体假人的外层采用类似人体肌肤质感的乳胶海绵、聚氨酯热缩弹性及光滑的高弹仿皮肤面料等材料固定于可活动式骨骼模型上，并通过设计人体髋部位和膝部位的外层活动装置制作而成。其乳胶海绵经过加工成型用来近似模拟人体深层静体位肌肉；聚氨酯热缩弹性体经过加工成型用来模拟人体外层动体位肌肉，环状气囊装置用来满足髋关节部位的活动及保持外形的需要；仿皮肤布采用光滑高弹面料制作而成，用来模拟软体假人的外层皮肤。

该软体假人既对人体肌肤的柔弹性等特征进行了相近的质感模拟，又对人体的关节及相应部位的运动功能进行了逼真的模拟，使该软体假人既具有接近真人肌肤的质感，又可以通过调节来模拟人体各种不同的活动形态，且各个动作形态具有规范性、稳定性和再现性。

针对该软体假人实际应用的有益效果，分别从测量部位点、不同松紧程度的束体样裤以及不同的动作形态三个方面，选择人体样本和研制的可活动式软体假人进行着装压力测试的对比试验，并通过数据处理和分析，建立了软体假人与真人之间的参数预测模型，从而说明该可活动式软体人台可以满足静态和动态下服装压力舒适性方面的应用。服装压力的其中一个试验测试如图 7-1-9 所示。

图 7-1-9 可活动式软体假人服装压力测试

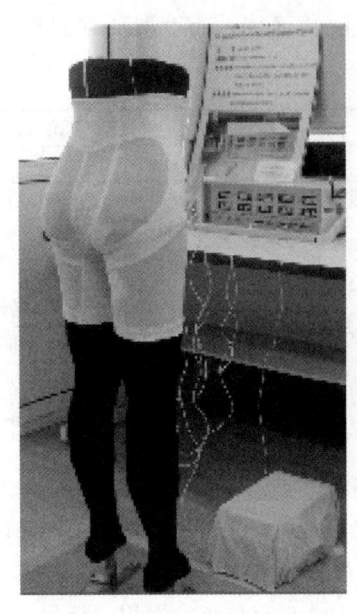

总的来说,该可活动式软体假人不仅可以很好地示范女性下装不同活动形态下的着装效果和舒适度,而且可以准确地测试女性下体各个动作形态下服装压力以及研究不同动态下压力的变化情况,有助于对真人进行服装压力舒适性方面的预测。同时,该可活动式软体假人应用于服装人体工程学中,不仅能够降低科研成本和节省空间,提高服装压力舒适性研究的工作效率,并使服装压力测试标准能尽可能客观和统一,为服装舒适性的进一步研究和企业的实际应用提供一个很好的信息载体和重要的技术平台。

六、增压服装边缘处理形式对服装压力的影响

用各种弹力面料制成的增压服装对帮助阻止或降低皮肤伤口形成增生的疤痕非常重要。增压服通常采用"裁剪成型"的样板制作方法,大都制作成筒状以适合四肢和躯干。许多医院通常利用比普通人体小 15% 或 20% 的人体数据来制作他们自己的增压服装。穿在病人身上的增压服装主要是利用弹性面料实现服装满足人体伸展需要的变化量。

研究主要是分析并建立增压服装不同缝边处理方法以及服装变形对服装接触压力影响的模型。从而提供对增压服装边缘处理形式参考选择和决定缝边距离创伤区域的最小参考值。

(一)实验

1.样本的准备

进行实验的 24 套筒状增压服装的面料,选择了两种不同的弹性面料;分别采用四种不同类型的边缘处理形式;三种不同的松量。

(1)面料的选择

实验选择了两种弹力莱卡纤维(No.25034 和 No.28432)。这些面料是由英

国和香港医院普遍认可的一家英国面料生产商提供的。这两种面料的具体性质见表 7-1-7。

表 7-1-7 实验面料具体参数

	No. 25034	No. 28432
面密度	220g/m²	270g/m²
纤维	67dtex 的尼龙 470dtex 棉	56dtex 尼龙,480dtex 棉
断裂强力(N)	588 纵向 470.4 横向	568.4 纵向 735 横向
断裂伸长率	380% 纵向 320% 横向	360% 纵向 280% 横向

每块面料都是沿经向裁剪成矩形,然后沿两个纵边缝合成筒状。所有实验样衣的缝合都是采用"之"字形线迹(BS308),缝份大小都是 1cm(如图 7-1-10)。分别在平行于筒状面料布边 1.5cm、3cm、5cm 和 7.5cm 的地方做标记线,并在每条标记线上做出 4 个 5 等分点。选用中等尺寸的圆形试管(周长 40.4cm)来进行实验。

图 7-1-10 留 1cm 缝份用 3 点"之"字线迹缝制的筒状样衣

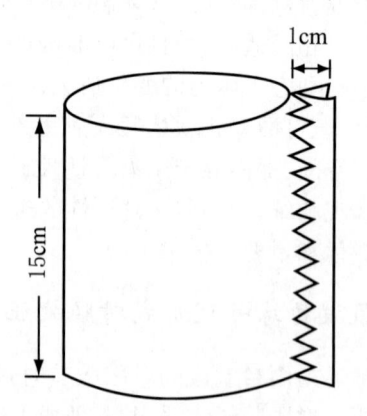

为了实验服装在不同变形张力下接触面部位所承受张力的变化,实验服装的围度尺寸分别比实验用的圆形试管小 15%,25% 和 35%,每个尺寸的样衣制作了 5 件。

(2)样衣边缘处理形式

实验选择增压服装中经常采用的 4 种缝边处理形式(具体处理形式 A,B,C 见图 7-1-11)。

• 方法 A:裁剪毛边直接采用包缝线迹处理(缝型为国际标准 504 缝型,线迹密度 55 针/10cm)。
• 方法 B:服装边缘缝上一条 1.5cm 宽的橡筋(缝型为国际标准 304 缝型)。
• 方法 C:裁减的 1cm 毛边采用折边的处理形式,用"之"字形双线链式线迹对折边进行固定(缝型为国际标准 304 缝型)。
• 裁剪毛边没有进行任何处理。

图 7-1-11 毛边处理方法

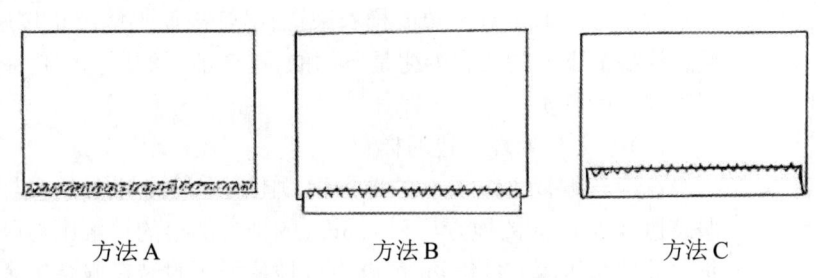

方法 A　　　　　　方法 B　　　　　　方法 C

(3) 实验仪器

实验选用了牛津张力测试仪——MKⅡ,这个由微型处理器控制的设备是用来监控创伤患者矫正结合部位的。它最初是用来监控皮表组织和椅子以及床这些支撑物之间的压力,或是在其它任何压力在 0~32kPa 范围的应用,如四肢和针织衣物接触之间的压力。压力监控器的传感器是一个由薄塑料层(2cm×2cm)制成的袋装造型,能够插入增压服装和创伤部位之间。

2. 实验方法

将按实验用圆柱形试管周长依次递减 15%,裁剪毛边没有进行处理的样衣套在圆柱形试管上,记录平行于裁剪边缘 7.5cm 标记线上的 4 个标记点处的压力。样衣套在试管型模型上的时候,压力传感器在样衣下面移到各个做好的标记点处来获得压力数据。将样衣套向圆形试管时,要注意尽量保证样衣面料本来的张力,以免影响实验数据的准确性。

样衣的缝头露在外面,每个标记点处的压力测试两次。其它各个样衣都按照这种方法进行实验。

为了比较与服装边缘不同距离处的接触压力,从每个标记点获得的测试数据都进行了平均处理。测试的结果将在下面一部分列出。

3. 实验结果

(1) 毛边没有进行任何处理的样衣

实验得出,距离服装边缘 5cm 的地方比距离服装边缘 7.5cm 地方的接触压力小。距离服装边缘 3cm、1.5cm 的地方比距离服装边缘 5cm 地方的接触压力小很多。这个结果清楚地反映了接触压力从距离服装边缘 5cm 的地方开始逐渐减小,越靠近服装边缘的地方减小得越快。

三款不同尺寸的服装具有相同的这种趋势,但是尺寸最小的那款服装在服装边缘的地方接触压力减小得更快。例如,在比模型试管周长减小 35% 的那款服装,在实验中,距离服装边缘 1.5cm 的地方接触压力减小了 666.5Pa,但是在比模型试管周长减小 35% 的服装在相同地方只减少了 266.6Pa。

(2) 方法 A 和方法 B 处理毛边的样衣

这两种毛边处理形式的实验结果和毛边没有进行任何处理形式非常相似。靠近样衣边缘的接触压力比距离样衣 5cm 以上的地方小。这表明采用包缝和缝合橡筋处理的增压服装边缘处理形式并不能阻止接触压力的减小。

对于方法 B 处理毛边的样衣来说,尽管橡筋不能阻止接触压的减小,但是服装边缘橡筋下面的压力变化是不同的,这个地方的压力变化完全取决于橡筋的尺寸和橡筋的种类。

(3)方法 C 处理毛边的样衣

在距离服装边缘 3cm 的地方稍微比测得的接触压力小点(266.6Pa),在距离服装边缘 1.5cm 的地方与和 7.5cm 的地方测得的接触压力很相近。这说明采用折边处理增压服装的毛边,能够有效地使增压服装在服装边缘地方和距离服装边缘 5cm 或 5cm 以上的地方接触压力很相近,但是在折边和距离折边 5cm 之间的地方接触压力依然有所减少。

4. 结论

实验的结果表明增压服装的接触压在距离服装边缘 5cm 和靠近服装边缘地方的接触压力逐渐减少。毛边不进行处理和采用方法 A 与方法 B 进行毛边处理的样衣实验结果比较相近;采用包缝和缝合橡筋处理的增压服装边缘处理形式并不能阻止接触压力的减小。只有采用方法 C(也就是折边处理方法)具有不同的结果,同时也表明折边处理在距离服装边缘 3cm 范围内仍然有接触压力减小现象,但是折边处理形式在距离服装边缘 5cm 范围内的接触压力比较相近。

筒状增压服装边缘处接触压力的研究表明,接触压力的减小与服装、试管表面不同接触部位摩擦力的变化非常相似。在距离服装边缘 5cm 的地方,服装的接触压力开始减小。所以,增压服装要在创伤部位获得均匀一致的接触压力,其边缘距离创伤的地方必须要有 5cm。

第二节 服装压舒适性的生理评价指标

一、服装压舒适性的生理评价指标

服装压舒适性的生理评价指标主要有皮肤温度、脉拍、血压、能量代谢率、排汗量等。

(一)人体体温与皮肤温度

1. 体温

体温是人体内部的温度,人身体不同部位的温度不同。人体内部温度不受外界环境温度变化影响,产热和散热形成平衡状态,维持恒定的体温。作为恒温动物,人的体温恒定,大约维持在 37℃左右。

而人体的皮肤温度是人体感觉系统对人体活动作出反应的重要参数。人体皮肤上有丰富的毛细血管网、温度感受器和汗腺,热能的传导、对流、辐射和蒸发都发生在皮肤上。皮肤温度既能反映出体内到体表之间的热流量,也可反映出在着衣状态下皮肤表面的散热量或吸热量之间的动态平衡关系。皮肤温度的高低主要决定于传热的血流量及皮肤、服装、环境之间热交换的速度,此外,还与皮下脂肪厚度有关。凡能影响皮肤血管扩张和收缩的因素如：冷热刺激、情绪激动和精神紧张都会引起皮肤温度的改变。表7-2-1是皮肤温度的测量方法。

表7-2-1 皮肤温度的测量方法

测量方法	测量仪器	测定对象
接触测量法	热电偶温度计、热敏温度计等	皮肤表面某一点
非接触测量法	红外温度计、红外摄像仪等	皮肤表面的点或面

2.平均皮肤温度

人体各个部位由于肌肉强度、皮下脂肪厚度、血流供应和表面几何状态不同，从而各个部位的皮肤温度相差较大。穿衣时，由于服装的气候调节作用，躯干部分的皮肤温度约为34℃，而头足四肢的皮肤温度较低。外界温度高时，身体各部分的皮肤温度接近；外界温度低时，与衣服覆盖部位相比，四肢末梢部位的皮肤温度较低。实际上，人体皮肤温度的水平还与个人体质有关。

在生理卫生学研究中，多采用加权平均皮肤温度，通常称为平均皮肤温度，它是指不同部位测得的皮肤温度乘该部位占体表面积的百分比后再相加的结果。

理论上讲，平均皮肤温度是分布于全身无数点的皮肤温度的平均值，但实际测量中是不可能的。为方便起见，人们按各个部位的皮肤温度将全身分割成若干区域，测定各个区代表的一点或几点的温度，将这个区的皮肤温度的代表值(t_1, t_2, Kt_n)和这个区占总表面积的比率(s_1, s_2, K, s_n)的乘积之和作为平均皮肤温度。如下式。

$$\overline{t_s} = s_1 t_1 + s_2 t_2 + K + s_n t_n$$

一般认为测量点少，测量简便，但容易产生误差。测量点越多越接近正确的平均皮肤温度，但需要较多的测量时间和人力。现在较常用的有七点法和十二点法。

正常平均皮肤温度范围为31.5～34.5℃。当平均皮肤温度为33～34℃时，人感觉最舒适。超过35℃时，90%的人感到热，31.5℃是舒适的下界，此时大多数人感到舒适性凉爽。

测定人体皮肤表面积即体表面积可以了解穿着服装时的被覆盖部分与露出部分的比例，同时便于计算平均皮肤温度。身体各部分表面积的比率，大致是颈部以上为10.3%，上肢为19.3%，躯干部为24.1%，下肢为46.3%。上肢、下肢占的表面积比较大，可看出与散热的关系也很大。有关的皮肤表面积测量方法如下所述。

测定身体表面积时，有将纸粘贴在体表，再将此换算成皮肤表面积的方法。还有从体重、身长换算的方法。日本高比良的计算公式如下：

$$A = H^{0.725} \times W^{0.425} \times 72.46$$

式中：A为体表面积(cm^2)；H为身长(cm)；W为体重(kg)。

新谷式的体表面积计算公式：

$$A = 5.4\sqrt{H \times G}$$

式中：H 为身长(cm)；G 为体重(g)。

或者：$A = (G \times \frac{2}{3}) \times 11.05$

$$A = H^2 \times 0.63$$

藤本·渡边氏提出了各个年龄段的计算公式

不满一岁(婴儿式)：

$$S = W^{0.473} \times H^{0.655} \times 95.68$$

1~5 岁(幼儿式)：

$$S = W^{0.423} \times H^{0.302} \times 381.89$$

6 岁以上至老年(一般式)：

$$S = W^{0.444} \times H^{0.663} \times 88.83$$

式中：S 为体表面积(cm^2)；W 为体重(kg)；H 为身长(cm)。

杜波伊斯(Du Bois)公式：

$$A = H^{0.725} \times W^{0.425} \times 71.84$$

式中：H 为身高(cm)；W 为体重(kg)。

3. 平均体温

若将人体视为一个热源，讨论人与环境的热交换时，需要采用人体平均温度，它包含人体体内温度和皮肤温度两部分。我们将体内温度和皮肤温度的加权平均温度作为平均体温。平均体温不可测量，但可以通过体内温度与皮肤温度来计算。如果体内温度用直肠温度 t_r 表示，皮肤温度为 t_s，平均体温为 T_b，则平均体温可按下式计算。

$$\overline{T}_b = 0.8 T_r + 0.2 \overline{T}_s \quad 高温时$$

$$\overline{T}_b = 0.65 T_r + 0.35 \overline{T}_s \quad 常温时$$

$$\overline{T}_b = 0.6 T_r + 0.4 \overline{T}_s \quad 寒冷时$$

式中：$\overline{T}_b$ 为平均体温(℃)；$\overline{T}_r$ 为直肠温度(℃)；$\overline{T}_s$ 为平均皮肤温度(℃)。

体内温度与皮肤温度随环境温度的变化而不同，所以，不同环境下的权重系数不同。体内温度所占人体的体积随环境温度升高而增加，随环境温度降低而减小。基于这一变化，上三式的权重系数在 0.5~0.8 之间，但通常情况下，使用常温时即可。

(二)脉搏与血压

脉搏(P_R)指心脏每分钟跳动的次数，是人体血液循环系统对人体活动行为作出反应的重要参数。脉搏数值越大，人体劳动强度越大；反之，人体劳动强度越小。

血压是血管内血液对于单位面积血管壁的侧压力，通常指血液在体循环中的动脉血压。表示法为收缩压/舒张压。收缩压和舒张压,分别是心室收缩、舒张时动脉血压最高与最低值。

脉拍、血压的测定可以通过仪器进行。如电子血压脉拍测定仪、电子跑步机。

(三)能量代谢

人体依靠摄取食物补给能量,维持恒定体温。食物中的三大营养素糖、脂肪、蛋白质在体内氧化产生热时,每克分别产热17.15kJ、38.9kJ和17.15kJ。食物具有的化学能,经体内氧化,转化为热、电、化学、机械能量的过程称为能量代谢(metabolism),或称为产热过程。产生的能量称为能量代谢量(metabolic rate),或称为产热量(heat production)。它是表示人体能量消耗的参数,反映人体运动强度、衡量人体疲劳程度。

能量代谢的1/4消耗于脑波、心电等电能和血管收缩的化学能、机械能,其余的大半作为热能用于维持体温。

1. 能量代谢的测定

测定能量代谢,有直接测量法与间接测量法。直接测量法是采用热量计直接测量身体产热;间接测量法是通过氧气摄取量与二氧化碳排出量求取能量代谢。

直接测量法:将人体置于隔热箱中,直接测量人体产热。该方法需要大型装置,已不多用。

间接测量法:通过氧气摄取量和呼吸熵间接求取能量代谢。呼吸熵(respiratory quotient,RQ):氧气摄入量与二氧化碳排出量的比值。简便起见,认为安静时$RQ=0.82$,运动时$RQ=1.0$。

间接测量法可以分为封闭式测量法和开放式测量法。封闭式测量法主要用于安静状态下的代谢测量,测试时,在封闭系统内呼吸氧气,由氧气的减少量求氧气的摄入量,呼出的二氧化碳经专门回路用吸收剂吸收,可求得二氧化碳的排出量。开放式测量法,通常是吸入空气,采集呼吸气体进行分析,根据大气中氧气、二氧化碳的浓度变化,求取氧气消耗量和二氧化碳呼出量。最具有代表性的开放式测量法为气袋法。特别是现在已有连续性呼气量测定和呼气成分分析装置,所以运动中的连续能量代谢测量广为应用。

2. 基础代谢

人体从外界摄取食物通过消化吸收,把食物的化学能转变成热能和机械能,用以维持生命这一过程所需的最低量消耗为基础代谢,这时消耗的能量为基础代谢量(basal metabolism rate,BMR)。实际上,基础代谢是指在不冷不热的舒适条件、空腹仰卧、睡醒觉状态下所测的代谢量。此时,人不做任何活动,仅仅为了维持心脏跳动、呼吸和保持体温而进行的能量代谢,是与工作、运动无关的能量代谢。

基础代谢按年龄、性别、体格有所不同。基础代谢量与体表面积成比例。$1m^2$体表面积、1h的基础代谢量成年男子约为167.360kJ,成年女子约为152.716kJ,儿童比成人大,老年人的值较小。睡眠时的能量代谢约是基础代谢量的95%,坐位安静时代谢量为基础代谢量的120%。

3. 运动时的代谢

人在从事工作或运动时,除了心脏、肺脏和其它一些脏器按各自的功能在活动外,为了完成作业,人体的肌肉和骨骼还要活动,此时能量消耗有所增加。一般日常生活中的能量消耗量超过基础代谢量。按照工作或运动的强度不同,人体能量产生的多少也不同。工作或运动时能量消耗的大小可用RMR或METS表征。

(1) R.M.R.

R.M.R.(relative metabolic rate),称为能量代谢率。它是指由于运动而多耗的代谢量为基础代谢量的倍数。它消除了个体间因性别、体格等产生的基础代谢差异,是劳动强度的数字量化指标。

能量代谢率的测量方法分为直接法与间接法。直接法是将人体置于隔热装置中,直接测量从人体发出的热量。间接法是通过测定单纯呼吸熵 N.R.Q.,根据 O_2 在各种实验条件下所消耗的值间接取得。人体吸氧量(V_{O_2})是人体能量代谢的重要特征参数,可以在人工气候室内通过气体分析装置采集分析而得。首先,求被测者体表面积 A,由体表面积 A 可查表得到人体基础代谢量(基础代谢量是人体卧床休息时消耗的 V_{O_2}),最后由安静、运动等试验状态的氧气吸入量,根据以下公式求出 R.M.R.。

$$R.M.R. = \frac{(\text{作业运动代谢量} V_{O_2} - \text{安静代谢量} V_{O_2})}{\text{作业时间基础代谢量} V_{O_2}}$$

安静代谢量 $V_{O_2} \approx 1.3$ 基础代谢量 V_{O_2}

工作强度越剧烈,R.M.R.就越大。但能量代谢率不表示总代谢量,它没有考虑时间因素。

(2) M.E.T.S.(metabolic equivalents)

表示由于运动而消耗的总代谢量与安静时的代谢量(定义为 $209.2 \text{kJ} \cdot \text{m}^{-2} \cdot \text{h}^{-1}$)之比。M.E.T.S.在欧美广泛应用,所得比值可用量度单位 met 表示。可用下式求取:

$$M \cdot E \cdot T \cdot S = \frac{\text{工作时的总代谢量}}{\text{安静时代谢量}}$$

(四) 出汗量

1. 出汗的分类

当体温调节机能依靠皮肤散热不够时,人体会以出汗的形式来增加散热。出汗对体温调节有很大的作用。汗由汗腺分泌,经汗管到达皮肤表面。出汗分为温热性出汗、精神性出汗和味觉性出汗等。

精神性出汗(mental sweating):精神兴奋时引起的出汗,这种汗腺分泌排泄汗与温度无关,人们常称为冷汗。这种汗腺主要分布于腋窝、乳头、手掌、足底、毛发际处,出汗时无潜伏期,会立刻出现,而不是逐渐产生。

味觉性出汗(emotional sweating):有酸、辣等味觉刺激所引起的脸部出汗,这种汗腺只分布在脸上,与温度无关。

温热性出汗(thermal sweating):温热性出汗指在暑热环境下产生的汗(液态水为主),汗液从全身的小汗腺(除手掌和足底外)分泌。由于外界气温上升或肌肉的运动,体热产生过多便会排泄出汗。这种出汗具有潜伏期,即从受高温到出汗期间,其过程是逐渐的,除手掌、脚掌外全身都有出汗的特征。这种汗腺遍布全身,以额部、颈部、胸部、手足、背部为多,中国人的活动汗腺约为180~250个。

温热性出汗有助于体温调节,其出汗量因人、季节、身体而异。体重65kg的人,夏季在室内轻劳动时的每天出汗量为3L左右,夏季烈日下轻劳动时的出汗量约为5~6L。出汗厉害时每小时约1~2L,但这种状态不能持续太长时间,每天最大出汗量约10~15L。

出汗量可分为有助于体热散发的有效汗量、附着在衣服和皮肤上的附着汗量和流淌下来的滴落汗量三种,这三者的比例会受风等的影响而改变。有效出汗的蒸发出汗量达100mL时,就会因皮肤表面散热造成体温下降1.25℃,而附着汗量和流淌汗量会污染皮肤和衣服。

2. 出汗量的测定

(1)全身出汗量

可以用人体天平(±5g左右)测出出汗前后的体重,从而求出全身出汗量。为了解出汗量的更始变动,用称重床连续测定体重。另外,如前所述,为了分别测定有效出汗量和无效出汗量,应该用精密天平测量流淌下来的汗珠。

为了解出汗的分布,可将全身抹上碘酒,上面再涂淀粉,这时出汗的部位会变成黑色,这样就能准确判断出汗部位。

(2)局部出汗量

测量局部出汗量的方法有滤纸法和集汗盒法,见图7-2-1,滤纸法是指将里面贴了滤纸的圆柱盒紧贴于身体局部表面,隔绝空气,然后每过一定时间换滤纸,求出滤纸重量的变化。滤纸法虽然有抑制出汗量的倾向,但用此方法能测量汗液中的钠浓度。

集汗盒法是指在覆盖一定面积皮肤的集汗盒内,通入相对湿度为0%的氮气,用灵敏的湿度计测定在其部位上由于汗液蒸发而产生的湿度增加量。

图7-2-1
测量局部出汗量的方法

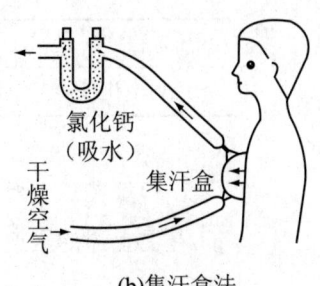

(a)滤纸法　　(b)集汗盒法

表 7-2-2 出汗量的测定方法

测定对象	方法	特征
一定时间内全身的不显汗蒸发量	人体天平	每隔一定时间,用人体天平(称重负荷100kg,感量5g)测出体重 W_1、W_2,由 $\Delta W = W_1 - W_2$ 求出单位时间内的不显汗蒸发量
全身不显汗蒸发量的更始变化	称重床	用大小约有 150cm×60cm 的称重床(称量负荷150kg,感量1g)记录体重的更始变化;中心的移动也许会产生测定误差
一定时间内的局部出汗量	滤纸称量法	准备 3cm×4cm 的滤纸 3 张,预先称量滤纸的重量(W_1);将它贴在预测的体表面上,再用塑料薄膜盖在上面,然后用胶袋密封周边;过一定时间后,从塑料薄膜中取出滤纸,重新称量(W_2),从 $\Delta W = W_1 - W_2$ 求出单位时间内、单位面积的出汗量
局部出汗量的更始变化	集汗盒法	从贴紧欲测部位的集汗盒的一侧提供干燥空气,将因皮肤表面的汗蒸发而湿润的空气从另一侧导出,用氯化钙吸附湿空气中的水分,测定某部位的局部出汗量
皮肤表面的出汗分布	碘酒法	充分混合碘酒 15g、蓖麻油 100cm³、酒精 900cm³,然后涂于身体表面,待干燥后撒淀粉,出汗时碘酒和淀粉反应变成黑色,可确定出汗分布的地方
测定局部出汗的开始时间	GSR法	在皮肤表面的两点上添加电极,出汗时,皮肤的两点之间电阻下降,所以有电流,由此可知用肉眼无法检测出汗的开始时间

二、服装压力对人体生理的影响

合适的服装压力可以修正穿着者的体型、减少运动中软组织的震动,增加穿着者的集中力、爆发力,甚至缓解疲劳感。医学上还利用合适的压力服来治疗四肢静脉曲张、皮肤溃疡以及烧伤等等。但过大的着装接触压容易使没有骨骼覆盖保护的内脏变位、变形,对内脏功能、呼吸、血液循环等发生障碍,造成身体的畸形等等。

川村以弹性紧身带为例,表 7-2-3 是将弹性紧身带依次勒紧 1、2、4、6、8cm 时压力的变化。由表可看出随勒紧程度的增加,压力相应增加。

表 7-2-3 压力随弹性紧身带压迫程度的变化

压迫程度(cm)	1	2	4	6	8
压力变化(Pa)	3393.1	3550	4668	5207.3	6590

(一)服装压力对心脏搏动的影响

在受上述的压迫时取受试者的心电图,求出心跳间隔时间,结果如表 7-2-4 所示。

表7-2-4 弹性紧身带加压时的心跳间隔(秒) 单位:s

	No. 1	No. 2	No. 3
压迫前	0.696	0.818	0.642
1cm 压迫	0.741	0.762	0.641
2cm 压迫	0.639	0.777	0.567
4cm 压迫	0.635	0.799	0.603
8cm 压迫	0.611	0.784	0.584
去掉后马上测	0.668	0.713	0.561
去掉后 10min50s	0.673	0.764	0.566
去掉后 20min50s	0.685	0.791	0.568

从表中可以看出,随加压程度的加大,心跳时间间隔有缩短的倾向。并且加压强度越强,当解除压迫后,越不易回复到压迫前的数值。

(二)服装压与人体呼吸、肺活量

图 7-2-2 表示增加压迫时呼吸数的变化曲线,呼吸数为每分钟内呼吸动作的次数(一般取吸气状况)。

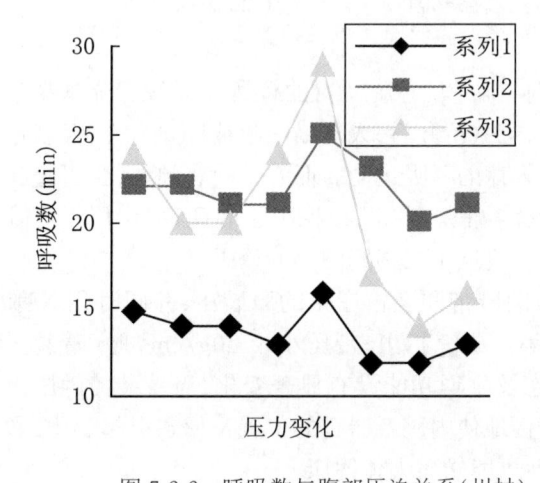

图 7-2-2 呼吸数与腹部压迫关系(川村)

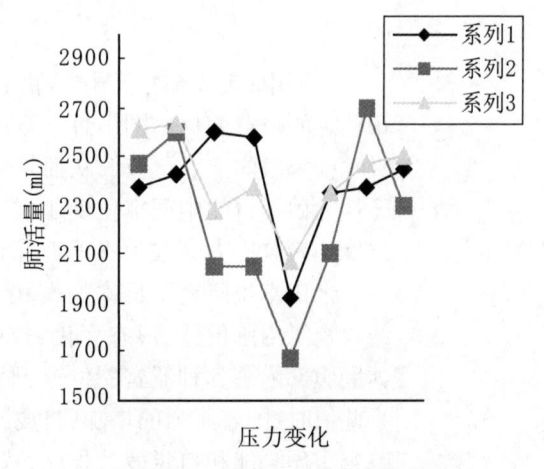

图 7-2-3 肺活量与腹部压迫关系

从图 7-2-2 可看出,轻度加压时,呼吸数比加压前有减少的倾向,压力再增大时,呼吸数急剧增加,增加开始的时间可因人而异。从呼吸的幅度(即呼吸深度)同时测定的结果可看出,其幅度变小,喘气急迫,感到难受。

图 7-2-3 表示肺活量随压力的变化,加小压时肺活量有所增加,压迫再加强时会急剧减小。加上较强的压力后,有不易回复到压迫前的倾向。为什么加小压时肺活量会有所增加？可以这样认为,因为腹部受适当压力,呼吸肌反而容易活动而引起肺活量增加。

虽然胸部没有受到直接的压迫,但占平常呼吸动作大部分的横隔膜运动受到了阻碍。其结果是呼吸运动被抑制,随心脏倾斜度的增加,对肺循环和气体代谢产生不良影响。另外直接压迫的腹部,如在弹性紧身带一节中所述,由于胃的变形引起消化功能下降,由此引起消化不良,造血功能降低。因此要穿适合身体的弹性紧身带,没有必要时以不穿为好。

（三）服装压力与人体形态

1. 着束腰带对人体造成的伤害

图 7-2-4 所示为穿束腰带时胸腹部 X 射线照片与未穿时的比较。

图 7-2-4 穿束腰带时胸腹部 X 射线照出与未穿时的比较

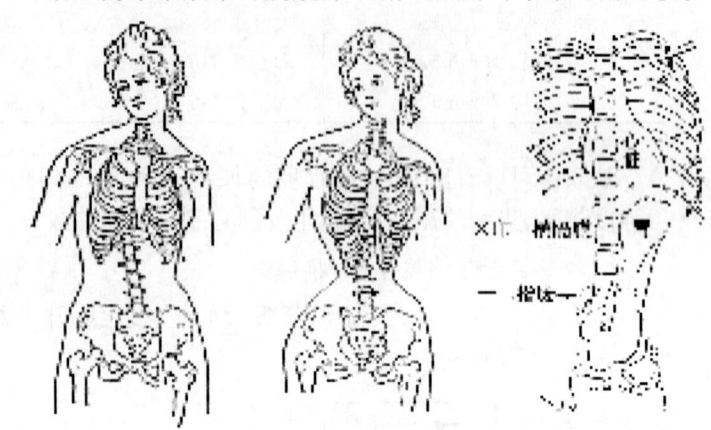

该图中,实线部分是未穿帮肚时横膈膜、心脏及胃的位置。虚线部分是穿上帮肚时的位置变化。图中可以看出,穿戴帮肚后,人体横膈膜被推向上方,限制呼吸时横膈膜的上、下运动,从而抑制人体的呼吸运动。而心脏向右倾斜,会引起肺循环障碍。胃的中间部位受压被上下拉长。由此,根据医学的理论,穿用帮肚时过度的着装压力会成为胃下垂、消化不良、十二指肠溃疡的诱因。

米田幸雄研究了日本妇女和服圆腰带和名古屋带的服装压,并同时用 X 射线检查了内脏位置、形态变化情况等。研究指出,带压小于 $40g/cm^2$ 时,着装人体胸腹部内脏各种器官的位置、形态及生理功能没有显著变化,当着装接触压大于此值时,随着压力的增加,将成比例地使内脏器官的位置及形态引起变化,影响其生理功能和自觉疲劳程度,从而可能妨碍人体健康。

2. 着不合适的鞋子造成的伤害

高跟鞋最先在欧美盛行,由于欧美人长期穿着高跟鞋,导致人体足部变形,形成鸡爪形足。穿着不舒适的鞋子所造成的足部变形,见表 7-2-5。

表 7-2-5 长期穿着鞋子的足部变化

	学生		服务员		家庭主妇	
	人数(个)	(%)	人数(个)	(%)	人数(个)	(%)
老茧	59	32.4	96	44.0	23	25.0
鸡眼	18	10.2	52	23.9	24	26.1
软骨突出	10	5.7	16	7.3	3	3.3
脚趾变形	34	19.3	33	15.1	3	3.3
脚掌变形	37	21.0	40	18.3	12	13.0
其它	6	3.4	9	4.1	0	0

越来越多的调查研究发现,舒适性成为各个不同国家的消费者选择服装类产品时的首要因素。鞋子尤其如此,人们在满足美观的同时,往往更多地考虑舒适性因素。因此,平跟鞋又开始流行。

第三节　裤装穿着拘束感的相关因子分析

本节从衣环境人体工程学角度出发,通过对人体穿着不同服装材料及不同物理状态的裤装进行穿着拘束性的实验,分析具有不同物理特性材料及状态的裤装在各种姿态中的服装压和拘束感,分析人体脉拍(P_R)、吸氧量(VO_2)等生理指标,计算出表征人体穿着状态的运动强度的能量代谢率(RMR),并最终研究出决定裤装拘束感的相关因子及其相互和总体之间的相关关系和回归方程。

一、裤装穿着拘束感实验

(一)实验项目和条件

实验测试项目:服装压(P)、脉拍压(P_R)、氧气吸入量(VO_2)、拘束感(自我判断)。实验用装置:人工气候室,模拟自行车脚踏运动负荷装置,高精度体重计,服装压测量仪 AM-7102,DINAMAP 全自动电子电压计,METS900-SA. 呼吸代谢测定装置,自动洗涤机,干燥机等。

实验的实验衣服具体特点是实验裤装在臀围、上裆等部位分 3 种宽松程度,而裤腿的宽松量保持不变。标准下装(内裤)不包括在实验衣服内。

(二)实验方法

按常规要求在人工气候室内测量所需衣服的质量,被实验者进入气候室,用高精度体重计测量体重。测量服装压(P)时在人体前腹(腰围至脐点的中央)、前膝点(膝盖中点)、侧腹(与前腹同一水平的人体侧部中央)、侧膝(与前膝同一水平的人体侧部中央)、后腰点(腰围线中心点)、臀突(臀部最高点)标出部位记号。将型号 AM-7102 的服装压测定仪的承压膜泡注射充气至表面呈饱满状,分别用粘胶带将其塑管粘贴固定于上述人体被测部位。被测者作立姿和坐姿两种状态,3 种宽松量裤装,两种干湿状态(一为实验者条件是干燥状态,一为浸湿度为55%的潮湿状态),交叉组合进行实验。每次组合重复实验 3 次,共计进行 36 次实验,每次实验可从服装压测定仪上读出各部位的服装压。拘束感的测定是被测者的自我感觉的主观记录。测定部位分腰围、臀围、大腿、小腿及整体等 5 个部位,自我感觉评价分很舒适、舒适、一般、较压迫、压迫感很强烈 5 个等级,测定姿态分安静立位、安静坐位、运动 2min 后 3 种。脉拍(PR)的测定用 DINAMAP 全自动电子电压计,测定状态分安静坐位、运动 2min、运动结束 10min 后 3 种状态。为叙述方便,两种衣服材料分成薄料、厚料,3 种衣服宽松量分成 0% 宽松量、10% 宽松量、20% 宽松量,两种干湿度状态分成干燥、湿润两种,姿势分成立姿和坐姿。

图 7-3-1
裤子拘束感的
实验实景图

图 7-3-1 为实验实景图。

二、服装压测定值和拘束感之间的分析

根据服装人体工程学的研究,服装拘束性即人体穿着服装时的拘束感,产生于衣服对人体的压迫,根据压迫的程度、轻度使人感到穿着时局部的不舒适感;严重的会产生体型和体内内脏的变形,使血液循环和呼吸运动等生理活动产生障碍,进而对人体生理功能和发育成长产生负面影响。

穿着的服装使人体产生拘束感的压力,有伴随材料的变形而产生的张力和垂直于布面上的服装压。服装压的许可值、舒适值既根据着衣的种类、穿着者的喜好、年龄、性别、健康状态、活动状态的不同而相异,亦与受压面积、压迫材料的伸缩性、压迫的时间和部位的不同而相异。

三、服装拘束感分析

（一）服装拘束感测定

服装拘束感是穿着者对衣着压迫感觉的主观判断,实验对拘束感的判断值按:很舒服(0)、舒服(1)、一般(2)、有压迫感(3)、压迫感很强烈(4)设定。其统计值如表 7-3-1。

表 7-3-1 裤装拘束感数据统计表

着衣种类	测定项目	测定部位					着衣种类	测定项目	测定部位				
		全体	侧腰	臀突点	大腿	小腿			全体	侧腰	臀突点	大腿	小腿
薄料,干燥 0%宽松量	立位	1	2	2	0	0	厚料,干燥 0%宽松量	立位	2	2	3	2	2
	坐位	1	2	3	1	0		站位	2	3	4	3	2
	运动2min	2	2	4	3	1		运动	3	3	4	4	2
薄料,干燥 10%宽松量	立位	0	1	1	0	0	厚料,干燥 10%宽松量	立位	0	1	1	1	1
	坐位	0	1	1	0	0		站位	0	1	1	1	1
	运动2min	1	2	2	2	1		运动	2	2	2	2	2
薄料,干燥 20%宽松量	立位	0	1	0	0	0	厚料,干燥 20%宽松量	立位	−1	0	0	0	0
	坐位	0	2	1	0	0		站位	0	1	1	1	0
	运动2min	1	2	2	3	3		运动	1	2	1	1	2
薄料,湿润 0%宽松量	立位	3	3	3	2	1	厚料,湿润 0%宽松量	立位	3	3	4	2	1
	坐位	3	4	4	3	2		站位	3	3	4	3	3
	运动	3	3	4	3	3		运动	3	4	4	4	3
薄料,湿润 10%宽松量	立位	1	1	1	1	1	厚料,湿润 10%宽松量	立位	2	2	2	2	1
	坐位	1	1	2	2	1		站位	3	2	3	3	2
	运动	2	2	2	2	1		运动	3	2	3	3	2
薄料,湿润 20%宽松量	立位	1	1	1	1	1	厚料,湿润 20%宽松量	立位	1	1	1	1	1
	坐位	2	1	2	2	1		站位	1	2	2	2	1
	运动	2	2	2	3	1		运动	1	2	2	2	2

(二) 裤装服装压力与人体部位曲率半径关系的分析

人体部位曲率半径的求解方法见图 7-1-6。故垂直于人体皮肤表面的垂直服装压求解方法如下:设穿着裤装时某点两轴方向曲率半径分别为 r_1 和 r_2,张力 T_1,T_2,该点的垂直服装压 P。

图 7-3-2 宽松量 0% 干态厚型料服装压比较

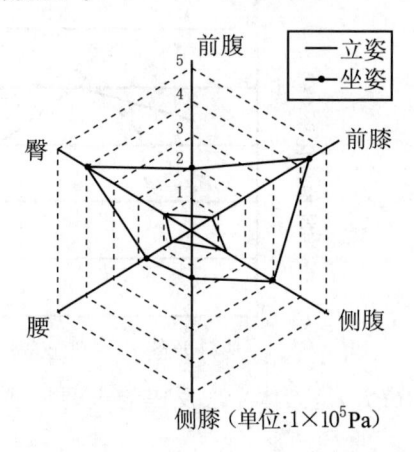

则：$P = (T_1/r_1 + T_2/r_2)$，显然垂直服装压 P 与该点曲率半径成反比。

图 7-3-2 是裤装松量 0% 时前膝和侧膝部位的服装压比较图，分析前膝（设为 f）和侧膝（设为 s，）的中心点两轴曲率半径 $rf_1 < rs_1$，$rf_2 < rs_2$，在图中可以看到所有不同材料、不同姿态、不同湿度状态的裤装被穿着时该两点的服装压，总是 $P_f > P_s$。从而可以得到裤装穿着时垂直服装压 P 与膝部的曲率半径成反比，即部位曲率半径大的部位（侧膝）其垂直服装压小于部位曲率半径小的部位（前膝）。

（三）裤装服装压与人体姿势的关系分析

人体的行为姿势在实验中主要分析了静立站姿和坐于椅面的坐姿。图 7-3-3、7-3-4 分别是松量为 0% 的薄型材料和厚型材料的裤装，在穿着时按立姿和坐姿测得的服装压对比图。从图中可以看到无论材料为何种类型，坐姿时服装压在各个部位都比立姿时服装压大得多。同时可以看到除臀突点外，图形具有相似性，且各部位的服装压随材料厚度增加而增大。

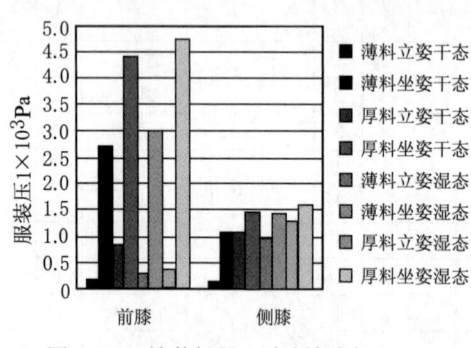

图 7-3-3 裤装松量 0% 时前膝与侧膝的服装压比较

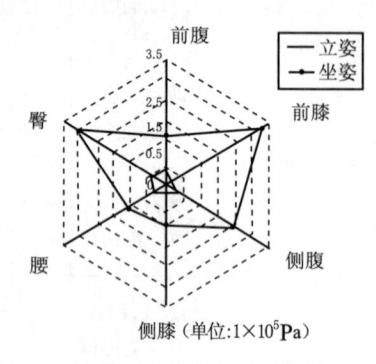

图 7-3-4 宽松量 0% 干态薄型材料服装压比较

（四）脉拍变化率与服装材料厚度的相关关系

图 7-3-5 脉拍变化率与服装材料厚度的关系

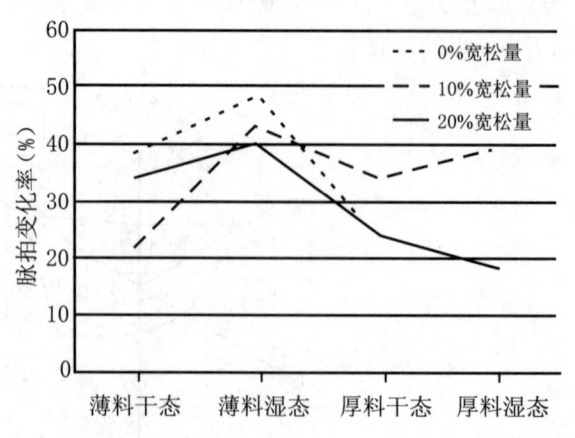

脉拍（PR）是人体生理反应的主要特征之一。其变化率（ΔPR）是衡量人体

在行为变化时其脉拍次数的变化值。根据不同状态、材料类别的裤装穿着时脉拍数变化值的变化规律,得到:脉拍 PR 与材料厚度 H 的相关系数 $r=-0.5793$;脉拍 PR 与能量代谢率 RMR 的相关系数 $r=-0.5577$。

从图 7-3-5 中可明显地观察到薄料润湿状态时脉拍变化率远大于厚料润湿状态的脉拍变化率。

(五)能量代谢率 RMR 与服装压的相关关系分析

能量代谢率 RMR 是表示人体能量消耗的参数,即表达人体运动强度、疲劳特征的重要指标,亦与服装压有较密切的因果关系。研究的 RMR 值采用国际上常用的间接测量法的开放式。在人工气候室内采集被测者的呼吸量,用气体分析装置分析,经 NECPC-9802 的 METS 系统处理求得 O_2 的经时变化值。

则:RMR＝(作业运动代谢量－安静代谢量)/作业时间基础代谢量

经分析,RMR 除与服装质量、安静～运动瞬间代谢量变化率有密切相关关系外,还与服装压有下列关系:能量代谢率 RMR 与立姿状态时服装压相关系数 $r=0.6367$;能量代谢率 RMR 与坐姿状态时服装压相关系数 $r=0.7393$。

四、裤装穿着拘束感的相关模型

拘束感是衡量服装穿着舒适感的自我感觉数值,是主观评判指标。其值的大小对于直接判断服装穿着舒适感来说,简易明了,可操作性强。故分析拘束感与相关因子的关系,并求得直观的表达式是必要的。综观前述的分析,与拘束感相关的因子有:

服装压 PRESSURE(P)、宽松量 ROOM(R)、材料厚度 THICKNESS(H)
干湿态 CONDITION(C)(干燥状态为 $C_1=0$,湿润状态为 $C_2=1$)

设:

P_1—— 前腹服装压;

P_2—— 前膝服装压;

P_3—— 侧腹服装压;

P_4—— 侧膝服装压;

P_5—— 腰部服装压;

P_6—— 臀突点服装压;

P_A—— 立姿服装压;

P_B—— 坐姿服装压;

F_A—— 立姿拘束感;

F_B—— 坐姿拘束感。

则得到拘束感与服装压的回归关系式:

$F_A = -0.3504 - 0.1617P_1 + 0.5082P_2 - 0.0802P_3 + 1.2632P_4 - 0.1008P_5 + 0.0486P_6$

$F_B = -0.4616 + 0.0931P_1 - 0.0569P_2 + 0.0017P_3 + 0.1127P_4 + 0.0920P_5 + 0.0098P_6$

拘束感与服装压、宽松量、材料厚度、干湿态的回归关系式:

$$F_A = -0.3552 + 0.2786 P_A - 0.0225 R - 0.1766 H + 0.6447 C \qquad (7\text{-}4\text{-}1)$$
$$F_B = -0.7898 + 0.1128 P_B + 0.0065 R - 0.1781 H + 0.6765 C \qquad (7\text{-}4\text{-}2)$$

能量代谢率 RMR 与服装压、宽松量、材料厚度、干湿态的回归关系式为：

$$RMR = 1.5155 - 0.063 P_A + 0.0534 P_B + 0.0160 R + 0.0995 H - 0.1856 C$$

综合上述评价因子的数据分析结果,可得到下列结论：

裤装穿着拘束感的相关因子有服装压、宽松量、材料厚度、裤装干湿状态,其中服装压又与部位的曲率半径成反比,与人体行为姿势(立、坐姿)相关。拘束感与服装压、宽松量、材料厚度、干湿态及人体行为姿势的回归关系式为式(7-4-1)、(7-4-2)。作为裤装穿着舒适性的其它生理指标,脉拍与能量代谢率亦与上述因子的部分或整体有显见的回归关系。

第四节 环境气候与服装间气候研究

一、环境气候基础指标

在服装研究中,需要针对气候条件进行。随着科学技术的发展,可以用冷暖设备来调节温度。但将气候条件考虑在服装设计之中仍是比较重要的。随着生活的简便化,休闲时一般穿运动服和休闲服。除此之外,还应研究在特殊活动、特殊环境、特殊气候条件下的服装材料。

控制人体散热或感觉冷暖的气候因素有气温、湿度、气流、辐射热。

(一)气温

气温有别于水温或地温,它是指围绕我们周围的大气温度。气温随着地点和地表的高度而不同。测量气温时,取接近于人的身长高度 1.5cm 处的干球温度。

气温随季节、时刻、地点变化而发生一定的变化。一天的变化情况是：日出以前气温最低,下午两点左右最高。每日的照射量以太阳垂直向地面投射时的正午时间为最大。

距地面越高,气温越低,其降低的比例叫做减温率(lapse rate)。一般每提高 100m,降低 $0.5 \sim 0.7$ ℃,所以应考虑在高地上适用的服装。

$$\text{摄氏温度(℃)} \qquad C = 5/9(F - 32)$$
$$\text{华氏温度(℉)} \qquad F = 9/5 C + 32$$
$$\text{绝对温度(K)} \qquad K = 273.15 + C$$

温度的测量,因各种外在条件不同,测定方法和测定仪器也不同。气温与湿度、气流有关,所以不单用测量温度用的干式温度计,而多用带有干湿球的阿库斯特干湿球温度计。

(二)湿度

湿度是指空气中所包含的湿气,有绝对湿度和相对湿度两种表示法。绝对湿度是指每立升空气中所包含的水蒸气克数,即水蒸气密度(q)。如果$1m^3$空气中饱和的水蒸气克数,即饱和水蒸气密度为Q时,两者之比的百分率即是相对湿度。

$$相对湿度 = q/Q \times 100\%$$

一天中的湿度变化与气温相反,气温最高的下午2时左右,相对湿度最低。从夜晚到早晨相对湿度最高。测量湿度,无风时可以用阿库斯特干湿温度计(图7-4-1),有气流时用阿斯曼通风温湿度计(图7-4-2)。此外,还可以使用毛发湿度计、自动记录湿度计等。

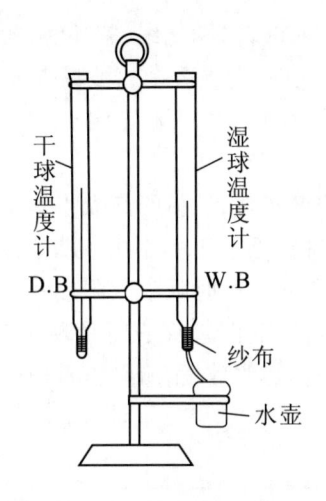

图 7-4-1 阿库斯特干湿温度计

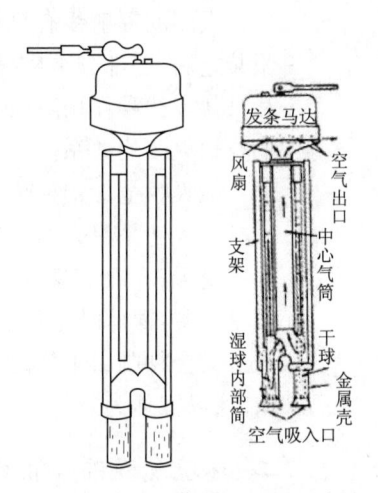

图 7-4-2 阿斯曼通风温湿度计

(三)气流

气流是指气压差产生的大气水平运动。在与人体的关系上,泛指围绕人体的环境或服装内空气的流动。气流由高气压处往低气压处流动,因为地球自转产生的转向力不同,所以有风向,还有由于气压途径不同(单位距离上正气压的差异)而产生的风速。气流的大小叫做风速,单位为m/s、cm/s。

外界大气中至少有0.5~4m/s的风速。0.5m/s以下的风速难以测定,叫做不感气流。皮肤虽感觉不到这些气流,但在调节体温方面却能起到重要作用。这些气流常存于室内、衣服里面,促进新陈代谢。

图 7-4-3 卡他温度计

皮肤表面有6cm左右的空气层,所以皮肤表面并不与外界温度的空气直接接触,该空气层叫做限界层。由于身体被限界层包围着,故皮肤温度受外部环境影响是逐渐降低的。

测定气流的仪器有卡他温度计(图 7-4-3)、风车风速计、热金属线风速计、热敏电阻风速计等。

（四）辐射热

人体不断向四周辐射热线,同时又吸收周围其他物体辐射出来的热,这种热线叫做辐射热。辐射或吸收的辐射能量随物体温度或表面性质的不同而不同。辐射是服装环境学中的重要因素之一。尤其对高热环境中的工作人员或者在日光直射下,辐射热的问题更为突出。

太阳的辐射线有热线(红外线,60%)和光线(紫外线,40%),这些辐射线到达服装之后,一部分被反射,剩余的被吸收或透过。被吸收或透过的热线温暖服装和身体。这种作用随服装的材质、颜色、表面状态不同而有差异,所以应考虑到它们与辐射线的关系。

能吸收全部辐射热的物体叫做黑体,黑体的热吸收率用 1 表示。人的皮肤无论是白人还是黑人,其热吸收率都接近于 1,大致认为是黑体,与气温无关。在炎热的夏天,赤裸上身活动不如穿着衬衫少时吸收太阳热好。在日光直射下实验的结果表明:裸体时呈现出 800g/h 的出汗量,穿衣时呈现出 500g/h 的出汗量。但衣服又会抑制由于气流而产生的体热的散发,所以当希望得到气流产生的散热效果时,以裸体为好。

二、环境气候综合指标

用一个刻度来表示复杂的环境条件就如同把人所感觉到的冷、热或愉快、不快直接用语言来表示,这是从生物学角度的表示方式。有许多学者进行过这方面的研究,把它叫作生物学温度感或体感气候,用感觉温度、作用温度、不快指数等概念表示。

（一）感觉温度

感觉温度又叫做实感温度、有效温度、等感温度、实效温度。这是在气温、湿度、气流三条件组合成几种情况时,感到冷热的温度感觉用一个数字来表示的。

Houghton、Yaglon、Miller 等人考察了感觉温度,根据多数被测者的温度感觉,制定了综合气温、湿度、气流三因素的温度因子指标。

在一定气温下,以湿度 100%(饱和)、无风(0cm/s)的情况作为参照,产生与之相同温度感觉的气温、湿度、气流的组合状态作为感觉温度。就是说,即使气温、湿度、气流不同,只要与湿度 100%、气流 0cm/s,即无风时的感觉温度相同,就认为感觉温度相同。

一般情况下,感觉温度被广泛使用。对安静地坐在椅子上或者作轻劳动的人来说较适宜,但是,做强度较大的劳动时,用感觉温度来形容舒适状态却存在一些缺点,即低温、高湿或高温、低湿或者整体上得不到相应的生理舒适感。感觉温度没考虑辐射热的影响,所以在周围墙壁和气温之间有差异的场所,用黑球温度代替干球温度来表示感觉温度更合适,这叫修正感觉温度。

(二)作用温度(OT)

作用温度不仅综合环境条件,还考虑体热的产生状况,它是比感觉温度更符合生理学的温度指标。作用温度是考虑气温、气流、辐射热三个物理因素,将此三因素与人体表面温度,即与皮肤温度的关系中用实验方法算出来的数值,它是用生理学、物理学的温度刻度表示的。

作用温度由以下公式得出:

$$OT=(K_R T_W+K_C T_A)/(K_R+K_C)(室内气流弱时\ T_A)$$

式中:OT 为作用温度(℃);K_R 为辐射常数;K_C 为对流常数;T_W 为平均壁面温度(℃);T_A 为平均温度(℃)。

(三)等温指数(EWI)

等温指数是表示辐射热、气温、湿度和气流对坐着劳动的人或做轻劳动的人的舒适感的影响。等温指数是以湿度100%、无风时,将周围物体表面温度与气温相同时的舒适感作为基准,让人感到与之相同温度感觉的周围条件结合起来表示的。等温指数可用下式表示:

$$EWI=9.979x-0.149x^2-2.89$$

$$x=0.0169T_A+0.0538T_W+0.0372f-0.0144\sqrt{v}(100-0.3048T_A)$$

式中:T_A 为气流速度(m/min);T_W 为周围物体的平均温度(℉)$=t_g+0.169\sqrt{v}(t_g-0.3048T_A)$;$f$ 为水蒸气压(Pa);t_g 为黑球温度计度数(℉)。

(四)温湿指数(THI)

温湿指数又称为不快指数(DI),温湿指数是将干球温度与湿球温度,即随着气温与湿度不同而使人产生到不快感的程度用数值来表示的,可用下式求出:

$$DI=(干球温度+湿球温度)\times 0.72+40.6$$

不快指数低于70时,人会感到舒适,在70~74之间,一部分人会感到不舒服,到75以上时,人会感到难以忍受的炎热和烦闷。

如果不快感加重,就会使学习或工作能力明显下降,夫妻吵架变频,行车事故及暴力事件等攻击性行为也会增多。

(五)热应力指数(HSI)

在高温环境下,为维持体热平衡所需要的代谢量与在其环境中蒸发的最大代谢量的比,用热应力指数表示由于高温而产生的应力程度。

热应力指数可用下式求出:

$$HSI=E_{req}/E_{max}\times 100$$

式中:E_{req} 为在高温环境中,为维持身体热平衡所需要的代谢量;E_{max} 为在相同环境中蒸发的最大代谢量。

(六)风冷指数(WI)

风冷指数是指由于大气的干燥状态和对流情况而产生的冷却程度,即起因于风和气温的冷却效果。

风冷指数可用 Spline-Passel 式求出：
$$K=4.184\times(v\times100+10.45-v)(33-T_a)$$
式中：K 为风冷指数[$J/(m^2 \cdot h)$]；v 为风速(m/s)；T_a 为气温(℃)。

第五节 着装运动温度研究实例

本节将以男子下体着裤装运动温度分析为例，介绍人体着装温度研究，具体试验与结果如下。

1. 实验服装

实验用标准服装：贴体穿用的短裤、背心。

对照用实验服装：上装为汗衫背心、短袖立领衬衫；下装为前后裤身无裥、后裤身斜形分割型长裤。按实验需要规格进行设计。

2. 实验条件和方法

实验环境：人工气候室，恒温恒湿状态。空气温度25℃，空气相对湿度55%，风速≤0.1m/s。

被实验者条件：年龄、国籍、健康、身高、体重、净胸围、净腰围、净臀围、体表面积等参数。

测量项目和实验装置：

皮肤温度 $\overline{T}_s$、模拟自行车脚踏运动负荷装置、人工气候室等。

实验方法：

实验时间以0点开始，被验者在座椅上戴上呼吸代谢装置，按大腿与躯干成正交直角进入静止状态，10min静止状态，使人体呼吸、血压、脉拍成静态正常值。第二个10min为运动时间，模拟自行车运动在脚踏运动负荷装置上作速度为60r/min、功率消耗为30W的脚踏运动。第三个10min为安静恢复期，被测者按最初姿势静坐，使各项生理指标逐渐向静态值恢复。

实验次数：①两种衣服材料、三种衣服宽松量、两种干湿状态，交叉组合。每种组合重复3次，共计36次；②着标准服装，重复三次，共计3次。共计39次。

皮肤温的测定采用四点法。即测量点为前额（额中央眉上2cm），上臂后面（上臂背面中心线下1/3处），胸部（乳腺与第4根肋骨的交点），大腿前面（大腿前中央与膝盖上10cm处交点）。按四点法测得的各部位皮肤温，再根据有关计算式求得平均皮肤温。

平均皮肤温 $\overline{T}_s=(9.8A+32.8B+19.6C+37.8D)/100$

式中：A 为前额皮肤温(℃)；B 为胸部皮肤温(℃)；C 为上臂皮肤温(℃)；D 为大腿部皮肤温(℃)。

式中系数均为该部位在人体体表面积中所占的比例数。

图 7-5-1 大腿皮肤温经时变化图

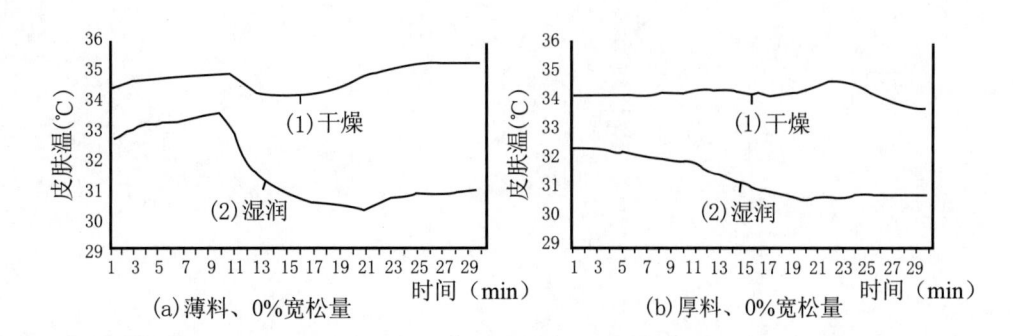

(a) 薄料、0%宽松量

(b) 厚料、0%宽松量

根据 Hards、Dubois 法，大腿皮肤温与平均皮肤温有很好的一致性。实验最后可得到大腿皮肤温经时变化图(图 7-5-1)。可以观察到，运动开始时使腿部皮肤热量散发程度增大，因此在第 11min 时大腿皮肤温突然下降，然后逐渐呈平稳状态。至安静恢复期第 20min 后开始逐渐恢复运动前皮肤温。

思 考 题

1. 试分析服装压的定义及测定方法。
2. 试举例分析人体姿势与服装压关系。
3. 试分析服装压创造性的生理评价指数中温度、能量代谢测量方法及原理。
4. 试分析服装压对人体生理的影响。
5. 试分析裤装穿着拘束感的相关因子及其相关性。
6. 试分析服装间气候的相关因子及其测定方法。

第八章　服装厂工作地劳动姿势与劳动强度

科学的劳动姿势和劳动强度对服装厂的生产效率最大化是很重要的,是服装人体工效学的重要部分。本章对作业环境和作业姿势、作业方法进行介绍和分析;分析作业区域的影响因子和计算方法;对作业强度概念进行介绍和实验分析,并介绍最佳的作业姿势选择及在服装厂生产中如何具体运用作业姿势;对疲劳概念的论述和疲劳所产生的机理分析以及疲劳度的实验研究进行论述,分析疲劳的原因和影响的相关因子、减少疲劳的具体途径;最后根据疲劳和劳动强度对服装厂的环境进行分析。

一般服装企业的工人、典型的缝纫车工的劳动强度都被界定为轻体力劳动,但如何实地科学地分析服装企业员工各类劳动强度,乃至于其工作姿势、工作时间等,国内研究得不够,故而运用人体工学原理对服装厂工作地劳动姿势与劳动强度的研究显得十分必要。

第一节　作业姿势与作业区域

一、作业姿势分类

劳动中作业姿势一般可分为立姿、坐姿、卧姿和坐立交替姿势等四种。其中使用最多的是坐姿,其次是立姿、坐立交替姿,最后是卧姿。立姿可分为直立、蹲立、半蹲立姿等;坐姿可分为下肢弯曲的跪坐姿,坐在椅子上的椅坐姿等;卧姿可分为俯卧、仰卧和侧卧等。保持空中静态形态的作业姿态称为静态姿势;进行步行、跑步等运动形态的作业姿势称为动态姿势。

服装厂工作地的作业姿势中,缝纫工主要的姿势为坐姿,亦有立姿;熨烫、整理工主要姿势为立姿;检验工姿势为坐立交替姿。所有作业都局限于小幅度的动态姿势。

二、作业区域分类

作业区域通常可按区域大小和区域空间形态分类。

（一）按区域大小分

1. 正常作业区域：手臂成自然弯曲状作弧形移动时左右手中指所划出的轨迹内区域，见图 8-1-1 中 A 和 E 区域。

图 8-1-1 平面作业区域

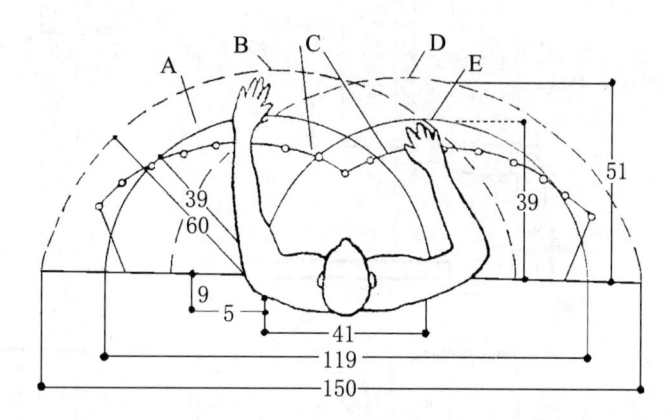

A.左手的正常范围　B.左手的最大范围　C.最佳作业范围
D.右手的最大范围　E.右手的正常范围

2. 最大工作区域：手臂成伸展状作弧形移动时左右手中指所划出的轨迹内区域，见图 8-1-1 中 B 和 D 区域。

3. 最佳作业区域：左右手臂成自然弯曲状作弧形移动时左右手掌心所画出的轨迹，其重叠的区域，见图 8-1-1 中 C 区域。

（二）按空间形态分

图 8-1-2 男性做水平作业时最大工作区域和正常作业区域的大小

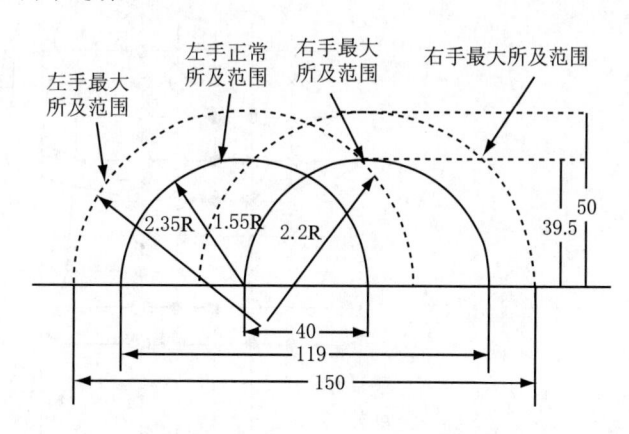

1. 平面作业区域：平面作业区域为两肢在水平面状工作台作业时的区域。图 8-1-2 是按标准男性做水平作业时最大的工作区域和正常作业区域的大小，其

作业区域的半径 R 都是以人体的左右肩端点 SP 为原点(手臂关节点),在人体上肢运动时划定的大小。

2. 垂直作业区域:垂直作业区域为两肢在垂直空间作业时的区域,亦常分为:

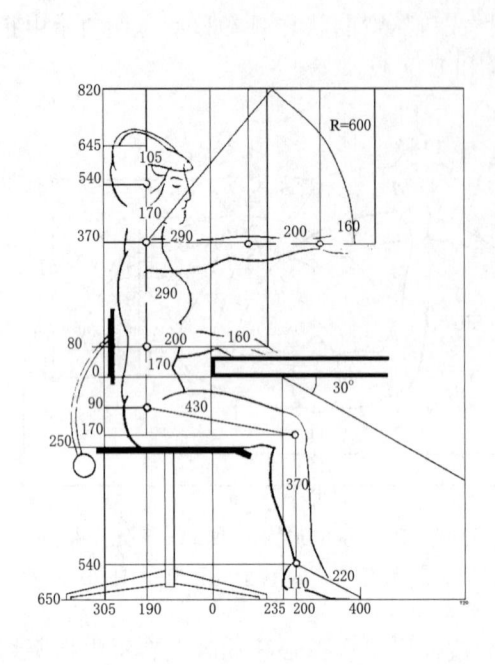

图 8-1-3　坐姿时手臂伸展状中指所达区域(女子)

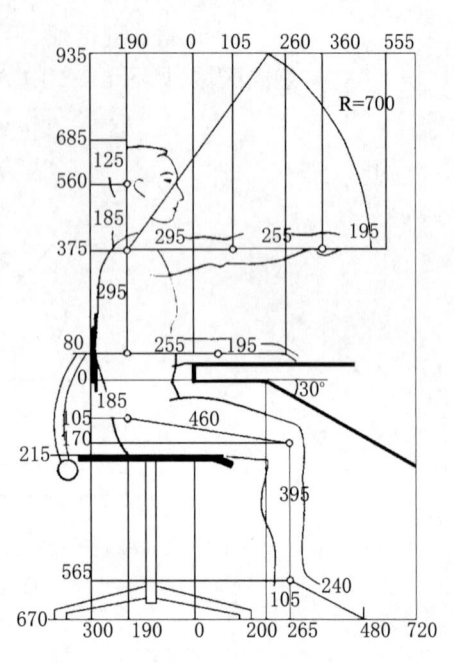

图 8-1-4　坐姿时手臂伸展状中指所达区域(男子)

图 8-1-5　垂直作业区域

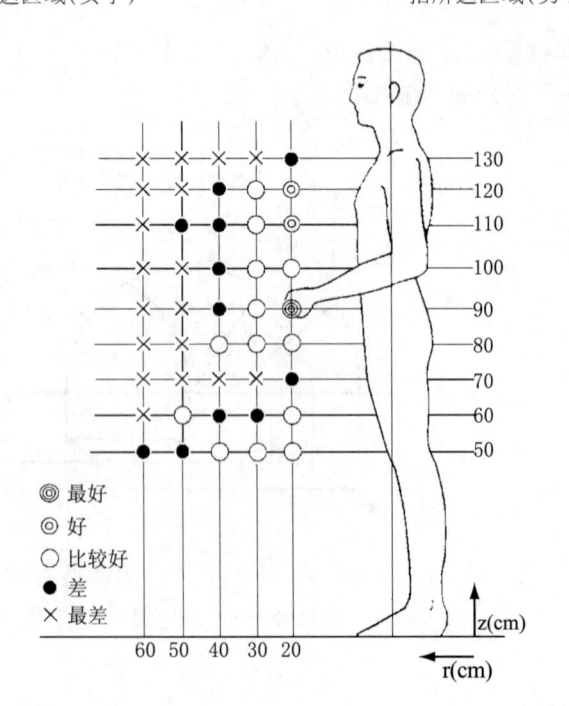

(1)最高作业区域:坐姿时手臂伸展状中指所达区域(如图8-1-3,8-1-4所示)。
(2)正常作业区域:坐姿时手臂弯曲状中指所达区域(如图8-1-3,8-1-4所示)。
(3)最佳作业区域:如图8-1-5为立姿时手臂弯曲状掌心所达区域。

第二节　作业记录与作业分析

一、作业姿势的记录

为了统计方便和缩短记录时间,将作业者在作业中的姿势设计为多种符号。作业姿势的记录按基本要素分可有三种(见表8-2-1)。

1.进行作业时的必要要素,如空手移动、握笔等。
2.进行此类行为要素时,第一种要素会产生迟缓,如观察、挑选等。
3.不能进行作业时的要素,如静止状、休息等。

作业姿势的记录方式根据需要可分两种:

1.作业姿势的英文缩写。
2.采用规定符号(一般为象形符号)记录。表8-2-1是各种作业姿势时的记录符号。

表8-2-1 各种作业姿势记录表

类别	基本要素	略号	记号	说明	例子
第一类	(1)空手移动(Transport-Empty)	TE	∪	空手的形状	把手伸向铅笔
	(2)抓取(Grasp)	G	∩	抓着物体的手形	抓住铅笔
	(3)荷物移动(Transport-loaded)	TL	ⓔ	物体在手中的形状	握着铅笔
	(4)定位(Position)	P	9	把物体放在指端的形状	把铅笔放在预先确定的位置
	(5)组合(Assemble)	A	♯	♯形	套上笔帽
	(6)取消组合(Disassemble)	DA	♯	从♯上去掉一横	摘下笔帽
	(7)使用(Use)	U	U	英语"使用"(USE)的首字母形状	写字
	(8)放下(Release-Load)	RL	⌒	掌心向下的形状	放下铅笔

(续表)

类别	基本要素	略号	记号	说明	例子
第二类	(9)观察(Inspect)	I		镜头形状	观察字形
	(10)搜索(Search)	SH		用眼睛搜索物体的形状	观察铅笔在哪
	(11)发现(Find)	F		眼睛的形状	发现铅笔
	(12)挑选(Select)	ST		指示所挑选物体的形状	从数支铅笔中挑选出一支
	(13)思考(Plan)	PN		把手放在头上思考的形状	考虑写什么字
	(14)前置(Preposition)	PP		有盖的瓶子	为方便使用的握笔姿势
第三类	(15)保持(Hold)	H		物体被吸附在磁石上的形状	一直握着铅笔
	(16)不可避免的迟滞(Unavoidable Delay)	UD		人被绊倒的形状	由于停电不能写字而停滞
	(17)可避免的迟滞(Avoidable Delay)	AD		人睡觉的形状	看别的东西而不写字
	(18)休息(Rest for Overcoming Fatigue)	R		人靠着椅子睡觉的形状	因为疲劳而休息

二、关于作业分析

作业分析是分析人－用具系统的具体形态所必需进行的工作,以此过程中发现的问题作为人体工学的问题进行解析,并加以解决。其方法有以下几种:

1. 求不同作业的时间频率

(1)人工书写记录方法,如记录出勤时间;

(2)用行动记录器;

(3)照相摄影法(作业的主要场面的照相、摄影);

(4)三次元的投影法,如每隔8mm或16mm摄取作业时的动作投影。

2. 求作业的强度

(1)根据能量消耗量、O_2消耗量、能量代谢率(RMR)求得;

(2)根据脉拍数的变化求得;

(3)根据呼吸量(作业吸气量、作业呼气量)的变化求得;

(4)根据发汗与呼吸时的水分丧失量求得;

(5)根据尿反应(尿量及尿酸值)求得;
(6)根据肌电图求得;
(7)根据主观评价法求得。
3.求作业要求的紧张度
(1)听觉阈值测定法;
(2)视觉阈值测定法;
(3)痛觉阈值测定法;
(4)根据脑电波实际波形求得;
(5)根据呼吸的抑制程度(呼吸量的连续记录)求得紧张系数;
(6)求疲劳产生度
(7)由脑电波的X光透视求得;
(8)主观评价法。
4.求作业时姿势的变化
①根据运动学的方法;
②定时摄像法;
③时间和动作研究中以姿势为主进行研究。
5.求步行时间
(1)根据步行计时器求得单位时间步数;
(2)用秒表记录起始经过时间。
6.求休息率
(1)用秒表记录起始经过时间;
(2)记录机器停止运行的次数。
7.求主作业与次作业的比例分配
用秒表记录各类作业的起始时间。
8.明确工作件的滞在位置
用秒表记录工作件运行的起始时间,与正常消耗时间相比较可得滞在位置。
9.明确作业时间的经过、顺序
(1)用行动记录器记录,如记录时间经过图;
(2)用秒表法记录,如记录吸烟等时间经过。
10.明确动作时间
(1)摄影法;
(2)快拍读写法;
(3)秒表法。
11.求作业效率
(1)记录单位时间中的产品个数;
(2)记录单位产品的生产时间间隔;
(3)记录错误、次品。

12. 了解身体移动的过程距离
(1)投影法；
(2)身体上装闪光器，拍摄闪光间隔。
13. 观察视线的移动
(1)根据作业者携用望远镜的移动；
(2)根据电子摄像机。
14. 求两人以上作业者的关联性
(1)摄影法；
(2)光线追踪法；
(3)用测远仪在 X、Y 轴上记录。
15. 观察机器不良震动情况及停止运行的情况。

第三节 作业区域计算及影响要素

一、作业区域的计算可有以下三种方法：

(1)按身高：$y=ax+b$

式中：y 为最大作业区域(cm)；x 为身高(cm)；a、b 在一定的条件下有不同的数值。

(2)按成年男子各种关节运动幅度计算

(3)人体正常作业域、最大作业域公式及平均值。表 8-3-1 是人体正常作业域、最大作业域公式及平均值，其中伸展角度 γ：以人体背中心为原点，原点到手中指的连线与 X 轴的夹角。

表 8-3-1 人体正常作业域、最大作业域公式及平均值

伸展角度 γ(°)	正常作业域	正常作业域均值(cm)	最大作业域	最大作业域(cm)
0	$y=0.18x+11.37$	40.5	$y=0.42x+0.63$	62.4
15	$y=0.18x+17.29$	46.5	$y=0.36x+8.35$	67.0
30	$y=0.33x+2.23$	51.2	$y=0.21x+35.93$	69.9
45	$y=0.32x+2.66$	54.5	$y=0.21x+38.38$	72.4
60	$y=0.39x+5.36$	57.6	$y=-0.21x+75.23$	73.6
75			$y=0.10x+57.72$	73.9

二、劳动作业的影响要素包括以下三个方面

1. 作业中人体的计测

在设计工作空间时应确定一系列主要人体测量指标。图 8-3-1 中的数字代表具体的人体在作业时的各种方位的尺寸。

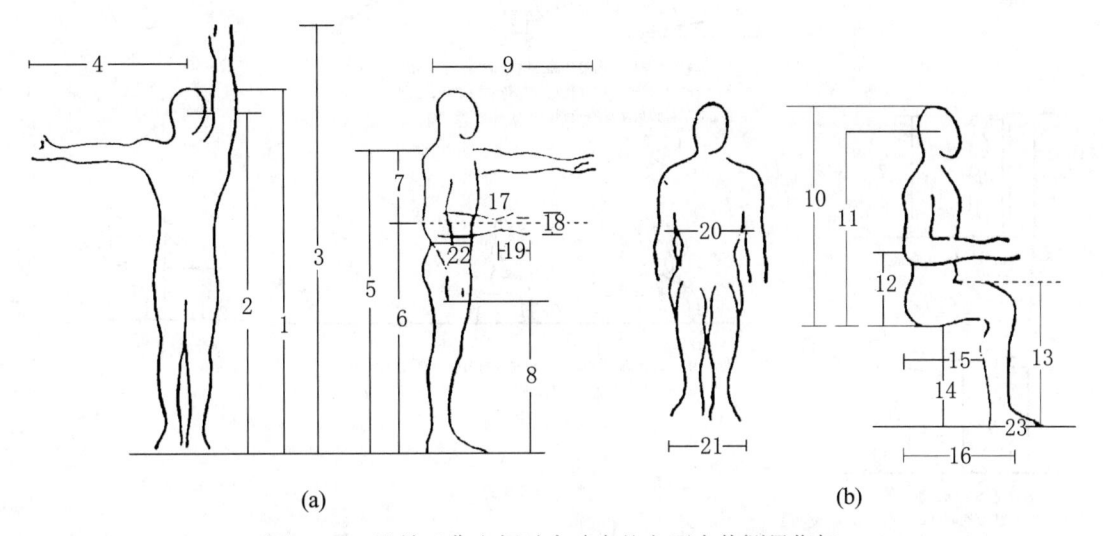

图 8-3-1　设计工作空间时应确定的主要人体测量指标

1. 立位身高　2. 立位眼高　3. 伸身向上所及高度　4. 伸手测方所及长度　5. 立位肩高
6. 立位肘高　7. 肩—肘高度　8. 指掌关节高度　9. 伸手向前所及长度　10. 坐高
11. 坐位眼高　12. 坐位肘高　13. 坐位膝高　14. 坐位腿高　15. 臀—腿长度
16. 臀—膝长度　17. 肘—中指长度　18. 手宽　19. 手长
20. 肘宽　21. 臀宽　22. 腹深　23. 足长

表 8-3-2 人体部位和作业用具之间尺寸概算表

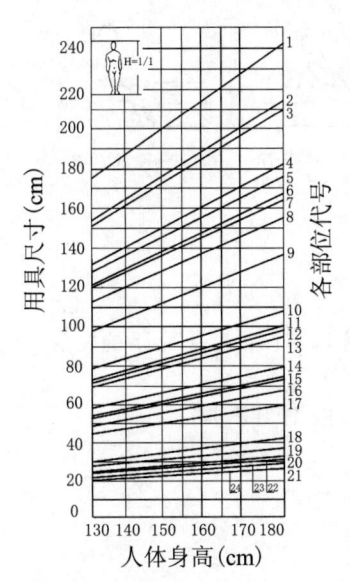

作业用具高度与人体身高及各种作业姿势时的各部位尺寸有关。表 8-3-2 中横坐标为人体身高,右纵坐标为各部位代号(代号含义如前)。使用时先查身高,再查有纵坐标代号,相交于斜线后,画水平线交于左纵坐标,其数值为用具之高度或长度尺寸。

例:人体身高 170cm,求其坐姿时的用具空间尺寸,查部位代号 10,然后沿着斜线与 170 身高纵线的交点,按通过该交点的水平线查到用具尺寸为 100cm。

具体地说,作业动作 1~25 的作业空间与作业者身高 H 的关系如下:

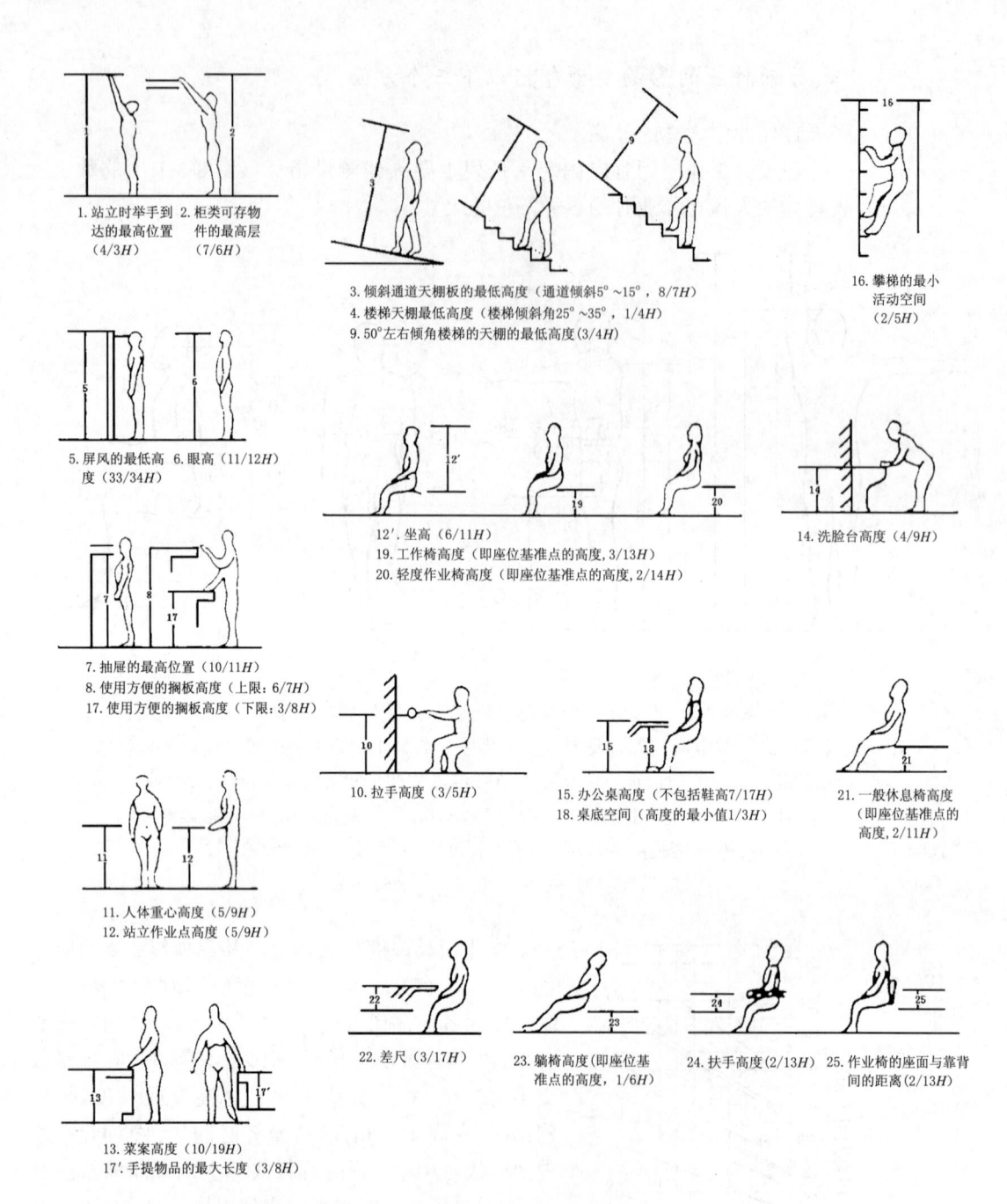

1. 站立时举手到达的最高位置（4/3H）
2. 柜类可存物件的最高层（7/6H）
3. 倾斜通道天棚板的最低高度（通道倾斜5°~15°，8/7H）
4. 楼梯天棚最低高度（楼梯倾斜角25°~35°，1/4H）
9. 50°左右倾角楼梯的天棚的最低高度（3/4H）
16. 攀梯的最小活动空间（2/5H）
5. 屏风的最低高度（33/34H）
6. 眼高（11/12H）
12′. 坐高（6/11H）
19. 工作椅高度（即座位基准点的高度，3/13H）
20. 轻度作业椅高度（即座位基准点的高度，2/14H）
14. 洗脸台高度（4/9H）
7. 抽屉的最高位置（10/11H）
8. 使用方便的搁板高度（上限：6/7H）
17. 使用方便的搁板高度（下限：3/8H）
10. 拉手高度（3/5H）
15. 办公桌高度（不包括鞋高7/17H）
18. 桌底空间（高度的最小值1/3H）
21. 一般休息椅高度（即座位基准点的高度，2/11H）
11. 人体重心高度（5/9H）
12. 站立作业点高度（5/9H）
22. 差尺（3/17H）
23. 躺椅高度（即座位基准点的高度，1/6H）
24. 扶手高度（2/13H）
25. 作业椅的座面与靠背间的距离（2/13H）
13. 菜案高度（10/19H）
17′. 手提物品的最大长度（3/8H）

图 8-3-3　不同作业动作(1～25)下作业空间与作业者身高 H 的关系

手的测量与手腕关节活动空间的区域见图 8-3-4：

图 8-3-4 手的测量和腕关节活动空间的区域 单位：cm（大的数值为男性，小的为女性）

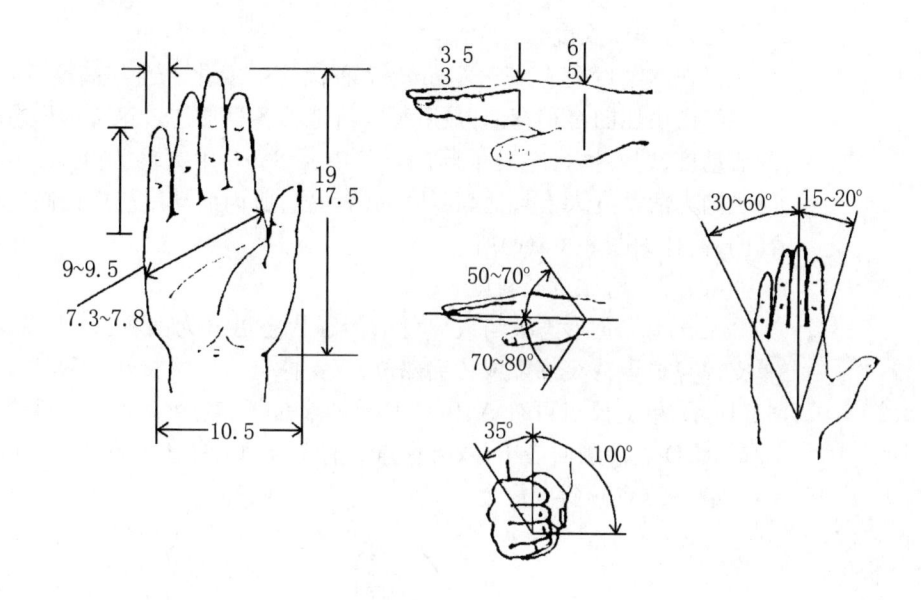

2. 作业中人体肌肉及其影响因素

作业中人体的运动是依靠人体肌肉力牵拉骨骼形成关节的运动而产生运动，并对作业对象产生力的作用，但肌肉力的发挥受下列因素的影响：

图 8-3-5 座面高度对肌肉力的影响

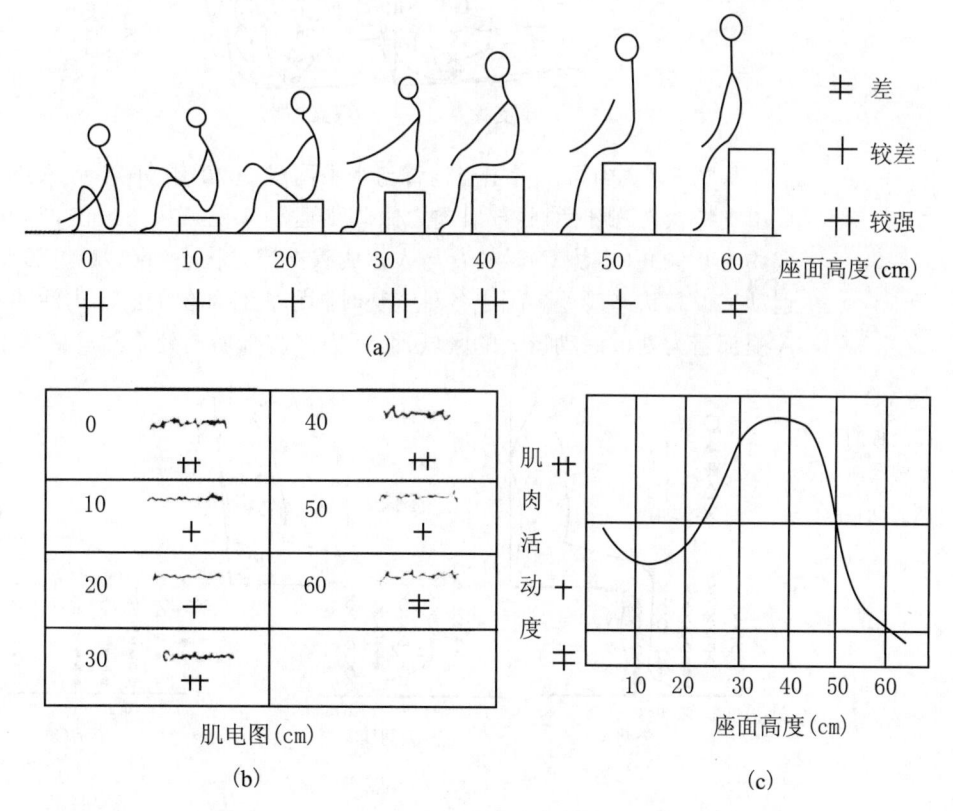

(1) 工作座高度

工作座高度可有 0～60cm 等 7 种高度的变化。当其高度变化时，人体腿部形态经历由屈曲至稍弯曲，最后垂直着地等各种形态。这 7 种形态时腿部肌肉力的活动度，即发挥状态是不同的。其中图 8-3-5 中高度为 0cm，30～40cm，60cm 时肌肉力活动度大于其他高度时的活动度，肌肉活动度与座面高度的关系是非线性的，具体如图 8-3-5(c)所示。

(2) 工作椅靠背倾斜度

工作椅靠背形态按与人体背部接触状态可分为两种：单支撑点和双支撑点。单支撑点位于臀突部位或背突部位，双支撑点包括臀突部位和背突部位。如图 8-3-6 所示，单支撑点可有 A、B、C、D 等四个位置，其中 A 点与人体臀部与椅面接触面最大，D 点接触面最小；双支撑点可有 E、F、G、H、I、J 等 6 点，其中 E 点椅背倾斜度最小，J 点倾斜度最大。

图 8-3-6 工作椅背靠倾斜度与人体接触状态

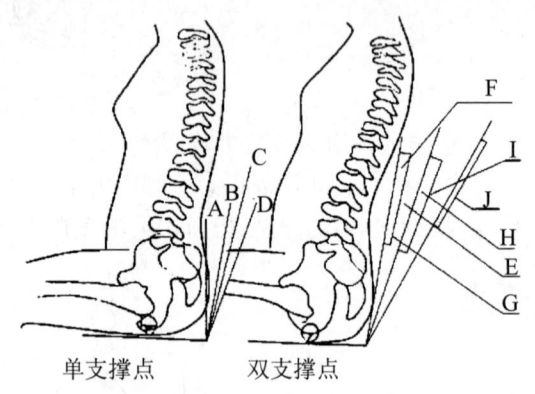

从图 8-3-7 中可以看出当椅背与水平面成约 90°倾角(姿势 A)时椅背与人体成单支撑状态，此时对腿部肌肉力做脚踏运动来说其状态最佳，而当椅背与平面成约 110°倾角(姿势 C)时椅背与人体成双支撑点状态，此时对腿部肌肉力做脚踏运动来说其状态最差。图中各种姿势时脚踏板各部位的肌肉力活动量各异，姿势 A 腿部着力处于活动量大的区域，而姿势 C 腿部着力处于活动量偏小的区域。

图 8-3-7 脚踏板的位置与肌肉活动量

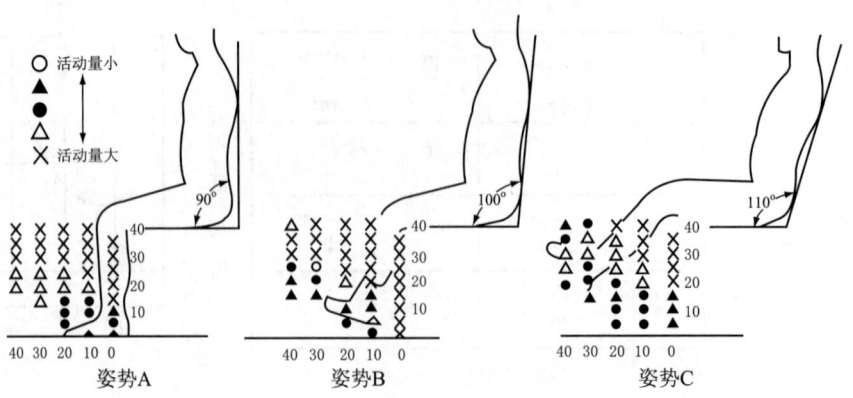

(3) 肘高

人体手臂肘高对肌肉活动度的影响可见图 8-3-8。当椅面高为 40cm，椅背与人体成单支撑点时左右扶手间距为 44cm，肘高 h 与肌肉活动度的关系如图所示，即，当 h 为 65～67cm 时肌肉活动度最小。

图 8-3-8 人体手臂肘高对肌肉活动度的影响

座面高40cm
扶手间距44cm

肘高与肌肉活动度的关系

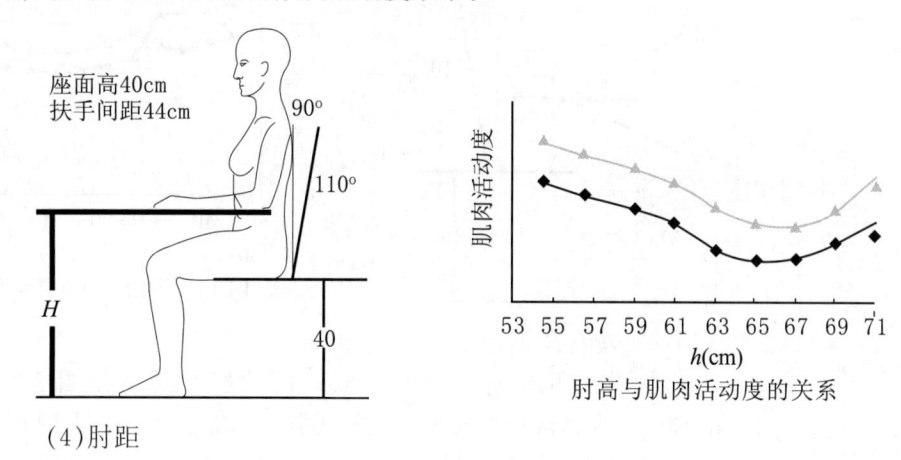

(4) 肘距

人体左右肘距对肌肉活动度的影响可见图 8-3-9。当椅面高 40cm，椅背与人体成单支撑点时左右两肘的肘距为 42～44cm，此时肌肉活动度最小。

图 8-3-9 人体左右肘距对肌肉活动度的影响

座面高40cm
座面至肘24cm
靠背倾斜角110°

两手肘间距离(α)与肌肉活动度的关系

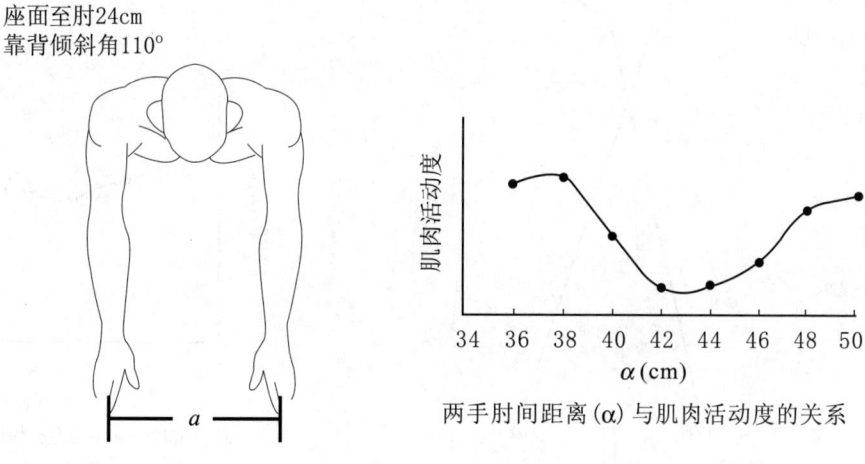

(5) 扶手上下倾角

扶手的上下倾角对手臂部肌肉活动度的影响见图 8-3-10。当椅面高 40cm，椅背与人体成单支撑点时扶手上下倾角对手臂肌肉活动度的影响较小，即由 −15°～15°区域为肌肉活动度偏小区域。

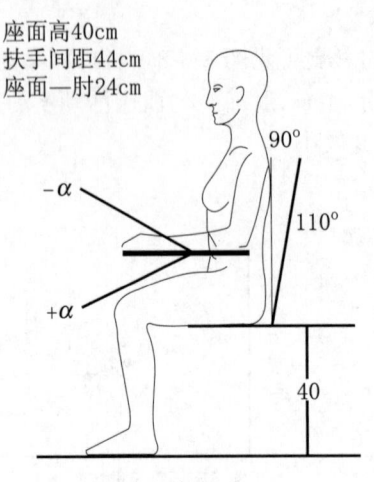

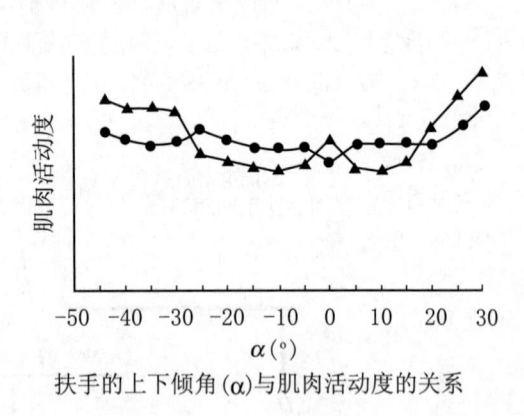

图 8-3-10
扶手的上下
倾角对于臂
部肌肉活动
度的影响

座面高40cm
扶手间距44cm
座面—肘24cm

扶手的上下倾角(α)与肌肉活动度的关系

(6)扶手左右开角

扶手的左右开角对手臂肌肉活动度的影响关系见图 8-3-11。当椅面高 40cm，椅背与人体成单支撑点时左右两肘的肘距为 44cm，此时扶手开角为－10°与 10°时，手臂肌肉活动度最小。

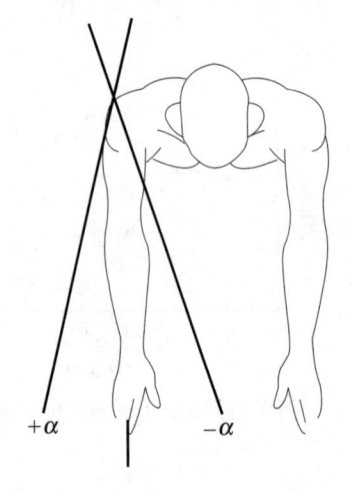

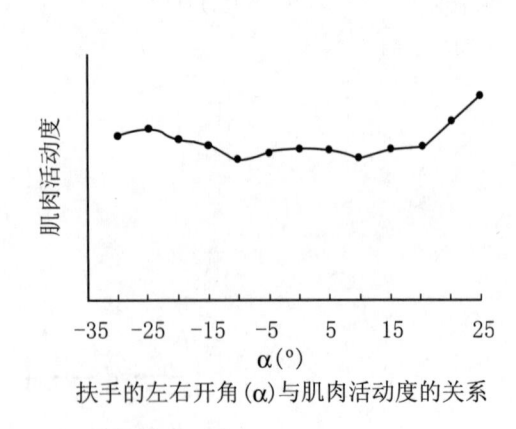

图 8-3-11
扶手的左右
开角对手臂
肌肉活动度
的影响关系

座面高40cm
肘间隔44cm
靠背倾斜角110°

扶手的左右开角(α)与肌肉活动度的关系

第四节 作业劳动强度

一、作业劳动强度的计算有以下几种：

（一）按能量消耗计算

作业劳动强度可按能量消耗计算，根据 Christensen 氏标准：
①轻度劳动——能耗超过 174W 者；

②中等劳动——能耗超过 349W 者；
③强劳动——能耗超过 523W 者；
④极强劳动——能耗超过 697W 者；
⑤过强劳动——能耗超过 872W 者。

（二）按耗氧量（VO_2）计算

作业时因能量消耗增加，耗氧量也必然增多。人体在每分钟内能供应的最大耗氧量称为最大摄氧量。人的单位体重最大耗氧量为

$$VO_{2max}=(56.592-0.398A)\times 10^{-3}[L/min\cdot kg]$$

式中 A 为年龄。

当 $VO_2\leqslant 1\ L/(min\cdot kg)$ 时为轻度劳动；

$VO_2=1\sim 1.5\ L/(min\cdot kg)$ 时为中度劳动；

$VO_2=1.5\sim 2\ L/(min\cdot kg)$ 时为强度劳动，劳动持续时间为数十分钟；

$VO_2\geqslant 2\ L/(min\cdot kg)$ 时为超强度劳动，劳动持续时间为几分钟。

（三）按能量代谢率（RMR）计算

能量代谢率（Relative Metabolic Rate：RMR）定义为：

$$RMR=\frac{劳动代谢率}{基础代谢率}=\frac{劳动时所必需的能量消耗量}{维持生命所必需的能量消耗量}$$

其中按人体标准取体重 70kg，体表面积为 1.84m²。

根据 RMR 值，可把劳动强度分为以下等级：

①0～1：极轻劳动；

②1～2：轻劳动；

③2～4：中等劳动；

④4～7：强劳动；

⑤7 以上：极强劳动。

（四）按心率计算

亦可用心率的变化来评价劳动强度，人的最大心跳速率为

$$F_{max}=209.2-0.94A(次/min)$$

式中 A 为年龄。

如按心率计算时，中等强度劳动作业时心率为 100～125 次/min；强劳动作业时为 125～150 次/min；175 次/min 以上为极强劳动。

（五）按排汗率计算

如按排汗率计算，中等强度劳动作业时排汗率为 200～400mL/h；强劳动作业时为 400～600mL/h；800mL/h 以上时为极强劳动。

（六）按劳动间歇时间率计算

劳动间歇时间率（Tr）为工歇时间与劳动时间之比，

$$Tr = \left(\frac{M}{4} - 1\right) \times 100\%$$

式中：M——劳动时增加的能量消耗。

例如，服装熨烫工劳动属于中等劳动强度，其能量消耗 $M=313.8W$，静态时能量消耗 $M=104.6W$，则

$$Tr = \left(\frac{4.5}{4} - 1\right) \times 100\% = 12.5\%$$

此式表示从事熨烫工劳动时，工歇时间为劳动时间的 12.5%，即：

劳动时间 × (1+12.5%) = 工作时间

$$劳动时间 = \frac{工作时间}{1.125} = \frac{4h}{1.125} = 3.6h$$

休息时间 = 0.4h = 24min

又如，从事服装仓库搬运工属强劳动强度，其能量消耗 $M=453W$ 时，

$$Tr = (6.5/4 - 1) \times 100\% = 62.5\%$$

表明工歇时间应为劳动时间的 62.5%，即

劳动时间 × (1+62.5%) = 工作时间

$$劳动时间 = \frac{工作时间}{1.625} = \frac{4h}{1.625} \approx 2.5h$$

休息时间 = 1.5h = 90min

二、劳动强度研究

（一）闪光融合临界频率

用间断光刺激眼睛时，诱发出闪光感觉，随着闪光频率的增加，当闪烁的频率增至某一值时，闪光感消失，代之以连续的刺激感，即产生稳定的融合感觉，此时的闪光频率称闪光融合频率（flicker fusion frequency，FFF）或称临界融合频率（critical fusion frequency，CFF）表示视系统时间分辨能力的上限。人眼的闪光融合频率一般为 50Hz，但存在着很大的个体差异。疲劳时该值会下降。

日间变化率 =（休息日第二天的作业后融合值/休息日第二天的作业前融合值）×100% − 100%

1. 实验仪器

闪光融合值测定仪

（实验参数调整为背景光：无；亮点波形：方形；亮黑比：1∶1；亮点光强度：1）

2. 实验方法

调整仪器的闪光频率至 20Hz，红色光，被测试者坐于仪器前，双眼贴紧光罩，注视发光点。主试发出指导语："当你感觉到光点并不闪烁时立刻报告"。之后开始逐渐增大闪光频率，每次 1Hz，当被测试者报告后，记录下当时的闪光频率。之后将闪光频率增大 10Hz。主试发出指导语："当你感觉到光点开始闪烁时立刻报告"。逐渐减小闪光频率，每次 1Hz，当被测试者报告后记录下当时的闪光频率，

并将闪光频率调低 10Hz 开始反复实验过程。8 到 10 次后结束。休息两分钟后开始其他颜色的闪光融合值测量。

3. 实验结果：

SPSS 分析结果显示工作前后红色闪光融合值有显著差异,日间变化率为 6.32%。黄色和绿色无。此实验表明在劳动强度的限定性分析上,闪光融合临界频率的测定方法可行。

(二)劳动强度实验

1. 实验方法

该实验分两部分,分别为在工厂实地劳动操作时间数据的测量和实验室的生理指标采集实验。在工厂的实地测量中,采用录像检测方法,将操作者的操作录像交给两位观察员进行各操作要素(拿、缝、放)的时间测量。在实验室实验中,先测定出各被测试者在安静状态下的各生理数据。再根据操作录像设计出被测试者的操作动作并对生理数据进行收集,该部分具体实验过程为图 8-4-1 所示：

图 8-4-1 实验方案的动作俯视图

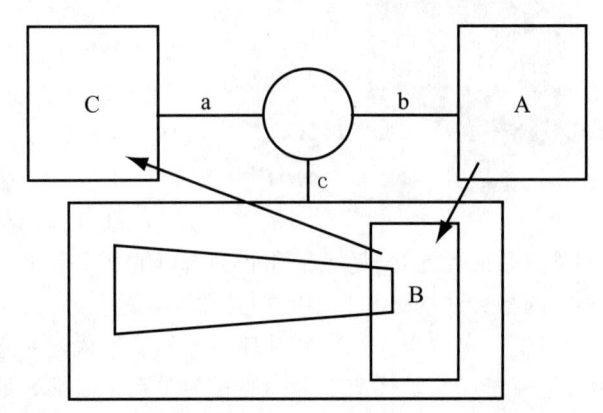

通过对录像资料的反复观察和研究,制定出最接近真实情况的动作。这一步工作十分重要,在进行实验的设计时参照已统计出的各操作员的各动作要素时间,以他们的各动作要素的平均值作为设计产生劳动负荷的动作周期时间。

拿：

在操作员的左侧放置一高约 50cm 的平台 A,将足够数量的待加工面料放置其上,操作员需将面料从 A 区拿到操作区 B,即缝纫机机针正下方。设置一名辅助人员在不影响操作员的情况下将 B 区的面料再移到 A 处放好,形成循环。这一动作的平均时间为 8.7s,可以让受测试者先看秒表操作几分钟,让其将自己的操作时间控制在 8s 到 9s 之间,待习惯这一时间周期后再进行测试。测试时间在 15min 左右,设置一名观察员,在旁手握秒表进行观察,当发现被测试者节奏明显变化时及时告知并矫正。

放：

在操作员的右侧放置一高约 50cm 的平台 C,操作员需将面料从操作区 B 移至平台 C。设置一名辅助人员将 C 平台上已放置好的面料再移至 B 处,形成循环。该动作的时间周期为2.3s左右,先让操作员看表操作几分钟,将周期控制在2s到2.5s之间,适应后开始测量。测试时间在15min左右,由观察员负责矫正测量过程中操作员发生周期的明显变化。

缝:

操作员需将两片面料缝合在一起,缝头约为1cm。将面料事先裁剪成尽可能长的条状,使操作员在操作时的绝大部分时间消耗在"缝"的动作上。应故意使面料的边缘呈略微不规则的形状,以免操作时由于面料边缘过于直而产生操作过快的情况。设置一名辅助人员在旁,等操作员快完成裁剪的时候将已对好位的面料放置在机针下,使操作员尽可能快地继续"缝"这个动作。

以上每种操作都分轻面料和重面料两部分。根据两部分实验的原始数据统计出了各被测试者的各操作要素的操作时间、肺通气量、耗氧量、心率、相对心率、氧通气量、氧脉量、能量代谢率、相对能量代谢率等指标的平均值。

图 8-4-2 实验仪器

2. 实验仪器

数码录像设备、秒表、记录纸、缝纫机、体重秤、身高测量仪(马丁测量仪)、CORTEX运动心肺功能测试仪 MetaLyzer II-R2(图8-4-2)。

3. 实验结果

在耗氧指标中耗氧量和能量代谢率的相关关系最为显著,耗氧量和肺通气量的相关性也最为显著。每项指标和相对心率的相关性均比和心率的相关性要显著。

每平方米体表面积每分钟耗氧量和能量代谢率之间、每平方米体表面积每分钟肺通气量和能量代谢率之间的相关关系可以很好地用一元线性回归方程表示。耗氧量和肺通气量的关系、相对心率和肺通气量的关系为曲线关系。用SPSS中的曲线估计可以拟合出适合的耗氧量、相对心率和肺通气量关系的函数曲线(图8-4-3)。

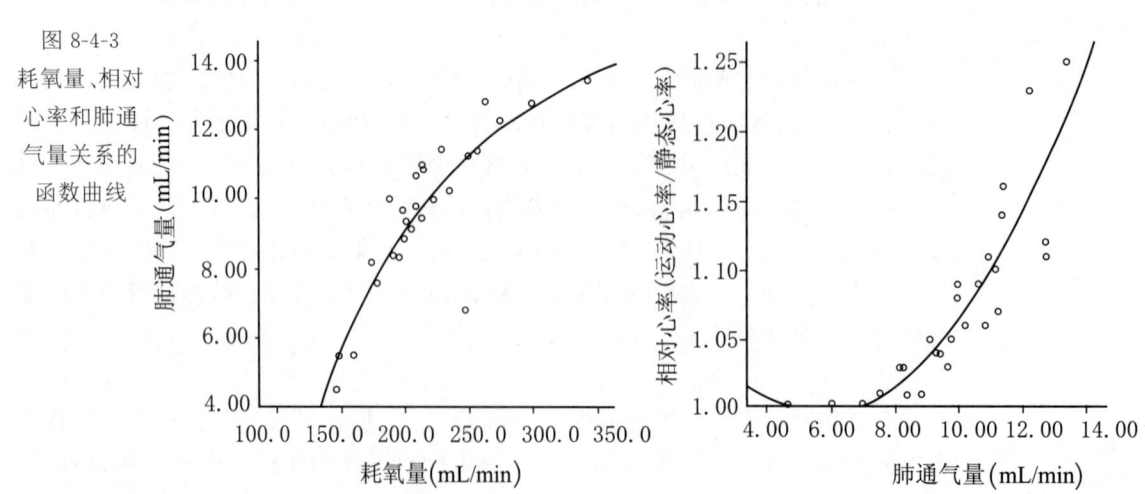

图 8-4-3 耗氧量、相对心率和肺通气量关系的函数曲线

肺通气量＝19.84＋（－2132.52/耗氧量）

相对心率＝1.118－0.042×肺通气量＋0.004×肺通气量^2（肺通气量≥6）

在日本劳动研究所的以能耗量为标准的劳动分级标准中，当生产线产量在350到400的时候，平均的劳动强度为A级劳动，属于比较轻松的工作。当生产线产量在450到600的时候的劳动为B级劳动，属于手指作业为主以及上肢作业，以一定的速度可以长时间地工作。产量达到700时，劳动为C级劳动，可持续几小时，需要合理安排休息时间。

在我国国家标准中，新的体力劳动强度分级比老体力劳动强度分级对于缝纫操作的劳动强度评价要重得多。国内学者曾经指出新的体力劳动强度分级改变了M值的计算单位，但对指数分级表没有作相应的修改，会导致劳动强度评价过大的问题。该问题在缝纫操作的劳动强度分级中也存在。

三、作业姿势

(一)姿势的分类

在实际生产中的作业姿势按状态可分静态和动态。静态按形式可分为立姿、坐姿、卧姿和坐、立交替姿四种，其中使用最多的是坐姿作业，其次是立姿和坐、立交替姿，最后是卧姿。立姿可分为直立、蹲立、半蹲立姿势等；坐姿可分为下肢弯曲的跪坐姿，坐在椅子上的椅坐姿等；卧姿可分为伏卧、仰卧和侧卧等姿势。动态姿势按形式可有步行、跑步等。

1. 立姿作业

(1)采用立姿作业的情况(前屈角＜30°时)：

需要经常改变体位的作业，因站着比频繁坐立消耗能量少些；

常用的控制器分布在较大区域，需要手、足有较大幅度活动时；

需要用力较大的作业，立姿时易于用力。

(2)立姿作业应该注意的事项：

避免静止不动的立姿，应使之有经常改变体位的可能；

避免长期或反复弯度超过15°的弯曲运动；

长时间立姿作业时，脚下应垫以木板或地毯，不要站在石头或水泥地面上；

站立时应力求避免不自然的体位，以免肌肉产生不必要的疲劳。

2. 坐姿作业

(1)采用坐姿作业的类型：

持续时间较长的静态工作；

精密度较高而又要求细致的工作；

手、足并用的工作。

(2)坐姿作业时的注意事项：

避免弯腰并伴有躯干扭曲或半坐姿；

避免经常或反复一侧的上、下肢承担体重；
避免长期的两手前伸。
站立时应力求避免不自然的体位，以免肌肉产生不必要的疲劳。

3. 坐、立交替作业

为了克服立姿或坐姿作业的缺点而采用坐、立交替姿作业方式。长时间单调的坐姿作业会引起心理和肌肉疲劳。在现代服装企业中采取坐、立交替一工位多机台的操作方法，其目的是改善作业状态，避免过度疲劳。

（二）作业姿势的特征

1. 作业的制约性

人们在作业中所取的姿势是由各种要求所决定和制约的。所谓要求是指作业面高度、操作者和作业对象的距离、操作力的大小等。应该指出，当姿势相同，如果操作力大小不同，对用力大的作业，作业面低的比高的更好。

表 8-4-1 按作业种类及体位不同，作业面高度的基准尺寸不同

体位	作业种类	作业面高度基准尺寸(cm)	
		男	女
坐姿	读书	71.6	69.5
	眼、手指作业	68.6	66.5
	臂、手指作业	61.5	58.2
	臂作业	49.8	50.5
	用力作业	46.4	45.2
立姿	读书	105.1(64.2%)*	99.9(65.2%)
	眼、手指作业	102.1(63.0%)	96.9(63.2%)
	臂、手指作业	95.0(58.0%)	88.6(57.7%)
	臂作业	83.3(50.8%)	80.9(52.6%)
	用力作业	79.9(49.9%)	75.6(49.1%)

* 括号内的百分数相对身长而言。坐位时使用 3cm 厚的布垫子，立位时穿着拖鞋。

2. 姿势变化的适应性：作业姿势由作业本身决定，且具有易于进行变化的性质。作业者的姿势可以以一个姿势为主并以其他姿势为辅。

由姿势变化的特征可知，应设计出能使操作者姿势自由改变的空间。

作业时体位正确可减少静态疲劳，有利于身体健康并能提高工作质量和劳动生产率，因此设计者在考虑工作空间尺寸的同时必须确定操作者的姿势。

（三）决定作业姿势和体位的因素

(1) 工作空间的大小和照明条件；
(2) 体力负荷的大小及用力方向；
(3) 工作场所的设备及材料（包括仪器、工具、设备、加工物体等）的安放位置；
(4) 工作台面的高度，有无合适的容膝空间；
(5) 操作时的起、坐频率等。

第五节 服装厂工作地工作姿势与劳动强度

一、服装缝纫工工作姿势及劳动强度研究

目前国际上关于这方面的研究主要集中在服装缝纫工的工作姿势及疲劳度的研究。这些研究目的是使工作方法达到最优化的节奏,减少工人的劳动疲劳感。

（一）缝纫过程中的时间标准

缝纫过程由手、机器—手、机器操作组成,依照完成的顺序组成它的结构(见图 8-5-1)。

图 8-5-1 缝制操作

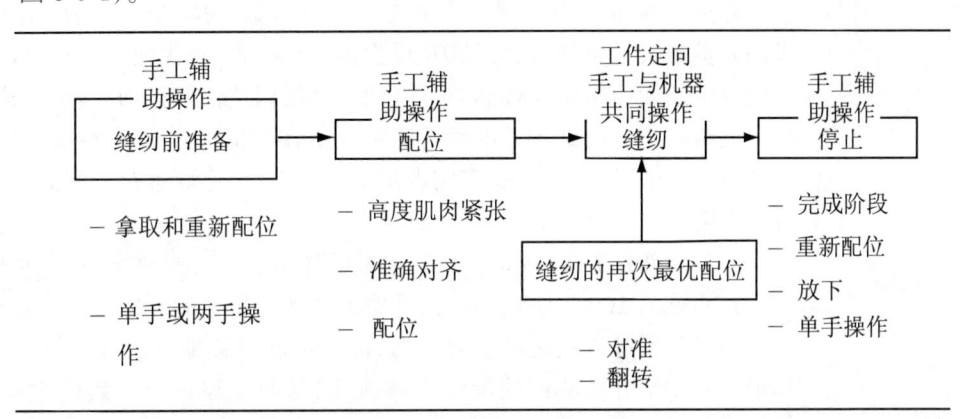

完成此工作过程的同时在动作协调方面有较高的要求,对肌肉控制能力和精确地匹配、定位工件的视觉集中方面也有较高的要求。此外,一系列动作的次序是在一个极其短的时间间隔内完成的,并在工作期间内是被高度重复的,因此,工人被强加了相当大的工作量,并且由于腹部内的压力与惯性相抗衡,负荷会加在脊椎的腰脊以及女性的子宫颈部位上。

工业工程学方法里采用的是基本时间系统,最著名的是 MTM(Methods Time Measure)系统。系统将工艺操作分成必要的完成操作的基本动作水平。其中由手指、手和手臂的九个基本动作以及两个眼睛动作、脚、腿、躯干和全身的十个基本动作组成。正常完成一个操作过程的持续时间是预先设定的,接着完成基本动作的变量(长度、精确度、动态、在完成基本动作时必要的视觉和肌肉控制),同时还有完成的可能性和组合动作。

当以一个具有中等智力、体力及技能水平、并以合理的顺序完成动作的工人作为分析对象,并得到规律时,MTM 系统的应用就使得工作方法的技术变得非常清楚,并且能准确地定义正常的持续时间。该方法亦能在设计制造过程和生产系统的初始阶段用来定义时间标准和设计服装工程学中的工作场所。

人—机环境系统中工人的负担水平

由于操作的重复性,静态和动态的负荷强加在工人的肌肉系统上会造成身体

和精神的疲劳。这一疲劳会造成精确度下降,完成操作过程的质量也会下降。故而工人在操作过程中的休息十分必要,人—机环境系统中需定义以下系数:

1. 疲劳系数(Kn):工作过程中的疲劳系数是按照工件的数量并且考虑到在完成操作时的身体姿势所定义的。

2. 环境系数(Ka):该系数是由温度、相对湿度以及因灰尘、水汽和难闻的气味而带来的污染程度所决定的。

3. 工效学系数(Ker):该系数是用来表征工作场所的负荷、视觉控制的必需性以及由于烟雾、气体、水分、噪音、振动和工作的单调性所造成的负荷。

(二)测量设备与测量方法

测量系统带有四个测量传感器,可以测量转动周期和主轴的旋转角速度,同步的无接触式进行测量,借助 IR 反射器,悬臂可以在限定的工作区间内移动于工件取放区之间。特定的传感器可以确定踏板调整仪的移动,踏板调整仪可以在宏观上调整和指示缝纫加工的动态特征。工作车间可以由一部双翼视频记录系统来进行同步的监控和记录,在实现加工过程中,一方面进行侧向监视,另一方面进行水平面位置的确定。

全部操作循环包括 15 个并行的操作,由一位拥有平均技术水平($Kpz=1.00$),高度为 160cm,符合静态、动态人体测量规格的女性工人来实现。

为了分析基本的运动参数信息,标记可以对称地标志在女性工人的身体上。标记可以用来分析头部的旋转和弯曲,因为四肢移动所导致的视觉的后视与移动,为了分析腿部和足部的运动,18 个附加标记将被采用。

图 8-5-2 所示的是:在缝纫第二阶段过程中,带有标记分布的女性工人的身体姿态。

图 8-5-2
在第二缝纫操作中人体姿态的标记显示

技术操作在一个设计好了的车间,根据预先设计好的 MTM 系统的工作模式,在这里选定的操作可以通过分解为三个次级层次的操作来进行。

在第一次级层次操作中,工人同步运动左右手,用右手从前道工序上拿来工件并放好,用左手将新的工件传送到缝纫中心区域。在第二次级层次操作中,工人是用双手在缝纫机下对工件的各个角进行定位的。第三次级层次操作包括了缝纫一条 30～35cm 长的接缝。当服装的款式需要调整或者大批量复制的时候,缝纫过程会暂停下来,随后,第二条 17～22cm 长的接缝被缝合完毕。

(三)研究结论

缝纫女性服装前胸部 52cm 长的接缝技术操作,可以在设计车间内使用通用的缝纫机器(譬如 Brother DB-B755,装有 F-100 微处理器)来实现。具有适当操作时间的最佳工作方法,可以通过使用MTM分析系统来定义,该MTM系统可以对同步的、组合动作的基本特性和发生概率进行分析。

实现操作的全部必要时间,通常为15.5s。实现前述次级操作3的机械手周期可以根据上述的数学模型来进行定义,预设参数:最大缝纫速度为4000r/min,第一次缝纫接缝(30～35cm)的速度为3.2s,第二接缝(17～22cm)的速度为2.5s。

这项工作为一项轻体力劳动(耗氧量$0.5～1.0\rho$/min,能耗175W,较小的负荷)。视力的消耗却是非常大的。并且在次级操作2和3中,高度的视力集中也是非常必要的。由于循环间隔时间的短暂(15.5s)以及高度的重复,身体疲劳(这种疲劳是千篇一律的)也是值得考虑的。这项工作在20～24℃区间内进行,工作噪音密度为70dB(A),最大峰值为90dB(A)。依赖于上述因素,工人预期的工作时间为7.5h,人体工效学的技术系数为$Ker=0.082$或者8.2%。调查研究显示,标准周期为16.7s,适当的产量为205循环/h。

所描述的动作序列是最优化的,包括了左右臂运动的同步时间和最佳的符合人体工效学的身体姿态。如果能够执行标准的动作,可以进行有节奏的操作,使疲劳程度大为降低。

二、服装企业办公室中的人体工学

随着社会的发展和服装产业的升级,服装企业中办公室工作人员的责任越来越重,工作量越来越大。服装人体工学在研究服装企业中的人与外部环境之间的关系时,也绝对不能忽略企业办公室中的人体工学内容。

随着时代的发展,服装企业的自动化程度必将越来越高,生产工人的数量和责任将逐渐降低。同时由于采购、制板、生产管理、销售等工作的大量增加,服装企业中办公室工作人员的数量和责任正在上升。另一方面,近年来服装产业不断升级,计算机技术、网络技术被越来越多地应用到这一传统产业中。因特网、服装CAD、ERP及各种生产、管理、营销软件的引入使服装企业电脑普及率大大提高,坐在电脑终端前的工作人员也越来越多。服装企业办公室人体工学方面的设计内容如下:

(一)工作椅的设计

人的坐姿可以分为三种:向前坐、笔直端坐和向后靠。从生理学和矫形学角度分析,向前坐的姿势使脊柱在腰部以上成为脊柱后突,而笔直端坐则使脊柱前凸。由于长时间保持腰椎的脊柱前凸这种笔直的坐姿,结果会使背部伸肌的肌肉拉紧;所以矫形外科学家都认为完全的脊柱前凸是一种不可能维持很长时间的姿势。

AKERBLOM等人测量了背部肌肉的电活动,以此说明肌肉静态施力活动。结果表明,当以一种过分挺直的坐姿时电活动增加;采取向前坐的姿势后,电活动明显下降;而如果能舒适地靠在靠背上,即使仍旧保持笔直的姿势,背部肌肉电活动也能减少许多。由分析得出：向前坐背部肌肉放松，并且上部躯体的重量由骨胳、椎间盘上和韧带承受，是一种悠闲的姿势；同时一个适宜的靠背对于避免背部肌肉拉紧是很必要的。

但向前坐时脊柱弯曲，椎间盘上的压力分布不均匀，会使椎间盘产生疾病。一位日本矫形学家研究了坐着时作用在椎间盘之间的力以及它们的动态响应。他将细针插入被试者第四和第五节腰椎，测量椎骨的压缩情况。以被试者侧卧着臀部和膝成45°时的压力作为参照标准，因为在这个姿势时椎间盘受到的张力最小，可作为中性姿势。被试者坐在一个装置上，此装置的座面角度从0°到20°，以每5°一档变化，而坐位和靠背间的角度也以5°为一档从110°变至130°。实验结果表明，为保持第四和第五节腰椎处于中性姿势曲率为零，各种角度的座面应采用的椅子座面和其靠背间的夹角应如表8-5-1所示。

表8-5-1 座面相对于水平的角度与座面和靠背之间夹角关系

座面相对于水平的角度(°)	座面和靠背之间的夹角(°)
0	130
5	125
10	120
15	115
20	110

JRGENS利用压力计记录了采用三种坐姿时，人体体重对座面、靠背和脚底下的压力分布；由此分析工作椅的各部分组成所起到的作用，如靠背的功能只是放松背部的肌肉。MANDAL为了能进一步了解各种坐姿对人体的影响，进行了测量各种坐姿时背部肌肉的伸长以及座面上的压力分布两项工作。通过两位学者的两个实验，可得到一些座面向前倾斜的有利数据。

近年来在人体工学研究中，除了从纯粹的生理学、矫形学和人体测量等方面进行，还进一步提出了两种主观方法：一为根据被试者的主观评价来检验，在这些评价中一般用"舒适"作为设施设计的判据；二为行为观察法，该方法补充了主观评价只涉及舒适性方面没有涉及姿势的局限性，使实验的结果更为全面。如GRUNDJEAN采用"多次瞬间观察分析法"研究了从事一般的办公室工作的261位男性和117位女性被试者坐的习惯，并记录了4920次观察的结果。同时还有246个办公人员的问卷调查，涉及舒适性问题以及他们的人体尺寸和工作椅尺寸。

综合以上的研究，对工作椅的设计原则可以归纳如下：

1. 座位的设计应能使坐姿经常改变，应有足够的自由活动空间，能周期性地从向前坐和笔直的姿势变成向后靠的姿势(有靠背)；

2. 工作椅应有良好的稳定性，四条腿之间的距离至少应与座位的宽度和深度相同；

3. 工作椅应允许使用者的手臂自由活动；

4. 工作椅必须将其作为工作台的一部分来考虑，因此从坐面至桌面的距离为

27~30cm,座面至桌面的下缘至少有19cm；

5. 座面应为平的或略呈凸状,前半部分向后倾斜3°~5°,后1/3略向上倾斜,并且座面的前缘应做成圆角；

6. 座面的宽度和深度建议应为40cm；

7. 高的靠背,其高度约为自接触点垂直向上55~60cm,带有略呈凸状的腰垫,并于胸高处略呈凹状,这样可以使背部的肌肉放松；

8. 如果使用传统形式带腰部支托的工作椅,就需要尽可能多的调节,并有较软的弹性；腰部支托高20~30cm,宽30~37cm；靠背和腰部支托在水平方向略凸出一些,半径约为80~120cm；

9. 座面高度可以采用下列数值：

不能调节且无踏脚　　　　38~40cm
不能调节但有踏脚　　　　45~48cm
座位的调节范围　　　　　38~53cm

10. 工作椅的座面和靠背上最好有铺垫和饰面,躯体埋在坐垫中的深度不大于2~3cm；饰面材料应有良好的透气(包括透汗水)性能。

（二）工作台的设计

人保持坐姿时双肘在身体两侧并弯曲成直角是双手用力或做细致工作的最佳位置。如果座位高度为40~42cm,女性的肘高离地面约为63~65cm,男性则为64~66cm；再设手臂与桌面之间有2cm的空隙,这时理想的桌高女性为61~63cm；男性为62~64cm。但是,桌子下面需要有容纳膝部的空间,女性为63cm,男性为66cm,因此实际桌高必大于理想的高度。一般65~68cm的桌高适宜于需要用一定力量的手工工作,如装配工作、打字工作等；而做细致的技巧工作或写字、绘图、阅读时桌高建议在70~78cm之间,这时肘部撑在桌上比较舒适。

图 8-5-3
工作台、工作椅和踏脚的建议尺寸
单位:cm

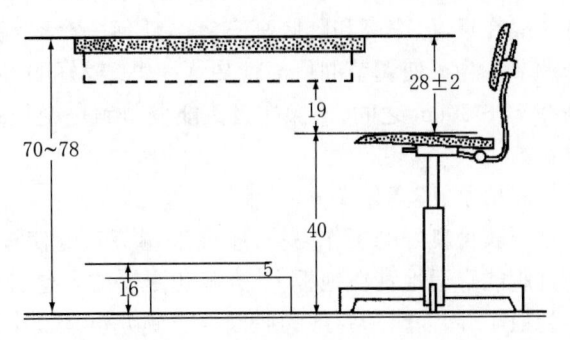

观察不同使用者的工作情况,就能看出更加细微的一些考虑,如对个子矮小者要考虑附加一些小东西,以使他们也感到方便,如踏脚等。由于工作台一般统一台面高度,踏脚便更不可缺少。图8-5-3即为工作台、工作椅和踏脚的建议尺寸,其中踏脚只提供高度,其形状应经过设计,使整个脚能舒适地踏在上面,踏脚的坡度可为23°~27°。

不论是坐着或是站立,头的角度取决于视觉信息源的位置。头部姿势的保持依靠的是颈部肌肉的静态施力。视觉信息的布置,应使最经常注视的方向所引起的颈部肌肉的静态应力为最小,颈和胸部的脊椎可能发生的曲率也最小。由此,LEHMANN 等研究了头的最舒适角度和注视方向。坐姿时人的主要注视方向和水平间的角度必须在 32°～44°之间,因此最重要的视觉信息源的最佳位置应处于此范围内。

RICHARD SAPPERR 的名为"从九到五"的工作台设计中就融入了人体工效学的知识:悬架式的工作台面有三种调节高度,这是考虑到了时间因素,因为一个人不可能始终保持一个姿势,一般概念中看上去舒适的姿势长时间后也不一定能舒服;抽屉上的把手用的是橡胶材料,以此减轻抽拉时对手的振动(包括钥匙也同样采用橡胶材料)。

(三)电脑工作站的设计

服装企业中,在电脑前的工作不论是操作服装 CAD 还是应用生产管理等软件,归根结底可分为三种作业:输入数据、人机对话式操作和查询数据。从视觉、工作姿势与工作站设计之间的关系考虑,输入数据时眼睛须看清原始资料和键盘,头的运动非常频繁,通常 1～4s 就有一次活动,看键盘的时间也很多;人机对话是操作的主要活动,包括注视原始资料、键盘和屏幕;而查询数据时显示屏是最主要的视觉对象。工作站的设计必须兼顾这三种工作的要求。

考虑工作位置与电脑操作者的人体尺寸关系时,应包括以下几个方面。

1. 工作高度

座面以上至手掌下侧之间的距离,应为 22～25cm。这个高度包括座面和大腿上侧的间距、大腿上侧至桌子下侧的间距,键盘抽板的厚度和键盘的高度。

2. 桌高

电脑操作者依靠椅子的座面、地板面或踏板面和椅子的靠背三部分支撑身体。故在桌高、座高和踏脚高三者中任何一个已经固定时,其余两个变量必须可以调节。为了使调节的可能性更大一些,较好的办法是采用局部可调的桌面,桌高在 72～75cm 之间,使操作者头能调节到一个使颈部和肩部的紧张程度最小的位置。

3. 椅子、座高和靠背

要获得良好的工作姿势,座高应调节到能使按键盘时前臂位置的接近水平,并且脚能舒适地踏在地板上,大腿也是平的。这种姿势可使保持坐姿稳定所需的力为最小,因而腿和背部的肌肉静态施力也是最小。如果脚要伸展后才能达到这种姿势时,应增添一个踏脚。大多数办公用椅都适用于电脑工作站,只要有支托骨盆和腰部的靠背,有利于减少静态的肌肉做功。座位的表面也应透气,座位的前缘应成向下的曲线,避免坐时切入大腿。

4. 文件支架

人身上最重要的部分是头颈,头在垂直平面内移动时需要费更大的力,例如点头比转动头部更费力气。为了核对文件和屏幕上的显示,应避免头的垂直移动而代之以水平转动,故文件架是必要的。将支架放在与屏幕同一高度是合理的。如果阅读文件时头向前倾斜约20°,那么文件支架与垂线也应成20°,使视线正好与纸面垂直。

5.臂及范围和工作高度

键盘应在操作者臂及范围内,最后一排键应在离桌子的前缘40cm以内,这样在键盘处有6cm的空隙,可用作搁手的地方,避免键盘切入操作者的手腕。

6.头的位置

与前述工作台的设计一样,坐着阅读时头的最舒适位置是视线向下与水平成32°～44°。

三、操作电脑者正确坐姿

对于操作电脑者来说:正确的坐姿是什么样的?什么样的椅子最适合帮助我们形成正确地坐姿而避免受伤?这些问题是非常重要的。虽然没有哪一种姿势在所有场合总是正确的,但仍有一些应该了解和应用的基本原则。

(一)脊柱与坐姿的关系

图 8-5-4 人体脊柱

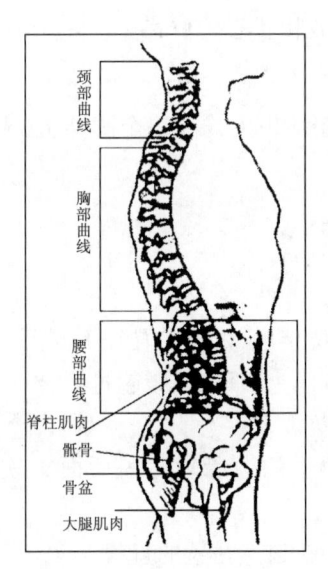

脊椎骨由颈椎、胸椎和腰椎组成,当一个人笔直地站起来时,这些区域形成三个自然的生理弯曲(见图 8-5-4)。腰部和颈部内在的弯曲被称为脊柱前弯;胸部区域向外的曲线叫做外凸。椎骨、脊背的骨头,给后背提供支撑,保护脊骨的神经。椎骨之间,是一些圆形的盘,由柔性的纤维软骨组成,中心是果冻状的物质。这些圆盘起缓冲运动的作用,帮助我们灵活地弯腰和扭动。

然而,脊骨是一支不稳定的"纵队",没有帮助就不能维持它的三个自然弯曲。肌肉和韧带的功能有点像无线电广播塔生成出来的电缆,支持脊骨直立,并且维持它的自然弯曲。

正确的姿势维持背骨的三个自然弯曲,而且能运用甚至是施加在圆盘上的压力。瘫倒或者陷下去会使盘状物向前收缩,引起中心以外的地方负载,导致盘状物拉紧,凸出和形成疝。

站着或躺下的姿势在后背较低部位的椎骨上施加了很小的压力。正确地坐下对脊骨的压力超过两倍,而当坐在深陷的位子上的时候,对脊骨增加了四倍的压力。

(二)传统坐姿的定义及不自觉的选择

1.躯干和大腿成90°坐下,后背靠着椅子使背能获得适当的腰椎支撑。

2. 耳朵超过肩部。
3. 肩超过臀部。

但人们往往不自觉地采取下列的坐姿：

1. 懒散的陷在椅子里。
2. 坐在椅子的前沿上，脚向后缩回，膝微微下垂，而且肩无力地向前弯。

在这种传统躯干和大腿成 90°的姿势中，我们的骨盆向后转到一点上，把脊骨的尾端拉出自然的生理弯曲，从脊柱前弯到后曲。另外，肌肉从腿的背面经过臀部，伸展到后背较低的部位，并且还必须执行静止肌肉的任务以维持这个位置。肌肉动作增加导致了疲劳，因为肌肉疲劳，所以我们换一种更放松的姿势。

据美国航空暨太空总署太空人记录的电子轨迹中的测量表明，在最不承受压力和最放松的状态下，人类的身体采取躯干和大腿成 128°的角度。

人们发现在最放松的条件下，是把这种零地心引力的姿势运用到肌肉与骨骼的系统中。尤其是这种自然的姿势形成了一个无压力的肌肉系统，使椎骨正确排列，呼吸顺畅，促进消化，并且增加血液循环。

如果你想测量陷在椅子中时躯干和大腿的角度，它近似为 128°，那么此时你已经移到一个肌肉和骨骼系统都处于最放松状态的位置。

（三）电脑操作者正确的坐姿

1. 调整位子的高度，这样脚就平放在地板上或在一个脚凳上，座位和大腿背接触。
2. 确定腿与地板是垂直的或成垂直。
3. 大腿应该从骨盆到膝盖略微向下倾斜。
4. 身体与大腿的角度应该被打开超过 90°。
5. 保证椅子的腰总是和后背小的部位接触，仅仅在腰线下面。
6. 颈、头和椎骨保持在一条垂直的直线上，耳朵应该超过肩。
7. 一天中以舒服为导向改变你的姿势。
8. 向后坐，越远越好，但是要保证位子的边缘对膝盖后面柔软的区域没有压力。
9. 确保双臂总是被支撑的，手腕保持在自然位置的直线。

（四）椅子的调整特征

为了用一种更开放的姿势就坐，以获得适当的背部支持，椅子一定要具备某些基本的调整特征。这些包括：坐位的高度、坐位的倾斜、靠背的角度和靠背的高度调整。

1. 调节靠背，这样你可以向后靠大约 15°～20°，打开躯干和大腿的角度。也要调整后背的高度以提供适当的后背支撑。你将会注意到这个位置对打电话或者与人交谈会很舒服。
2. 不改变靠背角度，调节座位的倾斜度，这样整个椅子会向前摇晃，座位向下滑。现在应该坐得稍微直一点,仅向后靠5°～7°。躯干和大腿的角度没有改变,而你现在在恰当的位置上完成高强度的工作,比如操作电脑或案头文书,就会觉得比较舒服。

3. 稍微向上调节坐位边缘的高度,因为位子前缘向下倾斜减少了和腿背面的接触,把身体的重量移到臀部。抬高座位,使之和大腿后部有足够的接触,使脚后跟不抬离地面。正确的座位高度将大大地减少滑下座位的感觉。

(五)坐垫的选择

适当的座位设计有助于重新分配和承担身体的重量,避免给类似坐骨节的敏感部位(臀部的坐骨)施加过度的压力。许多人认为用一个比较厚的、柔软一些的垫子会很舒服,但事实上并不如此。当你坐一会以后,软垫容易"触底",你会感觉到就像坐在一个坚硬的表面上。而且垫子太软、太厚,也不能提供合适的后背支撑。

用高密度的泡沫制造成轮廓相合的硬一些的座位,可以减轻压力,更均匀地分配你身体的重量给臀部和大腿,也会给后背提供足够的支持。

(六)靠背

靠背最重要的特征就是要提供好的腰椎支撑。靠背的轮廓应该和脊骨的造型一致,以便贴合脊骨的曲线,减少肌肉疲劳和对盘状物的压力。它的高度应该调节到椅子的曲线刚好贴合后背比较低的部位。

好的靠背的特征是一个可以调节的后背支撑,它能增加或减少后背较低部位的弯曲度。这可以让你改变一整天对后背较低部位的压力,维持一个比较高的舒适程度,通常在一些靠背款式中提供这些可以调整的腰椎支撑。

四、服装缝纫工作的人体工效学研究

车工从事单调而又高速度精确的工作,要求持续非独立的交叉姿势和高度重复的运动。一系列的研究已经观察到这一群体与工作相关的肌肉混乱症状(WRMSD)。车工普遍存在脖子、肩部、手臂、手和背部疼痛问题,有时也发生在下部,如膝盖。

(一)工效学危险因素

1. 持续的静态姿势

缝纫是一种高度精细的工作,要求工人前倾看着操作点,同时用手不间断地控制面料的方向,而且持续操作脚踏板和膝踏板,手臂没有支撑。此工作要求眼力,并且眼睛、手和脚要协调。在不可调节的工作台上,工人通常坐着并在整班时间(如每天8～9h,每周5到6天)内以这个姿势工作,使脖子和肩部肌肉处产生持续的负担。极度不舒服的情况下,工人通常会带来他们自己的坐垫或使用空的线筒使他们的椅子更舒服并提高高度(见图8-5-5)。膝踏板和脚踏板的使用也许会加重延迟静态姿势的问题,并且常常增加腿部的压力。

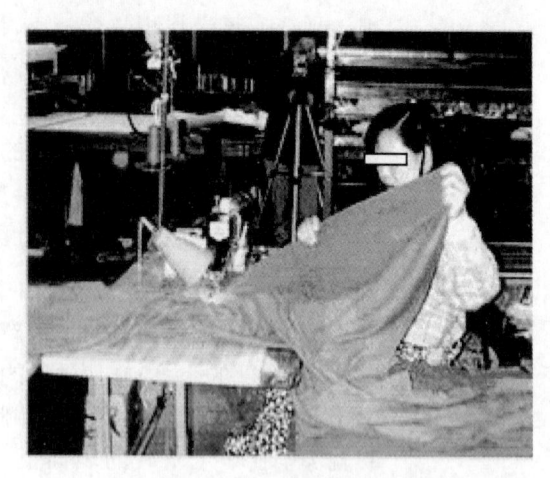

图 8-5-5　颈部和躯干弯曲　　　　　　　图 8-5-6　拉扯面料时手臂弯曲

2. 笨拙的姿势

产生于上部的笨拙姿势(特别是左肩膀拐弯处,见图 8-5-6)来源于:(1)裁片的拾取,(2)裁片的对齐及与缝纫针的对齐,(3)已缝产品的放置。产生于下部的笨拙姿势主要来源于脚和膝踏板的位置及运动。

3. 高度重复的工作

图 8-5-7　缝袖子时捏抓布料

在大部分的工作环节,车工压、抓、推布料(见图 8-5-7),这些手和手指的移动主要用来:(1)当布料喂进缝纫机时控制布料的方向;(2)施加水平压力使布料朝针脚方向移动或拉紧后部(朝工人方向)以防缝皱布料;(3)重组袖子、领子、拉链、口袋等其他小部件。

4. 其他危险因素

服装的大小(如从手帕到晚礼服)、面料的厚度和类型也可能增加笨拙姿势的程度或施加面料的压力。另外,高度的社会心理压力(如工作进程的失控、长时间、单调等)可能导致此职业危险性的发生。

(二)改进措施

改进措施的评估由不舒服到疼痛的四个等级来评价,通过这种划分来获取工人的反馈信息,以下是所获得的结果:

1. 倾斜缝纫机台面

为降低颈部和躯干的弯曲,在缝纫机台桌下插入一根长长的木棒使工作台面朝工人方向倾斜(见图 8-5-8)。初步的结果显示第四等级的倾斜被工人很好地接受,不舒服的程度明显下降。为防止面料和小工具(如剪刀)因为桌面的倾斜而滑落,在桌子的表面钉一个薄的挡板。通过大量不同挡板的试验,最终一块因能阻止面料因坡度而下滑又能顺畅地把布料喂进缝纫机的木板被选定。在桌子的右角附近安装一个小的箱子,以阻止茶杯等小物件滑落。

2. 座椅调整

采用两种方法去改进工人糟糕的座椅:(1)在现有的椅子上插入坐楔子;(2)开发一种在缝纫机前可调节高度的座椅。

缝纫座椅必须具备:

(1)座高可以调节;

(2)可以滑动但不是小脚轮,以保证在朝前移动时保持稳定;

(3)能够旋转以使工人可以从一边转到另一边,或是拾取或放置裁片;

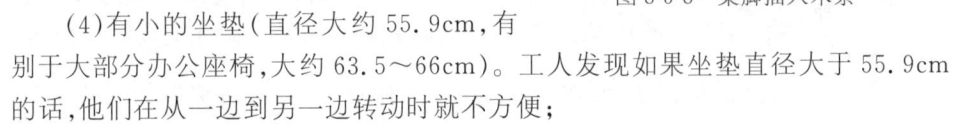

图 8-5-8　桌脚插入木条

(4)有小的坐垫(直径大约 55.9cm,有别于大部分办公座椅,大约 63.5~66cm)。工人发现如果坐垫直径大于 55.9cm 的话,他们在从一边到另一边转动时就不方便;

(5)有五个支撑点以保持稳定;

(6)坐垫布透气性非常好,易清洁,不粘棉花;

(7)座基深度不超过 48.3cm(座基的形状和深度必须留有 12.7~15.2cm 长的腿,以方便自由组装,因为脚踏板和膝踏板都不可调整。研究发现一种完好填充的瀑布型的或两层台面的座型符合要求。座基在 40.6~55.9cm 之间的宽度使工人感觉非常舒服,尽管他们偏向于一种可以节约拥挤空间的较低的座基);

(8)有水平和竖直方向都可调节的软垫子的腰部支撑物(对着工人的背),支撑物的宽不能超过 38.1cm。工人们发现当拾取或放置布料时,太宽的背垫会影响手臂的移动。

综合现有的可调节部分,其中的一位椅子制造商做出了符合要求的椅子(见图 8-5-9)。

图 8-5-9　改良后的座椅图　　　图 8-5-10　拓展桌面

图 8-5-11 延展桌面竖放

3. 桌面拓展

缝纫机左边安装了一个可拓展的桌面(见图 8-5-10)，以减少笨拙的手臂姿势和压力。增加的表面部分支撑布料的大部分，并在操作过程中防止这些零碎小部件滑落。拓展的部分可以在缝纫机侧面有空间的工厂安装，也可以装上一个支撑杆，在不需要的时候使拓展面放竖直(见图 8-5-11)。拓展面的宽因桌侧剩余空间的不同而变化，但我们研究发现宽度在 22.9~38.1cm 间非常有效，并且基本上能符合小作坊桌子侧面的空间。工人对此拓展面的接受度非常高。

4. 脚部支撑

许多工厂的缝纫机仅供右脚支撑，左脚没有支撑的脚踏板。因此，现在在左脚部位放置一根简单木头作为左脚支撑的举措在工人中的接受程度非常高。将来，我们可能延展脚踏板，以使两只脚都踩在上面或更灵活地控制。

五、服装缝制工程方面动态工作区作业的研究

采用运动学的方法研究服装生产过程中的动态工作区，用一种新型的三维视频测量系统，并探讨其可行性。使用可收集并存储来自三个角度(俯视、正视以及侧视)的视频记录系统，一系列静态和动态视频记录都可被处理。新测量系统应用到研究中，对服装缝制操作参数进行挖掘，使研究者在照片及动态工作区研究基础上对参数进行处理，并对工序流程和工作场地进行设计。对服装生产过程中空间量进行测量，包括角度、距离、尺寸以及时间量(运动时间、运动轨迹和加速度)，同时使用拍照法。

测量系统和仪器：

实验过程从多方向拍摄并记录缝制过程，用已建立的运动方法来分析结果。为达到实验要求使用配有 F-10 型电脑处理机的兄弟牌单针缝纫机，线迹为 301 型双线线迹，面料为中厚型，转速为 4700r/min。

实验运动状态：

身体向前倾斜，呈弧形状(从开动缝纫到手缝完成接缝，包括腹部压缩以及腰椎及脊椎顶端负重)。身体向后运动，这系列运动在缝纫过程中不断地重复。采用运动力学方法，通过对图片、空间量、时间量及小幅度动作设计分析得出结果。

1. 在摄影基础上确定时间值的方法

有必要从三种角度(上面、侧面、前面)中选择一个来拍摄，以便分析的运动情况能很好地被观察到。得到的视频图像通过计算机视频转接卡被数字化处理后存储在硬盘上，再应用视频处理软件(Adobe Premier 5.0)进一步处理。

选取运动距离的空间变量和时间变量便可以间接测量运动速度。使用下面公式就可算出速度(V_p)：

$$V_{\mathrm{p}}=I_{\mathrm{p}}/t_{\mathrm{p}}$$

式中：I_{p} 为运动距离；t_{p} 为运动时间。

以上测量速度的方法，依据在摄影平面上的速度矢量的投影可以测量出速度。在服装生产技术领域，以上的方式已达到了在缝纫操作过程中分析动作的目的。

根据正常坐姿和肩关节点的位置，正常和最大工作区域被发展了，并运用到人体工效学的工作空间的设计中。

用拍摄所得到的图像可以组成一个运动过程的全景图。使用上面提到过的软件包，可以把静态正常和最大工作区域的图像叠加到正在拍摄的图像中。工作区域的位置并没有改变，工作空间的其他设备也是如此。从拍摄的录像可以看出运动的物体只有工人的肢体和服装部件。把工作区域的轮廓线叠加到图像上，我们就可以分析工作空间的设计是否合理。

2. 缝纫作业过程中的静态正常工作区域和最大工作区域

分析全景摄影机拍摄的运动图像对研究运动轨迹、速度和加速度有非常重要的意义，并使研究工作空间里工作时的生物力学特征成为可能。在工作者肢体上用一连串的标记来详细描述运动全景影像。

实验要全程分析缝纫作业运动的左手臂、左肘关节、腕关节和手背上的一连串的标记运动的全景图，包括缝纫中的缝合阶段、手变化的位置、手的运动轨迹。

使用这种方法寻找位置，确定距离和时间的方法，可以取得各记号的运动数据，然后进行数学分析，就得到工人手臂或其他肢体运动的速度和加速度。这样提取出工人手上标记点的运动距离和时间就可以计算出速度，然后就可以及时地作出运动距离、运动时间和速度之间关系的运动速度图。加速度可以通过速度的变化和时间计算得到，做出速度变化、运动时间和加速度之间关系的运动加速度图。显示出的运动速度图和加速度图，是通过记录的左手运动轨迹的变化和时间计算得到的。

3. 研究结论

这种新的运动学测量方法用来评估工作空间的设计和作业情况，使用了三维视图记录方法。这种方法基于应用多平面拍摄录像的研究方法，应用传统 IBM 个人电脑和商业用软件，并使这种方法广泛应用于服装工程领域中的试验和工业研究中。使用这种方法可以从三个方位测量空间值，比如角度、位置、距离、空间和大小等，也可测量时间值，如动作的持续时间、肢体运动的平均速度，身体弯曲和转动程度，计算运动轨迹等。更加有意义的是建立了肢体运动全景图的研究方法并计算出其运动速度。这些是进一步研究消耗能量最少或是最不适合的机械操作运动的基础。结果应用于服装工程中，可以设计出合理的操作和工作空间，以便减少服装生产操作的疲劳程度。

第六节 疲劳和疲劳度的研究

一、疲劳的概述

(一)疲劳的定义

疲劳是一个非常复杂的心理和生理问题,就目前而言,尚无关于疲劳的公认定义。由于疲劳产生的复杂性和多因素性,研究人员从不同的角度对疲劳的概念定义有各种不同的说法:

1. agrange(1904):工作过度时器官机能的减退,伴有病的感觉。
2. osso (1915):由细胞化学变化的产物引起的一种中毒现象。
3. hailley-Bert(1946):疲劳是组织器官兴奋性降低的现象,是一种防御反应。
4. 第五届国际运动生化会议(波士顿 1982)将疲劳定义为:有机体的生理过程不能使其机能继续在一特定水平工作或各器官不能再保持稳定的工作能力。

从上述疲劳的定义看,主要局限在人体的生理方面,即疲劳产生时所发生的生理变化、或由于生理变化而产生的疲劳。

大量文献资料表明,疲劳是一种主观感受,表现为暂时性的工作能力的下降,经过休息调整能得以恢复,或由于厌倦而不愿意继续工作的一种状态,这种状态是相当复杂的,并非由一种明确的单一因素构成。同时,疲劳的出现也是机体需要休息的信号,以免损害性病变的发生。广义的疲劳概念是指任何原因引起的身体不适和工作效率的下降,狭义的疲劳如视觉疲劳、听觉疲劳、腰肌疲劳等。

(二)疲劳的分类

关于疲劳,目前的分类方式大致有以下四类。

第一种分类:疲劳是一种介于清醒与睡眠之间的过渡状态。持这种观点的典型代表是 Grandjean,他把人体的机能状态区分为熟睡(deep sleep)、浅睡(light sleep)、昏昏欲睡(drowsy)、精神不振(weary)、准清醒(hardly awake)、放松(relaxed)、休息(resting)、清新(fresh)、警觉(alert)、高度警觉(very alert)、刺激(stimulated)和惊恐(a state of alarm)。疲劳就处在这样一个连续体之中,它的一端指向睡眠,另外一端指向放松和休息。

第二种分类:疲劳分为心理疲劳和生理疲劳。心理疲劳,又称脑力疲劳,是指一种缺乏动机与警觉的主观感觉,表现为头脑昏沉,注意力不易集中,思考困难,健忘,欲望降低,工作绩效下降且易出差错等。而生理疲劳,又称体力疲劳,则是指肌肉缺乏能量和力量,常表现为进行一定体力劳动后所出现的主观疲劳感觉,所以又称肌肉疲劳。

第三种分类:疲劳分为四类,即体力疲劳、脑力疲劳、心理疲劳和病理疲劳。体力疲劳是指经过度运动,消耗大量营养物质后,体内所产生的乳酸和二氧化碳在肌肉中堆积所造成的机体疲劳。脑力疲劳是指长时间从事紧张的脑力劳动,大脑皮层和神经系统转入抑制状态时所出现的主观疲劳感。心理疲劳是指当事业受挫,感情纠葛或家逢不幸时,由焦虑和抑郁所引起的郁郁寡欢、浑身无力的状态。而病理疲劳则是指由某种疾病,如流感、肝炎、糖尿病等,引起的生理紊乱所导致的倦怠和浑身无力的状态。

第四种分类:临床上的分类。在临床上,疲劳是一种常见的、非特异性的、广泛存在的症状,是多种疾病的主要症状或伴随症状。为了便于临床研究,美国疾病控制中心(CDC)在1994年的研究大纲中将自我报告的持续存在的1个月或1个月以上的疲劳统称为"长时间疲劳"(Prolonged Fatigue);对持续或反复发作6个月或更长时间的疲劳定义为"慢性疲劳"(Chronic Fatigue)。

这里根据疲劳的第二种分类重点,即根据疲劳的性质分为两类,一类为生理疲劳;一类为心理疲劳。其中生理疲劳包括运动性疲劳和脑力疲劳。心理疲劳包括智力性疲劳、情绪性疲劳和单调性疲劳。生理疲劳是由于个体在作业过程中生理系统发生变化,如产生的乳酸不能及时分解和排泄等所引起作业能力下降的一种现象。其又包括体力疲劳、脑力疲劳和眼疲劳。当人持续作业一段时间,在消耗肌肉能源物质的同时,产生乳酸等疲劳毒素,当它们进入血液并运行全身时,体力疲劳就产生了。脑力疲劳的产生机理与体力疲劳相仿,当人从事一段脑力劳动后,脑细胞活动所需要的氧气和营养物质供不应求、疲劳毒素堆积而使人感到头晕脑胀,记忆力下降,思维迟钝,注意力不集中。在人的感知过程中,大约有80%以上的信息是通过视觉获得的,现代社会竞争激烈,人们工作、学习用眼过度,产生眼疲劳,由于近距离从事精密工作、电脑工作,照明不足等,使人视物模糊,眼睛干涩,头昏痛,有时甚至无法写作或阅读,严重时可出现恶心、呕吐等眼疲劳现象。

心理疲劳,又叫精神疲劳,是指个体的心理系统发生变化,如作业不能激起兴趣、产生厌倦情绪等而致使作业能力下降的一种现象。生理疲劳的紧张刺激来源于肌肉的长时间或大强度的运动;而心理疲劳的紧张刺激则主要来源于心理因素引起的紧张产生的疲劳。心理疲劳产生之后,表现为"心不从力",它是主观的,表现为注意力涣散、思维迟钝、反应速度降低,尤其突出的是情绪上的倦怠、厌烦、焦躁、无聊等。生理疲劳和心理疲劳虽然有区别,但却是密切联系的。一方面,生理上的疲劳必然引起心理上的疲劳。一个人如果身体疲劳必然会引起思维迟钝,注意力分散,工作热情缺乏等。另一方面,心理上的疲劳也极易引起生理上的疲劳,一个人如果缺乏工作兴趣,心不在焉必然影响操作速度、操作准确性等。

(三)疲劳的规律

疲劳是可以恢复的,年青人比老年人恢复得快,体力上的疲劳比精神上的疲劳恢复得快。心理上造成的疲劳常与心理状态同步存在,同步消失。

疲劳有一定的积累效应,未完全恢复的疲劳可在一定程度上继续存在到次日。人在重度劳累之后,第二天还感到周身酸痛,不愿意动作,这就是积累效应的表现。

人对疲劳也有一定的适应能力。例如,连续劳动几天,反而不觉得累了,这是体力上的适应性。在生理周期中(如生物节律低潮期)发生疲劳的自我感受较重,相反在高潮期较轻。

环境因素直接影响疲劳的产生、加重和减轻。例如,噪声可加重甚至引起疲劳,而优美的音乐可以舒张血管、松弛的情绪可以减轻疲劳。

从生理上分析,公式化的单调动作,使人容易产生局部疲劳。尤其在现代这种流水作业线上进行流水作业的工人,周而复始地做着单一的、毫无创造性的、重复的工作。

二、疲劳的产生和积累

(一)疲劳的产生机理

疲劳的类型不同,产生的机理也不同。对疲劳现象的解释在学术界尚未能达成共识,目前主要有下述集中观点:

1. 物质积累理论

短时间大强度作业产生的疲劳,主要是肌肉疲劳。短时间大强度作业后,肌肉中的 ATP、CP 含量下降。ATP、CP 浓度下降至一定水平时必定导致肌肉进行糖酵解再合成 ATP,同时有乳酸产生和积累。当乳酸在肌肉和血液中大量积累,使人日渐衰竭,不能再进行有效的作业。

2. 力源消耗理论

较长时间从事轻或中等强度劳动引起的疲劳,既有局部疲劳,又有全身疲劳。随劳动过程的进行,能量不断消耗,人体内的 ATP、CP 浓度和肌糖原含量下降。当可以转化为能量的肌糖原储备耗竭或来不及加以补充时,就会产生疲劳。

3. 中枢神经系统变化理论

作业过程中,除了 ATP、CP 浓度和肌糖原能度下降外,还伴随着血糖的降低和大脑神经抑制性递质含量上升,由于血糖是大脑活动的能量来源,它的降低会引起大脑兴奋性降低,处于抑制状态。所以,一般认为长时间活动引起的疲劳是一种中枢和外周相结合的全身疲劳。

4. 生化变化理论

有美、英学者认为,全身性体力疲劳是由于作业及环境引起的体内平衡状态紊乱,人体在长时间活动过程中出汗,这种体液的减少达到一定程度时会导致循环的血液量减少,从而引起作业能力的下降。同时由于出汗导致的盐的流失,会影响到血液的渗透压和神经肌肉的兴奋性,引起疲劳。

5. 局部血液阻断理论

静态作业时,肌肉等长时间收缩来维持一定的体位。由于肌肉收缩时肌体膨胀,内压加大,会全部或部分阻滞通过收缩肌肉的血液,形成局部血液阻断,导致局部疲劳。疲劳产生的机理还有很多种理论解释,实际中,疲劳是在各种不同的产生机理共同作用下形成的、由不同种类的疲劳组成的综合疲劳。

(二)作业中的疲劳过程

作业过程中的疲劳分为四个阶段(见图 8-6-1):

图 8-6-1 疲劳的各阶段

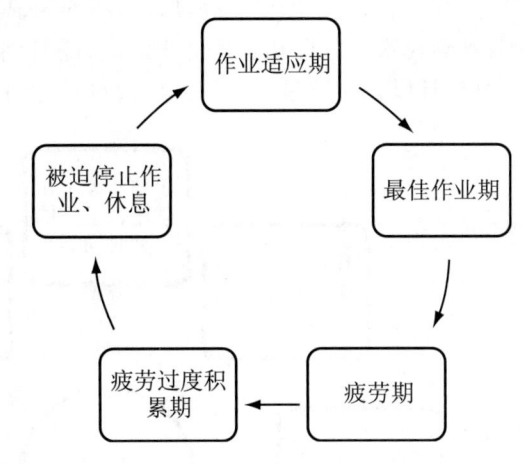

作业适应期 → 最佳作业期 → 疲劳期 → 疲劳过度积累期 → 被迫停止作业、休息 → (循环)

1.作业适应期

作业开始时,由于神经调节系统在作业中"一时性协调功能"尚未完全恢复和建立,造成呼吸循环器官及四肢的调节迟缓,人的工作能力还没有完全被激发出来,处于克服人体惰性的状态。这时,人体的活动水平不高,还不会产生疲劳的现象。

2.最佳作业期

经过短暂的第一阶段后,人体各机构逐渐适应工作环境的要求。这时,人体操作活动效率达到最佳状态并能持续较长的时间。只要活动强度不是太高,这一阶段不会产生疲劳。

3.疲劳期

最佳作业期后,作业者开始感到疲劳,作业效率下降和兴奋性降低等特征出现。作业速度和准确性开始降低,作业质量下降。这一阶段中,疲劳将不断积累。进入疲劳期的时间与活动强度和环境条件有关。操作强度大,环境条件恶劣时,人体保持最佳工作效率的时间就短。反之,操作者维持最佳工作的时间就会延长。

4.疲劳过度积累期

操作者产生疲劳后,应该采取相应措施加以控制,或者进行适当的休息,或者调节活动强度。否则操作者就会因疲劳的过度积累而暂时丧失作业能力,作业将被迫停止。

(三)影响作业疲劳的因素

影响作业者疲劳的因素有很多,最主要的有以下几点,见图 8-6-2:

1.劳动强度和作业持续时间。劳动强度是决定疲劳出现时间以及疲劳积累程度的主要因素。劳动强度越大,疲劳出现越早,大强度作业只需几分钟就会让作业者出现疲劳的现象。工作持续时间越长,疲劳的积累程度就越高。

2. 作业环境条件。环境条件包括很多方面,如照明、噪音、震动、空气污染、色彩布置等。照明环境中照度与亮度分布不均匀,高噪音、高污染的环境,不良的微气候等,都会对人的生理和心理产生影响,随时间的推移不断积累。机器设备和各种工具设计以及布置是否合理,也会影响到作业者的疲劳程度。

图 8-6-2 影响作业疲劳的因素

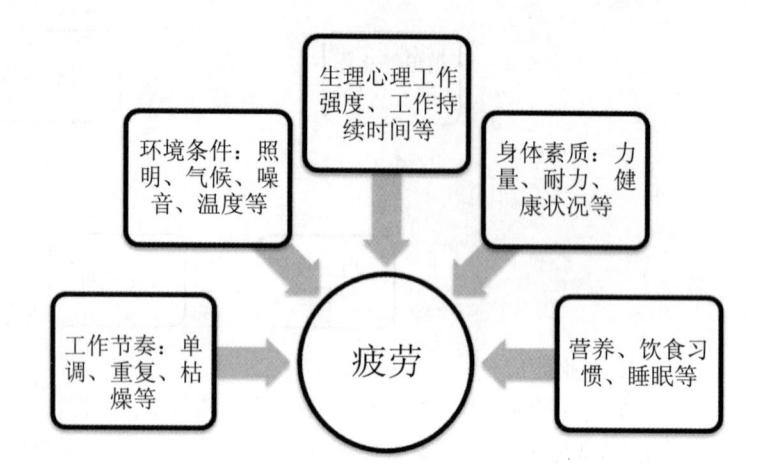

3. 劳动制度和生产组织方式。不合理的劳动制度和生产组织方式不利于人体保持最佳的作业能力。如不合理的工作时间以及休息时间间隔(作业时间过久、恢复疲劳时间较短)、作业速度过快、工作体位欠佳等易使疲劳过早出现。长时间重复性的单调作业等使作业者兴奋性降低,产生压抑的状态。

4. 作业者的身体素质。不同的作业者身体素质不同,如力量素质的差异、心理素质的差异、主要系统生理指标的差异等,身体健康状况的差异等,使作业者表现为体力作业上的差异,会对作业者的疲劳和积累过程产生不同的影响。身体素质较差的个体比较容易疲劳。

5. 营养、睡眠等。生活条件差、营养不良、不好的饮食习惯、长期的睡眠不足会使作业者的作业能力受到明显的影响,容易产生疲劳。

三、缝纫工的疲劳模型

服装企业中的工种众多,最有代表性的为缝纫工。根据对几家服装厂的实地走访和人的信息加工模型设计出缝纫工的疲劳模型(见图 8-6-3)。

图 8-6-3 缝纫工的疲劳模型

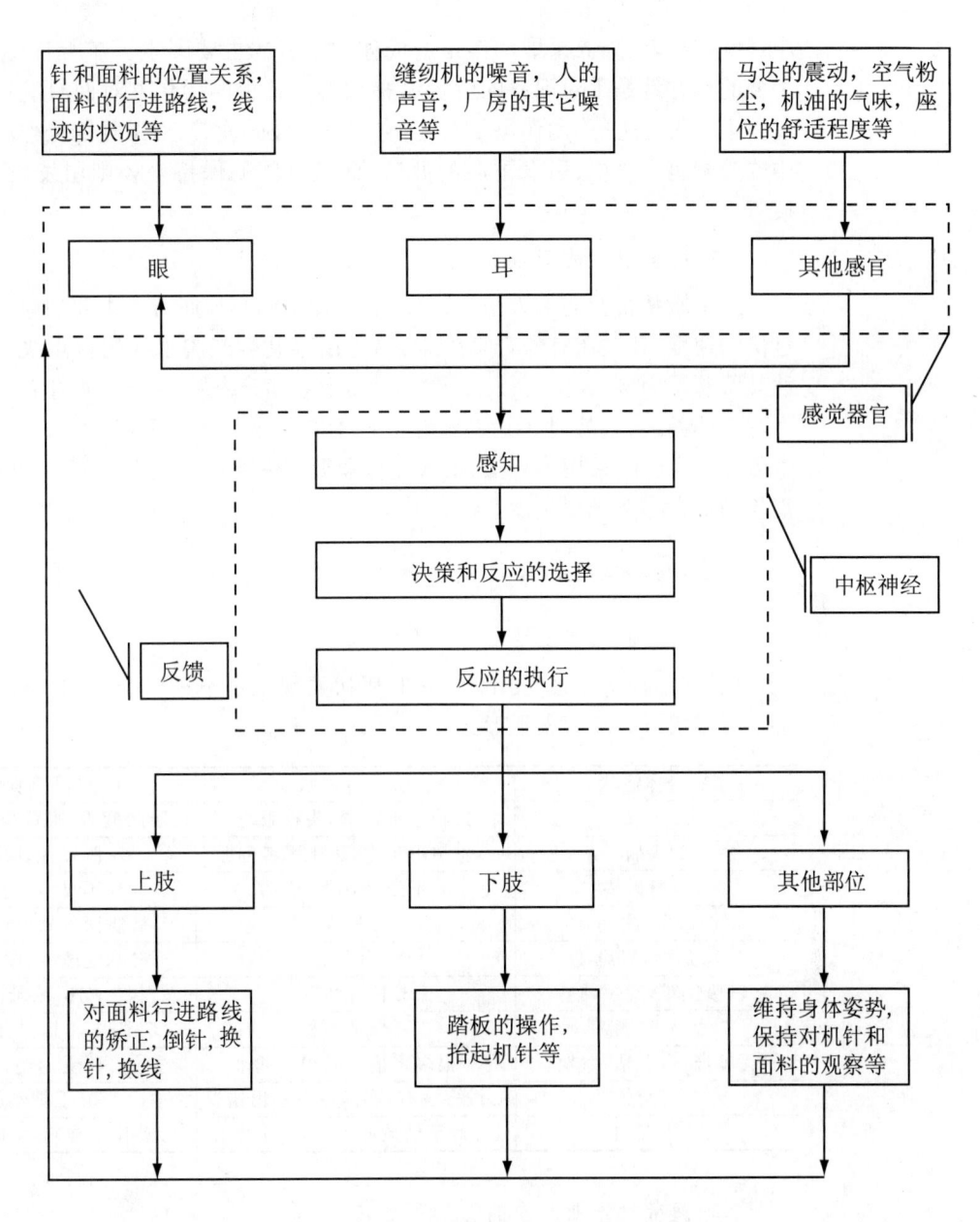

```
针和面料的位置关系,        缝纫机的噪音,人的        马达的震动,空气粉
面料的行进路线,线         声音,厂房的其它噪        尘,机油的气味,座
迹的状况等                音等                   位的舒适程度等
      ↓                    ↓                     ↓
   ┌─────┐            ┌─────┐              ┌────────┐
   │ 眼  │            │ 耳  │              │ 其他感官 │
   └─────┘            └─────┘              └────────┘
                                              → 感觉器官
                         ↓
                   ┌─────────┐
                   │  感知   │
                   └─────────┘
                         ↓
                ┌────────────────┐
                │ 决策和反应的选择 │        → 中枢神经
                └────────────────┘
                         ↓
     反馈        ┌────────────┐
                │  反应的执行  │
                └────────────┘
                         ↓
   ┌─────┐            ┌─────┐              ┌────────┐
   │ 上肢 │            │ 下肢 │              │ 其他部位 │
   └─────┘            └─────┘              └────────┘
      ↓                    ↓                     ↓
  对面料行进路线         踏板的操作,            维持身体姿势,
  的矫正,倒针,换        抬起机针等             保持对机针和
  针,换线                                     面料的观察等
```

缝纫工的疲劳产生于人—机—环境系统之中,它们之间的关系是:人的感觉器官收集有关作业的信息,包括机器的状况、面料的状况等,并将它们反映给神经中枢。神经中枢对人的感官给予的信息作出判断和动作的选择,向身体的不同部位发出行动的指令。身体再根据神经中枢的指令作出相应的动作,同时人的感官将动作后外界的反应再收集,传回神经中枢。如此反复,缝纫工的疲劳就产生在这样的循环之中。

(一) 体力疲劳的产生

体力疲劳产生于人体感官对周围信息的收集以及身体对机器、面料采取动作中,其中身体对外界采取动作是造成体力疲劳的主要因素。在所有动作之中,最主要的动作就是手对面料的位置调整和脚对踏板的操作。对面料的调整在作业过程中始终要进行,动作需要迅速,它引发上肢的疲劳,对踏板的操作在作业过程中的节奏也十分快,引发下肢的疲劳,而长时间的保持坐姿则引发背部、肩颈的疲劳。

(二)心理疲劳的产生

对于服装企业的工人来说,在厂房中发生的心理疲劳最主要的原因是单调与过快的速度,其次还有噪音等因素,这是由服装生产流水线的特点决定的。以宁波某服装厂为例,1条70人左右的西装上衣生产线在一天内可生产400到500件左右的西装,高峰时可达700件。日本有些服装企业采用站立式操作,我国的少数工厂也已经采用该方法,工人在作业期间需要站立在机器前,时间一长,体力消耗的加大必然产生焦虑心理。

四、疲劳的症状和危害

(一)疲劳的症状表现

根据前面疲劳的分类不同,它的症状表现也是不一样的。如下表所示,给出了不同症状下的疲劳表现形式。

表 8-6-1 疲劳的症状表现

A.身体症状	B.精神症状	C.神经感觉症状
1.头沉	1.脑子不清醒,头昏眼花	1.眼睛疲劳,眼冒金星,眼无神
2.头痛	2.思想不集中,厌于思考问题	2.眼发涩,眼发干
3.全身懒倦	3.不爱动,不爱说话	3.动作不灵活,动作出错误
4.腰酸,腰痛	4.焦躁	4.脚跟发软,脚步不稳
5.肩酸,肩痛	5.困倦	5.味觉改变,嗅觉厌腻
6.呼吸困难,气短,胸闷	6.精神涣散	6.眩晕
7.腿无力,腿痛	7.对事情不积极	7.眼皮和其它肌肉跳动
8.无唾液,口发粘,口发干	8.很多事情一时想不起来	8.听觉迟钝,耳鸣
9.打哈欠	9.做事没有信心,做事多出错误	9.手脚发颤
10.出冷汗	10.对事情放心不下,事事操心	10.动作不准确,手脚不听指挥

(二)疲劳对作业的影响

1.无力感。当劳动生产率未下降时,作业者已经感到劳动能力下降了。

2.注意力失调。在疲劳状态下,注意力不易集中或者产生游移不定的现象。

3.感觉失调。疲劳可使感觉器官的功能发生紊乱。

4.动觉紊乱。疲劳使动作节律失调,动作忙乱,不协调。

5.记忆和思维故障。在过度疲劳的情况下,可使作业人员忘记技术规程。

6.意志衰退。疲劳后,决心、耐性和自我控制能力减退。

7.睡意。在过度疲劳状态下,昏昏欲睡,这是人体自我保护性抑制的反应。

8.会导致作业者的省能心态,在省能心态的支配下,人总是想以较少的能量消耗取得较大的成效,容易导致操作失误。

五、疲劳度的研究

(一)疲劳的客观指标测定方法

疲劳的测定方法主要包括四类,即生化法、生理心理测试法、工作绩效测定和他觉观察及主诉症法。表 8-6-2 中比较详细地列出了疲劳测定的方法。

表 8-6-2 疲劳的症状表现

测定内容	测定法
呼吸机能	呼吸数、呼吸量、呼吸速度、呼吸变化曲线、呼气中 O_2 和 CO_2 浓度、能量代谢等
循环机能	心率数、心电图、血压等
感觉机能	触两点辨别阈值、平衡机能、视力、听力、皮肤感等
神经机能	反应时间、闪光融合值、皮肤电反射、色名呼叫、脑电图、眼球运动、注意力检查等
运动机能	握力、背力、肌电图、膝腱反射阈值等
生化检验	血液成分、尿量及成分、发汗量、体温等
综合机能	自觉疲劳症状、身体动摇度、手指震颤度、体重等
其他	单位时间工作量、作业频度及强度、作业周期、作业宽裕、动作轨迹、姿势、错误率、废品率、态度、表情、休息效果、问卷调查等

(二)疲劳度测定实验

从表 8-6-2 中,可以看到在常用的疲劳测定方法种类中,通过测量呼吸机能生理指数和循环机能生理指数的方法与测量劳动强度的方法一致,这是因为劳动强度的大小在很大程度上导致了疲劳的产生。通过在测量感觉机能和神经机能的生理指数的两大类方法中各选择一种操作较为简单的方法来进行实验,以判断这些较为简单的方法能否应用于缝纫工的疲劳度测定。

以下为两种实验的具体实验方法,实验对象为 8 名年龄在 30 岁左右的女性缝纫工。实验均在早晨上班前和缝纫操作 3h 后各进行一次,以便进行对比。

1.两点阈实验

如果在皮肤上给相邻的两个点同时刺激,而这两个刺激点的距离又十分相近时,则往往只会感到是一个点的刺激;如果逐渐加大两个刺激点的距离,就会觉察为两个点。能感觉到两个刺激点间的最小距离称作两点阈(two point threshold)。两点阈是皮肤触觉的敏锐性指标。

表 8-6-3 人体各部位两点阈值 单位:mm

中指 2.5	上唇 5.5	前额 15.0	肩部 41.0
食指 3.0	面 7.0	脚底 22.5	背部 44.0
拇指 3.5	鼻 8.0	腹部 34.0	上臂 44.5
无名指 4.0	手掌 11.5	胸部 36.0	大腿 45.5
小指 4.5	大足趾 12.0	前臂 38.5	小腿 47.0

人身体上不同部位两点阈的大小是不同的。一般来说,身体的暴露部分,如手指、头和面部的两点阈最小,身体的掩盖部分,如肩、背、大小腿等处的两点阈较大(表 8-6-3)。本次实验参照 weinstein1968 年的实验结果。

实验仪器:两点阈量规,眼罩,蓝色颜料,记录纸。

实验程序:选定手掌,手背,前臂背面为测量区,3 个区依次为 A、B 和 C 区。测量前用颜料圈出被测区域,测量在圈出的区域内进行。实验前,主试发出指导语:"当你的感觉为两点时报告说"二",感觉为一点时报告说"一",如无法区分则说"不知道"。主试对第一种回答记作"+",第二种回答记作"-",第三种回答记作"?"。刺激用两点必须垂直地降落,并使两尖点同时、重力均匀地接触皮肤,接触时间不超过 2s。主试者可在自己手上练习数次,然后再在被试的非检测区练习几次。测试时,实验序列的长度和起点可根据以前的研究测定出的结果而定,由小到大,再由大到小,每步变化 0.5mm,反复 3 次,记录于表内。

2. 闪光融合临界频率

实验仪器与操作方法见第 230 页。

3. 实验结果分析

表 8-6-4 两点阈和闪光融合值实验结果

指标	作业前后均值差	相伴概率
红色闪光值(Hz)	0.575	0.416
红色融合值(Hz)	1.163	0.102
黄色闪光值(Hz)	-0.400	0.233
黄色融合值(Hz)	1.025	0.277
蓝色闪光值(Hz)	0.038	0.945
蓝色融合值(Hz)	-0.663	0.249
区域 A 两点阈(mm)	-0.288	0.447
区域 B 两点阈(mm)	-0.637	0.262
区域 C 两点阈(mm)	0.075	0.906

通过 SPSS 中的配对样本 T 检验得到表 8-6-4,可以看出,红色闪光、融合值的均值在作业后都有下降,但其相伴概率大于 0.05,即不能判定作业后有明显下降,黄色和蓝色的闪光和融合值也都无明显下降。在两点阈实验的结果中,区域 A(手掌)和区域 B(手背)中,操作后两点阈均值有下降,但其相伴概率也都大于 0.05。闪光融合值和两点阈这两种疲劳测定方法不适宜作为缝纫工疲劳度的测定方法。

(三)疲劳度主观意识分析方法

疲劳度问卷分为两个部分,第一部分根据日本产业卫生学会的疲劳自觉症状量表设计,该量表分为身体症状、精神症状、神经感觉症状三项,每一项内分为 10 种症状,可分别计算各项的自觉症状的主诉率。在实际应用中,将该表的各项目顺序打乱,并在主诉状况中分为略有感觉和感觉较明显两项,统计时只统计感觉较明显这一项。第二部分由 6 个问题组成,并给出答案供选择。这部分设计为 4

个维度,其中第1题是疲劳部位方面的,第2题属于疲劳时间段,第3、4题属于疲劳原因方面,第5、6题为疲劳缓解方式方面。

1. 疲劳度的相关因子

(1) 身体症状分析

在晚上加班时间,缝纫工的身体症状打哈欠、肩痛、头痛、头重、口干、身体某处不适、全身不适这7个项比下午时间的症状都有主诉率的上升,其中打哈欠从下午的3.61%上升至晚上的16.66%。晚间加班对缝纫工的疲劳在身体上的症状表现十分明显。

(2) 精神症状分析

晚上加班时间的精神症状在困倦、易出错、不爱说话、忘事、对事务冷淡、头脑不清、焦躁这6项上比下午时间有上升,其中困倦从下午的4.82%上升至晚上的13.25%,易出错从下午的2.40%上升至晚上的7.22%,焦躁从下午的4.82%上升至晚上的7.23,晚间加班对缝纫工疲劳的精神症状表现十分明显。

(3) 神经感觉症状分析

晚上加班时间的神经感觉症状在动作不准确、动作不灵活、眼睛发干、眼睛疲倦4项上比下午时间有上升,其中动作不准确从下午的3.61%上升至晚上的8.43%,眼睛疲倦从下午的3.61上升至晚上的9.33%。晚间加班对缝纫工疲劳的神经感觉症状表现十分明显。

(4) 疲劳部位分析(图8-6-4、图8-6-5、表8-6-5、表8-6-6)

图8-6-4 疲劳部位的频次分析

图8-6-5 疲劳时间段的频次分析

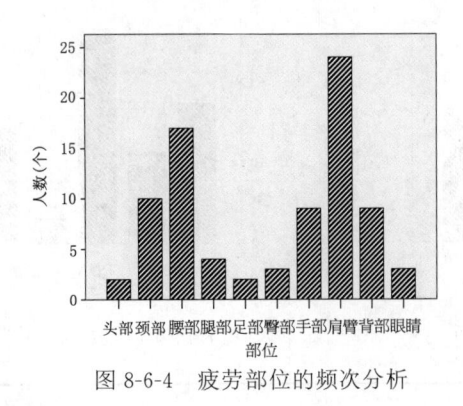

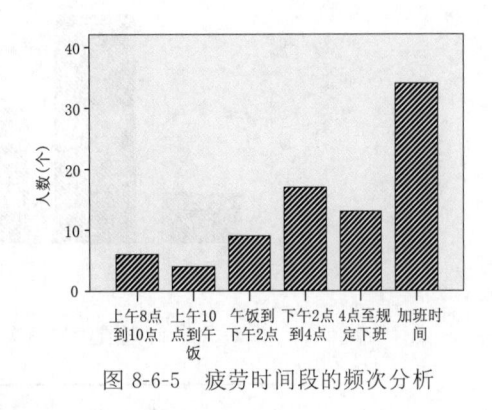

表8-6-5 发生疲劳部位的百分比

头部	颈部	腰部	腿部	足部
2.41%	12.05%	20.48%	4.82%	2.41%
臀部	手部	肩臂	背部	眼睛
3.61%	10.84%	28.92%	10.84%	3.61%

从上面的图和表中可以看出在所有疲劳部位中,肩臂(28.92%)、腰部(20.48%)、颈部(12.05%)、手部(10.84%)、背部(10.84%)这5个部位占据了所

有问卷调查回答的绝大部分,由于缝纫工的坐式操作,上半身部位疲劳现象明显比下半身要严重,而操作时活动度最大的肩臂、腰部和颈部,是最严重的部分。

(5)疲劳时间段分析(表8-6-6)

表8-6-6 疲劳时间段的百分比

上午8点到10点	上午10点到午饭	午饭到下午2点	下午2点到4点	4点至规定下班	加班时间
7.23%	4.82%	10.84%	20.48%	15.66%	40.96%

调查缝纫工自己感觉的疲劳时间段,有40.96%的人选择了加班时间,这和问卷第一部分结果显示的结果相呼应。在正常工作的8h中,选择下午时间的人占到总体的31.32%,其中下午2点到4点这个时间段有20.48%,是8h工作中被选择最多的时间段。在这一时间段应该加强缓解疲劳的措施,如可以播放节奏适合的音乐等。

2.疲劳原因分析(图8-6-6、图8-6-7、表8-6-7、表8-6-8)

第3、第4项问题是属于疲劳原因方面的。在睡眠状况中,12.05%的人选择了睡眠状况不好,绝大部分的回答是休息情况一般。自我感觉疲劳原因中选择工作压力过大的人占到了总体的31.33%,其次是工作时间过长、睡眠休息不足和工作环境不好。疲劳最根本的来源是工作的压力和时间。须在生产效率和员工疲劳两者之间做好平衡工作。

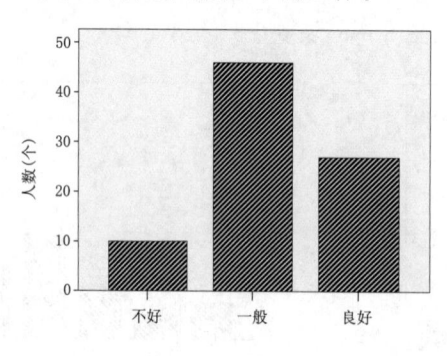

图8-6-6 睡眠质量的频次分析

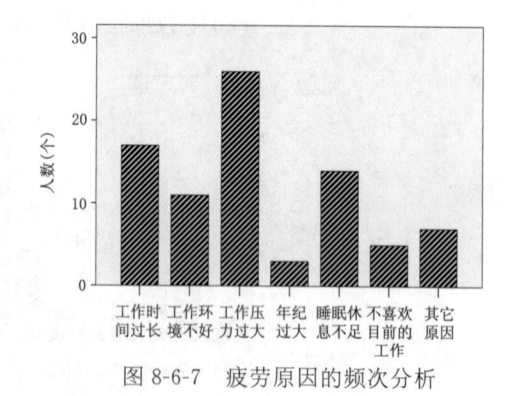

图8-6-7 疲劳原因的频次分析

表8-6-7 睡眠质量的百分比

不好	一般	良好
12.05%	55.42%	32.53%

表8-6-8 疲劳原因的百分比

工作时间过长	工作环境不好	工作压力过大	年纪过大	睡眠休息不足	不喜欢目前的工作	其它原因
20.48%	13.25%	31.33%	3.61%	16.87%	6.02%	8.43%

3.疲劳缓解方式分析(图8-6-8、图8-6-9)

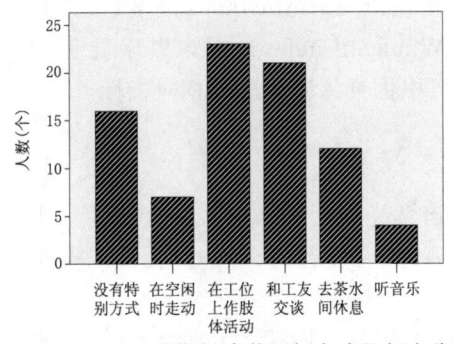

图 8-6-8　上班期间疲劳缓解方式的频次分析 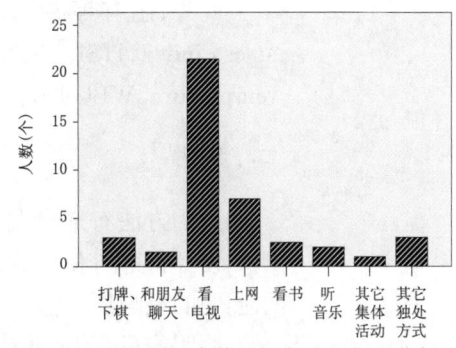　　图 8-6-9　下班期间疲劳缓解方式的频次分析

第 5、第 6 项问题是属于疲劳缓解方式的，在工作时间的疲劳缓解方式中，有 27.71% 的人选择在正确的工位上作肢体活动，有 25.30% 的人选择和工友交谈，这种方式的确可以缓解疲劳，但同时也会严重影响生产效率。另有 4.82% 的人选择在操作期间听音乐。据观察，这些操作时听音乐的员工是采用耳塞的，这会在事故发生时造成隐患。在下班期间的疲劳缓解方式中，有超过一般的人选择看电视，看电视和上网两项选择之和达到 68.68%，缝纫工在下班期间的疲劳缓解方式过于单调。

第七节　服装厂工作地技术标准

一、服装厂车间气候环境条件研究

根据环境气候的介绍我们可知，环境影响人体的舒适性，同时对人体的心理有重要影响。因此，研究服装厂车间的气候环境条件是非常必要的。服装厂车间的环境条件主要包括气温、湿度、辐射热、气流。

气温：与水温或者地温不同，是围绕我们周围的大气温度。

测量车间温度的方法和仪器根据外在条件以及实验目的而有所不同。

（一）常用测量环境温度的仪器

干式温度计：棒型温度计、最高最低温度计、自动记录温度计、热敏电阻温度计、热电偶温度计、温度记录器、双金属温度计等。

干湿温度计：气温与湿度、气流有关，因此要求准确度高时，要利用能排除气流、辐射热影响的阿斯库曼通风温湿度计(Assmann aspiration psychrometer)等。

（二）环境温度的综合指标

如前所示，我们所能感觉到的冷、热、凉无法只用气温一个因素来表示。通常人们的冷热感觉除气温之外，还涉及到湿度、气流、辐射等因素的影响。体感温度是这些条件综合作用产生的。环境温度的综合评价指标主要有感觉温度、作用温度、温湿指数等。

此外,还有等温指数(Equivalent warmth index,EWI)、热应力指数(Heat stress index,HSI)、风冷指数(Windchill index)、湿球黑球温度(Web bulb glove temprature,WBGT)等指标。可根据具体情况选择相应指标。

二、照明

照明方法有来自太阳光的自然光照明和来自人工光源的人工照明两种。照明如设计得好可使作业效率上升,疲劳度减轻,舒适性提高。照明是否适当决定于照明的量与质。

照明的量用 lx 表示,图 8-7-1 是基于照明的作业效率和疲劳度的变化。在 30~2000 lx 范围内考察疲劳度的下降和作业率的提高,但疲劳度的最低点为 1000 lx 左右,超过 1000 lx 疲劳度反而会上升。

图 8-7-1 基于照度的作业效率与疲劳度的变化

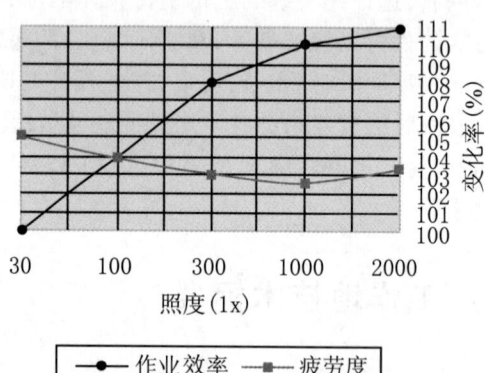

照明的质根据照度分布、视野内辉度(与光源的观察方向相垂直的单位面积的明亮度)分布光的颜色等发生变化。一般,人们希望室内的照度分布均匀,局部照明与全体照明并用时要注意将全体照明的照度设计在局部照明照度的 1/10 以上。

$$G = 0.478 L_s^{1.6} \omega^{0.8} / (L_p \rho^{1.6})$$

式中:(G 为照明度);L_s 为光源辉度(cd/m^2);L_p 为背景辉度(cd/m^2);ω 为光源的立体角;ρ 为光源的位置指标数。

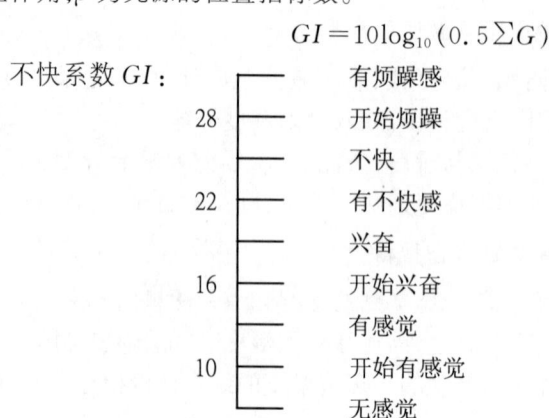

$$GI = 10\log_{10}(0.5\sum G)$$

不快系数 GI:

- 有烦躁感
- 28 —— 开始烦躁
- 不快
- 22 —— 有不快感
- 兴奋
- 16 —— 开始兴奋
- 有感觉
- 10 —— 开始有感觉
- 无感觉

自然光照明当然是理想的,但受天气及室内地势的影响,如表8-7-1中晴天室内中央部位照度为100～200 lx。对于服装厂的一般劳动可满足照度,但对缝纫类技术工作则照度不够,需增加人工照明。

表 8-7-1 日照条件下的水平面照度

日照条件	照度(lx)
直射日光	100000
薄云天气	30000～50000
阴天	10000～15000
雨天	7000～10000
夏季晴天	14000
春秋季晴天	11000
冬季晴天	8000
晴天野外阴影处	10000
晴天屋内北窗边	1000～2000
晴天室内中央	100～200
晴天室内墙边	10～20
晴天满月野外	0.2
多云夜间野外	0.00003

在选择人工照明的光源时,人们都希望使用与日光相接近的荧光灯,白色光的反射率可达70%～80%,居所有色相光的反射率之首,此时的色温度与夕阳的2500～3000k程度相似,方便人类的各种室内劳动需求。对于服装缝纫类精密性劳动,其照度应至少采取大于300 lx的白炽光源,而且随着年龄的增长其所需照度应随之增大,60岁时人群需求的照度可达40岁人群要求的5倍。

三、工作地窗户

工作地的空气必须能及时得到换气,换气量公式:

$$V = 3600c \times a \times v$$

式中:V 为换气量(m^3/h);a 为开口部位有效面积(m^2);v 为风速(m/s);c 为流动系数(窗 0.6～0.7、间隙 0.3～0.4)。

工作地的窗户大小受开口率(房屋面积与窗户面积的比例)的影响,表8-7-3是窗户大小的基准表。表中可看出房屋窗户的基准开口率有1/10,1/7,1/5不等。一般的服装厂车间窗户开口率即窗户面积/地面面积为1/7～1/10。

窗户的形状亦对采光量有很大的影响。房屋中间的窗比侧边的窗更有利于采光。图8-7-2是房屋的窗户采光角度定义。一般房屋的采光角要≥28°;房屋周边的遮光物也会对窗户的采光产生影响。一般开角(从室内一点P向窗的最高部位作直线与向遮光物最高部位作直线,两直线相交的角)以≥5°为限,否则会显著影响采光。

表 8-7-2 视觉作业必要照度

视觉作业精密度	照度		
	高	中	低
极精密	1000–700	3000–2000	10000–7000
非常精密	500–300	1500–1000	5000–3000
精密	200–150	700–500	2000–1500
普通	100–70	300–200	1000–700
精度较差	50–30	150–100	500–300
精度不良	20–15	70–50	200–150
	10	30	100
与周围对比	高	中	低

表 8-7-3 窗户大小基准

建筑物种类	对应的房间	基准开口率
住宅	居室	1/7
幼儿园、小学、中学、大学	教室	1/5
保育所	保育室	1/5
医院、诊所	病室	1/7
宿舍	寝室	1/7
旅馆	旅馆房间	1/7
儿童福利设施等	主要用途的居室	1/7
学校、医院、诊所、宿舍、旅馆、儿童福利设施等	上面用途以外的居室	1/10
福利中心	居室	1/10

注：1) 儿童福利设施等是指儿童福利设施、助产所、残疾人重新生活援护设施、保护设施、妇女保护设施、弱智援护设施、老人福利设施、付费的老人之家以及母子保护设施等。
2) 开口率是开口处有效采光部分面积与房间面积的比率。

图 8-7-2 房间采光图

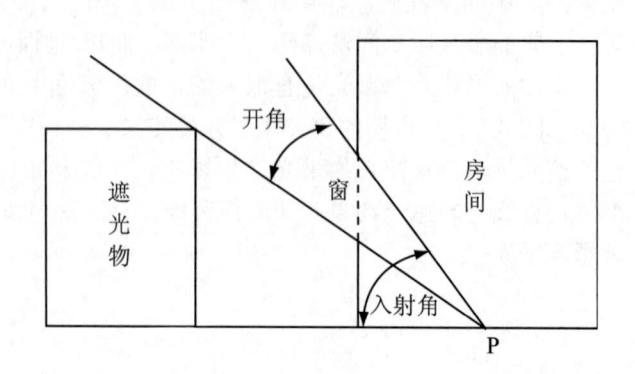

第八节　休闲环境

休闲是摆脱工作,使身体、精神各方面都得到松弛的休养,可以自由地支配时间,自觉地开发自己的行为。对于休闲的环境可从下列方面理解:

一、生活时间与自由时间

时间对谁都是公平的,每天 24 小时,平均寿命 80 岁的生命时间可达 70 万小时,其中成年后 53 万小时里生活必需的时间为 23 万小时,拘束时间为 13 万小时,剩余的自由时间为 17 万小时,有效使用这段自由时间,人生的质量就很高。

自由时间的增加主要是靠缩短拘束时间中的劳动时间。我国自劳动法颁布以来,非法延长劳动时间的企业和行为大大减少,同时又执行了每周两天的休息制,这样使我国劳动者的可支配自由时间大大增加。自由时间的度过,60％以上是休息、听音乐、看电视,不到 20％ 是体育、娱乐、学习和研究。在休闲环境中应注意主适温度、休养与健康等。

二、主适温度

主适温度是最适当的温度,即不过热不过冷的温度。从此观点出发可分生理学的主适温度(健康温度)、主观的主适温度(快适温度)、生产主适温度(最高生产温度)等三种。

主适温度自古以来就有,但都是从主观的以及从作业效率的层面上求主适温度,从生理学方面进行评价的很少,这里主要讨论主观的主适温度。

主观的主适温度是根据温热的快适感或温冷感的诉求,通常的评价根据主观评价表而进行。

表 8-8-1 温热的快适感、温冷感的主观评价表

全身的温冷感		身体局部温冷感	快适感	适度感	放射感
ASHRAE	空调卫生工学	劳动研究所	劳动研究所	空调卫生学	劳动研究所
3 hot	1 非常热	3 热	3 非常快适	1 非常湿润	1 无感觉
2 warm	2 热	2 稍热	2 快适	2 湿润	2 稍有感觉
1 slightly	3 温暖	1 暖和	1 稍快适	3 稍湿润	3 有感觉
0 neutral	4 稍温暖	−1 凉快	0 都不是	4 都不是	4 非常有感觉
−1 slightly cool	5 怎么说都行	−2 冷	−1 稍不快	5 稍干燥	
−2 cool	6 稍凉爽	−3 很冷	−2 不快	6 干燥	
−3 cold	7 凉爽		−3 差	7 非常干燥	
	8 寒冷		−4 很差		
	9 非常寒冷				

温冷感以中间的温度作为主适温度。主适温度不仅有气温、气湿、气流、放射(辐射)等温热因子,同时亦根据着衣量、代谢量(运动量)而变化标准的室内作业。

以 22.2～25.6℃ 为准,在此范围内,80% 以上的人得到满足,相对湿度 50%,着衣量 0.6clo,静稳气流 0.1～0.15m/s 都是假想的等温环境。安静时不管着衣量、性别、季节,以平均皮肤温约 33～34℃ 时的环境为达到快适感。

图 8-8-1 19～21 岁的 5 名男性 20 日内持续卧床时身体各方面功能的变化

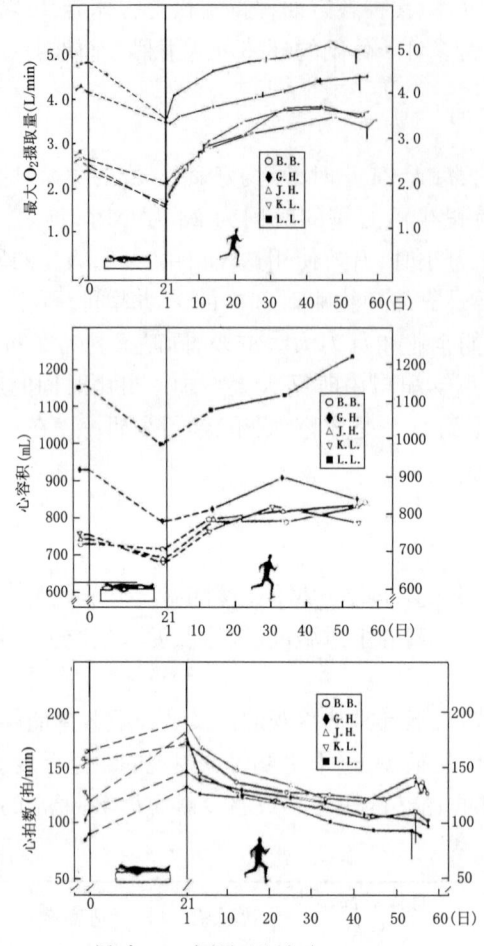

三、休养与健康

休养是身体休息、精神的、身体的疲劳进行恢复所必要的,也是维持健康所不可欠缺的。但是身体较长时间持续地处于休养状态相反地也会对健康造成危害。图 8-8-1 是 19～21 岁的 5 名男性 20 日内持续卧床时身体各方面功能的变化。从中可以看出最大 O_2 摄取量从平均约 3.3L/min 降为 2.4L/min,约减少 27%,每分钟由心脏跳动而输送的血液量从 20.0L/min 降至 14.8L/min,而心拍数从平均 140 拍/min 增至 160 拍/min。

长期的卧床休息身体诸功能变化还存在如下方面:

1. 循环系统

(1) 安静时以及运动时心拍数增大;

(2) 一次血液拍出量减少;

(3) 最大 O_2 摄取量减少;

(4) 加速度耐力降低;

(5) 血浆量、全血量减少;

(6) 造血功能降低,红血球减少。

2. 骨代谢

(1) 尿中钙质排泄增大;

(2) 骨的钙质一个月降低 0.5%。

3. 肌肉

(1) 萎缩;

(2) 肌肉的脂肪置换。

4. 内分泌系统

(1) 副肾上腺素减少；
(2) 血浆浓度上升；
(3) 成长荷尔蒙增大。

四、体育与环境

体育是典型的休闲活动，适度的体育活动对精神及身体都有益，是维持与增进健康不可缺少的。持续的体育活动使肌肉、骨骼系统产生肌肉力，肌肉持久力得到增大，并且呼吸循环系统也产生变化，身体的作业能力得到增大。

有氧的作业能力根据最大 O_2 摄取量进行评价。最大 O_2 摄取量是单位时间内摄取 O_2 量的最大值，普通男性约 3 L/min，女性约 2 L/min，运动量大的运动员约 5 L/min。无氧作业能力根据最大 O_2 负载量以及血液中出现乳酸的运动强度进行评价的。最大 O_2 负载量是为了在运动结束后分解运动中生成的乳酸的 O_2 最大值，一般的人 5～6 L，短跑运动员可达 15 L 以上。

图 8-8-2 是 20～40℃环境下进行 3h 的步行时循环机能的变化。心拍数在暑热环境下显示增加倾向，运动时间越长，其倾向越显著。心拍出量因心拍数的增加而变大，一次拍出量反而显示减少的倾向。

图 8-8-2 各种环境下步行 3h 后循环机能的变化
在 20～40℃环境下步行 10min、1h、2h、3h 后各自的心拍出量 (a)，一次拍出量 (b)，心拍数 (c) 的平均变化

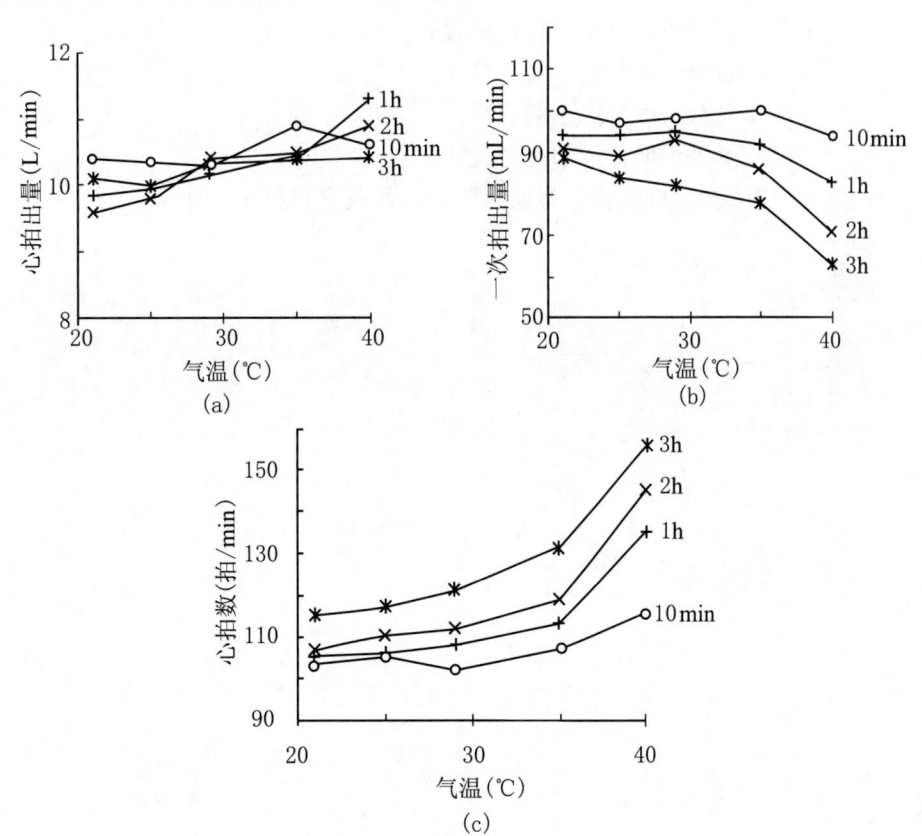

高压环境中运动时身体功能的变化体现在心拍数的减少。

低压环境中运动时由于身体组织的 O_2 输送量降低,身体的作业能力会大大降低。此时如果持续地在低压环境中训练,身体组织会向 O_2 输送量和利用效率高的方向适应。这样在复归常压(平均)后作业能力会有一定的提高。

思 考 题

1. 试分析水平与垂直作业时正常作业区域、最佳作业区域的定义。
2. 试分析作业区域计算方法及影响要素。
3. 试分析工作椅各部形态对肌肉活动度的影响。
4. 作业劳动程度的计算方法有哪些,试举例说明。
5. 试分析作业姿势的种类及注意事项。
6. 试分析办公室工作台的设计要点。
7. 试分析疲劳的定义和分类。
8. 试分析疲劳产生的肌理。
9. 举例说明作业中疲劳过程。
10. 试分析服装工作地的照明条件及窗户结构设计要点。

第九章 特殊群体与人体工效学

关爱特殊人群的服装及生活用具是服装人体工效学人本主义的最重要体现。本章对不同地区高龄者的体型、生理变化、运动机能变化、心理变化进行分析和介绍,分别对高龄者的生活环境设计及注意的要素进行介绍、并重点介绍高龄者被服的特殊性以及在设计和样板时应注意的因子,以老年工效服的设计为例说明其设计实验过程;最后介绍智体残者穿着被服从人体工效学角度进行服装设计的过程。

特殊群体指婴幼儿、65岁以上老人、智障、肢残类残障等人群,这些人群不具有或丧失劳动力,社会应给予关怀和保障,在饮食、居住、行走、穿着等方面都具有与其它人群不同的生理、心理需求,故在用具、居住、交通工具、服装等设计上都应运用人体工学进行有针对性的设计。

第一节 高龄者体型及生理运动机能

随着生活水平的提高、医疗条件的改善,人口的高龄化(即人口中65岁以上群体比例将会提高)是世界各国尤其是发达国家共同面临的问题。如日本人目前平均寿命女性为82岁、男性79岁,至2020年其65岁以上人口可达23.5%左右;中国人目前平均寿命女性78岁、男性74岁。但由于实现计划生育控制人口增长,至2030年65岁以上人口可达24%左右。因此高龄者生理及心理的变化并由此产生的运动机能的衰退值得研究。

一、高龄者的长度及围度部位身体特征

随着年龄的增长,由于脊柱弯曲,身体开始缩短,关节硬化,动作区域缩小。以身长和指极(上肢成水平横举时左右两中指间长)为例,分析高龄者与年青人的区别,可见图9-1-1。从图中可看出随着年龄的增长,身长与指极都在下降,而女性减少的幅度大于男性,身长下降的幅度大于指极下降的幅度。如以身长为基准,则其他部位的长度计测值如图9-1-2(a)所示,可见,男性的上肢举上高老年人

略高于年青人,指极数老年人与年青人相同。而女性的举上高、指极、肩峰高、肘高等老年人在同样身高时高于年青人。但如以指极为基准,则其它部位的长度计测值如图 9-1-2(b)所示,可以看出除上肢举上高老年人与年青人相同外,其余指标无论男女,都是老年人低于年青人。

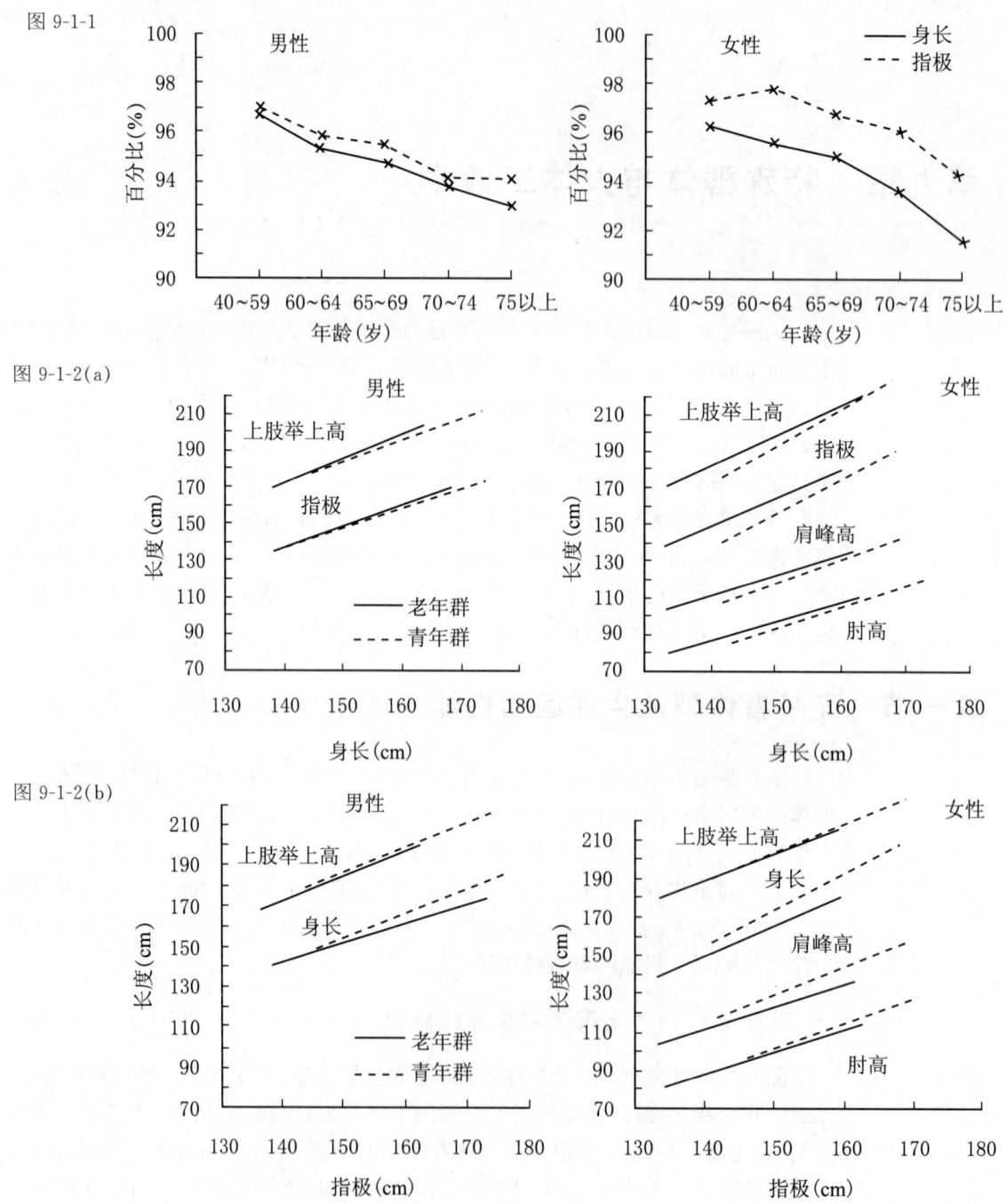

图 9-1-1

图 9-1-2(a)

图 9-1-2(b)

高龄者总体的围度特征为腰围增大,腹部肥满,臀部、大腿围增大。由于人体弯曲度增大,故男性的胸部常是肌肉减弱状态,前腰部肥满。而女性的胸部通常乳房下垂,前腹部肥满,背围增大。

(一)日本高龄者体型分析

表 9-1-1 是日本对各个年龄段人群的体型测量及其数值分析。

表 9-1-1 身体计测值　　　　　　　　　　　　　　　　单位:cm

		男性						女性					
年龄(岁)		青年群	40~59	60~64	65~69	70~74	75以上	青年群	40~59	60~64	65~69	70~74	75以上
人数		57	60	84	171	170	86	163	60	189	264	160	47
身高	平均值	171.4	166.1	163.7	162.8	160.7	159.2	157.5	151.9	150.8	149.6	147.7	144.8
	标准偏差	5.77	6.18	5.53	5.47	5.50	5.78	4.78	4.93	4.23	4.75	4.87	5.16
	最大值	184.0	183.0	175.7	179.0	172.0	173.0	169.0	162.5	160.0	162.7	158.0	157.1
	最小值	159.3	151.0	152.3	150.2	144.6	144.2	147.8	142.5	138.2	136.2	132.5	132.0
体重	平均值	—	66.3	60.8	58.1	56.7	56.2	—	50.1	53.2	51.1	49.7	48.0
	标准偏差	—	12.22	8.79	9.64	7.77	8.68	—	7.41	7.18	7.27	6.78	7.94
	最大值	—	97.5	86.3	88.5	80.2	80.3	—	65.0	80.5	89.5	67.5	67.5
	最小值	—	43.6	41.0	41.0	41.8	39.6	—	28.0	37.5	34.5	32.0	31.6
指极	平均值	172.9	167.8	165.9	165.5	162.9	162.6	155.7	151.8	152.5	151.2	150.0	146.2
	标准偏差	6.60	7.44	6.16	6.44	6.96	7.27	5.62	6.13	5.77	5.67	6.62	7.36
	最大值	187.0	190.0	177.0	181.0	180.5	175.5	168.9	165.0	166.0	165.0	163.0	162.2
	最小值	159.5	150.0	148.0	149.0	143.0	148.0	142.6	136.0	139.0	136.8	138.5	135.3
上肢举上高	平均值	214.6	209.2	206.0	205.1	203.1	201.0	195.6	192.0	191.8	190.6	187.6	183.8
	标准偏差	7.95	8.98	9.87	9.24	7.98	8.44	6.83	7.15	6.04	6.16	6.43	7.66
	最大值	235.0	239.5	225.5	228.0	221.0	217.0	212.2	207.0	212.2	209.0	207.0	202.0
	最小值	198.5	192.0	188.0	180.0	178.0	175.0	181.5	175.0	177.0	172.5	168.5	169.0

		女性							女性				
年龄(岁)		青年群	60~64	65~69	70~74	75以上		年龄(岁)		青年群	60~64	65~69	70~74	75以上
肩峰高	平均值	126.7	121.7	121.7	119.9	118.9	单手上举	平均值	—	186.7	187.0	183.6	184.3
	标准偏差	4.46	3.95	4.44	4.09	4.70		标准偏差	—	6.33	6.23	6.47	7.61
	最大值	137.4	130.2	134.0	129.0	127.3		最大值	—	205.0	200.0	198.0	199.0
	最小值	117.3	111.0	109.5	110.0	109.0		最小值	—	171.0	171.0	170.0	174.0
肘高	平均值	95.5	91.8	91.8	90.3	89.4	双手上举	平均值	—	181.9	182.1	179.5	177.7
	标准偏差	3.81	2.65	3.49	4.57	4.21		标准偏差	—	6.61	7.24	6.39	8.12
	最大值	106.0	99.8	99.5	98.0	95.0		最大值	—	197.3	200.0	194.5	195.0
	最小值	87.3	83.0	80.5	77.5	82.0		最小值	—	165.0	165.0	165.0	168.0
前方腕长	平均值	—	61.8	62.3	61.6	62.0	单手上举	平均值	—	179.8	179.9	175.8	176.2
	标准偏差	—	2.90	3.41	3.13	3.73		标准偏差	—	6.89	6.76	8.47	8.44
	最大值	—	67.0	69.0	67.5	67.5		最大值	—	195.0	194.0	19.5	194.0
	最小值	—	55.5	54.0	56.0	54.0		最小值	—	165.0	157.0	152.5	163.0

(二)中国上海地区高龄女性与其他人群的比较

1. 均值分析

采用常规马丁测量仪与三维扫描装置进行双重测量得到上海地区三个女性人群的数值,见表9-1-2。

表9-1-2 上海青中老年女子各测体指标均值及标准差结果

	青年数据(154人)		中年数据(138人)		老年数据(50人)	
	平均值	标准差	平均值	标准差	平均值	标准差
1 身高(mm)	1614.4	60.3	1588.3	47.5	1553.6	45.8
2 体重(kg)	51.9	6.1	55.7	7.2	60.6	8.1
3 颈围(mm)	401.4	20.6	417.7	23.2	396.9	23.0
4 上胸围(mm)	812.8	40.9	842.7	49.9	884.2	51.0
5 胸围(mm)	817.7	50.0	856.5	62.0	935.1	72.9
6 下胸围(mm)	717.9	42.0	765.9	55.0	841.2	58.6
7 腰围(mm)	660.9	48.8	738.8	71.5	841.7	77.0
8 腹围(mm)	809.3	54.5	870.7	69.6	995.7	69.0
9 臀围(mm)	887.1	42.6	910.4	50.0	943.3	83.9
10 大腿根围(mm)	512.7	33.3	524.9	37.3	529.6	44.2
11 下奶杯长(mm)	69.6	10.4	72.4	12.4	77.3	15.6
12 前胸宽(mm)	322.1	18.2	325.0	18.7	334.2	24.9
13 乳房根围(mm)	179.0	20.1	193.4	26.3	160.3	29.8
14 臂根围径(mm)	265.7	21.0	290.0	24.0	398.3	26.2
15 颈侧——肩峰(mm)	128.2	10.9	127.3	11.7	127.3	9.8
16 背长(mm)	369.9	20.4	375.8	20.2	410.1	20.0
17 肩宽(mm)	380.3	20.6	379.4	21.7	376.3	23.3
18 后腋宽(mm)	334.2	21.7	345.3	24.5	354.7	22.6
19 乳头间隔(mm)	176.9	15.1	181.3	17.6	201.9	21.3
20 乳房根围间隔(mm)	134.2	11.0	144.5	15.0	174.8	16.0
21 肩倾斜角(°)	247.5	35.3	241.1	33.3	242.9	30.2
22 上臂部皮脂厚(mm)	196.7	51.3	222.4	52.8	265.1	75.7
23 背部皮脂厚(mm)	169.9	47.0	203.3	62.2	326.5	79.4
24 胸围横长(mm)	259.1	14.0	268.7	17.7	285.5	21.4
25 腰围横长(mm)	235.2	18.3	260.8	23.5	279.9	43.9

(续表)

No. 项目	青年数据(154人)		中年数据(138人)		老年数据(50人)	
	平均值	标准差	平均值	标准差	平均值	标准差
26 臀围横长(mm)	319.7	16.2	326.0	17.6	318.0	16.4
27 下颚高(mm)	1383.7	56.2	1362.4	44.6	1326.9	43.0
28 前腋高(mm)	1211.1	50.8	1191.0	39.7	1151.6	41.8
29 胸高(mm)	1144.7	52.7	1110.3	40.6	1054.3	46.7
30 下胸高(mm)	1093.7	50.2	1066.0	38.8	1043.0	39.5
31 前腰高(mm)	976.0	44.8	954.4	37.5	941.2	39.4
32 长棘高(mm)	850.3	41.7	831.1	37.8	851.0	35.8
33 膝盖中央高(mm)	419.8	23.5	413.6	19.7	407.9	25.2
34 肩峰高(mm)	1290.6	53.6	1273.6	42.4	1262.3	44.4
35 颈椎高(mm)	1350.7	54.6	1330.5	44.7	1317.2	42.5
36 后腰高(mm)	986.4	46.2	963.9	36.5	933.6	37.6
37 臀高(mm)	791.5	42.9	766.7	34.9	761.6	35.0
38 BW角(°)	788.1	33.9	777.7	33.8	787.8	41.2

从表中可看出：

(1)颈侧—肩峰、肩宽、肩倾斜角几项肩部指标随年龄的增大无明显变化；

(2)2、4～11、14、16、18、19、20～25等随脂肪厚度的增加而增加的指标围度、体重等指标随年龄增大均有所增大；

(3)27～37高度方向的指标随年龄的增加均有所减小，其中胸高随年龄增大的减小量最大，胸高指标是一个比较特殊的指标，因为除了和身高有较大的相关性，还与胸部的丰满程度以及年龄、生育与否有直接的关系，随年龄的增加乳房均有下垂的趋势，生育越多，哺乳期越长，胸部越丰满，乳房的下垂也越明显；

(4)前胸宽是老年人最大，而中年人与青年人无明显差异；

(5)中年人的乳房根围最大，老年人的乳房根围最小；

(6)青年人与老年人的臀围横长无明显差异，中年人的臀围横长最大；老年人的臀围明显增大，而其臀围横长无明显增大，那么可推知老年人的腹部比中青年人突出，即腹部的前后径较大。

2.主成份分析

本研究将3个不同年龄层的38项原始数据进行主成份分析，以便了解不同年龄段各主成份的变化情况以及各主成份的累积贡献率的变化情况。

对比结果显示，青年、中年两个年龄段各主成份所包含的体型因素基本一致，只是各主成份的累积贡献率有差别。第1主成份包含体重、围度、宽度和厚度指标,称为围度因子,均随脂肪厚度的增加而增加,是用于描述人体胖瘦的指标。第2主成份为包含身高在内的长度指标,称为高度因子,是描述人体高矮、身体各部位长短的因素。第3主成份为描述乳房形态特征的下奶杯长、乳房根围、乳点间距、乳房根围间隔等。第4主成份为描述肩部形态特征的指标,比如肩斜、颈侧—肩峰长和肩宽等。第5主成份为背长等躯干长度;而老年人各主成分中的第3主成份为脂肪厚度因子,第4主成份为胸部因子,其特征在老年人的体型因素中又变得较明显,但老年人的胸部特征相对于其脂肪增厚已略显次要。

由各年龄层载荷因子贡献率矩阵,可得出各主成份的累积贡献率如图9-1-3所示。

图9-1-3
三个年龄层
各主成份
累积贡献率
管状图

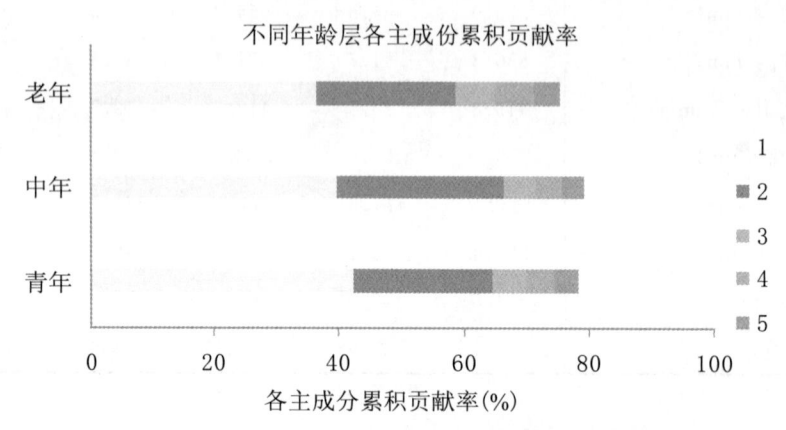

从图9-1-3中可以看出作为第1主成份的围度因子的累积贡献率随年龄的增加而逐渐减少;作为第2主成份的高度因子的累积贡献率中年人的最高,青年人与老年人高度因子的贡献率均较中年人低;青年人胸部因子的累积率较高,这也是青年人胸部特征较明显的原因;老年人脂肪厚度因子的累积贡献率仅次于高度因子,进一步说明老年人体型变胖的现象。

3.聚类分析比较研究

(1)青年人体型分类研究

对青年人原始数据进行标准化处理,标准化处理公式如下:

$$Z_{ik}=(X_{ik}-X_i)/\delta_i$$

式中:Z_{ik}为第i个变量的第k次观察值标准化值(cm);X_{ik}为第i个变量的第k次观察值(cm);X_i为变量i的平均值(cm);δ_i为变量i的标准偏差(cm)。

然后对标准化后的数据,再采用KMEANS法聚类分析,得出明显随5项指标变化的体型分类如图9-1-4所示:分为高胖体、胖体、正常体、正常偏矮体和瘦体。

①高胖体

特点:身高很高;颈围、胸围、臀围和腰围都很大;

比重:占样本总量的5.84%。

② 胖体

特点：身高接近均值；颈围正常；而胸围、臀围偏大；腰围远大于均值；

比重：占样本总量的 18.18%。

③ 正常体

特点：身高、颈围和臀围稍大于均值；而胸围、腰围、臀围接近均值；

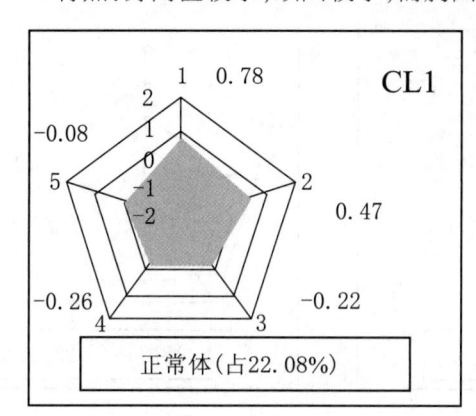

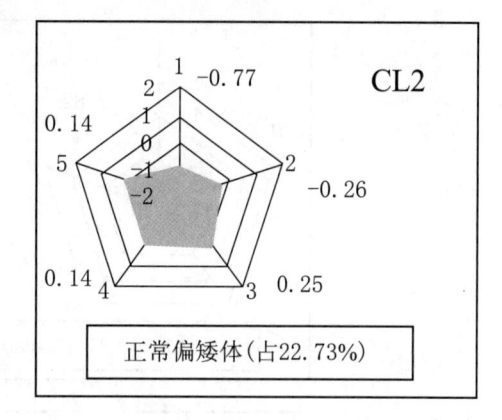

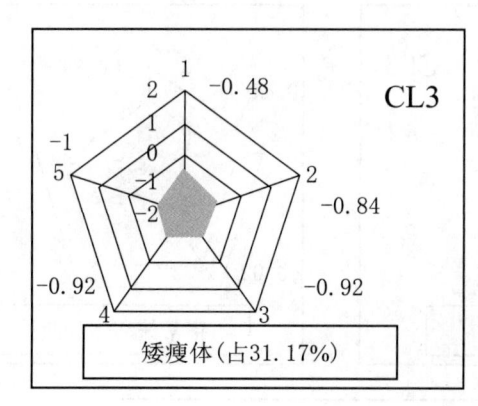

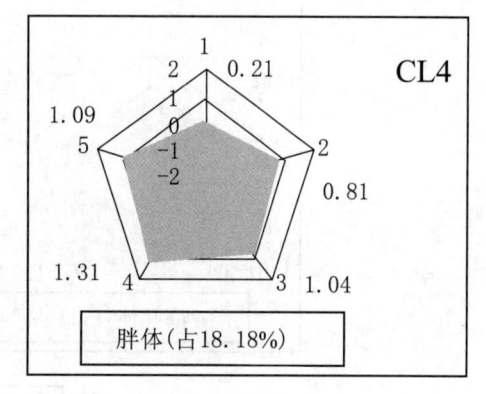

比重：占样本总量的 22.08%。

④ 正常偏矮体

特点：身高值较小；颈围较小，而胸围、腰围、臀围接近均值，属于正常偏矮型；

图 9-1-4 青年人体型分类图

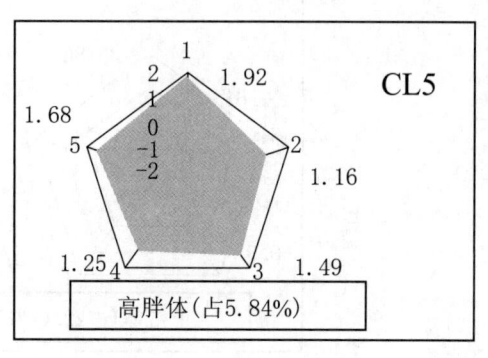

CL1 正常体（占22.08%）

CL2 正常偏矮体（占22.73%）

CL3 矮瘦体（占31.17%）

CL4 胖体（占18.18%）

CL5 高胖体（占5.84%）

比重：占样本总量的22.73%。

⑤瘦体

特点：身高值较小；而颈围、腰围、胸围和臀围都明显偏小，且各项指标的比例均属于较匀称的瘦小体；

比重：占样本总量的31.17%。

(2)中年人体型分类研究

用相同的方法对中年人原始数据进行标准化处理，采用KMEANS法聚类分析，得到出明显的体型分类，如图9-1-5所示，共有5种典型体型。

图9-1-5 中年人体型分类研究

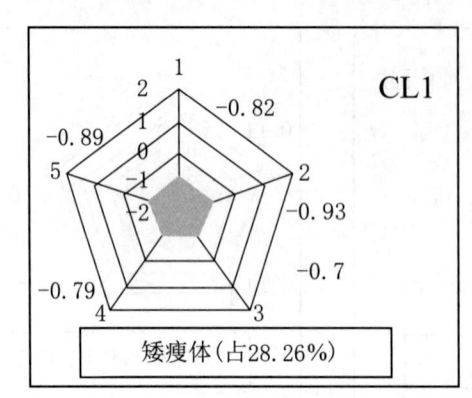

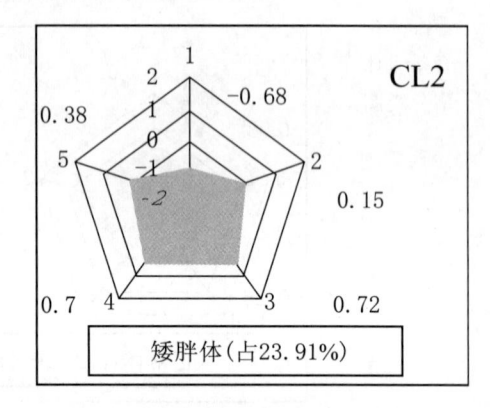

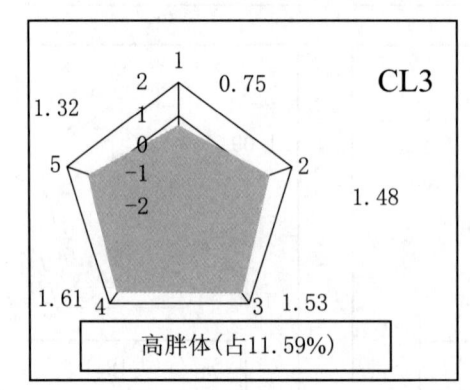

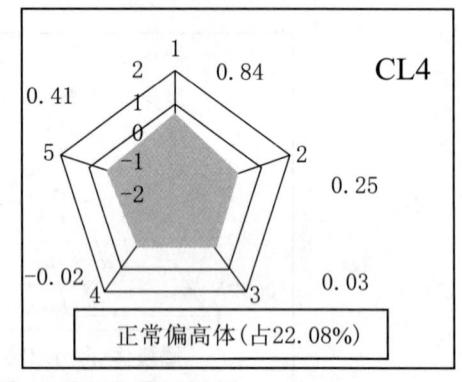

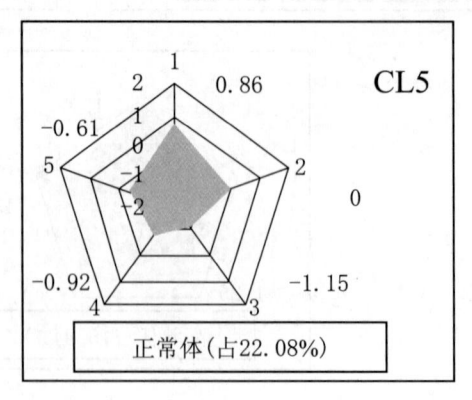

CL1 矮瘦体（占28.26%）：1: -0.82, 2: -0.93, 3: -0.7, 4: -0.79, 5: -0.89

CL2 矮胖体（占23.91%）：1: -0.68, 2: 0.15, 3: 0.72, 4: 0.7, 5: 0.38

CL3 高胖体（占11.59%）：1: 0.75, 2: 1.48, 3: 1.53, 4: 1.61, 5: 1.32

CL4 正常偏高体（占22.08%）：1: 0.84, 2: 0.25, 3: 0.03, 4: -0.02, 5: 0.41

CL5 正常体（占22.08%）：1: 0.86, 2: -1.15, 3: -0.92, 4: -0.92, 5: -0.61

①高胖体

特点:身材较高;所有围度指标也都很大;

比重:占样本总量的11.59%。

②矮胖体

特点:身材较矮;而所有围度值都较大;

比重:占样本总量的23.91%。

③正常体

特点:身材较高;其他指标都接近正常值;

比重:占样本总量的22.46%。

④高瘦体

特点:身高较高;颈围正常;而胸围、腰围和臀围值很小;

比重:占样本总量的13.77%。

⑤矮瘦体

特点:所有指标值都明显小于均值,类似于青年的矮瘦体,仍属于较匀称的体型;

比重:占样本总量的28.26%。

(3)老年人体型分类研究

用相同的方法对老年人原始数据进行标准化处理,采用 KMEANS 法聚类分析,得出明显的体型分类如图9-1-6所示,共有5种典型体型。

①胖体

特征:身高、胸围、颈围、腰围、臀围都明显偏大;

比重:占样本总量的27.66%。

②矮胖体

特征:身高值很小,而胸围、颈围、腰围、臀围都很大;

比重:占样本总量的14.89%。

③正常体

特征:各项指标均接近均值;

比重:占样本总量的34.04%。

④高瘦体

特征:身高比平均值高很多,而其他各项指标则比平均值小很多;

比重:占样本总量的6.38%。

⑤矮瘦体

特征:身高、颈围、胸围、腰围、臀围5项指标均小于均值;

比重:占样本总量的17.02%。

图 9-1-6 老年人体型分类研究

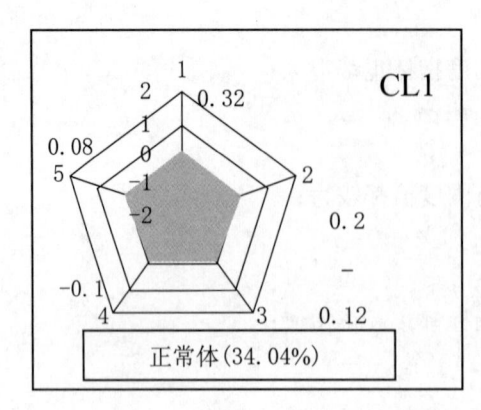

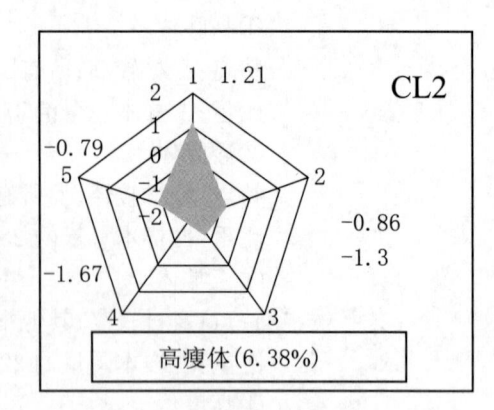

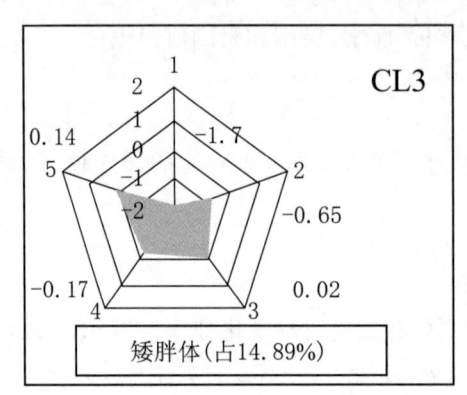

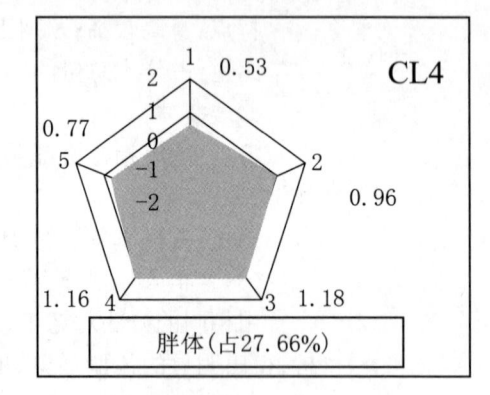

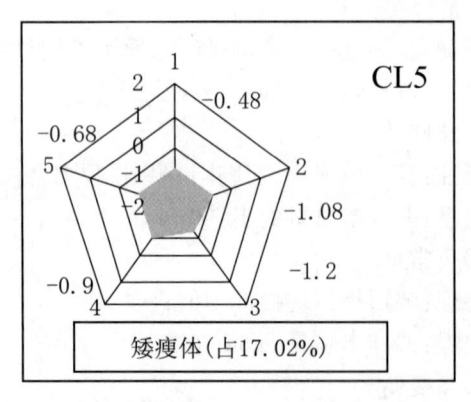

CL1 正常体(34.04%)
CL2 高瘦体(6.38%)
CL3 矮胖体(占14.89%)
CL4 胖体(占27.66%)
CL5 矮瘦体(占17.02%)

4. 各年龄层体型分类比较研究结果

由图 9-1-4、图 9-1-5、图 9-1-6 可以看出,相对而言中年女性的体型分布比较分散,而上海青年女性体型分布较集中于正常体和瘦体,占样本总量的 81.18%;老年人的体型分布较集中于胖体和正常体,占样本量的 76.59%。然而,此处所提到的正常体有不同的定义,对于每个年龄层正常体是各项指标的平均值组合。从前面的均值和方差的分析结果可知,除身高颈围以外的三项指标的均值均有所增加,中年人的胸围比青年人增加 61.2mm,老年人比中年人又增加了 88.6mm;腰围的递增量分别为 77.9mm 和 97.1mm;臀围的递增量分别为 22.7mm 和 32.9mm。

为进一步直观地了解各年龄层的围度指标的变化情况,本研究以胸围/腰围(简称胸腰比)为横轴,臀围/腰围(简称臀腰比)为纵轴作散点图,如图 9-1-7 所示。青年人的胸腰比均值为 1.24,臀腰比均值为 1.35;中年人的胸腰比均值为 1.17,臀腰比均值为 1.24;老年人的胸腰比均值为 1.11,臀腰比均值为 1.13。从均值的情况可以看出胸腰比和臀腰比的比值是随年龄的增加而逐渐减小的,也就是说随着年龄的增加胸腰差及臀腰差越来越不明显。

图 9-1-7 青中老年胸腰比和臀腰比散点图

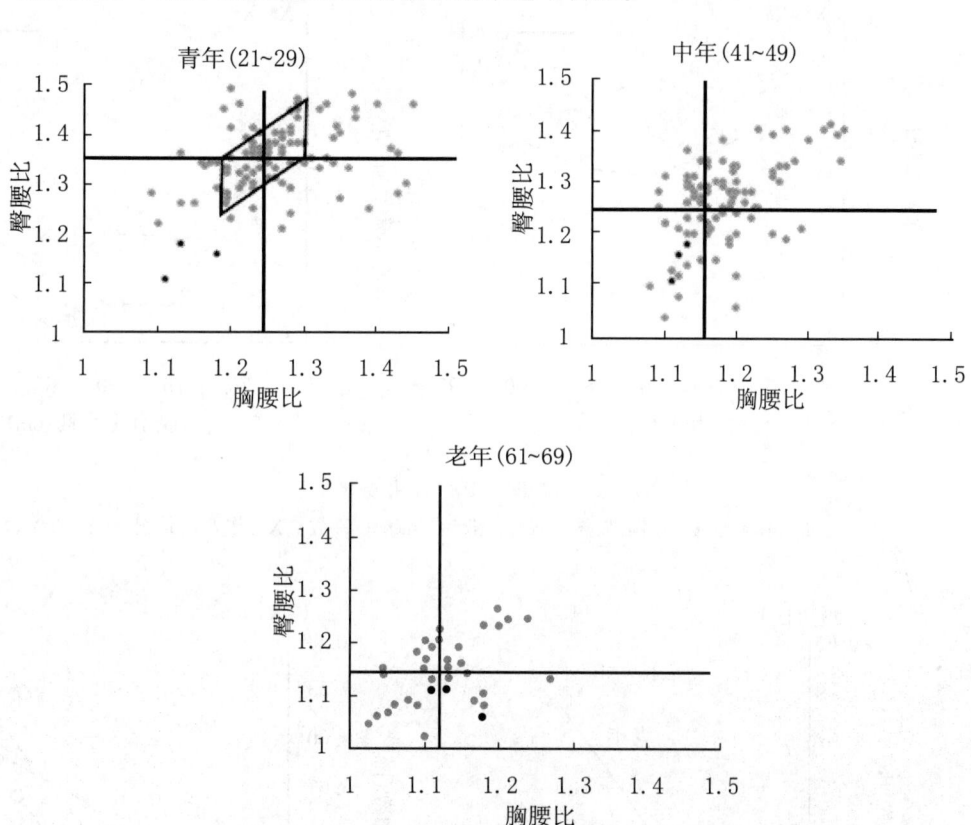

从图 9-1-7 中可以看出青年人的体型大部分属于 X 型的正常体,即青年人的胸腰比和臀腰比值较大且均集中于平均值附近;中年人的胸腰比、臀腰比值则比较分散,且中年人的胸腰比、臀腰比值的平均值明显小于青年人,也就是说中年人的胸腰比、臀腰比值比青年人的小,接近 H 体型;老年人的胸腰比和臀腰比相对比较集中,但又有别于青年人,因为其胸腰比和臀腰比的平均值远小于青年人,已非常接近于 1,属于 H 体型。

5.结论

通过研究得到以下结论:

老年人体型的主成分分析中脂肪因子的累积贡献率高于乳房因子的累积贡献率,仅次于身高因子,是老年人体态变胖的体型因素;胖体、矮胖体体型比率老年人占 42.55%,中年人占 35.5%,青年人占 24.02%;三个年龄层胸围均值差当中中青年人的差为 61.2mm,老年人的差为 88.6mm;腰围均值差当中中青年人的差为 77.9mm,老中年人的差为 97.1mm;臀围均值差当中中青年人的差为 22.7mm,老中年人的差为 32.9mm;人体胸腰比均值青年人为 1.24,中年人为 1.17,老年人为 1.11;臀腰比青年人均值为 1.35,中年人为 1.24,老年人为 1.13。

二、高龄者生理机能的变化

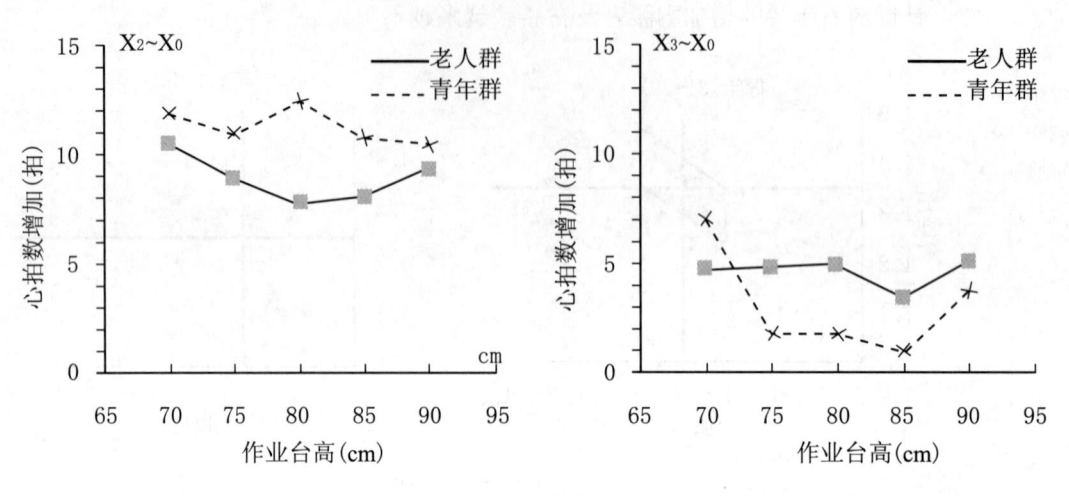

图 9-1-8 心拍数增加量

X_0:作业前安静时心跳数 X_2:作业后 1min 心跳数 X_3:作业后休息 1min 心跳数

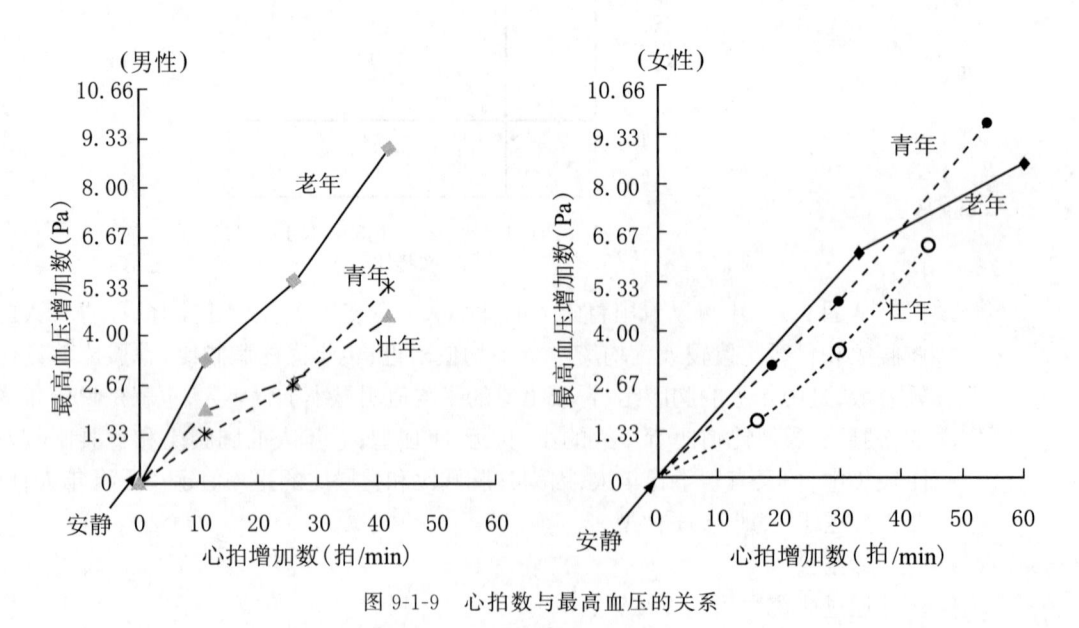

图 9-1-9 心拍数与最高血压的关系

高龄者生理机能的变化主要体现在循环功能的低下,即运动时为适应运动负荷,其心跳及血压都随之上升,给活动的肌肉体以氧气的补给。但由于循环功能的低下,特别是运动初期氧气摄取量的上升迟缓,回复率亦延迟。图 9-1-8 是多种人群在作业台上将 1kg 的物体前后反复移动时产生的心跳数及心跳数与最高血压的关系。从中可以看出老年群较年青群作业开始后 1min 相对于静止时的增加值,老年群小于年青群。而休息后 1min 相对静止时的增加值,老年群大于年青群。图 9-1-9 是心跳数与最高血压的关系,男子老年群心跳与血压升高的比数大于其他人群。而女子老年群心跳与血压升高的比数与壮年群基本相同。

图 9-1-10 是不同作业台作业时老年群与其它人群的心跳变动曲线。显示两个特点,其一是老年群曲线平缓、值域小,青年群起伏较大、值域大;其二是不同的作业台高度,老年群心跳数无大差异,而青年群心跳数差异大。

图 9-1-10 心跳变动曲线

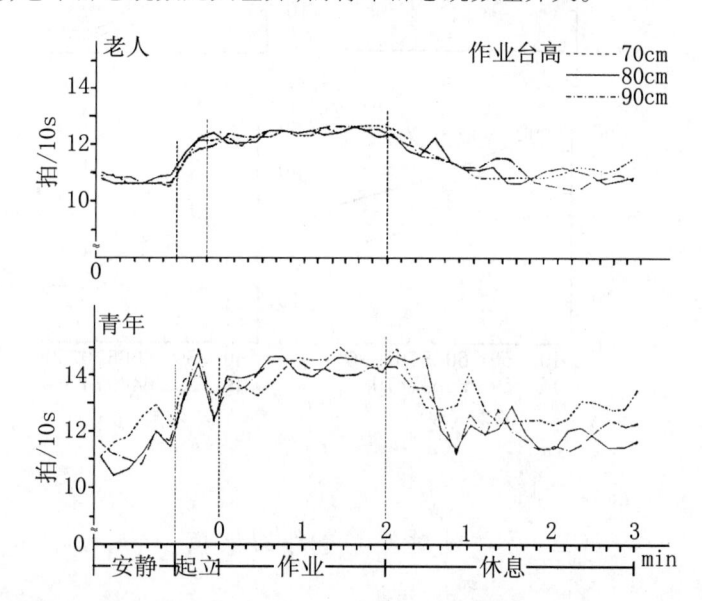

三、高龄者运动机能的衰退

高龄者不只身体外部形态产生较大变化,且在肌肉力、敏感细巧性、推力、脚力等项目上都有较明显的衰退。

(一)运动细巧性

在做肌肉力较多的工作中,需要细微地调整肌肉力的用力方向、轻重和位置。从图 9-1-11 中亦可以看出由于高龄者的视觉、运动觉等感觉的自动反馈能力下降,协作、调整逐趋困难,故做细巧性工作如触摸、按键、对凸状记号的感觉反应等都比其它年龄层次的人要迟钝。

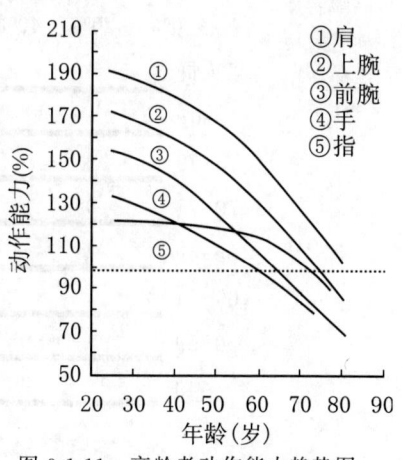

图 9-1-11 高龄者动作能力趋势图

（二）运动幅度平衡性的变化

当进行反复运动、平衡运动、跳跃、前屈等需要人的协调、持久、均衡能力的运动时，高龄者的敏感、持久、平衡的功能都会体现出与其它年龄段的差异，总体上都是随着年龄增长而逐步下降的状态。

图 9-1-12 运动机能的变化

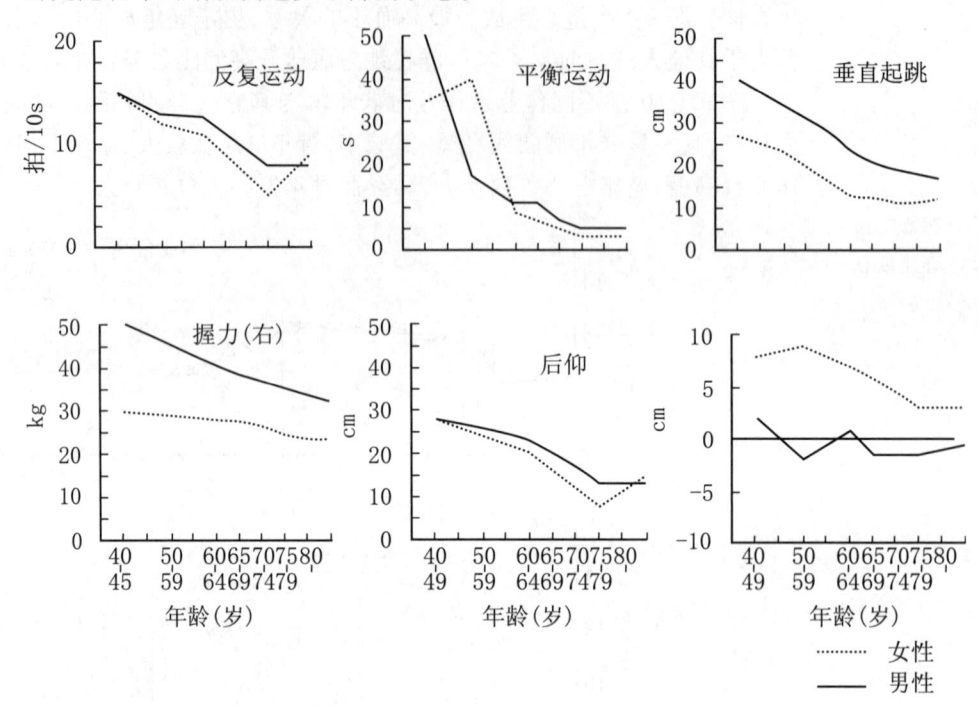

（三）运动时对外界条件的依赖

图 9-1-13 高龄者登梯时对扶手的使用频度

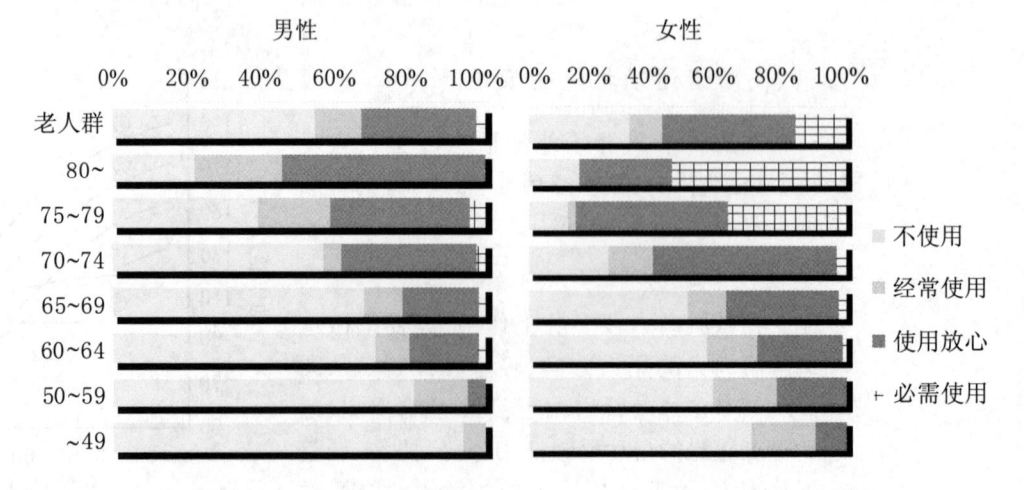

高龄者运动时,为了省力、加强平衡感,对外界条件产生比其它年龄更多的依赖度。图 9-1-13 的高龄者登梯时对扶手的使用频度(包括必需使用、使用放心、经常使用三种情况),男性平均达到 49％,女性平均达到 68％,远远超过 49 岁以下人群的 10％(男)和 30％(女)。

(四)日常生活的运动时间比例

日常生活中由于年龄的增加,运动后消除疲劳的时间也趋长,同时由于心理的状态也不利过多的运动。图 9-1-14 中可以看出,中年人每天劳动时间比例为 70％以上,70～75 岁的老人每天劳动时间比例为 30％左右,而 80 岁左右的老人每天劳动时间的比例只有 25％。

图 9-1-14 劳动时间

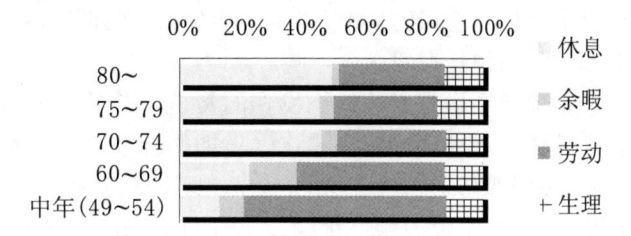

四、老人心理特征

(一)精神功能的老化

精神功能老化是由主体机能的低下引起的,与从职业生活隐退、配偶的死亡等环境因素也有关系。认知的机能构成要素多种多样,有理解力、判断力、推理力、计算力、记忆力、学习力等。这些机能不是全部一样低下。一般,对新事物的记忆力和计算力等较早开始衰退;理解力、旧记忆保存的能力到比较晚期还不变,但是这些存在个体差异。兴趣、生活中必要、迫切需要连续使用的机能衰退少的场合很多。

由于运动机能低下,全部动作、作业速度减慢。在时间不足时,为了避免紧张,降低了通过设置时间限制并记分检查的方式对日常生活的实效进行评价。

(二)老年期的性格变化

老年期的性格变化是身体老化、社会环境、家庭环境变化共同影响的结果,每个人的情况很复杂,不可能一样。但是,一般是最初既有的性格趋向尖锐或成熟化。

我们可以看到成长结束后人格定型的老人很成熟,直接、急躁、攻击性等减少,变得稳重,不拘小节,为人宽容。另一方面,多方面的情况加重,不听劝告、变得顽固。还有脑动脉硬化症等,特别是因为抑郁力低下,易怒,易流泪。甚至有感情失禁(情动失禁)的极端情况。

另外,伴随体力和预备力低下,积极性降低,变得更谨慎、保守、内向、消极地做习惯性动作,社会经验丰富导致自负加重,对新生事态缺乏灵活的对应,顽固,缺乏灵活性,思维模式化。随着听力下降,老人们被家庭成员忽视,变得怪僻、疑心重。记得从前的事情,但是却容易忘记现在的事,重要的事情最后被记错、忘记、弄混等。

(三) 老年期的异常心理与精神障碍

这个时期是伴随身心的衰退、社会环境、家庭环境的变化刺激老人的时期。按照规定年龄退休,老人承担的社会角色发生变化,经济实力缩小,真实地感受到社会地位被抽空,对自己重新评价。养育孩子的任务结束,由于孩子独立,家庭内部角色发生变化,家庭内部指导权丧失,伴随亲戚、兄弟和配偶的死亡,对自己将要死亡的不安感增大等等。由这种心理负担一般容易引起的主要症状是抑郁症。仅仅是抑郁状态,还是神经病水平症状,或者抑郁症阶段,要判断清楚这些对于专业的医生来说也很难。

抑郁状态也是身体疾患发作的契机。并且抑郁状态能引起内分泌疾患和帕金森综合症等神经性疾病等。老年期的抑郁症特征有:因为抑制力减小,苦闷感强烈,被罪恶感、自责感折磨,容易出现运动不稳(由不安焦虑引起,一时走路不稳)、谵妄(意识障碍的一种,有轻微的意识混浊、兴奋、幻觉等。夜间谵妄会出现脑动脉硬化症和老年痴呆,还会出现中毒、代谢障碍等)、妄想症等,与之相连,容易自杀,气不顺(仅仅是健康状态异常,气病过度,表现不安和发愁)增强等,表现出与壮年期不同的特征。这些是分裂病症的重复,也是与痴呆特征相同的部分。对于各种病症,各自的对策不同,因此有必要与专业医生紧密协作。

痴呆:健康的老人中,随着年龄增长,健忘得厉害,想不起人名。一般这是昏聩,不是痴呆(良性老年健忘)。

老人痴呆程度的临床判定基准(4级标准):

1. 轻度的痴呆

日常会话与理解大体可能,会话内容贫乏、对社会的公众事关心与兴趣不足。

2. 中度的痴呆

只能进行简单的日常会话,对周围的生活环境不会正常自理。

3. 高度的痴呆

简单的会话很困难,不能自理生活,常忘记吃饭。

4. 非常高度的痴呆

忘记自己的名字,不认识自己的住处,不认识亲近的亲人。

第二节 高龄者居住空间及使用用具物品的特殊性

高龄者由于前述的体型特征的变化,形成独特的特征。其形态的变化、生理的变化、运动机能的变化、感觉的变化及心理的变化将会使其对居住空间以及用具物品的要求有其特殊性。表9-2-1是高龄者身体特性与居住空间及用具物品的特殊性需求与处理。

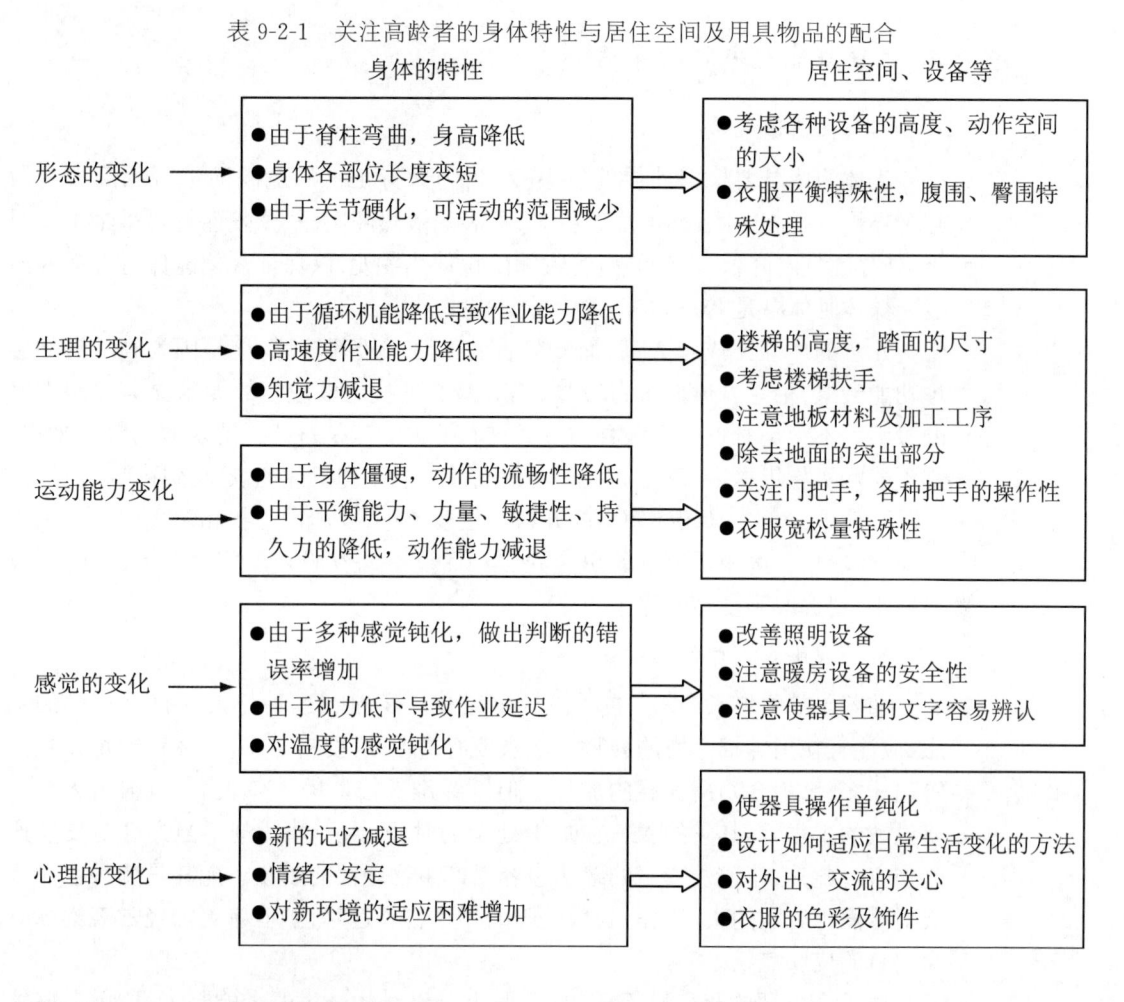

表 9-2-1　关注高龄者的身体特性与居住空间及用具物品的配合

身体的特性		居住空间、设备等
形态的变化	●由于脊柱弯曲，身高降低 ●身体各部位长度变短 ●由于关节硬化，可活动的范围减少	●考虑各种设备的高度、动作空间的大小 ●衣服平衡特殊性，腹围、臀围特殊处理
生理的变化	●由于循环机能降低导致作业能力降低 ●高速度作业能力降低 ●知觉力减退	●楼梯的高度，踏面的尺寸 ●考虑楼梯扶手 ●注意地板材料及加工工序 ●除去地面的突出部分 ●关注门把手，各种把手的操作性 ●衣服宽松量特殊性
运动能力变化	●由于身体僵硬，动作的流畅性降低 ●由于平衡能力、力量、敏捷性、持久力的降低，动作能力减退	
感觉的变化	●由于多种感觉钝化，做出判断的错误率增加 ●由于视力低下导致作业延迟 ●对温度的感觉钝化	●改善照明设备 ●注意暖房设备的安全性 ●注意使器具上的文字容易辨认
心理的变化	●新的记忆减退 ●情绪不安定 ●对新环境的适应困难增加	●使器具操作单纯化 ●设计如何适应日常生活变化的方法 ●对外出、交流的关心 ●衣服的色彩及饰件

第三节　高龄者被服特殊性

一、被服现状

（一）高龄者被服的成衣供应状态

高龄者的被服由于下列原因，其成衣的生产、供应的状态不理想：收集测体的数据较困难；体型相互间差异大，难以划分标准体；消费者购买的机会少，亦较少发表意见。由于成衣难以满足高龄者的消费需求，高龄者想买到既便宜又合体的被服是非常困难的，服装界应为迎接高龄社会而做出努力。

（二）高龄者的鞋

不光涉及到服装，高龄者的鞋要适合穿着者足的长短和厚薄尺寸、穿脱方便、底不滑、且要外感良好、符合穿着者的喜好并与服装相配套。目前，要做到这些也非常困难。

二、生理机能与衣服的穿用

（一）体温调节

人体的体温要根据外界的气温变化，为保持正常的范围而进行保温或者散热。外界气温高，体表面的血管扩张，体表的散热随出汗、蒸发而将热量带走。另外，外界的气温降低，人体的血管收缩防止体热散发，以保证人体能保持舒适的温度。裸体时体温是28～30℃，称为中性温域。

儿童的体温比成年人高，而高龄者的体温一般都较低，这是因为高龄者的生理功能衰退，相对暑热抵抗力较强，相对寒冷抵抗力较差。故要求穿着保暖性好的服装。不管是对自己衣服种类及式样有要求的还是对此无要求的高龄者来说，都不能购买与年青人一样的衣服，考虑高龄者的生理机能的衣服选择是必要的。

具体地，冬季为保温，领口的开口部位要狭小，要利用纽扣和领叠门。同时为了能够吸热，要选用明度低的黑色衣服。而夏季的衣服开口部位要大，热的吸收率要小，要选取明度高的深色衣服。

（二）衣服对人体的影响

随着年龄的增长，皮肤的汗液分泌减少。像内衣这种与人体直接接触的衣服，应注意使用纯棉之类的面料。毛衣要有透湿性、要有亲水性，体育锻炼及登山等出汗多时，不会妨碍体温的放热。但毛纤维直接接触人体表面，有很多人会产生过敏的感觉，而其它的衣料在加工处理的时候，由于处理剂不当亦会对皮肤产生伤害。此外，花边及衣服的缝头也容易产生物理性的刺激。尤其是痴呆症病人及对疼痛感麻木的人不会对衣服的障碍用语言表达时，护理者更需经常观察高龄穿着者的皮肤症状。

由于高龄期的机能衰退明显，衣服重量对身体产生的影响趋大，所以最好能轻些。过厚的衣服使人体感到拘束，会引起新陈代谢及运动机能的降低。寒冷环境下过薄的衣服，散热量大，难以保持体温，因而营造适度的衣服气候是必要的。

三、考虑运动机能降低、穿着方便的衣服

高龄者的动作、手足的运动、指尖的动作都会缓慢，经常会发生晃动、摔倒的情况。还有应将视觉、嗅觉、听觉、味觉等个人数据记录在与衣服相关联的项目中。把握不自由的身体状态，换新衣时要确保这些数据以确保所选新衣的安全性。

1. 选择适当尺寸的衣服

衣服的尺寸不光是胸围、腰围、臀围、袖长（或肩袖长）、上裆长、下裆长等尺寸。尺寸不合适的衣服会挂住家具，亦会使人感到累赘。另外，袖口的尺寸也不应该太大。

2. 必要时可以考虑有防过敏功能的衣服

3. 应选择使人体舒适的面料

高龄者皮肤常会产生老年性皮肤干燥症,有瘙痒感,瘙伤人体皮肤。故应该选择纯棉纤维类对人体少有刺激的材料。

四、高龄者的穿着风格

高龄者即使体弱背弓,也想保持外观的风度。不光可以选择茶色,酱紫色等,素色或小格子、花样的衣服也是可以选择的。

(一)女性的穿着风格

要选择与自己肤色相配的色彩,口红的颜色亦要与服装同色系,衣服的配色要考虑协调,调整衣服的颜色宜少不宜多,上下装的颜色一致或相称,一般裙装的颜色要深于上装。中老年人腹围较大,穿衣后会隐现腹部,故在上装前衣身不要收腰,且在前中线处将腹围放出。裤装亦要在裤身处不打裥或少打裥,且在前上裆处放出腹围。中年人易发胖,穿着的上衣胸围不宜太大,一般应比相应的常规风格的衣服尺寸要小 2~3cm(贴身风格的衣服除外)。

(二)男性的穿着风格

要注意清洁,不要有异味。平时穿套装的人很多,但夹克衫、休闲服亦应考虑。配色时要考虑同一色系,鞋要穿茶色或黑色。男性由于长期的职员生活需要穿西装,居家生活时也常会穿套装,选择连袖或装袖式中式服装会很舒适。

(三)适合高龄者的被服条件

上装:袖窿要大,或袖底部可插角以增加上抬运动松量,或者做不装袖的式样,背宽要有充分的余量,宜用魔术贴固定,根据身体、手指的运动机能及喜好可有所不同。即使是前开口亦要考虑是全开口好还是半开口好(全开口会产生纽扣错位的现象),外套可采用纽扣、拉链。见图 9-3-1,图 9-3-2。

图 9-3-1 侧缝处的设计

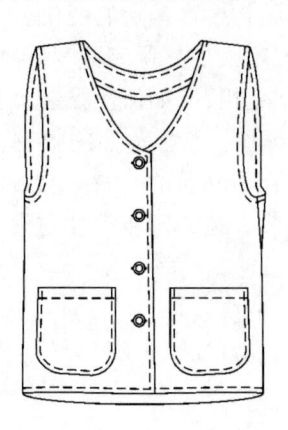

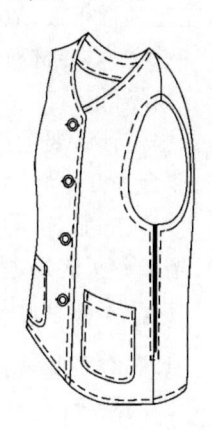

图 9-3-2 袖窿处的设计

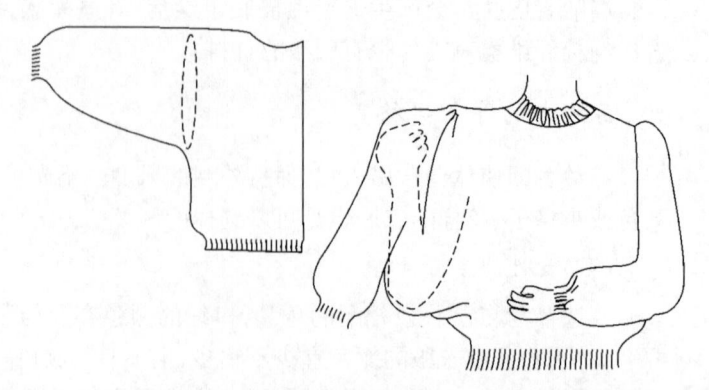

下装：上裆要有充分的量。裙、裤长度要适量，不要影响到脚。裤的底边不要装拉链、按扣之类的固定部件。裤裙腰用宽的橡筋抽褶，这样穿脱方便，脚口可做直筒形，见图 9-3-3。

图 9-3-3 裤子的设计

高龄者服装的松量总体上比年青人大 4～5cm，腰部松量要更大，衣身平衡的形式主要采用前浮余下放的形式，使前衣身穿着后更舒适，另由于高龄者前后腰节差超过青年人，故衣身的结构要作一定的变化。

总之，只要材料易吸汗，款式上易调节温度，各种组合都可以。虽然高龄者由于身高降低、背部弓起、腰部变粗，但如何使服装穿着后行动自由、轻盈，这些因素是衣服设计者要考虑的。但由于各种条件的限制，一日之中不可能穿同一件衣服，要合乎 T(时间)、P(地点)、O(目的)。在销售高龄者服装的店铺中要同时销售年青人的服装，不要让高龄者在心理上产生过度的压力，要使其淡忘年龄的差距，增加购买的乐趣。

(四)高龄者服装诸方面的特殊性

1. 高龄者服装宽松量的特殊性
2. 高龄者衣身平衡的特殊性
(1)前衣身的浮余量主要靠下放的形式解决
(2)前后腰节需要超过年青人的差值

五、制作适合老年妇女体型的合体样板

将老年妇女分为非常矮、矮、一般高度三类,运用立裁方法制作合体的躯干样板,以便比较妇女们各体型中的不同松量,这一比较有助于获得合适的服装松量。通过重叠的部分计算省道的量,并在三种体型中进行比较。

实验方法:

选择 15 个老年妇女,非常矮、矮、一般高度三类每类 5 名。测量颈围、胸围、腰围、腹围、臀围、大腿围、背长、背宽、前中长、前胸宽、肩宽、肩长、前腰节长、后腰节长、身高、体重。人体测量之后,使用 Cyberware Whole Body 扫描仪先后对净人体和着衣人体进行扫描。扫描时个体姿势为双臂侧抬 30°站立。然后把 3D 数据转化为 dwg 格式,使用 AutoCAD 进行分析。交叉的部分包括上胸围、胸围、下胸围、腰围、腹围、臀围和胯围 7 个部分。着衣人体尺寸减去净人体尺寸得到松量。

结论:

本研究旨在建立一个适合老年妇女体型的合体的躯干样板(有省道),能够用来改善服装和样板的合体性。

1. 除身高和体重外,其他三类人体数据均无明显区别。因此,老年妇女体型分类应基本能够反映老龄现象的侧面轮廓(如弓背、凸肚),而不是身高。

2. 前衣身的浮余量应通过下放的方式进行,而尽量不用收省的方式消除,见图 9-3-4。

3. 老年妇女由于腹部凸起,故应在腹部放较多的松量,而不是平均分配在前后衣身上。但往往穿着服装后会使腹部松量很小而臀部松量非常大。

4. 由于老年人抬手不够利索,故衣袖的袖底部应增加插角或插片,增加抬手的运动舒适性,见图 9-3-5。

图 9-3-4 前衣身的浮余量作下放处理

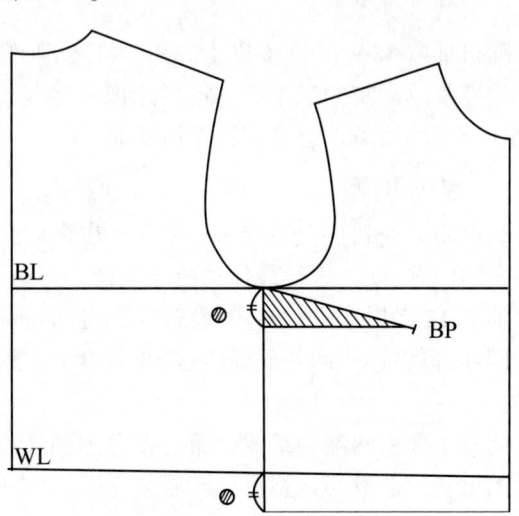

图 9-3-5 袖子和裤腰的设计

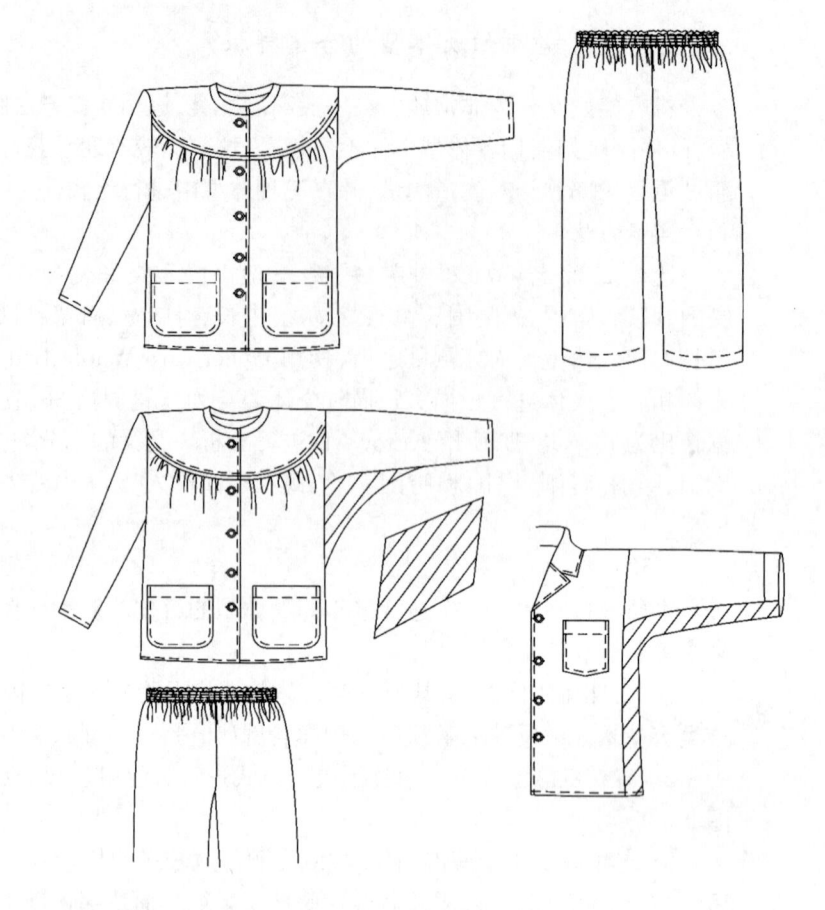

六、老年男子工效服装设计

（一）确定研究对象

随机抽取 120 个 65 岁以上的男子样本,他们都是独自住在退休院里,不包括住在疗养院或医院的老年人。这样选取样本是因为住在退休院里的老年人是在没有任何帮助的条件下进行日常活动的。

（二）访谈环节

访谈研究的目的是确定 65 岁以上男子关于服装方面的要求、需求和现有服装存在的问题,以便进行最佳功能服装设计。访谈以问卷调查的形式进行。从样本里抽取 12 名男子进行初步观察,以确定问卷调查所选取的问题,根据这些信息确定问卷,再将这些问卷反馈给这 12 名男子。然后进行必要的修改,形成最终的问卷。

问卷主要由两部分组成。第一部分着重于个人信息。第二部分是确定由于年龄的增长所造成的体型变化对服装喜好、个人的需求及需要的影响。

(三)统计数据和过程设计

利用 SPSS10.0 软件来确定调查数据的分布频率。在确定服装功能特点的过程中,应充分考虑由于年龄增长所造成的体型变化以及对个人在服装选择方面的要求和需要进行调查所获得的资料。为了提供一个最佳功能服装设计,根据功能和心理社会价值将这些信息归类。依据这些信息,设计具有最佳功能特点的服装。首先,确定模型、面料、式样、设计及与设计相关的材料特点,然后确定最终产品样本。

(四)结论

1.人口统计

按调查对象年龄、体重、收入进行个人特征统计。

2.体型结构变化

个人体型结构变化见表 9-3-1。大约有 80%的人有各种各样的体型缺点,影响其服装设计。除此之外,在移动其手臂与腿时也存在困难。这类问题将直接影响他们的服装设计。

表 9-3-1 老年人体型结构特点

	种类	人数	%
体型变化	体重变化	47	39.2
	身高下降	35	29.1
	骨骼变形	26	21.7
	以上都是	12	10.0
	总数	120	100.0
活动限制	手臂	36	30.0
	腿	46	38.3
	手指	14	11.7
	健康	24	20.0
	总数	120	100.0
身体紊乱对换衣的影响	肌肉不灵活	23	19.2
	关节不灵活	49	40.8
	神经紊乱	16	13.3
	健康	32	26.7
	总数	120	100.0

3.对服装的要求、需求及现有服装存在的问题

表 9-3-2 是老年人关于服装方面的要求、需求及现有服装存在的问题。

调查结果表明,老年人会花很多时间在更衣上,当他们认为这件衣服价格很高时,只有外出时才会穿。他们大多认为更衣时存在问题。相当一部分人需要特殊功能的服装,这样上厕所和打扫卫生都方便。可以看出大部分老年男性喜欢穿天然纤维织物。最后,有相当一部分人会选择耐用的服装,然后是便宜的服装。

表 9-3-2 老年人对服装的要求、需求及存在的问题

	种类	人数	%		种类	人数	%
使用时间	直到穿破	83	69.2	需要衣服便于做日常活动	吃饭	11	9.2
	直到厌倦	27	22.5		上厕所	55	45.8
	不流行	10	8.3		日常清洁	47	39.2
	总数	120	100.0		以上都需要	7	5.8
穿衣时间	5~7min	25	20.8		总数	120	100.0
	8~10min	44	36.7	获得衣服的方式	改动后的现成衣服	56	46.7
	11~13min	27	22.5		定做服装	19	15.8
	14min 以上	24	20.0		有时购买现成服装有时定做	45	37.5
	总数	120	100.0		总数	120	100.0
价格评定	便宜	5	4.2	喜欢的面料	天然纤维	82	68.3
	一般	40	33.3		人造纤维	5	4.2
	贵	60	50.0		都喜欢	33	27.5
	很贵	15	12.5		总数	120	100.0
	总数	120	100.0	服装相关的问题	不合体/尺寸错误	51	42.5
喜欢的款式	裤子和衬衫	73	60.8		款式不适合	26	21.7
	运动服	47	39.2		价格	43	35.8
	总数	120	100.0		总数	120	100.0
穿衣时是否需要帮助	一些衣服需要	31	25.8	选择服装的特点	合体	20	16.7
	所有衣服都需要	31	25.8		耐用	64	53.3
	不需要	58	48.4		价格	32	26.7
	总数	120	100.0		时尚度	4	3.3
是否需要特殊服装	需要	73	60.8		总数	120	100.0
	不需要	47	39.2	穿着服装时的问题	换衣有问题	49	40.8
	总数	120	100.0		清洁	27	22.5
					上厕所	32	26.7
					一般穿用	12	10.0
					总数	120	100.0

4.服装设计

根据研究搜集的资料及相关知识概念,为老年人设计服装的目的可分为两类:功能性价值和心理社会价值,见表 9-3-3。功能性价值涵盖了解剖和心理状态,心理状态主要包含防护及放松。随着功能价值的考虑,心理社会价值也应纳入考虑范围,而且设计应倾向于老年人本身的特点。

首先,应确定身体各方面的数据,如使用者动作、服装的需求和要求。为了达到这一目的,首先应该依据对潜在用户主观和客观问题的分析(见表 9-3-4),提出可能的解决办法。

表 9-3-3 为老年人设计工效服装应该考虑的标准

功能性价值	心理社会价值
便于活动	他/她的社会地位
提供一定的移动范围	自尊心
便于保管	自信心
提高自主度	
轻便	
穿着舒适	
防热	
透气	
减少身体的压力	
减少身体摩擦力	
延长使用时间	
减少静电	

表 9-3-4 老年人服装存在的问题及解决方法

问题	解决方法
年纪大	适合体型的服装
收入低	低成本产品
长时间呆在家里	适合居家的服装
服装门襟不方便	整个前开襟
肌肉、关节不灵活	选择简单不花力气的扣合物
换衣有困难	设计便于穿脱的服装
穿衣要花很长时间	设计穿脱不花时间的衣服
不适合的面料	选择透气的天然纤维
长时间穿着	选择耐用防污的面料
很难移动四肢	选择轻薄的面料
上厕所不方便	设计便于上厕所的服装

通过问卷调查获得 65 岁以上男子的数据资料,并根据上述资料,完成服装设计阶段。

在调查所得的数据基础上进行选型。休闲西装的设计包括上体和下体,这样的设计能让老年人在考虑美观的同时又活动舒适。不过优先考虑适用性(图 9-3-6)。根据老年男子的体型特点,对这两个部分进行型的设计。衣领上部被设计成"V"字,面料用莱卡棉。为了运动方便,扩大手臂的上抬角,在插肩袖袖口处装上扣合带以便调整袖长。这种扣合带方便老年人洗手和吃饭。前衣片正中开襟的设计方便换衣。门襟处用尼龙搭扣进行固定。使用轻薄的与面料颜色形成对比的纽扣,容易看见找到。

此外,整件衣服都使用了褶裥和育克,用来防止尺寸拉大。在功能性上考虑到手的倾斜角度,两侧的口袋设计一定的角度。上衣左右底摆侧缝处开短衩,使其穿着舒适。上臂及两侧采用无缝设计,减少由于缝边所产生的不舒适感(图 9-3-7)。柔软的弹性面料用于下装的后腰处,在前腰处加上腰带,这样穿起来很舒适。用尼龙搭扣代替拉链,穿着使用方便。尼龙搭扣的开口处设在裤子两边使得穿脱方便。考虑到功能性,在裤子的前片靠近侧缝的地方设计了两个大口袋。在裤口处像衣袖袖口一样设计了可调整裤长的扣合带。面料选用颜色不显脏的棉梭织物(图9-3-8)。

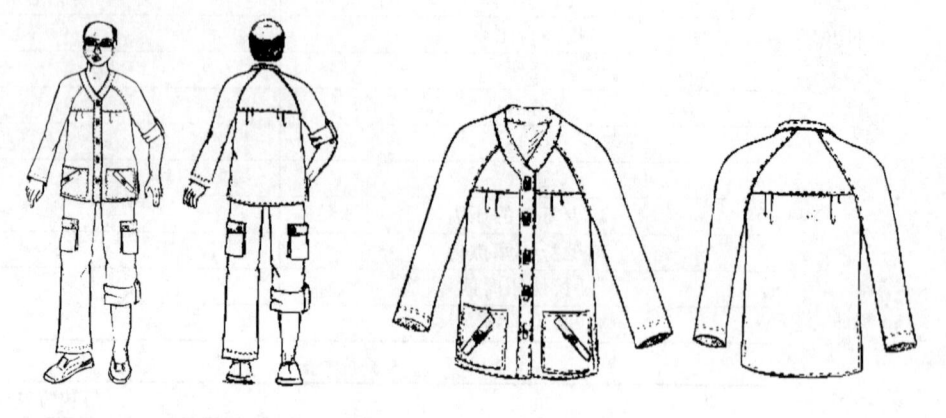

图9-3-6　适合老年男子体型特征的工效服装

图9-3-7　上装的细节设计

图9-3-8　下装的细节设计

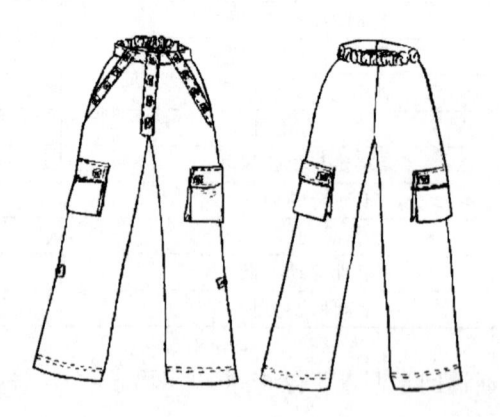

第四节　智体残者的被服

一、以何标准选择被服

考虑智体残者穿着被服时要注意以下几方面:

1. 知道什么时候产生的智体残(幼儿时期产生的智体残、交通及体育事故产生、高龄期因病产生的后遗症等);
2. 身体残疾影响被服穿脱的哪部分;
3. 观察日常生活的状态;
4. 考虑大小便的排泄状态;

5. 考虑皮肤的状态后再考虑被服的材料。

闻听智体残者本人的愿望(听取本人的愿望是必要的但不一定恰当时,可采用婉转的方式,试图改变被测者的想法)。每个人都有自己的意识,穿衣都想表现自己,因此要充分考虑残疾者的性格、外形、身份以取得适当的设计。

二、关心被服着装

成衣的主流是以青年人的 M 档尺寸为主的服装,有生理障碍的人往往也抱有和其他人着同样衣服的强烈愿望,不希望与众不同而只希望与他人相同的服装。有身体障碍的小孩子的父母也希望自己的小孩和其他小孩一样穿得活泼可爱。要使用轮椅才能行走的人既想穿得舒适,但又不能有束带挂住轮椅,造成危险。

三、活动的容易性与安全性对智体残者穿脱的影响

智体残者多数会产生穿脱障碍,贴体的服装、材料有伸缩性的被服活动容易,但穿脱困难。相反地,宽松服装的穿脱比较容易但活动时麻烦就比较多,脱衣服时易踩住产生摔倒的现象。这都促使服装的设计必须有适度的宽松量,既在功能上也在安全上有充分的保障。

其中,在考虑对高龄者产生障碍的衣服功能的设计变化时,要考虑身体的动作,不光是衣服、鞋、帽,手脚的辅助用具都必须考虑。鞋面可调节高度的鞋子及鞋面前端可开合的鞋子,都是很好的设计。

四、有功能的衣服与设计

为帮助已经老化的身体功能,必须考虑对各种衣服作能帮助解决障碍的改造。障碍与功能老化是这类人群的身体状态,必须既考虑面料的性能又考虑具体衣服的细节设计。

(一)衣服的细节

先天的即自动产生的残障者在日常生活动作中,主要是大小便排泄等需要长时间的站立问题。这时要注意其衣服的纽扣要小,并采用开口的装拉链方法,使内裤穿脱方便。

(二)衣服的选择

1. 坐轮椅者

上衣的长度要短,不要盖住椅子的座面。裤子的前上裆要浅,后上裆要深。为方便取排尿器皿,裤前的拉链要装到上裆的最下端。轮椅车前面应安装容易固定和取下的固定带,车的座面宽度和深度要适合人体的尺寸。下肢因为长期处于不自由的状态而血液循环不良,所以要注意从衣着上对此类人的下体保温。

2.使用拐杖者

长期使用拐杖者,上半身发达。因为衣服的肋下部分压在拐杖上而衣服的下部分会吊起来,故应加大肋部的松量。如肋下加插角等需要在样板上下功夫。雨天因不能打伞所以要准备雨披。

3.腕、指不自由者

手腕收缩有体残者,袖窿要大使得穿脱方便,要考虑单个手臂亦能方便穿脱的方法。手指不自由者,衣服的纽扣应大,避免装子母扣,非要装拉链时,拉链的拉头应选择大的或使用魔术贴来固定开口。手腕有体残者要考虑前开口的衣服。

(三)材质的考虑

1.里布的滑爽性

使用轮椅者,保持身体的稳定较困难,容易摔倒,故应使用滑爽的里布。使用滑爽性差的里布时,应在腰臀部将面料和里料固定在一起。此外宜选择不易产生静电的里布,如100%聚酯纤维、100%尼龙、再生纤维以及吸湿性好的100%铜氨纤维等,舒适性会更好。

2.里布的透湿性

穿着防水的鞋子和防水斗篷、雨衣,人体蒸发的水汽会将被服用品与人体粘贴在一起产生褥疮,故要用透湿性良好的材料。绝大多数的雨衣淋雨后会变重,且不透湿,内部蒸汽产生水汽,因此设计理想的雨衣能适应体残障碍者坐轮椅时防雨的需要是当务之急。

3.防燃制品

可燃性纤维不但会由于燃烧而直接烫伤,而且会由于收缩、融化而附着在皮肤上产生烫伤。防火的窗帘,一是使用燃烧困难的纤维,二是使用容易燃烧但经过防火处理的纤维材料。不易燃烧的纤维中有不燃的玻璃纤维、难燃的丙烯晴纤维、聚苯乙烯纤维以及纤维加工时加防燃剂如难燃的聚酯纤维、难燃的丙烯晴等。防燃处理时有些纤维比较容易,对有些纤维比较难,此外还要考虑阻燃剂在面料洗涤时被洗去的问题。

(四)开口固定的用品

体残障碍者在穿衣时的穿脱方便性既涉及到纸样的问题,也涉及到门襟等开口固定的用品。包括:拉链、按扣、魔术贴、纽扣、钩扣等。

1.拉链

材质有金属质、尼龙等。裤前开口处常使用滑爽性好的金属质拉链。但由于尿液附着易生锈,故不少人需要用其他材质的拉链。坐轮椅及使用尿瓶的人,拉链要装到开口下档处(30cm左右)。此外拉链的滑手必须要有一定的大小以方便手指不自由的人使用。

2.按扣

手指不自由的人使用也容易,但安装的部位不同,其使用也不同。

3. 魔术贴

体残障碍者的衣服以及护理用服装上常用,但要注意洗涤时如两面贴合会有垃圾进入,面与面之间的贴合不要太紧,但亦要有一定的固定性。

4. 纽扣

小纽扣对手指不灵活的智体残者来说不方便,故一般来说要取体积较大或形状如山形、圆珠形的造型较好。

五、为年轻残疾女士设计特殊需求的正装

图 9-4-1 一名瘫痪症残疾人的侧视图

服装在青少年的生活中扮演重要角色。青少年有两个重要的需求,即拥有和穿着能够表现自我价值的时髦服装,身体残疾者很难找到合适的衣服。年青人常常发现身体残疾导致社会歧视和负面态度。时髦服装和有吸引力的服装是体现外表的有效手段,因此残疾青年常用时髦服装增强社会认同感和归属感,他们不想站在一旁,眼睁睁地看着时髦从他们身边溜过,他们更想成为流行世界的一员,能够穿着正常人的衣服。

瘫痪症的主要特征就是脊柱弯曲,通常导致身体不对称。而骨质疏松症,也伴有脊柱弯曲,而且身体矮小。

(一)设计阶段

1. 了解设计要求

采用问卷调查的方式获得着装者的要求,包括特殊的时尚特点、衣料、风格特征等。

表 9-4-1 初始交流中的问题

1. 你最喜欢什么颜色?你认为你穿什么颜色的衣服最适合?你喜欢金色或银色的饰品吗?
2. 你喜欢什么风格的衣服?领子?长度?袖子?什么样的花边或珠状装饰?
3. 你有衣服的哪部分需要最大化?最小化?
4. 你对你的服装有什么特殊需求吗?
5. 你对布料有什么过敏吗?
6. 你喜欢合体、紧身还是宽松风格?你喜欢伸弹性面料还是非弹性面料?
7. 你认为一件特殊的服装怎样才能让你舒服呢?
8. 你喜欢什么类型的布料?你喜欢织物面料质地还是光滑剔透的布料?
9. 当你购物时,你最听谁的意见?家人还是朋友的?

2. 人体测量

由于残疾人体型不对称,所以要测量身体的双侧数据,如双肩到胸围的尺寸和双肩到腰部的尺寸。在某些情况下,左右两边的纵向差异,比如从肩线到腰线,

从肩线到胸围线和贴边线,可高达 2cm。对于一个脊椎严重弯曲的人来说,其肩、腰和其他部分的平坦程度应该被仔细地处理,其平坦程度对建立丝缕的方向有很大影响。脊椎弯曲影响肩、腰和臀部的平坦程度。

(二)纸样和样品制作

当设计方案确定之后,用立体裁剪法来确定纸样,即直接在自愿者身上用覆盖的方法。要求着装者保持平时的站立姿势,并使面料的丝缕方向与地面垂直。初步剪裁和标记后,剪掉胚布多余部分,根据要求进一步调整。领围线、腰节线和袖窿弧线都被裁剪出来了。再经过一次快速检查后,就不用胚布了,而是把上面所有的标记都用来生成纸样(如图 9-4-2)。

图 9-4-2 立体裁剪技术产生的一名残疾人前上身纸样

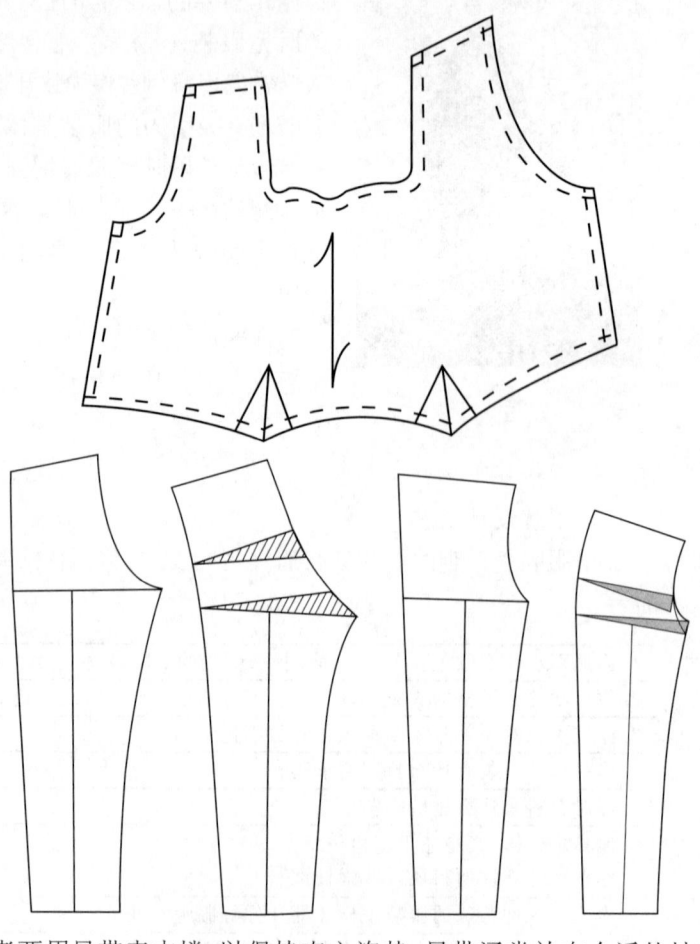

图 9-4-3 坐轮椅者的裤装设计

着装者要用吊带来支撑,以保持直立姿势,吊带通常放在合适的地方,不能露出来,所以很难确定到底要用多少胚布来覆盖。因此,用绘图技术绘出衣身部分,然后再用覆盖技术来使之合体。

基于修改的衣身胚布,制作了纸样和样品,用来检查合体性和观察样品的运动。特别要仔细观察着装者使用拐杖和吊带的方法,并在合体试验中考虑它们的影响。要充分考虑其行走方式等,如走动时身体前倾,过长的前褶边线是很危险的,因为当着装者走路时,褶边线会刮住她们的拐杖,撕碎衣服,绊倒他们。因此,由于运动的原因,前褶边线必须短,后褶边线必须长。对驼背体其服装按图9-4-4的方法进行修正。

图 9-4-4 驼背者外衣结构设计

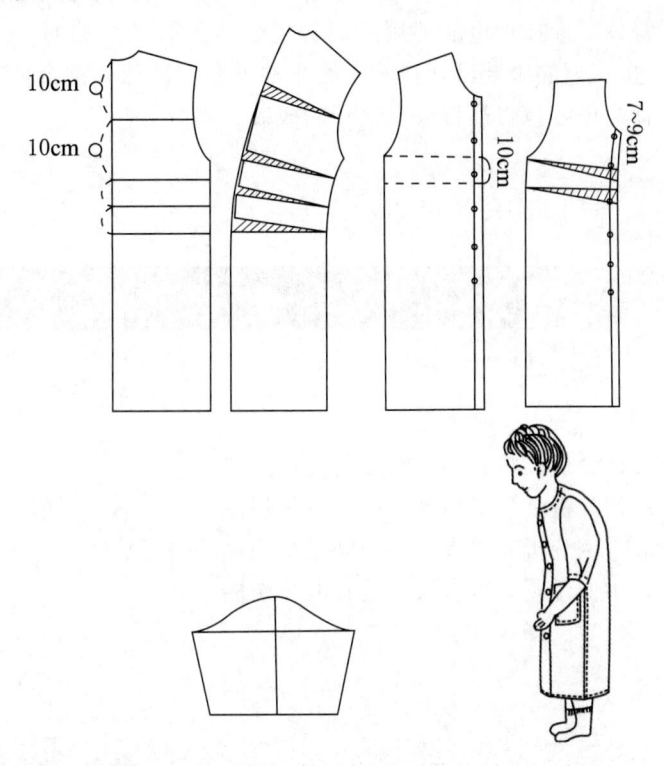

（三）服装制作

胚布样和纸样都制作完成后,进行服装制作。只有两个位置需要一个特殊缝线,那就是拉链的位置,选择隐藏的拉链最合适。因为要消除前后中线来隐藏脊椎,拉链被缝在侧缝线里面。

通常,拉链一般放在左侧缝线处。然而,由于脊椎的弯曲引起侧缝线长度的变化,有时拉链必须放在右侧缝线处。脊椎弯曲引起上半身沿左边线或右边线弯曲,就像平行的两条曲线(就像大括号那样)。对于脊椎弯曲者而言,弯曲的侧缝线外部是放置隐藏拉链的理想位置,因为侧缝线稍微长点,则脊椎弯曲就不明显一点,而且拉链能够很自然地顺着侧缝线,穿的人有很舒服的感觉。

（四）结论

合体的衣服在特殊需求服装设计过程中有着非常重要的作用,因为合体的衣服对残疾人而言,可以增加自信心和吸引力。

设计者要能想象服装成品的样子,必要时,可以使服装产生对称美。这对于身体残疾的人而言,就显得更重要了。比如,如果服装有前后中线的话,设计者就必须让残疾人的脊椎看起来是直的,即便他的脊椎很弯曲。侧缝线要正确处理,使它们能够垂直于地面。但是实际上,对于残疾人而言,它们是不可能的,这就要求设计者要有足够的才智,根据残疾人身体外形,设计出对称性美的服装。

设计特殊需求的服装热潮或许兴起。除了不断增加的残疾人服装网站,三维身体扫描技术也能够用来设计更合体的服装。然而,无论服装制造技术有多先进,高超的服装设计技术仍然非常重要。设计非常合体衣服的能力非同小可,合体的程度也将最终决定设计的成败。

思 考 题

1. 试分析高龄者体型特征的变化规律。
2. 试分析高龄者生理特征的变化规律。
3. 举例分析高龄者居住空间及使用物品的特殊性。
4. 举例说明高龄者服装设计的特殊性。

参 考 文 献

[1] 社会福祉问题研究会编.护理服的基础知识(日)

[2] (日)三波边聪子.高龄者·障碍者的被服.山野美容芸街短期大学

[3] 长町三生.生活科学的人间工学

[4] (日)中泽愈.衣服解剖学

[5] 成秀光.服装环境学[M].北京:中国纺织出版社,1999

[6] 张文斌,胡晓俐.裤装穿着拘束感的相关因子分析[J].中国纺织大学学报,26(2),2000

[7] 张文斌,大野静枝.男体下装着衣状态的运动强度分析[J].中国纺织大学学报,1996,22(4):11~18

[8] E. M. Growther. Comfort and Fit in 100% Cotton-Denim Jeans. *J. T. I.* 1985:323~338

[9] Chen Nanliang. Research on new testing method and instrument of clothing pressure, *Journal of Donghua University*, 1999, 16(4):104~107

[10] M. J. Deton. Fit, Stretch and Comfort, 3rd *Shirley International Seminar*: *Textile for Comfort*, Manchester, England, 1970

[11] J. Lemmens, *Industr. Text. Belge.*, vol8, pp71, 1966

[12] S. M. Ibrahim. Mechanics of Form-Persuasive Garments Based on Spandex Fibers. *T. R. J.*, 1968, 59:950~961

[13] M. J. Deton. Fit, Stretch and Comfort, 3rd *Shirley International Seminar*: *Textile for Comfort*, Manchester, England, 1970

[14] H. Momota, H. Makebe, etc. A Study of clothing pressure caused by Japanese men's socks. *Journal of the Japan Research Association for Textile End-uses*, 1993, 34:175~186

[15] H. Makebe, H. Momota, etc. Effect of covered area at the waist on clothing pressure, *Sen'i Gakkaishi*, vol. 49, 513~521, 1993

[16] 中橋美幸,諸岡晴美,等.下腿部前面および後面の圧強度が圧感覚に与える影響.繊維製品消費科学,1999,vol.40,49～55

[17] A. P. Chan, J. Fan. Effect of clothing pressure on the tightness sensation of girdles. $IJCST$, 2002, vol. 14, no. 2, 100～110

[18] Sau Fun Frency Ng, Chi Leung Partick Hui. Effect of hem edges on the interface pressure of pressure garments. International Journal of Clothing Science and Technology, Vol. 11 No. 5,1999,251-261.

[19] Marcelo M. Soares. Ergonomics in Latin America: Background, trends and challenges. Applied Ergonomics 37(2006). 555～561.

[20] Hyun-Young Lee, Kyunghi Hong. Optimal brassiere wire based on the 3D anthropometric measurements of under breast curve, Applied Ergonomics 38(2007)377～384.

[21] Sule Civitci. An ergonomic garment design for elderly Turkish men, Applied Ergonomics 38(2004) 243～251.

[22] M. Rutten, $Zeissdinftorthop.\ and\ Ihre\ Ereuzgebiete$, vol. 16, pp. 176, 1978K. J. Davidson, $Br.Med.J.$, pp. 407,1972

[23] Wm. Kirk, Jr., and S. M. Ibrahim. "Fundamental Relationship of Fabric Extensibility to Anthropometric Requirements and Garment Performance". $T.R.J.$,1966,57:37～47

[24] Yu W., Fan J. T. ect. A Soft Mannequin for Predicting Girdle Pressure on Human Body,SenI Gakkaishi,2004,60(2):57～64

[25] 徐红,朱应伟.某服装厂流水线作业人员的健康状况调查.职业与健康,2003

[26] Tak-sun Ignatius Yu, Yi Min Liu, Jiong-liang Zhou, Tze-wai Wong. Occupational injuries in Shunde City—a county undergoing rapid economic change in Southern China. Accident Analysis and Prevention,1999.

[27] 梅萍,白双鸿.社会责任标准 SA8000 对我国出口贸易的影响.哈尔滨商业大学学报(社会科学版),2005

[28] 冯少力,先幼果.SA8000 认证对我国的影响及其对策.河北科技师范学院学报(社会科学版),2005

[29] 国家统计局.中国统计年鉴—2006——按行业分全部工业企业主要经济指标(2004 年). http://www.stats.gov.cn/tjsj/ndsj/2006/indexch.htm

[30] 王万梁.单项体力劳动强度研究.山东大学硕士学位论文,2007

[31] 蔡启明.以动态心率为指标的体力劳动强度评价方法研究.人类工效学,1999

[32] 李英.北京市部分行业体力劳动强度调查研究.劳动保护科学技术,1997

[33] 孙建华,黎珍.关于疲劳类型的分析研究.广西民族学院学报,1998

[34] 焦昆,李增勇.形成驾驶疲劳的理论分析和系统建模.汽车科技,2002

[35] 魏文波. 柳园机务段机车乘务员疲劳测评研究. 北京交通大学硕士学位论文, 2005

[36] 景国勋, 张永全, 张军波. 基于多层次模糊综合评判的人疲劳综合评价. 中国安全科学学报, 2006

[37] Jennifer Gunning, Jonathan Eaton, Sue Ferrier, Eric Frumin, Mickey Kerr, Andrew King, Joe Maltby.《Ergonomics handbook for the clothing industry》. The Union of Needletrades, Industrial and Textile Employees, the Institute for Work & Health, and the Occupational Health Clinics for Ontario Workers, Inc. (2002)

[38] 丁玉兰. 人因工程学. 上海:上海交通大学出版社, 2004

[39] 李红杰, 鲁顺清. 安全人机工程学. 北京:中国地质大学出版社, 2006

[40] 蔡启明, 余臻, 庄长远. 人因工程. 北京:科学出版社, 2005

[41] 朱序璋. 人机工程学. 西安:西安电子科技大学出版社, 2006

[42] 于永中. 体力劳动强度分级标准的研究. 中华劳动卫生职业病杂志, 1983

[43] 于永中, 赵容. 体力劳动强度分级标准的商榷. 中国卫生工程学, 2004

[44] 郭伏, 钱省三. 人因工程学, 北京:机械工业出版社, 2005

[45] 肖红艳, 张睢. 浅议员工的疲劳现象与工作效率. 内蒙古科技与经济, 2005

[46] 胡洛燕, 吴卫刚. 人机工效与缝纫操作设计. 郑州纺织工学院学报, 1997

[47] 景国勋, 张永全, 张军波. 基于多层次模糊综合评判的人疲劳综合评价. 中国安全科学学报, 2006

[48] 季红光, 张麟, 王海明. 24小时睡眠剥夺对主观疲劳程度和心理运动能力的影响. 中国行为医学科学, 1998

[49] 孔凡栋, 张欣, 吴宇. 服装缝制车间作业时间研究. 西安工程科技学院学报, 2006

[50] Nico J. Delleman, Jan Dul. Sewing machine operation: workstation adjustment, working, posture, and workers' perceptions. International Journal of Industrial Ergonomics, 2002

[51] Karolina Kazmierczaka, Svend Erik Mathiassenc, Patrick Neumanna, Jogen Winkel. Observer reliability of industrial activity analysis based on video recordings. International Journal of Industrial Ergonomics, 2006

[52] Scott P. Schneider. Preventing Musculoskeletal Disorders in Garment Workers: Preliminary Results Regarding Ergonomics Risk Factors and Proposed Interventions Among Sewing Machine Operators in the San Francisco Bay Area. Applied Occupational and Environmental Hygiene, 2002

[53] PERCLOS: A Valid Psychophysiological Measure of Alertness As Assessed by Psychomotor Vigilance. Federal Highway Administration. Of-

fice of Motor Carriers, 1999
[54] Craig A. Halpern, Kenneth D. Dawson. Design and implementation of a participatory ergonomics program for machine sewing tasks. International Journal of Industrial Ergonomics, 1997
[55] P. C. Wang, B. Ritz, D. Rempel, R. Harrison, J. Chan and I. Janowitz Work Organization And Work-Related Musculoskeletal Disorders for Sewing Machine Operators in Garment Industry. Annals of Epidemiology, 2005